高职交通运输与土建类专业系列教材
高等职业教育新形态一体化教材

土力学与地基基础

第3版
3RD EDITION

Soil Mechanics and Foundation Engineering

靳晓燕　主　编
焦胜军　任晓军　副主编
王欣德　主　审

人民交通出版社股份有限公司
北　京

内 容 提 要

本书系统地介绍了关于地基与基础工程设计与施工的知识。全书主要内容分为两大部分，第一部分介绍了与地基相关的土力学基本知识，主要讲述土的物理性质及工程分类、土中应力和土的渗透性、土的压缩性、土的抗剪强度、地基容许承载力确定以及铁路桥梁浅基础设计的相关知识；第二部分介绍基础的施工，主要介绍了浅基础和深基础（桩基础和沉井基础）的施工工艺和不良地基处理方法。每章后附有项目小结、项目训练和思考练习题，以便读者理解、掌握书中内容，并对技能点进行训练。

本书可作为高职高专院校铁道工程技术、铁路桥梁与隧道工程技术等专业的教学用书，也可供铁路工程技术人员参考。

图书在版编目(CIP)数据

土力学与地基基础 / 靳晓燕主编. — 3 版. — 北京：人民交通出版社股份有限公司，2023.1
高职交通运输与土建类专业系列教材
ISBN 978-7-114-18402-4

Ⅰ.①土… Ⅱ.①靳… Ⅲ.①土力学—高等职业教育—教材②地基—基础(工程)—高等职业教育—教材 Ⅳ.①TU4

中国版本图书馆 CIP 数据核字(2022)第 251936 号

Tulixue yu Diji Jichu

书　名：	土力学与地基基础（第 3 版）
著 作 者：	靳晓燕
责任编辑：	李　娜
责任校对：	赵媛媛
责任印制：	张　凯
出版发行：	人民交通出版社股份有限公司
地　　址：	(100011)北京市朝阳区安定门外外馆斜街 3 号
网　　址：	http://www.ccpcl.com.cn
销售电话：	(010)59757973
总 经 销：	人民交通出版社股份有限公司发行部
经　销：	各地新华书店
印　刷：	北京虎彩文化传播有限公司
开　本：	787×1092　1/16
印　张：	19
字　数：	444 千
版　次：	2009 年 9 月　第 1 版 2015 年 8 月　第 2 版 2023 年 1 月　第 3 版
印　次：	2023 年 9 月　第 3 版　第 2 次印刷
书　号：	ISBN 978-7-114-18402-4
定　价：	49.00 元

(有印刷、装订质量问题的图书由本公司负责调换)

第3版前言

我国高速铁路取得了辉煌的建设成就，截止到2022年9月，高速铁路里程超过4万km。桥梁是高速铁路的重要组成部分，桥梁桩基础、沉井基础等深基础的施工技术和不良地基的处理技术都日趋成熟与完善。本次修订，在突出高职教育素质目标、能力目标和知识目标的同时，密切联系《铁路桥涵地基和基础设计规范》(TB 10093—2017)等行业规范，对教材相关内容进行了简化与更新，力求教材内容与时俱进、难度适宜、实用性强，教材语言深入浅出。

本次教材修订，主要在《土力学与地基基础》(第二版)基础上进行了以下几个方面的工作：

(1)在每项目主要内容之前，增加了素质培养目标，使教师明确，学生在完成每个技能训练项目的过程中，除了掌握专业知识、培养职业能力，还应逐步培养认真、细致、严谨、吃苦耐劳、爱岗敬业等职业素质。在每项目的思考练习题之前，增加技能训练项目，强化学生职业能力和职业素质的培养。

(2)在每项目主要内容之前，增加了引入案例，案例内容与本项目的主要内容关联度高，学生通过阅读引入案例，明确本项目内容的重要性和实用性，提高了学生的学习兴趣。

(3)修订后的教材，前八章的章节划分与第二版教材基本一致。将《土力学与地基基础》(第二版)中的"第九章　深基础的构造和设计"和"第十章　深基础施工"精简融合为新版的"项目九　深基础施工"；去掉了深基础(桩基础、沉井基础)设计等对高职学生偏难的内容，使教材的理论深度更加符合高职学生的认知水平。将第二版中的"第十一章　特殊土地基"和"第十二章　软土地基处理"两部分内容合并为新版的"项目十　地基处理"。

(4)修订了第二版教材中文字、图表中的错误。

(5)针对部分试验及知识点，书中配套相关数字资源，读者可扫码观看学习。

本次修订，由三位编者共同完成。其中，天津铁道职业技术学院任晓军完成了教材项目一～四和土工试验指导书的修订；陕西铁路工程职业技术学院焦胜军完成项目八、九的修订；山东职业学院靳晓燕完成项目五、六、七的修订；项目十由焦胜军和靳晓燕共同修订。全书由靳晓燕担任主编并统稿，焦胜军、任晓军担任副主编；由中铁十局集团第一工程有限公司总工程师王欣德主审。

虽然修订时已经做了十分努力，使教材文字简练，内容紧跟行业发展新技术、新规范，但是难免会有疏漏与错误之处，请各位同行、读者指正。

编　者
2022年10月

目 录

绪论 ……………………………………… 1

项目一　地基岩土的物理性质认知及工程分类 ……… 4
任务一　土的成因与特性认知 ……… 6
任务二　土的三相组成分析 ……… 8
任务三　土的物理性质指标测试 ……………………………… 14
任务四　无黏性土的物理状态指标测试 ……………………………… 22
任务五　黏性土的物理状态指标测试 ……………………………… 26
任务六　地基土的工程分类 ……… 28
任务七　土的击实原理认知 ……… 31
项目小结 ………………………… 34
项目训练 ………………………… 35
思考练习题 ……………………… 35

项目二　地基应力计算 ……… 37
任务一　自重应力计算 ……… 38
任务二　基底压力分布与计算 ……… 41
任务三　土中附加应力计算 ……… 45
任务四　软弱下卧层的应力计算 ………………………………… 56
项目小结 ………………………… 57
项目训练 ………………………… 58
思考练习题 ……………………… 58

项目三　土的渗透性分析 ……… 60
任务一　土的渗透性认知 ……… 62
任务二　渗透系数及其测定 ……… 64

任务三　渗透力与土的渗透破坏分析 ………………………………… 67
项目小结 ………………………… 72
项目训练 ………………………… 72
思考练习题 ……………………… 72

项目四　土的压缩性及地基变形分析 ……… 74
任务一　土的变形特性分析 ……… 76
任务二　地基沉降量计算 ……… 83
任务三　地基容许沉降量确定与减小沉降的措施 ……… 88
项目小结 ………………………… 90
项目训练 ………………………… 91
思考练习题 ……………………… 91

项目五　土的抗剪强度与地基承载力计算 ……… 93
任务一　土的抗剪强度认知 ……… 94
任务二　土的极限平衡状态的判定 ……………………………… 96
任务三　土的抗剪强度指标的确定 ……………………………… 99
任务四　影响土抗剪强度指标的因素 ……………………………… 105
任务五　砂类土的液化机理与液化地基的判别 ……… 107
任务六　按《铁路桥涵地基和基础设计规范》(TB 10093—2017)确定地基承载力 ……… 109
项目小结 ……………………… 118
项目训练 ……………………… 119
思考练习题 …………………… 119

项目六　土压力计算与挡土墙设计 …… 121
 任务一　土压力类型认知与静止土压力计算 …… 122
 任务二　朗肯土压力计算 …… 125
 任务三　库仑土压力计算 …… 132
 任务四　重力式挡土墙设计与检算 …… 135
 任务五　重力式挡土墙设计检算算例 …… 139
 任务六　轻型挡土墙构造特点认知 …… 142
 项目小结 …… 145
 项目训练 …… 145
 思考练习题 …… 145

项目七　天然地基上浅基础设计 …… 147
 任务一　桥梁基础的分类和基础类型选择 …… 149
 任务二　基础埋置深度的确定 …… 152
 任务三　铁路桥涵基础上的荷载计算与组合 …… 155
 任务四　明挖基础设计 …… 163
 项目小结 …… 168
 项目训练 …… 169
 思考练习题 …… 169

项目八　天然地基浅基础施工 …… 170
 任务一　基础施工测量 …… 172
 任务二　陆地上浅基础的施工 …… 174
 任务三　水中基础施工 …… 184
 项目小结 …… 190
 项目训练 …… 191
 思考练习题 …… 191

项目九　深基础施工 …… 192
 任务一　深基础的主要类型与构造认知 …… 193
 任务二　钻孔灌注桩施工 …… 202
 任务三　预制沉入桩施工 …… 219
 任务四　沉井施工 …… 222
 项目小结 …… 229
 项目训练 …… 230
 思考练习题 …… 230

项目十　地基处理 …… 231
 任务一　特殊土地基工程性质认知 …… 233
 任务二　换土垫层法施工 …… 243
 任务三　预压法施工 …… 247
 任务四　复合地基施工 …… 256
 任务五　注浆加固法施工 …… 264
 项目小结 …… 266
 项目训练 …… 267
 思考练习题 …… 267

附录　土工试验指导书 …… 269

参考文献 …… 296

绪论

一、本课程的研究对象

土是整体岩石经自然界风化、搬运、沉积等地质作用形成的松散的堆积物或沉淀物。铁路桥梁和路基都是修建在土层或岩层上,这种支承建筑物的土层或岩层叫作地基。地基承受着上部建筑物的全部荷载,它的变形或破坏,直接影响到整个结构的安全和使用。

地基土具有独特的力学性质。地基土中的应力分布规律、地基的强度和变形计算以及土压力计算是地基工程的主要研究对象。只有搞清楚这些力学规律,才能较好地解决土建工程实践中所遇到的地基设计问题。

建筑物借以向地基传递荷载的最下部分叫作基础。基础通常埋置在地面以下,是建筑物的一个重要组成部分。地基和基础的关系如图 0-1 所示。

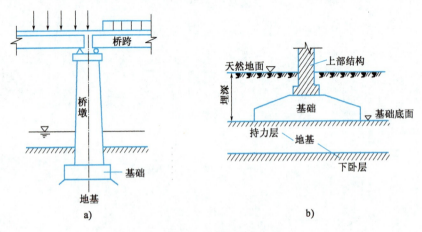

图 0-1 地基与基础

铁路桥梁的墩台基础主要采用桩基础、沉井基础等深基础类型,这些基础的施工常在地下或水下进行,施工难度大,施工周期长,所占工程造价比例高;同时基础又是隐蔽工程,一旦出现问题,修复补救十分困难。因此,基础工程的设计与施工质量的好坏直接影响到铁路桥梁的安全与长久使用。

本课程主要研究地基土的工程性质以及地基土在上部结构物荷载作用下的应力、变形、承载力和稳定性问题,提供铁路桥梁地基与基础的设计计算方法,各种类型基础的施工工艺。其包含的主要内容有:

(1) 土的物理性质和工程分类。介绍与铁路工程设计及施工有关的土的物理性质指标和物理状态指标,土的分类依据和定名原则。

(2) 土中应力分布。介绍土的自重应力、基底压力和附加应力的分布规律和计算方法。

(3) 土的渗透性。介绍土中水的渗流规律,以及由于渗流而产生的力学作用和流土、管涌等工程问题。

(4) 地基变形计算。主要介绍地基沉降量的计算方法,研究在荷载作用下地基土的变形规律。

(5) 土压力理论。介绍静止土压力、主动土压力和被动土压力的概念和产生条件以及计算方法。在铁道工程中,经常遇到挡土墙的土压力计算问题,是需要重点学习的内容。

(6) 土的抗剪强度和地基承载力。主要介绍土的抗剪强度理论和测定土抗剪强度指标的几种方法,介绍了按《铁路桥涵地基和基础设计规范》(TB 10093—2017)确定天然地基容许承载力的方法。

(7)浅基础设计。主要介绍铁路桥涵荷载类型和桥涵刚性扩大基础的设计计算方法。

(8)浅基础施工。主要介绍陆地及水中浅基础的施工方法和工艺步骤。

(9)深基础施工。介绍钻孔灌注桩、预制沉入桩等桩基础和沉井基础的施工方法和工艺步骤。

(10)地基处理。主要介绍了湿陷性黄土、膨胀土、多年冻土等特殊土的工程特性指标以及换土垫层法、预压固结法、复合地基等不良地基处理方法的工作原理、适用范围和施工工艺流程。

本课程的特点和学习要求

土是由固体颗粒和颗粒之间的水和气体组成的,土粒之间以及土粒与水之间的相互作用,使土体具有十分复杂的物理力学性质,而且在自然环境湿度、温度、水流、压力和振动的影响下,土的性质会发生显著变化,存在很多不确定性。土体不是理想的弹性体或塑性体,目前研究土的力学性质所用的弹性理论和塑性理论都只能得出近似的计算结果,不完全符合实际情况,甚至还有较大偏差。在进行地基基础设计时,土力学虽然是重要的理论依据,但还应通过试验、实测并根据实践经验进行综合分析,才能获得较满意的结果。所以理论联系实际是本学科的显著特点。至于基础施工,目前亟须解决的问题是如何进一步改善劳动条件、改进施工方法、降低施工成本和提高施工质量。

本课程是一门重要的专业课,其内容涉及较多学科,如建筑力学、工程测量、工程地质和结构设计原理。因此要学好地基与基础课程,首先必须很好地掌握上述先修课程的基本内容和基本原理,为学好本课程打好基础。

本课程内容广泛、综合性强,学习时应抓住重点,兼顾全面。从专业要求出发,必须牢固掌握土的基本物理性质指标以及土的应力分布、变形、强度和地基计算等基本概念和基本理论,从而能够应用这些概念和理论并结合结构设计和施工知识,分析和解决地基基础设计和施工中的问题。

铁路桥涵地基基础的施工,涉及施工测量、基坑防排水、水下灌注混凝土等施工问题。对于同样的基础结构,因所处地域不同,施工单位的情况不同,就可能采用风格迥异的地基处理方法。所以不良地基的处理,可谓方法众多,特色鲜明。要掌握这些知识,除应具备扎实的地基基础理论知识外,还需要有较丰富的实践经验。在实际工程施工中,应根据实际情况制订最佳施工方案,选择先进的施工机具,以求达到安全、高效、低耗地进行地基基础施工。作为初学者,首先应掌握解决问题的理论知识;同时多实践,理论联系实际,通过各个教学环节,紧密结合工程实际,才能真正掌握处理地基与基础问题的方法与技巧,提高解决工程实际问题的能力。

本教材在讲述铁路桥涵地基基础的内容和技术要求时,都以《铁路桥涵地基和基础设计规范》(TB 10093—2017)、《铁路桥涵设计规范》(TB 10002—2017)等铁路规范为依据。在本课程的学习中,除了系统掌握地基与基础的设计理论和施工方法,还应逐步熟悉规范,用规范的要求来指导自己的工程实践。

项目一

地基岩土的物理性质认知及工程分类

【能力目标】

1. 能够根据土样筛析结果,绘制土样颗粒级配曲线,确定土的名称,计算土样级配指标,判断土样的颗粒级配状态。

2. 能够对原状土样进行土的密度试验、含水率测定试验;能够根据试验结果计算原状土样的密度、重度、含水率、干重度等指标。

3. 能够根据砂类土的标准贯入锤击数,确定其密实程度。

4. 能够进行黏性土的液限、塑限试验,并能够根据试验结果计算黏性土的塑性指数和液性指数,确定黏性土的名称和软硬程度。

5. 能够根据土的三相组成,对地基土进行初步分类和鉴别,判断土的工程性质。

【知识目标】

1. 了解土的粒度、粒组、粒度成分的概念,掌握土级配指标的计算方法。

2. 了解土的物理性质及物理状态指标的含义,掌握土的物理性质指标和物理状态指标换算方法。

3. 掌握土的密度、含水率、液限、塑限及颗粒分析试验的主要步骤,并对试验结果进行初步判定;掌握土的液限、塑限、液性指数、塑性指数的计算方法。

4. 掌握按相关规范进行土的工程分类的方法。

【素质目标】

1. 具有敬业精神、良好的职业道德和较高的政治思想品德。

2. 具有追求极致的职业品质,养成严谨求实、实事求是的工作作风。

【案例导入】

新建铁路荆岳线某长江大桥工程地质条件

新建铁路荆岳线呈近北西至南东走向,是江汉平原与洞庭湖地区便捷的联络通道,是焦柳线、沪汉蓉铁路和京广线三线间的联络通道,是我国北煤南运蒙西至华中地区铁路运煤通道的重要组成部分。

新建铁路荆岳线某长江大桥位于江汉平原西南部,地貌上属长江冲积平原,地势开阔平坦,主要为长江高漫滩和一级阶地,多被辟为农田,植被发育,地面高程一般为30~36m。两岸沟、塘较为发育,水深一般小于2m。

桥址区不良地质和特殊岩土介绍如下:

(1) 岸坡失稳

桥址区江陵岸边坡较陡,为土质岸坡,其成分以粉质黏土和粉土为主,含较多粉粒,由于常年受长江水浸泡和降水影响,其土质一般较软。粉质黏土层中夹有薄层状的粉土和粉砂,河床附近为厚层状细砂层,土体抗冲刷能力弱,长江水位变化频繁,加之洪水水位时,易发生小规模塌岸现象,局部重复塌岸可能危及长江干堤安全。

(2) 砂土液化

桥址区地面以下15m范围内的饱和粉土和粉细砂层均呈松散—稍密状。采用标准贯入试验法对地面以下15m范围内的粉土和砂层进行砂土液化判别,结果显示:当地震烈度为Ⅶ度时,场区内地面以下15m范围内的粉土、细砂、粉砂多会发生地震液化。

(3) 管涌

拟建桥梁跨越的长江荆江河段属长江堤防险段,北引桥段长江干堤附近地面高程低,一般在30~32m之间,基本与长江正常水位持平。汛期长江水位平均高于堤外地面低洼处3~5m,成为"悬河",加之地表硬壳层薄,下部粉细砂、圆砾土强透水层厚,该段自古就是管涌和溃堤的易发地段。长江南侧的两道子堤及干堤地质条件也易于发生管涌,但其易发性低于荆北干堤。拟建桥梁的施工将破坏地表硬壳层,使发生管涌的可能性增大。

(4) 软土

桥址场区内不均匀分布有淤泥质粉质黏土层,尤其是北引桥段的长江干堤两侧有较多分布。该层淤泥质粉质黏土主要呈灰色、灰褐色、流塑状,多夹腐殖物,埋深一般在3~7m,局部可达14m。其工程性质为:含水率 $w = 40.5\%$,孔隙比 $e = 1.095$,压缩系数 $\alpha_{0.1-0.2} = 0.64 \text{MPa}^{-1}$,具有高含水率、大孔隙比、高压缩性、低强度等软土特征。

软土层对大桥基础的不良作用体现在其提供的桩侧极限摩阻力较低,在产生压缩沉降的情况下,对桩基础还会产生负摩阻力。同时,在钻孔施钻过程中,软土层易发生缩孔,对工程施工将会产生一定影响。

作为桥梁及其他土建工程建筑物,其工程地质条件是优化设计和施工的重要依据,会直接影响桥梁等建筑物位置选择、实施和造价。因此,作为合格的工程技术人员,必须掌握工程所涉及的工程地质条件,尤其是掌握工程所涉及的土的工程性质,了解土的成因、沉积环境,掌握不同土的物理力学性质指标及测试方法,掌握土的工程分类方法及工程设计、施工过程中需要测试的指标及测试方法。

任务一　土的成因与特性认知

一、土的成因

土木工程所称的土,有狭义和广义两种概念。狭义概念所指的土,是岩石风化后的产物,即指覆盖在地表上松散的、没有胶结或胶结很弱的颗粒堆积物。广义的概念,则将整体岩石也视为土。

地壳表层的岩石暴露在大气中,受到温度和湿度变化的影响,体积经常膨胀和收缩,不均匀的膨胀和收缩使岩石产生裂缝,岩石还长期经受风、霜、雨、雪的侵蚀和动植物活动的破坏,逐渐由大块崩解为形状和大小不同的碎块,这个产生裂缝和逐渐崩解的过程,叫作物理风化。物理风化只改变颗粒的大小和形状,不改变颗粒的成分。物理风化后所形成的碎块与水、氧气、二氧化碳和某些由生物分泌出的有机酸溶液等接触,发生化学变化,产生更细的并与原来的岩石成分不同的颗粒,这个过程叫作化学风化。经过这些风化作用所形成的矿物颗粒(有时还有有机物质)堆积在一起,中间贯穿着孔隙,孔隙中还有水和空气,这种松散的固体颗粒、水和气体的集合体就叫作土。

物理风化不改变土的矿物成分,仅产生像碎石和砂等颗粒较粗的土,这类土的颗粒之间没有黏结作用,呈松散状态,称为无黏性土。化学风化产生颗粒很细的土,这类土的颗粒之间因为有黏结力而相互黏结,干时结成硬块,湿时有黏性,称为黏性土。这两类土由于成因不同,因而物理性质和工程特性也不一样。

风化作用生成的土,如果没有经过搬运,堆积在原来的地方,称为残积土。残积土一般分布在山坡或山顶。土受到各种自然力(如重力、水流、风力、冰川等)的作用,搬运到别的地方再沉积下来,称为沉积土。沉积土是一种最常见的土。

实践经验表明,土的工程特性一方面取决于其原始堆积条件,使其组成土的结构构造、矿物成分、粒度成分、孔隙中水溶液的性质不同,另一方面也取决于堆积以后的经历。在沉积过程中,由于颗粒大小、沉积环境和沉积后所受的力等不同,所形成土的类型和性质就不同。一般来说,在大致相同的地质年代及相似的沉积条件下形成的土,其成分和性质是相近的。沉积年代越长,上覆土层重力越大,土压得越密实,由孔隙水中析出的化学胶结物也越多。因此,老土层的强度和变形模量比新土层的要高,甚至由散粒体经过成岩作用又变成整体岩石,如砂类土成为砂岩,黏土变成页岩等。目前常见的土大都是第四纪沉积层,这个沉积层还正处于成岩过程中,因此一般都呈松散状态。但第四纪是距今约一百万年前开始的相当长的时期,第四纪早期沉积的土,在性质上就与近期沉积的土有相当大的差别。这种沉积年代长短对土的性质的影响,对黏性土尤为明显。不同的自然地理环境对土的性质也有很大影响。我国沿海地区的软土、严寒地区的多年冻土、西北地区的湿陷性黄土和西南亚热带的红黏土等,除了具有一般土的共性外,还具有各自的特点。

二、土的结构

土粒或土粒集合体的大小、形状、相互排列与联结等综合特征,称为土的结构。土的天然结构是在其沉积和存在的整个历史过程中形成的。土因其组成、沉积环境和沉积年代不同,形成各种很复杂的结构。通常土的结构可分为三种基本类型：单粒结构、蜂窝结构和絮状结构。

1. 单粒结构（图1-1）

这种结构由较大土粒在自重作用下，于水或空气中下落堆积而成。碎石类土和砂类土就是单粒结构的土。因土粒较大，土粒之间的分子引力远小于土粒自重，土粒之间几乎没有相互联结作用，是典型的散粒状物体。这种结构的土，其强度主要来源于土粒之间的内摩擦力。

由于生成条件的不同，单粒结构可能是紧密的，也可能是松散的。在松散的砂类土中，砂粒处于较不稳定状态，并可能具有超过土粒尺寸的较大孔隙，在静力荷载作用下，压缩量不大，但在动力荷载或其他振动荷载作用下，土粒易于变位压密，孔隙率降低，地基突然沉陷，导致建筑物破坏。密实砂土则相反。从工程地质观点来看，紧密结构是最理想的结构。具有紧密结构的土层，在建筑物的静力荷重下不会压缩沉陷，在动力荷重或振动的情况下，孔隙率的变化也很小，不致造成破坏。紧密结构的砂土只有在侧向松动，如开挖基坑后才会变成流沙状态。

2. 蜂窝结构（图1-2）

较细的土粒在自重作用下于水中下沉时，由于其颗粒细、重量轻，碰到已沉稳的土粒，如两土粒间接触点处的分子引力大于下沉土粒的重力，土粒便被吸引而不再下沉。如此继续不已，逐渐形成链环状单元。很多这样的链环联结起来，就形成疏松的蜂窝结构。蜂窝结构的土中单个孔隙体积一般远大于土粒本身的尺寸，如沉积后没有受过比较大的上覆压力，则在建筑物上覆荷载作用下，可能产生较大沉降。这种结构常见于黏性土中。

3. 絮状结构（图1-3）

絮状结构是颗粒最细小的黏性土的特有结构形式。最细小的黏粒大都呈针状或片状，它在水中呈现胶体特性。这主要是由于电分子力的作用，使土粒表面附有一层极薄的水膜。这种带有水膜的土粒在水中运动时，与其他土粒碰撞而凝聚成小链环状的土粒集合，然后沉积成大的链环，形成不稳定的复杂的絮状结构。这种结构在海相沉积黏土中最为常见。

 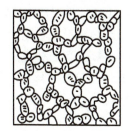 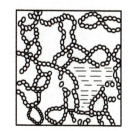

图1-1　单粒结构　　　　图1-2　蜂窝结构　　　　图1-3　絮状结构

土的以上三种结构，密实的单粒结构强度大、压缩性小、工程性质最好，蜂窝结构其次，絮状结构最差。尤其是絮状结构的土在其天然结构遭到破坏时，强度极低，压缩性极大，不能作为天然地基。

还应说明，土的结构受扰动后，其原有的物理力学性质会发生变化。因此，在取土样做试验时，应尽量减少扰动，避免破坏土的原状结构。

三　土的构造

土的构造是指同一土层中物质成分和颗粒大小等相近的各部分之间的相互位置与充填空

间的特征。其主要构造类型为层状构造。另外，还包括分散构造、裂隙构造和结核状构造等几种常见的土的构造类型。

1. 层状构造

土粒在沉积过程中，由于不同的地质作用和沉积环境条件，大体相同的物质成分和土粒在水平方向沉积成一定厚度，呈现出成层特征。第四纪冲积层具有明显的层状构造（又称层理）。因沉积环境条件的变化，常又会出现夹层、尖灭和透镜体等交错层理。砂、砾石等沉积物，当沉积厚度较大时，往往无明显的层理而呈分散状，又称为分散构造。

2. 裂隙构造

裂隙构造是指土层中存在的各种裂隙，裂隙中往往有盐类的沉淀。如黄土层中常分布的柱状裂隙。坚硬或硬塑黏土层中有不连续裂隙，破坏了土的整体性。裂隙面是土中的软弱结构面，沿裂隙面，土抗剪强度很低而渗透性却很高，浸水后裂隙张开，工程性质更差。

3. 结核构造

结核构造是指在细粒土中明显掺有大颗粒或聚集的铁质、钙质等结合体及贝壳等杂物。如含结核黄土中的结合体，含砾石的冰积黏土等均属此类。由于大颗粒或结核往往较分散，故此类土的性质取决于细颗粒部分。

当把土层作为地基时，应认真研究土层的构造情况，特别是尖灭层和透镜体的存在会影响土层的受力和压缩的不均匀性，常会引起地基的不均匀变形。

四 土的特性

由土的成因可知，土是地壳表层的岩石经风化作用后，在不同条件下所形成的堆积物和沉积物，是碎散颗粒的集合体。这与一般的建筑材料（如钢材、混凝土、石料等）是连续的固体有根本的区别。这种碎散性使土具有与一般建筑材料不同的若干特性：

(1) 土有较大的压缩性。土的固体颗粒之间有孔隙，当受外力作用时，这些孔隙大大缩小，使土具有压缩性较大这个特性。这个特性是引起建筑物沉降的内因。

(2) 土颗粒之间具有相对移动性。土体受荷载作用时，土颗粒之间可发生相对移动，土颗粒之间这种相对移动性是引起地基丧失稳定，产生滑动破坏的内因。

(3) 土具有较大的透水性。土的固体颗粒之间有大的孔隙，水可以在孔隙中流动而透水。而一般建筑材料的透水性往往是很小的。

任务二　土的三相组成分析

如前所述，土是由固体颗粒、水和气体三部分所组成的三相体系。固体部分，一般由矿物质所组成，有时含有有机质（半腐烂和全腐烂的植物质和动物残骸等），这一部分，构成土的骨架，称为土骨架。土骨架间布满相互贯通的孔隙。这些孔隙有时完全被水充满，称为饱和土；有时一部分被水占据，另一部分被气体占据，称为非饱和土；有时也可能完全充满气体，就称为干土。水和溶解于水的物质构成土的液体部分。空气及其他一些气体构成土的气体部分。这三部分本身的性质以及它们之间的比例关系和相互作用决定土的物理力学性质。因此，研究土的性质，首先必须研究土的三相组成。

一、固体颗粒

固体颗粒构成土骨架,它对土的物理力学性质起决定性的作用。研究固体颗粒就要分析粒径的大小及其在土中所占的百分比,称为土的粒径级配。另外,还要研究固体颗粒的矿物成分以及颗粒的形状。这三者之间又是密切相关的。

(一)颗粒的矿物成分和粒组划分

土的颗粒一般由各种矿物组成,也含有少量有机质。土粒的矿物成分可分为两类:

1. 原生矿物

原生矿物,即物理风化所产生的粗颗粒的矿物,它们是原来岩石的矿物成分,常见的有长石、石英、角闪石和云母等。

2. 次生矿物

次生矿物,即化学风化后产生的矿物,如颗粒极细的黏土矿物,常见的有高岭土、伊利土和蒙脱土等。矿物成分对黏性土性质的影响很大,例如,黏性土中含有大量蒙脱土时,这种土就具有强烈的膨胀性,它的收缩性和压缩性也大。

颗粒的粗细对土的性质影响也很大。颗粒越细,单位体积内颗粒的表面积就越大,与水接触的面积就越大,颗粒相互作用的能力就越强。

颗粒具有不同的形状,如块状、片状等,这和土的矿物成分有关,也和土粒所经历的风化搬运过程有关。

颗粒粒径的大小称为粒度,把粒度相近的颗粒合为一组,称为粒组。粒组的划分应能反映粒径大小变化引起土的物理性质变化这一客观规律。一般来说,同一粒组的土,其物理性质大致相同,不同粒组的土,其物理性质则有较大差别。《铁路桥涵地基和基础设计规范》(TB 10093—2017)对粒组的划分见表1-1。

关于粒组划分相关规定

土 的 颗 粒 分 组　　　　表1-1

颗粒名称		粒径 d(mm)
漂石(浑圆、圆棱)或块石(尖棱)	大	$d > 800$
	中	$400 < d \leq 800$
	小	$200 < d \leq 400$
卵石(浑圆、圆棱)或碎石(尖棱)	大	$100 < d \leq 200$
	小	$60 < d \leq 100$
粗圆砾(浑圆、圆棱)或粗角砾(尖棱)	大	$40 < d \leq 60$
	小	$20 < d \leq 40$
细圆砾(浑圆、圆棱)或细角砾	大	$10 < d \leq 20$
	中	$5 < d \leq 10$
	小	$2 < d \leq 5$
砂粒	粗	$0.5 < d \leq 2$
	中	$0.25 < d \leq 0.5$
	细	$0.075 < d \leq 0.25$
粉粒		$0.005 \leq d \leq 0.075$
黏粒		$d < 0.005$

(二) 用筛析法做土的颗粒大小分析

天然土是粒径大小不同的土粒的混合体,它包含着若干粒组的土粒。各粒组的质量占干土土样总质量的百分数叫作颗粒级配。颗粒大小分析的目的,就是确定土的颗粒级配,也就是确定土中各粒组颗粒的相对含量。颗粒级配是影响土(特别是无黏性土)的工程性质的主要因素,因此常被用来作为土的分类和定名的标准。根据《铁路工程土工试验规程》(TB 10102—2010)的规定,颗粒大小分析可采用筛析法、密度计法和移液管法。筛析法适用于粒径大于 0.075mm 但小于或等于 200mm 的土,密度计法和移液管法适用于粒径小于 0.075mm 的土。考虑到学习本课程的主要要求,是将学到的知识用于解决桥涵和路基施工及设计中较简单的实际问题,因此,本书只介绍与路基、地基和混凝土施工关系密切的筛析法。

用筛析法做土的颗粒大小分析,其主要设备是一套分析筛。这套筛子中的各筛按筛孔孔径大小的不同由上至下排列(最上层筛子的筛孔最大,往下筛孔依次减小),上加顶盖,下加底盘,叠在一起。分析筛有粗筛和细筛两种。粗筛的孔径(圆孔)为 200mm、150mm、75mm、60mm、40mm、20mm、10mm、5mm 和 2mm,细筛的孔径为 2.0mm、1.0mm、0.5mm、0.25mm 和 0.075mm。试样的用量见表1-2。

筛分试验

试 样 用 量 表　　　　　　　　　　表 1-2

土粒粒径(mm)	取样数量(g)	土粒粒径(mm)	取样数量(g)
<2	100~300	<75	≥6000
<10	300~1000	<100	≥8000
<20	1000~2000	<150	≥10000
<40	2000~4000	<200	≥10000
<60	≥5000		

试验时,对于无黏性土,将烘干或风干的土样倒入孔径为 2mm 的筛中进行筛析,分别称出筛上土和筛下土的质量。取筛上土倒入依次叠好的粗筛最上层筛中筛析,又将筛下粒径小于 2mm 的土样倒入依次叠好的细筛最上层筛中筛析(细可放在筛析机上摇筛,摇筛时间一般为 10~15min),使细土分别通过各级筛孔漏下。称出存留在每层筛子和底盘内的土粒质量,就可以计算出粒径小于(或大于)某一数值的土粒质量占土样总质量的百分数,表 1-3 是某土样颗粒大小分析试验的筛析成果记录。

颗粒大小分析试验记录(筛析法)　　　　　　　　　　表 1-3

风干土质量 =1000g	小于0.075mm的试样占总试样质量的百分数 =1.8%
2mm 筛上土质量 =403g	小于2mm的试样占总试样质量的百分数 =59.7%
2mm 筛下土质量 =597g	细筛分析时所取试样质量 =100g

筛号	孔径(mm)	累计留筛试样质量(g)	小于该孔径试样的质量(g)	小于该孔径试样质量百分数(%)	小于该孔径试样质量占总试样质量的百分数(%)
4	10	100	900	90	90
5	5	280	720	72	72
6	2	403	597	59.7	59.7

续上表

筛号	孔径（mm）	累计留筛试样质量（g）	小于该孔径试样的质量（g）	小于该孔径试样质量百分数（%）	小于该孔径试样质量占总试样质量的百分数（%）
7	1	28.3	71.7	71.7	42.8
8	0.5	60.7	39.3	39.3	23.5
9	0.25	92.3	7.7	7.7	4.6
10	0.075	97	3.0	3.0	1.8
底盘总计		3			

对于含有黏土粒的砂类土的筛析方法，《铁路工程土工试验规程》(TB 10102—2010)另有规定，本书从略。

对土的颗粒大小分析试验成果，可用下列两种方式表达：

1. 表格法

表 1-4 就是根据表 1-3 列出的该土样的颗粒级配表。

颗粒级配   表 1-4

粒径(mm)	>10	5~10	2~5	1~2	0.5~1	0.25~0.5	0.075~0.25	<0.075
百分数(%)	10.0	18.0	12.3	16.9	19.3	18.9	2.8	1.8

2. 颗粒级配曲线法

该法即是用曲线表示土样的颗粒级配。图 1-4 中的曲线 1，就是按筛析法做试验后绘出的颗粒级配曲线。图中横坐标表示粒径，用对数比例尺；纵坐标表示小于某粒径的土质量百分数，用普通比例尺。若颗粒级配曲线平缓，表示土中各种粒径的土粒都有，颗粒不均匀，级配良好；若曲线陡峻，则表示土粒较均匀，级配不好。在颗粒级配曲线上，可以找到对应于颗粒含量小于 10%、30% 和 60% 的粒径 d_{10}、d_{30} 和 d_{60}，这三个粒径组成级配指标：

不均匀系数

$$C_u = \frac{d_{60}}{d_{10}}$$

曲率系数

$$C_c = \frac{d_{30}^2}{d_{10} \times d_{60}}$$

不均匀系数 C_u 越大，表示级配曲线越平缓，级配良好。曲率系数 C_c 用以描述颗粒大小分布的范围。《铁路路基设计规范》(TB 10001—2016) 规定，当 $C_u \geq 10$ 且 $C_c = 1 \sim 3$，可认为级配是良好的；当 $C_u < 10$ 且 $C_c < 1$ 或 $C_c > 3$，则认为级配间断。

筛析法适用于粒径大于 0.075mm 的土。对于粒径小于 0.075mm 的土，应采用密度计法或移液管法。根据密度计法或移液管法的试验结果，同样可绘制颗粒级配曲线。图 1-4 中的曲线 3 是根据密度计法的试验结果绘制的。若某土样中粒径大于 0.075mm 的土虽较多，但粒径小于 0.075mm 的土仍超过土样总质量的 10%，应采用筛析法和密度计法(或筛析法和移液管法) 联合试验。图 1-4 中的曲线 2 是根据筛析法和密度计法联合试验的结果绘制的，其中 AB 段用筛析法，BC 段用密度计法，两段应连成一条光滑的曲线。

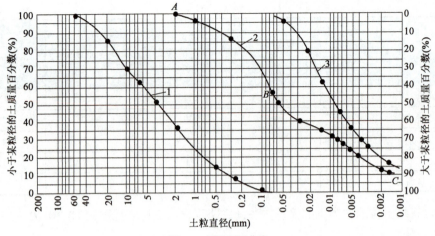

图 1-4 颗粒级配曲线

三、土中的水

在天然土的孔隙中通常含有一定量的水,它可以处于各种不同的状态。土中的细颗粒越多,土的分散度越大,因而水对土的性质影响也越大。例如,含水率很大的黏性土相对于较干的黏性土软得多。土中的固体颗粒与水接触相互起作用。试验证明,土颗粒的表面带有负电荷。水分子(H_2O)是极性分子,就是说带正电荷的 H^+ 和带负电荷的 OH^- 各位于水分子的两端,见图 1-5a)。这样的分子会被颗粒表面的负电荷吸引而定向地排列在颗粒的四周,如图 1-5b)和 c)所示,离颗粒表面越近,吸引力越大。土中水按其所受土粒的吸引力大小可分为下列几种形态。

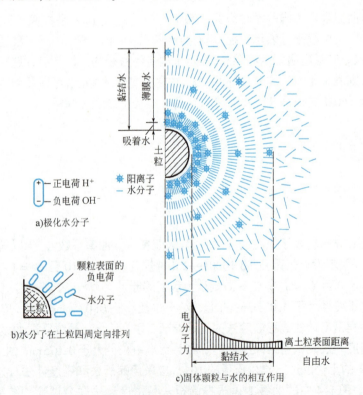

图 1-5 土中固体颗粒与水的相互作用

(一)结合水

这部分水是借土粒的电分子引力吸引在土粒表面的水,对土的工程性质影响极大。它又可分为:

1. 吸着水(强结合水)

吸着水是被颗粒表面负电荷紧紧吸附在土粒周围很薄的一层水。这种水的性质接近于固体,不冻结,不因重力影响而转移,不传递静水压力,不导电,具有极大的黏滞性、弹性和抗剪强度,其剪切弹性模量达 20MPa,只有在 105℃ 以上的温度烘烤时才能全部蒸发。这种水对土的性质影响较小。土粒可以从潮湿空气中吸附这种水。仅含吸着水的黏土呈干硬状态或半干硬状态,碾碎则成粉末。砂类土也可能有极少量吸着水,仅含吸着水的砂类土呈散粒状。

2. 薄膜水(弱结合水)

在吸着水外面一定范围内的水分子,仍会受到颗粒表面负电荷的吸引力作用而吸附在颗粒的四周,这种水称为薄膜水。显然,离颗粒表面越远,分子所受的电分子力就越小,因而薄膜水的性质随着离开颗粒表面距离的变化而变化,从接近于吸着水至变为自由水。薄膜水整体来说呈黏滞状态,但其黏滞性是从内向外逐渐降低的。它仍不能传递静水压力,但较厚的薄膜水能向邻近较薄的水膜缓慢转移。砂类土可认为不含薄膜水;黏性土的薄膜水较厚,且薄膜水的含量随黏粒增多而增大。薄膜水的多少对黏性土的性质影响很大,黏性土的一系列特性(黏性、塑性——土可以捏成各种形状而不破裂也不流动的特性、压实性等)都和薄膜水有关。

(二)非结合水

非结合水是土粒水化膜以外的液态水,虽土粒的吸引力对它有影响,但主要是受重力作用的控制,传递静水压力。按其受结合水影响的程度可分为毛细水和重力水。

1. 毛细水

土中存在着很多大小不一互相连通的微小孔隙,形成了错综复杂的通道,由于毛细表面张力的作用,形成了毛细水。毛细作用使毛细水从土的微细通道上升到高出自由水面以上,上升高度介于 0(砾石、卵石)到 5~6m(黏土)之间。粒径 2mm 以上的土颗粒间,一般认为不会出现毛细现象。由于毛细水高出自由水面,可以在地下水位以上一定高度内形成毛细饱水区,好像将地下水位抬高了一样。由于毛细水的上升可能引起道路翻浆、盐渍化、冻害等,导致路基失稳,因此,了解和认识土的毛细性,对土木工程的勘测、设计有重要意义。

毛细水原理

2. 重力水

在自由水位以下,土粒吸附力范围以外的水,它在本身重力作用下,可在土中自由移动,故称重力水。重力水在土中能产生和传递静水压力,对土产生浮力。在开挖基坑和修筑地下结构物时,由于重力水的存在,应采取排水、防水措施。土中应力的大小与重力水也有关系。

三、土中气体

土中未被水占据的孔隙,都会充满气体。土中气体分为两类:与大气相连通的自由气体和与大气隔绝的封闭气体(气泡)。自由气体一般不影响土的性质,封闭气体的存在会增加土体的弹性,减小土的透水性。目前还未发现土中气体对土的性质有值得重视的影响,因此,在工程上一般都不予考虑。

任务三　土的物理性质指标测试

土的三相组成的性质,特别是固体颗粒的性质,直接影响到土的工程特性。同样一种土,密实时强度高,松散时强度低。对于细粒土,含水率小时则硬,含水率大时则软。这说明土的性质不仅决定于三相组成的性质,而且三相之间的比例关系也是一个很重要的影响因素。

因为土是三相体系,不能用一个单一的指标来说明三相间量的比例。对于一般连续性材料,如钢或混凝土等,只要知道密度 ρ 就能直接说明这种材料的密实程度,即单位体积内固体的质量。对于三相体的土,同样一个密度 ρ,单位体积内可以是固体颗粒的质量多一些,水的质量少一些,也可以是固体颗粒的质量少一些而水的质量多一些,因为气体的体积可以不相同。因此要全面标明土的三相量的比例关系,就需要有若干个指标。

一、土的三相图

为了使这个问题形象化,以获得清楚的概念,在土力学中,通常用三相草图表示土的三相组成,如图1-6所示。在三相草图的左侧,表示三相组成的体积;在三相草图的右侧,则表示三相组成的质量。

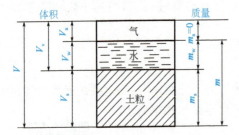

图1-6　土的三相示意图
V-土的总体积;V_v-土的孔隙部分体积;V_s-土的固体颗粒实体的体积;V_a-气体体积;V_w-水的体积;m-土的总质量;m_w-水的质量;m_s-固体颗粒质量。

在上述的这些量中,独立的有 V_s、V_w、V_a、m_w、m_s 五个量。此外,当我们研究这些量的相对比例关系时,总是取某一定数量的土体来分析。例如,取 $V=1\text{cm}^3$ 或 $m=1\text{g}$ 或 $V_s=1\text{cm}^3$ 等,因此又可以消去一个未知量。这样,对于这一定数量的三相土体,只要知道其中三个独立的量,其他各量就可以从图中直接算出。所以,三相草图是土力学中用以计算三相量比例关系的一种简单而又很有用的工具。

二、基本试验指标及测试

通过试验可以确定三相草图各量中的三个指标:密度、相对密度和含水率。通常做三个基本物理性质试验,即土的密度试验、土粒相对密度试验和土的含水率试验。本教材中的试验方法和标准主要依据《铁路工程土工试验规程》(TB 10102—2010)。

(一) 土的密度

1. 土的密度 ρ 定义

土的密度定义为土在天然状态下单位体积的质量,用下式表示:

$$\rho = \frac{m}{V} = \frac{m_s + m_w}{V_s + V_v} \quad (\text{g/cm}^3) \tag{1-1}$$

在天然状态下,单位体积土所受重力,叫土的天然重度,简称重度,用下式表示:

$$\gamma = \frac{W_T}{V} = \frac{mg}{V} = \frac{(m_s + m_w)g}{V} \quad (kN/m^3) \tag{1-2}$$

式中:g——重力加速度($g = 9.81 \text{m/s}^2$,工程上有时为了计算方便,取 $g = 10 \text{m/s}^2$);

W_T——土样的总重力;

其他符号意义同前。

根据牛顿第二定律,可知 $m = W_T/g$,用体积 V 分别去除此式的左右侧,得土的密度和重度的关系式为:

$$\rho = \frac{\gamma}{g} \quad \text{或} \quad \gamma = \rho \times g \tag{1-3}$$

土的重度与土的含水率和密实度有关,一般土的重度为 $16 \sim 22 \text{kN/m}^3$。

2. 土的密度(ρ)的测试方法

见附录《土工试验指导书》试验二密度试验。

(二) 土粒相对密度(或比密度)

1. 土粒相对密度(或比密度)定义

土粒相对密度定义为土粒的质量与同体积纯蒸馏水在4℃时的质量之比,即:

$$G_s = \frac{m_s}{V_s \times \rho_w} = \frac{\rho_s}{\rho_w} \tag{1-4}$$

式中:ρ_s——土粒的密度(g/cm^3),即单位体积土粒的质量,$\rho_s = \frac{m_s}{V_s}$;

ρ_w——4℃时纯蒸馏水的密度(g/cm^3)。

因为 $\rho_w = 1 \text{g/cm}^3$,故实用上,土粒相对密度在数值上即等于土粒的密度,即 $G_s = \rho_s$,是无量纲数。

天然土颗粒是由不同的矿物所组成,这些矿物的相对密度各不相同。试验测定的是土粒的平均相对密度。土粒的相对密度变化范围不大。细粒土(黏性土)一般在 2.70 ~ 2.75,砂土的相对密度为 2.65 左右。土中有机质含量增加时,土的相对密度会减小。

单位体积土粒的重力叫土粒重度。土粒重度不是实测指标,通常是通过实测土粒相对密度 G_s 再算出土粒重度 γ_s,由土粒重度的定义,可得出 G_s 与 γ_s 的关系式:

$$\gamma_s = \frac{W_s}{V_s} = \frac{m_s g}{V_s} = G_s \times g \quad (kN/m^3) \tag{1-5}$$

土的密度、含水率试验

2. 土粒相对密度(或比密度)的测试

见附录《土工试验指导书》试验二土粒相对密度试验。

(三) 土的含水率

1. 土的含水率 w 定义

土的含水率定义为土中水的质量与土粒质量之比,以百分数表示。

$$w = \frac{m_w}{m_s} \times 100\% = \frac{m - m_s}{m_s} \times 100\% = \left(\frac{m}{m_s} - 1\right) \times 100\% \qquad (1\text{-}6)$$

土的天然含水率变化很大。干的砂类土,含水率为 0~3%,饱和软黏土的含水率可达 70%~80%。一般情况下,对同一类土,当含水率增大时,其强度就降低。

2. 土的含水率测试

见附录《土工试验指导书》试验二土的含水率试验。

三 其他常用指标

测出土的密度 ρ、土粒的相对密度 G_s 和土的含水率 w 后,就可以根据图 1-6 所示的三相草图,计算出三相组成各自在体积和质量上的数值。工程上为了便于表示三相含量的某些特征,定义如下几种指标(这几个指标是根据其定义和三个实测指标换算得出,故称为导出指标)。

(一)表示土中孔隙含量的指标

工程上常用孔隙比 e 或孔隙率 n 表示土中孔隙的含量。

孔隙比 e——指孔隙体积与固体颗粒实体体积之比,表示为:

$$e = \frac{V_v}{V_s} \qquad (1\text{-}7)$$

孔隙比用小数表示。对同一类土,孔隙比越小,土越密实;孔隙比越大,土越松散。它是表示土的密实程度的重要物理性质指标。

由定义可知,孔隙比可能大于 1。

孔隙率——指孔隙体积与土体总体积之比,用百分数表示,亦即:

$$n = \frac{V_v}{V} \times 100\% \qquad (1\text{-}8)$$

由定义知,孔隙率恒小于 1。

下面根据孔隙比的定义和三个实测指标来推导孔隙比的换算关系式。

从三个实测指标的定义及其表达式可知,物理性质指标的计算结果与所取土样的体积(或质量)大小无关,因此,可假设土样的土粒体积 $V_s = 1$ 个单位体积,土样其余部分的体积和质量可用其他物理性质指标来表示,如图 1-7a) 所示。

$$V_s = 1, m_s = G_s$$

即可推导孔隙比和三个实测指标的换算关系式。

$$m = m_s + m_w = G_s(1 + w) = \rho(1 + e)$$

由 $G_s(1 + w) = \rho(1 + e)$,可得:

$$e = \frac{G_s}{\rho}(1 + w) - 1 = \frac{\gamma_s}{\gamma}(1 + w) - 1 \qquad (1\text{-}9)$$

需要说明的是,推导式(1-9)时以土粒体积 $V_s = 1$ 作为计算的出发点。但是,由于各物理性质指标都是三相间量的比例关系,而不是量的绝对值,因此,取其他量为 1(如设土的体积 $V = 1$)作为计算的出发点,也可以得出相同的换算关系式。图 1-7b) 是假设 $V = 1$ 个单位体积所得出的三相换算图,根据图 1-7b) 可推导孔隙率的换算关系式。

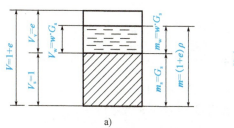
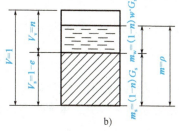

图 1-7 土的三相换算图

$$\rho = \frac{m}{V} = \frac{m_s + m_w}{V} = (1-n)G_s + (1-n)G_s w = (1-n)G_s(1+w)$$

所以：

$$n = 1 - \frac{\rho}{G_s(1+w)} = 1 - \frac{\gamma}{\gamma_s(1+w)} \tag{1-10}$$

孔隙比和孔隙率都是用以表示孔隙体积含量的概念，两者之间可以用下式互换：

$$n = \frac{e}{1+e} \times 100\% \tag{1-11}$$

或

$$e = \frac{n}{1-n} \tag{1-12}$$

土的孔隙比或孔隙率都可用来表示同一种土的松、密程度。它随土形成过程中所受的压力、粒径级配和颗粒排列的状况而变化。一般来说，粗粒土的孔隙率小，细粒土的孔隙率大。例如，砂类土的孔隙率一般是 28%~35%，黏性土的孔隙率有时可高达 60%~70%。这种情况下，单位体积内孔隙的体积比土颗粒的体积大很多。

(二) 表示土中含水程度的指标

含水率 w 是表示土中含水程度的一个重要指标。此外，工程上往往需要知道孔隙中充满水的程度，这就是土的饱和度 S_r。定义饱和度为：

$$S_r = \frac{V_w}{V_v} \times 100\% \tag{1-13}$$

饱和度的换算关系式可根据定义和图 1-7 求得。

由图 1-7a)，得：

$$S_r = \frac{V_w}{V_v} = \frac{wG_s}{e} \tag{1-14}$$

由图 1-7b)，得：

$$S_r = \frac{V_w}{V_v} = \frac{m_w}{V_v} = \frac{(1-n)G_w w}{n} \tag{1-15}$$

显然，干土的饱和度 $S_r = 0$，而饱和土的饱和度 $S_r = 1$。

(三) 表示土的密度和重度的几种指标

土的密度除了用上述 ρ 表示以外，工程计算上，还常用如下两种密度，即饱和密度和干密度。而 ρ 称为天然密度或湿密度。相应的定义分别为：

1. 饱和密度 ρ_{sat} 和饱和重度 γ_{sat}

饱和密度——孔隙完全被水充满时土的密度,表达式为:

$$\rho_{sat} = \frac{m_s + V_v \rho_w}{V} \tag{1-16}$$

式中:ρ_w——水的密度,即 4℃时单位体积水的质量,$\rho_w = 1 \text{g/cm}^3$。

孔隙中完全充满水时土的重度称为饱和重度,用下式表示:

$$\gamma_{sat} = \frac{m_s g + V_v \gamma_w}{V} = \frac{m_s g + V_v \rho_w g}{V} = \frac{(m_s + V_v \rho_w) g}{V} \quad (\text{kN/m}^3) \tag{1-16a}$$

式中:γ_w——水的重度,即 4℃时单位体积水的重力,土工计算中取 $\gamma_w = 10 \text{kN/m}^3$。

比较式(1-16)和式(1-16a),可知 $\gamma_{sat} = \rho_{sat} \cdot g$。

饱和重度的换算关系式可据饱和重度的定义和图 1-7a)得出。

$$\gamma_{sat} = \frac{m_s g + V_v \gamma_w}{V} = \frac{\gamma_s + e \gamma_w}{1 + e} \tag{1-17}$$

由图 1-7b)可得:

$$\gamma_{sat} = \frac{m_s g + V_v \gamma_w}{V} = (1-n)\gamma_s + n\gamma_w \tag{1-18}$$

2. 干密度 ρ_d 与干重度 γ_d

单位体积土体中的土粒质量称为土的干密度,用下式表示:

$$\rho_d = \frac{m_s}{V} = \frac{m - m_w}{V} = \rho - \frac{w m_s}{V} = \rho - \rho_d \cdot w$$

$$\rho_d = \frac{\rho}{1+w} \tag{1-19}$$

单位体积土体中的土粒重力称为土的干重度,用下式表示:

$$\gamma_d = \frac{m_s g}{V} = \rho_d \cdot g \quad (\text{kN/m}^3) \tag{1-19a}$$

干重度的换算关系式可据干重度的定义和图 1-7 得出。

$$\gamma_d = \frac{m_s g}{V} = \frac{G_s g}{1+e} = \frac{\gamma_s}{1+e} = (1-n)\gamma_d \tag{1-20}$$

由式(1-19)和式(1-19a)得:

$$\gamma_d = \frac{\gamma}{1+w} \tag{1-21}$$

干重度越大,表示土越密实。在路基工程中,常以干重度作为路基填土压实程度的测试指标。

3. 土的浮重度 γ'

在水下的土体,因受到水的浮力作用,其重力会减小。浮力的大小等于土粒排开的水重力。因此,土的浮重度等于单位体积土体中的土粒重力减去与土粒体积相同的水的重力,其定义式为:

$$\gamma' = \frac{m_s g - V_s \rho_w g}{V} = \frac{m_s g - V_s \gamma_w}{V} = \frac{m_s g + V_v \gamma_w - V \gamma_w}{V} = \gamma_{sat} - \gamma_w \tag{1-22}$$

浮重度的换算关系式可根据浮重度的定义和图 1-7 得出。

由图 1-7a)可得：

$$\gamma' = \frac{m_s g - V_s \gamma_w}{V} = \frac{\gamma_s - \gamma_w}{1 + e} \tag{1-23}$$

由图 1-7b)可得：

$$\gamma' = \frac{m_s g - V_s \gamma_w}{V} = (1-n)\gamma_s - (1-n)\gamma_w = (1-n)(\gamma_s - \gamma_w) \tag{1-24}$$

为了便于应用，将上述土的物理性质指标的类别、名称、符号、定义表达式、常用换算关系式和单位列于表 1-5。

土的物理性质指标 表 1-5

类别	名称	符号	定义表达式	常用换算关系式	单位
基本试验指标	密度	ρ	$\rho = \frac{m}{V} = \frac{m_s + m_w}{V_s + V_v}$	$\rho = \frac{G_s + S_r e}{1 + e}$	g/cm³
	重度	γ	$\gamma = \frac{mg}{V} = \frac{(m_s + m_w)g}{V}$ $= \rho g$	$\gamma = \gamma_d (1 + w)$ $\gamma = \frac{\gamma_s + S_r e \gamma_w}{1 + e}$	kN/m³
	含水率	w	$w = \frac{m - m_s}{m_s} \times 100\%$	$w = \frac{\gamma}{\gamma_d} - 1$ $w = \frac{S_r e}{G_s}$	—
	土粒相对密度	G_s	$G_s = \frac{m_s}{V_s}$	$G_s = \frac{S_r e}{w}$	—
	土粒重度	γ_s	$\gamma_s = \frac{m_s g}{V_s} = G_s g$	$\gamma_s = \frac{S_r e \gamma_w}{w}$	kN/m³
其他常用指标（反映土体中孔隙体积的相对大小）	孔隙比	e	$e = \frac{V_v}{V_s}$	$e = \frac{G_s}{\rho}(1 + w) - 1$ $= \frac{\gamma_s}{\gamma}(1 + w) - 1$ $e = \frac{n}{1 - n}$ $e = \frac{\gamma_s}{\gamma_d} - 1$	—
	孔隙率	n	$n = \frac{V_v}{V}$	$n = 1 - \frac{\rho}{G_s(1+w)} = 1 - \frac{\gamma}{\gamma_s(1+w)}$ $n = \frac{e}{1 + e}$ $n = 1 - \frac{\gamma_d}{\gamma_s}$	—
反映土体中的湿度	饱和度	S_r	$S_r = \frac{V_w}{V_v}$	$S_r = \frac{\gamma_s w}{e \gamma_w}$ $S_r = \frac{(1-n)\gamma_s w}{n \gamma_w}$ $S_r = \frac{\gamma_d w}{n \gamma_w}$	—

续上表

类别	名称	符号	定义表达式	常用换算关系式	单位
其他常用指标（反映土的单位体积的质量或单位体积的重量）	干密度	ρ_d	$\rho_d = \dfrac{m_s}{V}$	$\rho_d = \dfrac{\rho}{1+w}$	g/cm³
	干重度	γ_d	$\gamma_d = \dfrac{m_s g}{V} = \rho_d g$	$\gamma_d = \dfrac{\gamma_s}{1+e}$ $\gamma_d = \dfrac{\gamma}{1+w}$	kN/m³
	饱和密度	ρ_{sat}	$\rho_{sat} = \dfrac{m_s + V_v \rho_w}{V}$	$\rho_{sat} = \dfrac{G_s + e}{1+e}$	g/cm³
	饱和重度	γ_{sat}	$\gamma_{sat} = \dfrac{m_s g + V_v \gamma_w}{V}$ $= \dfrac{(m_s + V_v) g}{V} = \rho_{sat} g$	$\gamma_{sat} = \dfrac{\gamma_s + e\gamma_w}{1+e}$ $\gamma_{sat} = (1-n)\gamma_s + n\gamma_w$	kN/m³
	浮重度	γ'	$\gamma' = \dfrac{m_s g - V_s \gamma_w}{V}$ $= \gamma_{sat} - \gamma_w$	$\gamma' = \dfrac{\gamma_s - \gamma_w}{1+e}$ $\gamma' = (1-n)(\gamma_s - \gamma_w)$	kN/m³

注：重度 γ 和土粒重度 γ_d 并不是基本试验指标，为了查阅方便，本表将其列入基本试验指标栏内。

【例1-1】 土样总质量为 132.0g，总体积为 80.0cm³，此土样烘干后质量为 108.0g，土粒相对密度 $G_s = 2.65$。试求此土样的含水率、孔隙比、孔隙率、饱和度和干重度。

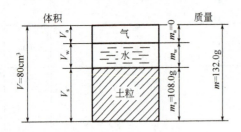

图1-8 例1-1图

解 由题设条件，给出此土样的三相简图如图1-8所示。

由于已知土样的某些质量、体积和土粒相对密度，故可以直接计算未知的质量和体积。

土中水的质量：

$$m_w = m - m_s = 132.0 - 108.0 = 24.0(\text{g})$$

土粒体积：

$$V_s = \dfrac{m_s}{G_s} = \dfrac{108.0}{2.65} = 40.8(\text{cm}^3)$$

土中水的体积：

$$V_w = \dfrac{m_w}{1} = \dfrac{24.0}{1} = 24.0(\text{cm}^3)$$

土中气体体积：

$$V_a = V - V_s - V_w = 80.0 - 40.8 - 24.0 = 15.2(\text{cm}^3)$$

按定义可求得：

含水率：

$$w = \left(\dfrac{m}{m_s} - 1\right) \times 100\% = \left(\dfrac{132.0}{108.0} - 1\right) \times 100\% = 22.2\%$$

孔隙比：

$$e = \dfrac{V_v}{V_s} = \dfrac{V_a + V_w}{V_s} = \dfrac{24.0 + 15.2}{40.8} = 0.96$$

孔隙率：

$$n = \frac{V_v}{V} = \frac{24.0 + 15.2}{80.0} = 0.49$$

饱和度：

$$S_r = \frac{V_w}{V_v} \times 100\% = \frac{24.0}{24.0 + 15.2} \times 100\% = 61.2\%$$

干重度：

$$\gamma_d = \frac{m_s g}{V} = \frac{0.108 \times 10}{80} = 0.0135 (N/cm^3) = 13.5 (kN/m^3)$$

【例1-2】 原状土样经试验测得 $\rho = 1.8 g/cm^3$，$w = 25\%$，土粒相对密度 $G_s = 2.7$。试求土的孔隙比 e、饱和度 S_r、饱和重度 γ_{sat}、浮重度 γ' 和干重度 γ_d。

解 （1）直接用表1-5所列的定义表达式或换算关系式计算。

土的重度：

$$\gamma = \rho g = 1.8 \times 10 = 18 (kN/m^3)$$

土粒重度：

$$\gamma_s = G_s \cdot g = 2.7 \times 10 = 27 (kN/m^3)$$

孔隙比：

$$e = \frac{\gamma_s}{\gamma}(1+w) - 1 = \frac{27}{18}(1+0.25) - 1 = 0.875$$

饱和度：

$$S_r = \frac{\gamma_s w}{e \gamma_w} = \frac{27 \times 0.25}{0.875 \times 10} \times 100\% = 77.1\%$$

饱和重度：

$$\gamma_{sat} = \frac{\gamma_s + e\gamma_w}{1+e} = \frac{27 + 0.875 \times 10}{1 + 0.875} = 19.1 (kN/m^3)$$

浮重度：

$$\gamma' = \gamma_{sat} - \gamma_w = 19.1 - 10 = 9.1 (kN/m^3)$$

干重度：

$$\gamma_d = \frac{\gamma}{1+w} = \frac{18}{1+0.25} = 14.4 (kN/m^3)$$

（2）根据所求各物理性质指标的定义和三相换算图计算。

设 $V = 1 cm^3$，已知 $\rho = 1.8 g/cm^3$，则 $m = \rho V = 1.8 \times 1 = 1.8 (g)$。

已知 $w = \frac{m - m_s}{m_s} = \frac{m_w}{m_s} = 0.25$，所以 $m_w = 0.25 m_s$；又 $m = m_s + m_w = 1.8 (g)$，即 $m_s + 0.25 m_s = 1.8$，得 $m_s = 1.44 g$，$m_w = 0.25 m_s = 0.36 (g)$。

已知 $G_s = 2.7$，则 $V_s = \frac{m_s}{G_s} = \frac{1.44}{2.7} = 0.533 (cm^3)$。

已知 $\gamma_w = 10 kN/m^3$，$V_w = \frac{m_w g}{\gamma_w} = \frac{0.36 \times 10}{10} = 0.36 (cm^3)$。

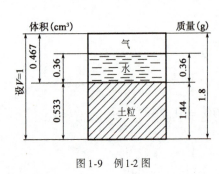

图1-9 例1-2图

已知 $V_v + V_s = V$，所以 $V_v = 1 - V_s = 1 - 0.533 = 0.467 (\text{cm}^3)$。

将根据 $V = 1$ 求出的 m、m_s、V_s、V_w 和 V_a 填入三相简图，得图1-9。

绘出三相简图后，即可根据图中的已知数据求各项物理性质指标。

孔隙比：

$$e = \frac{V_v}{V_s} = \frac{0.467}{0.533} = 0.876$$

饱和度：

$$S_r = \frac{V_w}{V_v} \times 100\% = \frac{0.36}{0.467} \times 100\% = 77.1\%$$

饱和重度：

$$\gamma_{sat} = \frac{m_s g + V_v \gamma_w}{V} = \frac{1.44 \times 10 + 0.467 \times 10}{1} = 19.1 (\text{kN/m}^3)$$

浮重度：

$$\gamma' = \gamma_{sat} - \gamma_w = 19.1 - 10 = 9.1 (\text{kN/m}^3)$$

干重度：

$$\gamma_d = \frac{m_s g}{V} = \frac{1.44 \times 10}{1} = 14.4 (\text{kN/m}^3)$$

从例题1-2的求解过程可看出，利用表1-5所列的定义表达式和换算关系式求解，比填绘三相图后再求解要简便、迅速得多。但是，对于初学者来说，用填绘三相图的方法计算，便于掌握和熟悉土的物理性质指标的概念。再者，用这种方法，也较容易解决某些复杂问题。

任务四 无黏性土的物理状态指标测试

所谓无黏性土的物理状态，是指土的密实程度。

无黏性土的密实程度对其工程性质有重大影响。密实的无黏性土结构稳定，压缩性小，强度较大，可作为良好的天然地基。松散的无黏性土常有超过土粒粒径的较大孔隙，特别是饱和的细砂和粉砂，结构稳定性差，强度较小，压缩性较大，还容易发生流砂等现象，是一种软弱地基。因此，密实程度是无黏性土最重要的物理状态指标。

一、无黏性土的密实度

土的密实度通常指单位体积中固体颗粒的含量。土颗粒含量多，土就密实；土颗粒含量少，土就疏松。从这一角度分析，在上述三相比例指标中，干重度 γ_d 和孔隙比 e（或孔隙率 n）都是表示土的密实度的指标。但是这种用固体含量或孔隙含量表示密实度的方法有其明显的缺点，主要是这种表示方法没有考虑到粒径级配这一重要因素的影响。为说明这个问题，取两种不同级配的砂土进行分析。假定第一种砂是理想的均匀圆球，不均匀系数 $C_u = 1.0$。这种砂最密实时的排列，如图1-10a）所示，可以算出这时的孔隙比 $e = 0.35$，如果砂粒的相对密度

$G_s = 2.65$,则最密实时的干密度 $\rho_d = 1.96 \text{g/cm}^3$。第二种砂同样是理想的圆球,但其级配中除大的圆球外,还有小的圆球可以充填于孔隙中,即不均匀系数 $C_u > 1.0$,如图 1-10b)所示。显然,这种砂最密实时的孔隙比 $e < 0.35$。就是说,这两种砂若具有相同的孔隙比 $e = 0.35$,对于第一种砂,已处于最密实的状态,而对于第二种砂则不是最密实。实践中,往往可以碰到不均匀系数很大的砂砾混合料,孔隙比 $e \leq 0.35$,干密度 $\rho_d \geq 2.05 \text{g/cm}^3$ 时,仍然只处于中等密实度,有时还需要采取工程措施再予以加密,而这种密度对于均匀砂则已经是十分密实了。

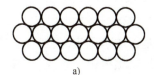 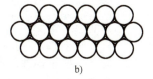

图 1-10 土颗粒排列方式

工程上为了更好地表明粗粒土(无黏性土)所处的密实状态,采用将现场土的孔隙比 e 与该种土所能达到最密实时的孔隙比 $e_{\min}$ 和最松散时的孔隙比 $e_{\max}$ 相对比的办法,来表示孔隙比为 e 时土的密实度。这种度量密实度的指标称为相对密实度 D_r,表示为:

$$D_r = \frac{e_{\max} - e}{e_{\max} - e_{\min}} \quad (1-25)$$

式中:e——现场粗粒土的天然孔隙比;

$e_{\max}$——土的最大孔隙比,测定的方法是将松散的风干土样通过长颈漏斗轻轻地倒入容器,避免重力冲击,求得土的最小干密度再经换算得到 $e_{\max}$,详见《铁路工程土工试验规程》(TB 10102—2010);

$e_{\min}$——土的最小孔隙比,测定的方法是将松散的风干土装在金属容器内,按规定方法振动和锤击,直至密度不再提高,求得最大干重度后经换算得到 $e_{\min}$,详见《铁路工程土工试验规程》(TB 10102—2010)。

当 $D_r = 0$ 时,即 $e = e_{\max}$,表示土处于最松状态。当 $D_r = 1$ 时,$e = e_{\min}$,表示土处于最密实状态。《铁路桥涵地基和基础设计规范》(TB 10093—2017)中用相对密实度 D_r 和标准贯入锤击数 N 判定粗粒土的密实度标准见表 1-6。

砂类土密实程度的划分标准 表 1-6

密 度 程 度	标准贯入锤击数 N	相对密实度 D_r
密实	$N > 30$	$D_r > 0.67$
中密	$15 < N \leq 30$	$0.4 < D_r \leq 0.67$
稍密	$10 < N \leq 15$	$0.33 < D_r \leq 0.4$
松散	$N \leq 10$	$D_r \leq 0.33$

将表 1-5 中孔隙比与干重度的关系式 $e = \rho_s/\rho_d - 1$ 代入式(1-25)整理后,可以得到用干密度表示的相对密实度的表达式为:

$$D_r = \frac{(\rho - \rho_{d\min})\rho_{d\max}}{(\rho_{d\max} - \rho_{d\min})\rho_d} \quad (1-26)$$

式中:ρ_d——对应于天然孔隙比为 e 时土的干密度;

$\rho_{d\min}$——相当于孔隙比为 $e_{\max}$ 时土的干密度,即最松干密度;

$\rho_{d\max}$——相当于孔隙比为 $e_{\min}$ 时土的干密度,即最密干密度。

应当指出,目前虽然已有一套测定最大孔隙比和最小孔隙比的试验方法,但是要在试验室条件下测得各种土理论上的 e_{max} 和 e_{min} 却十分困难。在静水中很缓慢沉积形成的土,孔隙比有时可能比试验室能测得的 e_{max} 还大。同样,在漫长地质年代中,受各种自然力作用下堆积形成的土,其孔隙比有时比试验室能测得的 e_{min} 还小。此外,埋藏在地下深处,特别是地下水位以下的无黏性土的天然孔隙比很难准确测定。因此,相对于这一指标理论上虽然能够更合理地用以确定土的密实状态,但由于上述原因,通常多用于填方的质量控制中,对于天然土尚难以应用。

因为 e_{min} 和 e_{max} 都难以准确测定,天然砂土的密实度只能在现场进行原位标准贯入试验,根据锤击数 $N_{63.5}$,按表 1-6 的标准间接判定。

图 1-11 为标准贯入试验的主要设备。做标准贯入试验时,先用钻具钻入地基中至预定的高程,然后将标准贯入器换装到钻杆端部,用质量为 63.5kg 的穿心锤以 760mm 的落距把标准贯入器竖直打入土中 150mm(此时不计锤击数),以后再打入土中 300mm 并记录贯入此 300mm 所需的锤击数 $N_{63.5}$,据 $N_{63.5}$ 即可从表 1-5 中查出砂类土的密实程度。从表 1-6 中可看出,锤击数 $N_{63.5}$ 大时土较密实,$N_{63.5}$ 较小时土较松散。

应该说明,标准贯入试验所得的锤击数 $N_{63.5}$,不仅可用于划分砂类土的密实程度,而且在高烈度地震区,可作为判断砂类土是否会振动液化的计算指标。

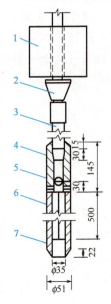

图 1-11 标准贯入试验设备
(尺寸单位:mm)
1-穿心锤;2-锤垫;3-触探杆;4-贯入器头;5-出水孔;6-由两半圆形管合成的贯入器身;7-贯入器靴

【例 1-3】 一砂样的天然重度 $\gamma = 18.4 \text{kN/m}^3$,含水率 $w = 19.5\%$,土粒相对密度 $G_s = 2.65$,最大干重度 $\gamma_{dmax} = 15.8 \text{kN/m}^3$,最小干重度 $\gamma_{dmin} = 14.4 \text{kN/m}^3$。试求其相对密实度 D_r,并判定其密实程度。

解 依据式(1-21),砂样的干重度:

$$\gamma_d = \frac{\gamma}{1+w} = \frac{18.4}{1+0.195} = 15.4 (\text{kN/m}^3)$$

由式(1-9)和式(1-21)得:

$$e = \frac{\gamma_s(1+w)}{\gamma} - 1 = \frac{\gamma_s}{\gamma_d} - 1 = \frac{2.65 \times 9.81}{15.4} - 1 = 0.688$$

相应于最大干重度的孔隙比是砂样的最小孔隙比 e_{min},相应于最小干重度的孔隙比是砂样的最大孔隙比 e_{max}。

e_{min} 和 e_{max} 同样可按上式求出:

$$e_{max} = \frac{\gamma_s}{\gamma_{dmin}} - 1 = \frac{2.65 \times 9.81}{14.4} - 1 = 0.805$$

$$e_{min} = \frac{\gamma_s}{\gamma_{dmax}} - 1 = \frac{2.65 \times 9.81}{15.8} - 1 = 0.645$$

由式(1-25),得:

$$D_r = \frac{e_{\max} - e}{e_{\max} - e_{\min}} = \frac{0.805 - 0.688}{0.805 - 0.645} = 0.73$$

据 $D_r = 0.73$ 查表1-6,可判定此砂类土处于密实状态。

从理论上说,相对密实度 D_r 能比较确切地反映砂类土的密实程度。但是,在一些地点可既做标准贯入试验又钻探取样,并测定土的 e、$e_{\max}$ 和 $e_{\min}$,取得实测锤击数与相对密实度 D_r 的对应数据,并反映在《铁路桥涵地基和基础设计规范》(TB 10093—2017)的有关表(即本书表1-6)中,以便于应用。

粉土的密实程度按天然孔隙比的大小划分,见表1-7。

粉土密实程度的划分　　　　　　　　　　　　表1-7

密实程度	孔隙比 e 值	密实程度	孔隙比 e 值
密实	$e < 0.75$	稍密	$e > 0.9$
中密	$0.75 \leq e \leq 0.9$		

碎石类土的密实程度划分还没有一个较科学的标准,因为对这类土很难做标准贯入试验和孔隙比试验,目前仅凭经验在野外鉴别,即根据土骨架的紧密情况、孔隙中充填物的充实程度、边坡稳定情况和钻进的难易程度来判断。《铁路桥涵地基和基础设计规范》(TB 10093—2017)规定的碎石类土密实程度划分标准见表1-8。

碎石土密实程度划分及动力触探试验参数

碎石类土密实程度划分　　　　　　　　　　　　表1-8

密实程度	结构特征	天然坡和开挖情况	钻探情况
密实	骨架颗粒交错紧贴连续接触,孔隙填满、密实	天然坡稳定,陡坎下堆积物较少。用镐挖较困难,用撬棍方能松动,坑壁稳定。在坑壁取出大颗粒处,能保持凹面形状	钻进困难。钻探时,钻具跳动剧烈,孔壁较稳定
中密	骨架颗粒排列疏密不匀,部分颗粒不接触,孔隙填满,但不密实	天然坡不易陡立或陡坎下堆积物较多。天然坡大于粗颗粒的安息角。用镐可挖掘,坑壁有掉块现象。充填物为砂类土时,坑壁取出大颗粒处,不易保持凹面形状	钻进较难。钻探时,钻具跳动不剧烈,孔壁有坍塌现象
稍密	多数骨架颗粒不接触,孔隙基本填满,但较松散	不易形成陡坎,天然坡略大于粗颗粒的安息角。用镐较易挖掘。坑壁易掉块,从坑壁取出大颗粒后易塌落	钻进较难。钻探时,钻具有跳动,孔壁较易坍塌
松散	骨架颗粒有较大孔隙,充填物少,且松散	用锹可以挖掘。天然坡多为主要颗粒的安息角。坑壁易坍塌	钻进较容易,钻探中孔壁易坍塌

三 无黏性土的潮湿程度

除密实程度以外,潮湿程度对碎石类土和砂类土的工程性质也有一定影响。《铁路桥涵地基和基础设计规范》(TB 10093—2017)规定碎石类土和砂类土的潮湿程度按饱和度的大小来划分,见表1-9。从表1-9中可看出,当饱和度 $S_r > 80\%$ 时,即可视为饱和,这是因为当 $S_r > 80\%$ 时,土中虽仍有少量气体,但大都是封闭气体,故可按表1-9的规定视为饱和土。粉土潮湿程度按其天然含水率 w 划分,见表1-10。

碎石类土和砂类土潮湿程度的划分　表1-9

分　级	饱和度 S_r(%)
稍湿	$S_r \leq 50$
潮湿	$50 < S_r \leq 80$
饱和	$S_r > 80$

粉土潮湿程度的划分　表1-10

分　级	天然含水率 w(%)
稍湿	$w < 20$
潮湿	$20 \leq w \leq 30$
饱和	$w > 30$

注：$S_r = \dfrac{V_w}{V_v} \times 100\%$，$V_w$ 为水所占的体积，V_v 为孔隙（包括水及气体）部分的体积。

任务五　黏性土的物理状态指标测试

一　黏性土的稠度

黏性土最主要的物理状态特征是它的稠度。稠度是指土的软硬程度或土对外力引起变形或破坏的抵抗能力。土中含水率很低时，水都被颗粒表面的电荷紧紧吸着于颗粒表面，成为强结合水。强结合水的性质接近于固态水。因此，当土粒之间只有强结合水时[图1-12a)]，按水膜厚薄不同，土表现为固态或半固态。

当含水率增加，被吸附在颗粒周围的水膜加厚，土粒周围除强结合水外还有弱结合水[图1-12b)]，弱结合水呈黏滞状态，不能传递静水压力，不能自由流动，但受力时可以变形，能从水膜较厚处向邻近较薄处移动。在这种含水率的情况下，土体受外力作用成任何形状而不破裂，外力取消后仍然保持改变后的形状，这种状态称为塑态。弱结合水的存在是土具有可塑状态的原因。土处在可塑状态的含水率变化范围，大体上相当于土粒所能够吸附的弱结合水的含量。这一含量的大小主要取决于土的比表面积和矿物成分。黏性大的土必定是比表面积大、矿物的亲水能力强的土（如蒙脱土），自然也是能吸附较多结合水的土，因此它的塑态含水率的变化范围也必定大。

当含水率继续增加，土中除结合水外，已有相当数量的水处于电场引力影响范围以外，成为自由水。这时土粒之间被自由水所隔开[图1-12c)]，土体不能承受任何剪应力，而呈流动状态。可见，从物理概念分析，土的稠度实际上反映了土中水的形态。

图1-12　土中水与稠度状态

二　稠度界限

土从某种状态进入另外一种状态的分界含水率称为土的特征含水率，或称为稠度界限。工程上常用的稠度界限有液限含水率 w_L 和塑限含水率 w_P。

液限含水率（w_L）简称液限，相当于土从塑性状态转变为液性状态时的分界含水率。这时，土中水的形态除结合水外，已有相当数量的自由水。

塑限含水率（w_P）简称塑限，相当于土从半固体状态转变为塑性状态时的含水率。这时，土中水的形态大约是强结合水含量达到最大时。

在试验室中，液限 w_L 用液限仪测定，塑限 w_P 则用搓条法测定。目前也有用联合测定仪一起测定液限和塑限的，详见《铁路工程土工试验规程》（TB 10102—2010）。但是，所有这些测定方法仍然是根据表象观察土在某种含水率下是否"流动"或者是否"可塑"，而不是真正根据土中水的形态来划分的。实际上，土中水的形态，定性区分比较容易，定量划分则颇为困难。目前尚不能够定量地以结合水膜的厚度来确定液限或塑限。从这个意义上说，液限和塑限与其说是一种理论标准，不如说是一种人为确定的标准，而实测的塑限和液限则是一种近似的定量分界含水率。

三 塑性指数和液性指数

1. 塑性指数

从图 1-13 中可看出，液限和塑限是土处于可塑状态的上限和下限含水率，通常将这两者之差称为塑性指数，用 I_P 表示，即：

$$I_P = w_L - w_P \tag{1-27}$$

塑性指数通常用不带"%"符号的数字表示。

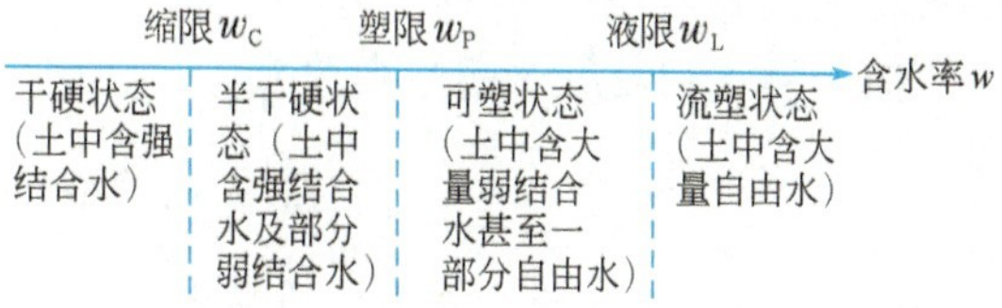

塑性指数表示黏性土处于可塑状态时含水率的变化范围。塑性指数越大，说明土中含有的结合水越多，也就表明土的颗粒越细或矿物成分吸附水的能力越大，塑性越大。因此，塑性指数是一个能比较全面反映土的组成情况（包括颗粒级配、矿物成分等）的物理状态指标。生成条件相似（即土的结构和状态相似）、塑性指数相近的黏性土，一般均有相近的物理性质。同时，塑性指数的测定方法简便，因此，《铁路桥涵地基和基础设计规范》（TB 10093—2017）采用塑性指数作为粉土及黏性土的分类指标，见表 1-11。

图 1-13 黏性土的物理状态与含水率的关系

粉土及黏性土的划分　　　表 1-11

土 的 名 称	塑性指数 I_P	土 的 名 称	塑性指数 I_P
粉土	$I_P \leq 10$	黏土	$I_P > 17$
粉质黏土	$10 < I_P \leq 17$		

注：1. 塑性指数等于土的液限含水率与塑限含水率之差。
　　2. 液限含水率试验采用圆锥仪法，圆锥仪总质量为76g，入土深度10mm。
　　3. 塑限含水率试验采用搓条法。
　　4. 粉土为 $I_P \leq 10$，且粒径大于 0.075mm 的颗粒少于全重 50% 的土。

2. 液性指数

土的比表面积和矿物成分不同，吸附结合水的能力不同，因此，相同含水率，对于黏性高的土，水的形态可能全是结合水，而对于黏性低的土，则可能相当部分已经是自由水。换句话说，仅仅知道含水率的绝对值，并不能说明土处于什么状态。要说明细粒土的稠度状态，需要有一个表征土的天然含水率与分界含水率之间相对关系的指标，这就是液性指数 I_L。液性指数的定义为：

界限含水率试验

$$I_L = \frac{w - w_P}{w_L - w_P} \qquad (1\text{-}28)$$

其他规范对黏性土塑性状态的划分

式中：w——土的天然含水率；

w_L、w_P 意义同前。

液性指数通常用不带"%"的数字表示。

《铁路桥涵地基和基础设计规范》（TB 10093—2017）对黏性土的潮湿（软硬）程度按液性指数划分如表 1-12 所示。

黏性土潮湿（干硬）程度划分　　　　表 1-12

塑 性 状 态	液性指数 I_L	塑 性 状 态	液性指数 I_L
坚硬	$I_L \leq 0$	软塑	$0.5 < I_L \leq 1$
硬塑	$0 < I_L \leq 0.5$	流塑	$I_L > 1$

从图 1-13 中可以看出：当 $w < w_P$ 时，天然土处于半干硬状态；当 $w \geq w_L$ 时，土处于流动状态；当 $w_P \leq w < w_L$ 时，土处于可塑状态。可见图 1-13 和表 1-12 是一致的。

【例 1-4】 一土样的天然含水率 $w = 30\%$，液限 $w_L = 35\%$，塑限 $w_P = 20\%$，试确定该土样的名称并判断其处于何种状态。

解 据式（1-27）求塑性指数 I_P：

$$I_P = w_L - w_P = 35 - 20 = 15$$

查表 1-11，可知此土样为粉质黏土。

据式（1-28）求液性指数 I_L：

$$I_L = \frac{w - w_P}{I_P} = \frac{30 - 20}{15} = 0.67$$

查表 1-12，可知此粉质黏土处于软塑状态。

任务六　地基土的工程分类

自然界存在着种类繁多的土，各种土的组成、所处状态不尽相同，因而其工程性质（如强度、压缩性和透水性等）也有很大差别。为了满足工程实践和研究工作的需要，应把各种土按其组成、生成年代、生成条件等进行分类和定名，以便根据分类定名大致判断其工程特性、评价土作为地基的适宜性以及结合其他指标来确定地基的承载力等。

土、石分类在铁路工程中基本上采取了统一的方法，即以能反映土的工程特性的主要因素作为分类的依据。如无黏性土的分类以土粒大小及其在土中所占的质量百分率为依据，黏性土的分类以塑性指数为依据等。对于作为地基的黏性土，除按塑性指数分类外，还应按其工程地质特性分类。《铁路桥涵地基和基础设计规范》（TB 10093—2017）对土、石分为岩石、碎石类土、砂类土、粉土及黏性土。此外，还有软土、冻土和黄土等特殊土。每一类土又进一步细分为若干土名。现将《铁路桥涵地基和基础设计规范》（TB 10093—2017）（以下简称《桥基设计规范》）对土、石的工程分类作简要介绍。

一、岩石

岩石是指土粒间具有牢固联结,呈整体或具节理和裂隙的岩块。在铁路工程中,岩石应按其坚硬程度、软化性和抗风化能力进行分类。当岩石所含的特殊成分影响岩石的工程地质特性时,应定为特殊岩石。

《桥基设计规范》根据岩石的单轴饱和抗压极限强度将其分类,如表1-13所示。

其他行业规范对岩石强度分类和碎石土分类的规定

岩石按强度分类　　　　　　　　　　　　　表1-13

岩石单轴饱和抗压强度 R_e（MPa）	$R_e > 60$	$60 \geq R_e > 30$	$30 \geq R_e > 5$	$15 \geq R_e > 5$	$R_e \leq 5$
坚硬程度	极硬岩	硬岩	较软岩	软岩	极软岩

二、碎石类土

碎石类土是指粒径大于2mm的颗粒含量超过总质量的50%的非黏性土。

《桥基设计规范》根据碎石类土的粒径大小和含量分类,如表1-14所示。在分类定名时,应先按照表1-14的粒径将颗粒分组,再按表中排列次序由上至下核对,最先符合条件者,即为这种土的名称。

碎石类土的划分　　　　　　　　　　　　　表1-14

土的名称	颗粒形状	土的颗粒级配
漂石土	浑圆或圆棱状为主	粒径大于200mm的颗粒超过总质量的50%
块石土	尖棱状为主	
卵石土	浑圆或圆棱状为主	粒径大于60mm的颗粒超过总质量的50%
碎石土	尖棱状为主	
粗圆砾土	浑圆或圆棱状为主	粒径大于20mm的颗粒超过总质量的50%
粗角砾土	尖棱状为主	
细圆砾土	浑圆或圆棱状为主	粒径大于2mm的颗粒超过总质量的50%
细角砾土	尖棱状为主	

三、砂类土

砂类土是指干燥时呈松散状态,粒径大于2mm的颗粒含量不超过全部土质量的50%且粒径大于0.075mm的颗粒含量超过总质量50%的土。

《桥基设计规范》根据砂类土的粒径大小和含量分类,如表1-15所示。在分类定名时,如同碎石类土的分类定名一样,先按照表1-15的粒径将颗粒分组,再按表中排列次序由上至下核对,最先符合条件者,即为这种土的名称。

砂 类 土 的 划 分　　　　　　　表 1-15

土的名称	土的颗粒级配
砾砂	粒径大于 2mm 的颗粒为全部质量的 25% ~ 50%
粗砂	粒径大于 0.5mm 的颗粒超过全部质量的 50%
中砂	粒径大于 0.25mm 的颗粒超过全部质量的 50%
细砂	粒径大于 0.075mm 的颗粒超过全部质量的 85%
粉砂	粒径大于 0.075mm 的颗粒超过全部质量的 50%

【例 1-5】 设取烘干后的 1.0kg 土样筛析,其结果列于表 1-16,试确定此土样的名称。

筛 析 结 果 表　　　　　　　表 1-16

筛孔直径(mm)	2	0.5	0.25	0.075	<0.075（底盘）	总计
留在每层筛上土粒质量(kg)	0.06	0.17	0.30	0.31	0.16	1.00
留在筛上土粒质量占全部土质量的百分数	6	17	30	31	16	100
大于某粒径土粒质量占全部土质量的百分数	6	23	53	84	100	—

解 根据筛析结果,粒径大于 2mm 的土粒质量占全部土质量的 6%,小于 50%,所以该土样是砂类土。查表 1-15,按表从上至下核对,该土样不能定为砾砂和粗砂,而其粒径大于 0.25mm 的土粒质量占全部土质量的 53%,大于表 1-15 中规定的 50%,且最先符合条件,所以该土样应定名为中砂。

四 粉土

塑性指数 $I_P \leq 10$ 且粒径大于 0.075mm 的颗粒含量不超过总质量的 50% 的土称为粉土。粉土的性质介于砂土与黏性土之间,单列为一大类,见表 1-11。密实的粉土为良好地基。饱和稍密的粉土,地震时易产生液化,为不良地基。

五 黏性土

1. 黏性土按工程地质特征分类

(1) 老黏性土。指第四纪晚更新世(Q_3) 及以前年代沉积的黏性土,这种土沉积的年代很久,过去受过自重或其他荷载压密以及化学作用,因此土密实而坚硬,强度高,压缩性小,透水性也很小,压缩模量一般都大于 15MPa。

(2) 一般黏性土。指第四纪全新世(Q_4^1) 沉积的黏性土,这种土分布很广,工程上经常遇到,压缩模量一般在 4 ~ 15MPa 之间,透水性较小或很小。

在一般黏性土中,有一种由出露的碳酸盐类岩石经风化后残积形成的褐红色(也有棕红、黄褐色)黏性土,这种土与冲(洪)积的一般黏性土相比,具有较高的强度和较低的压缩性。因此,《桥基设计规范》在提供各类地基土的承载力数据时,将这种土与冲(洪)积的一般黏性土分列,见本书有关章节。

(3) 新近沉积黏性土。指有人类文明(Q_4^2) 以来沉积的黏性土,沉积年代一般不超过 4000 ~ 5000 年。这种土的工程性质较差。

2. 黏性土按塑性指数分类

黏性土按塑性指数分类见表1-11。

除以上工程中常见的土以外，还有一些工程性质较特殊的土，即工程中经常提到的特殊土。

特殊土是指某些具有特殊物质成分和结构而工程地质特征也较特殊的土。特殊土在我国具有一定的分布面积，又有明显的地域性，如西北、华北地区的黄土，沿海地区的一些盆地、洼地的软土，东北及青藏高原的多年冻土等。《桥基设计规范》提及的特殊土主要有软土、冻土和黄土等。有关特殊土的详细内容，见本教材项目十。

任务七　土的击实原理认知

一、概述

填土受到夯击或碾压等动力作用后，孔隙体积会减小，密实度将增大。在工程中，常见的土坝、公路与铁路路堤的填筑土料，都要求击实到一定的密实度。其目的是减小填土的压缩性和透水性，提高抗剪强度。软弱地基也可用击实改善其工程性质，如提高强度和减小变形。为了经济有效地将填土击实到符合工程要求的密实度，有必要对填土的击实特性进行研究。常用的研究方法有两种：一是在室内用击实仪进行击实试验；另一种方法是在现场用碾压机具进行碾压试验。后者属于施工课的内容，本节仅介绍击实试验的方法和填土的击实特性等有关方面的一些基本知识。

二、击实试验

土的击实(或压实)就是使用某种机械挤紧土中的颗粒，增加单位体积内土粒的质量，减小孔隙比，增加密实度。其目的是提高土的强度，降低土的压缩性和透水性。土的压实效果常以干密度 ρ_d 来表示。因为干密度与干重度是密切关联的，所以工程上常以干重度 γ_d 来表示土的密实度。

实践经验表明：在一定的击实能量下，土中的含水率适当时，压实的效果最好。这个适当的含水率称为最优含水率 w_o，与之相对应的干密度称为最大干密度 ρ_{dmax}，相对应的干重度称为最大干重度 γ_{dmax}。

土的最优含水率与最大干重度可在试验室内做击实试验测定。土的击实试验方法见附录《土工试验指导书》试验六。土的击实试验应该在比较符合实际施工机械效果的经验基础上进行，但实际上，很难定量地确定出施工机械压实功等现场因素，所以在试验室里，只能人为地规定某种击实试验方法作为标准击实方法。

三、影响最大干重度(或最大干密度)的几个因素

(一) 含水率的影响

击实曲线如图1-14所示，当含水率较低时，干重度较小，随着含水率的增大，干重度也逐

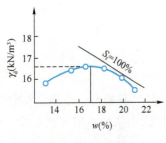

图 1-14 击实曲线

渐增大,表明击实效果逐步提高;当含水率超过某一限值时,干重度则随含水率的增大而减小,即击实效果下降。这说明土的击实效果随含水率的变化而变化,并在击实曲线上出现一个干重度的高峰值,这个高峰值就是最大干重度 γ_{dmax},相应于这个 γ_{dmax} 的含水率就是最优含水率 w_{op}。

【例 1-6】 用标准击实试验法(每层 25 击)测得土样的重度及含水率如表 1-17 所示,已知土粒相对密度 $G_s = 2.72$,求最大干重度、最优含水率及其相应的饱和度。

解 (1) 按式 $\gamma_d = \dfrac{\gamma}{1+w}$ 计算各个土样击实后的干重度数值,如表 1-17 所列数字。

测试数据　　　　　　　　表 1-17

试验号	1	2	3	4	5	6
重度(kN/m³)	17.94	18.93	19.32	19.48	19.28	18.83
含水率(%)	13.2	15.5	16.6	18.3	19.9	21.3
干重度(kN/m³)	15.85	16.39	16.57	16.47	16.08	15.52

(2) 以含水率 w 为横坐标、干重度 γ_d 为纵坐标,绘击实曲线,如图 1-14 所示。

(3) 在击实曲线上,找得最优含水率 $w_{\text{op}} = 17.1\%$,最大干重度 $\gamma_{\text{dmax}} = 16.60 \text{kN/m}^3$,这时土的孔隙比为:

$$e = \frac{\gamma_s}{\gamma_{\text{dmax}}} - 1 = \frac{2.72 \times 10}{16.6} - 1 = 0.639$$

饱和度为:

$$S_r = G_s \cdot \frac{w_{\text{op}}}{e} = 2.72 \times \frac{17.1\%}{0.639} = 72.8\%$$

含水率与击实效果有着密切的联系。就填筑土料而言,通常均处于三相状态。当含水率较小,土体较干时,由于颗粒间水膜很薄(主要是吸着水),土粒移动的阻力很大,故不易将土击实。然而随着含水率的增加,使得土粒周围的水膜变厚(这时土中的水包括吸着水和薄膜水),土粒之间的阻力也相应减弱,故较易使土增密。当含水率增至某一数值时,土粒中的摩擦力正好为击实能量所克服,使土的颗粒重新排列而达到最大的密实度,即击实曲线的峰点。如果继续增大含水率(土中出现了自由水),使土体达到一定的饱和度,水分占据了原来土颗粒的空间,此时作用在土体上的锤击荷载,更多地为孔隙水所承担,从而使得作用在颗粒上的有效应力减小,故反而会降低土的密度,使击实曲线下降。

图 1-14 中,击实曲线右上方的一条线,称为饱和曲线,它表示土在饱和状态时的含水率与干重度之间的关系。由于土处于三相状态,当土被击实到最大密度时,土孔隙中的空气不易排出,即使加大击实能量也不能将土中受困气体完全排出,所以击实的土体不可能达到完全饱和的程度。因此,当土的干重度相同时,击实曲线上各点的含水率必然都小于饱和曲线上相应的含水率,所以击实曲线一般都位于饱和曲线的左下侧,而不与饱和曲线相交。

(二) 击实功的影响

试验表明,同一种土的最优含水率与最大干重度不是一个固定的数值,而是随着击实能量的变化而变化。从图 1-15 中可见,当击实次数增加,土的最大干重度也随之增加,而最优含水率却相应减小。另外，在同一含水率时，土的干重度随击实次数的增加而增大，但这不仅浪费击实能量，而且这种增加的效果有一定的限度。只有在最优含水率下，才能以最小的击实能量达到对应的最大干重度。

从图 1-15 中还可以看到某一击实次数下的最大干重度值，可以在其他含水率下用增加击实次数的方法得到。例如，25 次击数下的最大干重度值，可以在含水率为 w_1 或 w_1' 时的 35 次击数下得到。可是，试验研究发现，这两种土的密度虽然相同，但其强度与水稳性却不一样，对应于最优含水率和最大干重度的土，强度最高，且在浸水后的强度也最大（即水稳性好）。由于土坝、路堤等土工建筑物难免受水浸润，所以，在施工中需控制填土的含水率，使其等于或接近最优含水率是有其经济合理的现实意义的。

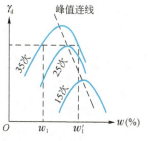

图 1-15　击实功能对击实效果的影响

（三）土的种类和级配的影响

土中黏粒越多，在同一含水率下，黏粒周围的结合水膜则越薄，土的移动阻力就越大，击实也越困难。所以最优含水率的数值，随土中黏粒含量的增加而增大，而最大干重度却随土中黏粒含量的增加而减小。我国一般黏性土的最大干重度和最优含水率的经验值见表 1-18。

最大干重度和最优含水率　　表 1-18

塑性指数 I_P	最大干重度 γ_{dmax}（kN/m³）	最优含水率 w_{op}（%）	塑性指数 I_P	最大干重度 γ_{dmax}（kN/m³）	最优含水率 w_{op}（%）
<10	>18.2	<13	17~20	16.2~16.7	17~19
10~14	17.2~18.2	13~15	20~22	15.7~16.2	19~21
14~17	16.7~17.2	15~17			

颗粒大小不均匀、级配良好的土，在击实荷载作用下，容易挤紧。所以同类型的土，由于颗粒级配不同，最优含水率和最大干重度也并不一样。

对于一些中小型工程，当没有试验资料时，可用下列经验公式估算最大干重度：

$$\gamma_{dmax} = \eta \frac{\gamma_w G_s}{1 + w_{op} G_s} \qquad (1-29)$$

式中：G_s——土粒相对密度；

γ_w——水的重度（10kN/m³）；

η——经验系数，黏土为 0.95，粉质黏土为 0.96，粉土为 0.97；

w_{op}——最优含水率，按当地经验或取 $w_P + 2\%$，其中 w_P 为塑限。

四　填土的含水率和碾压标准的控制

由于黏性填土存在着最优含水率，因此在填土施工时应将土料的含水率控制在最优含水率附近，以期用较小的能量获得最好的密度。当含水率控制在最优含水率的干侧时（即小于最优含水率），击实土的结构常具有凝聚结构的特征，这种土比较均匀，强度较高，较脆硬，不易压密，但浸水时容易产生附加沉降。当含水率控制在最优含水率的湿侧时（即大于最优含水率），土具有分散结构的特征，这种土的可塑性大，适应变形的能力强，但强度较低，且具有不等向性。所以，含水率比最优含水率偏高或偏低，填土的性质各有优缺点，在设计土料时要根据对填土的要求和当地土料的天然含水率,选定合适的含水率。

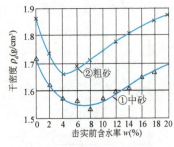

图1-16 粗粒土的击实曲线

五 粗粒土的压实性

砂和砂砾等粗粒土的压实性也与含水率有关,不过不存在最优含水率。一般在完全干燥或者充分洒水饱和的情况下容易压实到较大的干密度。潮湿状态,由于毛细压力增加了粒间阻力,压实干密度显著降低。粗砂在含水率为4%~5%,中砂在含水率为7%左右时,压实干密度最小,如图1-16所示。所以,在压实砂砾时要充分洒水使土料饱和。

【项目小结】

1. 土的定义:覆盖在地表上松散的、没有胶结或胶结很弱的颗粒堆积物。
2. 土与一般建筑材料不同的特性:
(1) 土有较大的压缩性;
(2) 土颗粒之间具有相对移动性;
(3) 土具有较大的透水性。
3. 颗粒级配:天然土是粒径大小不同的土粒的混合体,它包含着若干粒组的土粒。各粒组的质量占干土土样总质量的百分数叫作颗粒级配。
(1) 用颗粒级配曲线定性反映土的级配状态:若颗粒级配曲线平缓,表示土中各种粒径的土粒都有,颗粒不均匀,级配良好;若曲线陡峻,则表示土粒较均匀,级配不好。
(2) 用两个指标定量评价土的级配状态:不均匀系数 $C_u = d_{60}/d_{10}$ 和曲率系数 $C_c = d_{30}^2/(d_{10} \times d_{60})$。
当 $C_u \geq 10$ 且 $C_c = 1 \sim 3$,级配良好;当 $C_u < 10$ 且 $C_c < 1$ 或 $C_c > 3$ 时,为级配间断。
4. 土的物理性质指标(三相比例指标):
(1) 直接测定的指标——ρ、G_s、w。
(2) 导出指标——ρ_d、ρ'、ρ_{sat}、e、n、S_r。
5. 土的物理状态指标:
1) 无黏性土的物理状态指标
(1) 无黏性土的密实度
① 碎石土的密实程度
《铁路桥涵地基和基础设计规范》(TB 10093—2017)对碎石类土的密实程度划分目前是根据土骨架的紧密情况、孔隙中充填物的充实程度、边坡稳定情况和钻进的难易程度来判断。
② 砂类土的密度
通常用相对密度 $D_r = \dfrac{e_{max} - e}{e_{max} - e_{min}}$ 来反映砂土的密实程度。相对密度 D_r 从理论上能反映土颗粒级配、形状等因素,但是该指标的测定精度无法保证。因此工程上常根据标准贯入试验的结果 ($N_{63.5}$) 判定砂土的密实程度。
(2) 粗粒土的潮湿程度
除密实程度以外,潮湿程度对碎石类土和砂类土的工程性质也有一定影响。碎石土与砂类土的潮湿程度按饱和度(S_r)的大小来划分;粉土潮湿程度按其天然含水率w划分。

2) 黏性土的稠度

稠度是指土的软硬程度或土对外力引起变形或破坏的抵抗能力。

①稠度界限——土从某种状态进入另外一种状态的分界含水率;液限w_L、塑限w_P。

②塑性指数$I_P = w_L - w_P$,塑性指数越大,表明土的塑性越大。塑性指数是黏性土和粉土的分类指标。

③液性指数$I_L = \dfrac{w - w_P}{w_L - w_P}$,液性指数反映黏性土的软硬程度。

6. 地基土的工程分类:

粗粒土按颗粒形状与粒径大小分类,细粒土按照塑性指数分类(部分土需要考虑其形成年代)。

7. 土的击实原理:

填土受到夯击或碾压等动力作用后,孔隙体积会减小,密度将增大。

在一定的击实能量下,土中的含水率适当时,压实的效果最好。这个适当的含水率称为最佳含水率w_{op},与之相对应的干密度称为最大干密度ρ_{dmax},相对应的干重度称为最大干重度γ_{dmax}。

【项目训练】

1. 正确分析土的颗粒组成。
2. 正确测试和计算土的物理性质指标和物理状态指标。
3. 根据相关试验数据正确进行土的工程分类。
4. 正确测试土的最大干密度和最优含水率。

【思考练习题】

1-1 土是怎样形成的?按成因不同,有哪几种主要类型?

1-2 什么是土的结构?土的结构有几种?

1-3 无黏性土最主要的物理状态指标是什么?如何划分土的密实程度?

1-4 黏性土的物理状态指标是什么?何谓液限,如何测定?何谓塑限,如何测定?

1-5 对土进行工程分类,有什么实际意义?

1-6 有一块体积$V = 54\text{cm}^3$的原状土样,质量为97g,烘干后质量为78g,已知土粒的重度$\gamma_s = 26.6\text{kN/m}^3$。求其天然重度$\gamma$,天然含水率$w$,干重度$\gamma_d$,饱和重度$\gamma_{sat}$,浮重度$\gamma'$,孔隙比$e$及饱和度$S_r$。

1-7 有湿土一块,质量为18g,烘干后质量为14g,并测得土样的液限为40%,塑限为24%。求土样的塑性指数和液性指数,并对该土样的地基进行评价。

1-8 已知饱和软土的塑性指数I_P为27,液限w_L为57%,液性指数I_L为1.2,土粒重度γ_s为26.6kN/m³,求孔隙比e。

1-9 测得砂土的天然重度为18.0kN/m³,含水率为9.59%,土粒重度γ_s为26.7kN/m³,最大孔隙比e_{max}为0.655,最小孔隙比e_{min}为0.475。试求砂土的天然孔隙比e及其相对密实度

D_r，并判定该土的密实程度。

1-10　土样质量为 450g，筛分结果如表 1-19 所示。试确定该土样的名称。

筛 分 结 果　　　　　　　　　　　　表 1-19

筛孔直径(mm)	2	0.5	0.25	0.1	<0.1
留筛土质量(g)	128	118	83	67	54

1-11　用标准击实试验法(每层 25 击)测得土样的重度和含水率的数据如表 1-20 所示。已知该土样的土粒相对密度 $G_s = 2.75$，求最优含水率、最大干重度及其相应的饱和度。

击实试验数据表　　　　　　　　　　　表 1-20

试验号	1	2	3	4	5	6
重度(kN/m³)	17.80	18.66	19.33	19.74	19.79	19.62
含水率(%)	14.7	17.0	18.8	20.6	21.7	23.5
干重度(kN/m³)						

项目二

地基应力计算

【能力目标】
1. 能够熟练进行地基土中的自重应力计算。
2. 能够熟练进行地基土中附加应力计算。
3. 能够分析判断软弱下卧层的存在位置,能够进行软弱下卧层顶面的应力计算以判断软弱下卧层的强度是否符合地基强度的要求。

【知识目标】
1. 理解自重应力和附加应力的工程意义。

2. 理解刚性基础底面压力重分布现象产生的条件,掌握基底压力的计算方法。
3. 掌握不同条件下自重应力和附加应力的计算方法。
4. 掌握软弱下卧层顶面应力的计算方法。

【素质目标】
通过学习地基自重应力、附加应力计算方法和工程应用,培养学生认真、严谨的职业素质。

【案例导入】

天津市人民会堂办公楼墙体开裂——地基附加应力的影响

天津市人民会堂办公楼,东西向7个开间,长度约27.0m,南北向宽约5.0m,高约5.6m,为两层楼房。工程建成后使用正常。

1984年7月,在办公楼西侧新建天津市科学会堂学术楼。此楼东西向8个开间,长约34m,南北宽约18m,高约22m,为6层大楼。两楼外墙净距仅30cm。当年年底,人民会堂办公楼西侧北墙发现裂缝。此后,裂缝不断加长、加宽,开裂宽度超过10cm,长度超过6m。

分析原因是新建天津市科学会堂学术楼的附加应力扩散至原有人民会堂办公楼西侧软弱地基,引起严重下沉所致。

通过上述案例可知,土体中的应力计算不仅在地基沉降和地基承载力计算中至关重要,而且土中附加应力的扩散对周边已有建筑物的影响也非常明显。近年来由于新建工程的建设对已有工程造成相应危害的案例很多,由此影响了工程建设周期,增加了建设附加费。

下面通过项目二的学习掌握土中应力的计算方法。

为了计算地基的稳定性及沉降量,必须研究在荷载作用下地基土中的应力。

影响土中应力分布的因素

土中应力可分为自重应力和附加应力。自重应力是上覆土体本身的重力所引起的应力,其值随深度的增加而增大。一般来说,自重应力不会使地基产生变形,这是因为土层形成的年代已久远,在自重作用下,压缩变形早已完成。但对于新沉积的土或新填土,则应考虑在自重作用下的地基变形。附加应力是建筑物的荷载在地基土中产生的应力。它以一定的角度向下扩散传播到地基的深处,其值随深度的增加而减小。附加应力改变了地基土中原有的应力状态,使地基产生压缩变形,并导致建筑物基础产生沉降。

在计算土中应力时,通常使用弹性力学的方法求解,即假设土体为连续均匀、各向同性的半无限线性变形体。研究土中应力与应变关系时,认为土处于弹性变形范围内。实际上,土是不符合理想弹性体的上述含义的,而是弹塑性和各向非均质的异性体。由于一般建筑物荷载引起的土中应力不大,所以应力与应变之间才有近似的直线关系,此时,才可以将土体作为弹性体看待,采用弹性理论计算土中应力。

任务一　自重应力计算

一　基本计算公式

自重应力是由于土的自重产生的应力,竖向自重应力用 σ_{cz} 表示,侧向自重应力用 σ_{cx} 或 σ_{cy} 表示,下面重点介绍 σ_{cz} 的计算。

计算 σ_{cz} 时,把天然地面看作是一个平面,假定地基土为半无限体(又称半空间体),如图2-1所示,以水平地面为界,在 x、y 轴的正负方向和 z 轴的正方向与建筑物的尺寸相比都可以认为是无限的,故称为半无限体。

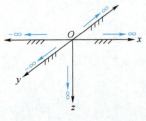

图2-1　半空间体示意图

当土质均匀时,则任一水平面上的竖向自重应力都是均匀无限分布的,在此应力作用下,地基土只能产生竖向变形,不可能产生侧向变形和剪切变形,土体内任一竖直面都是对称面,对称面上的剪应力等于零。根据剪应力互等定理可知,任一水平面上的剪应力也等于零。若在土中切取一个水平截面积为 A 的土柱,如图2-2所示,根据静力平衡条件可知:在 z 深度处的平面,因土柱自重产生的竖向自重应力等于单位面积土柱的重力。

$$\sigma_{cz} = \frac{G}{A} = \frac{\gamma z A}{A} = \gamma z \tag{2-1}$$

式中:σ_{cz}——土的竖向自重应力(kPa);
　　　G——土柱的重力(kN);
　　　γ——土的重度(kN/m³);
　　　z——地面至计算点的深度(m)。

由式(2-1)可知:土的自重应力随深度 z 线性增加,当土的重度不变时,σ_{cz} 与 z 成正比,沿深度呈三角形分布,如图2-2所示。

天然地层往往由不同厚度、不同重度的土层组成,其自重应力需按式(2-1)分层计算后再叠加,如图2-3所示。z 深度处的自重应力为:

$$\sigma_{cz} = \gamma_1 h_1 + \gamma_2 h_2 + \cdots + \gamma_n h_n = \sum_{i=1}^{n} \gamma_i h_i \tag{2-2a}$$

式中:n——计算范围内的土层数;
　　　γ_i——第 i 层土的重度(kN/m³);
　　　h_i——第 i 层土的厚度(m)。

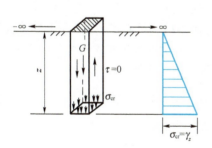

图2-2　土的自重应力

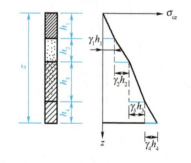

图2-3　成层土的自重应力土

分层土的自重应力沿深度呈折线分布。

 地下水与不透水层的影响

(一)地下水的影响

如果土层在水位(地表水或地下水)以下,计算自重应力时,应根据土的透水性质选用符合实际情况的重度。对于透水土层如砂土、粉土等,孔隙中充满自由水,土颗粒将受到水的浮力作用,应采用浮重度 γ',如果地下水位出现在同一土层中(如图2-4所示的细砂层),地下水位线应视为土层分界线,则细

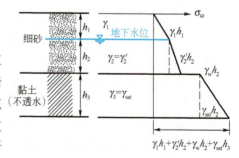

图2-4　地下水与不透水层影响

砂层底面处的自重应力为：

$$\sigma_{cz} = \gamma_1 h_1 + \gamma'_2 h_2 \tag{2-2b}$$

(二) 不透水层的影响

不透水土(如紧密的黏土)长期浸泡在水中,处于饱和状态,土中的孔隙水几乎全部是结合水,这些结合水的物理特性与自由水不同,它不传递静水压力,不起浮力作用,所以土颗粒不受浮力影响,计算自重应力时应采用饱和重度γ_{sat},如图2-4所示的黏土层(不透水),该层土本身产生的自重应力为$\gamma_{sat} h_3$,而在不透水层顶面处的自重应力等于全部上覆土层的自重应力与静水压力之和,即：

$$\sigma_{cz} = \gamma_1 h_1 + \gamma'_2 h_2 + \gamma_w h_2 \tag{2-2c}$$

式中：γ_w——水的重度(kN/m^3)。

黏性土层底面处的自重应力为：

$$\sigma_{cz} = \gamma_1 h_1 + \gamma'_2 h_2 + \gamma_w h_2 + \gamma_{sat} h_3 \tag{2-2d}$$

天然土层比较复杂,对于黏性土,很难确切判定其是否透水。一般认为：长期浸在水中的黏性土,若其液性指数$I_L \leq 0$,表明该土处于半干硬状态,可按不透水考虑;若$I_L > 1$,表明该土处于流塑状态,可按透水考虑;若$0 < I_L \leq 1$,表明该土处于可塑状态,则按两种情况考虑其不利者。

必须说明：土中应力是指土粒与土粒之间接触点传递的粒间应力,它是引起地基变形、影响土体强度的主要因素,故粒间应力又称为有效应力。本教材中所用到的自重应力都是指有效自重应力(简称自重应力)。

【例2-1】 已知如图2-5所示的地层剖面,试计算其自重应力并绘制自重应力的分布图。

解 填土层底处：

$$\sigma_{cz1} = \gamma_1 h_1 = 15.7 \times 0.5 = 7.85 (kPa)$$

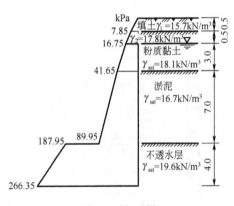

图2-5 例2-1图

地下水位处：

$$\sigma_{cz2} = \gamma_1 h_1 + \gamma_2 h_2$$
$$= 7.85 + 17.8 \times 0.5 = 16.75 (kPa)$$

粉质黏土层底处：

$$\sigma_{cz3} = \gamma_1 h_1 + \gamma_2 h_2 + \gamma'_3 h_3 = 16.75 + (18.1 - 9.8) \times 3 = 41.65 (kPa)$$

淤泥层底处：

$$\sigma_{cz4} = \gamma_1 h_1 + \gamma_2 h_2 + \gamma'_3 h_3 + (\gamma_{sat} - \gamma_w) h_4$$
$$= 41.65 + (16.7 - 9.8) \times 7 = 89.95 (kPa)$$

不透水层顶层面处：

$$\sigma'_{cz4} = \gamma_1 h_1 + \gamma_2 h_2 + \gamma'_3 h_3 + (\gamma_{sat4} - \gamma_w) h_4 + \gamma_w (h_3 + h_4)$$
$$= 89.95 + 9.8 \times (3 + 7) = 187.95 (kPa)$$

钻孔底：

$$\sigma_{cz5} = \gamma_1 h_1 + \gamma_2 h_2 + \gamma'_3 h_3 + (\gamma_{sat4} - \gamma_w) h_4 + \gamma_w (h_3 + h_4) + \gamma_{sat5} h_5$$
$$= 187.95 + 19.6 \times 4 = 266.35 (kPa)$$

任务二　基底压力分布与计算

一　基底压力的分布

建筑物荷载由基础传给地基,在接触面上存在着接触应力,也称基底压力。它是基础作用于地基表面的力,是计算土中附加应力的依据。地基对于基础的反作用力,是计算净反力的依据,而净反力是基础结构设计中内力计算的荷载条件。

在求土中应力或设计基础时,必须先了解基础底面上应力的分布情况。应力分布情况与基础本身的刚度有很大关系。有些基础允许其变形,除承受压力外还能承担一定的弯矩,这种基础一般称为柔性基础。用钢筋混凝土做成的基础则属于此类。当向地基土中传递荷载的是柔性基础时,则可假想基础本身能随地基表面的变形而变形,作用于基础底面上土的反力,其分布情况应和上面荷载的分布情况一致,基底任一点的压力等于该点以上填土的自重压力,如图2-6、图2-7所示。

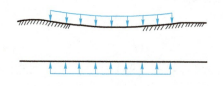

图2-6　柔性基础均布荷载下的基底压力分布　　图2-7　土路堤(相当于柔性基础)的基底压力分布

如用混凝土或砖石筑成的大块整体基础,只要它的高度满足一定要求,就可以认为是接近绝对刚性的,也就是说在外力作用下,它是绝对不变形的,并且只能承受压力而不能承担拉力,这种基础一般称为刚性基础。刚性基础下沉后其底面仍保持平面形状,如桥墩、桥台基础。即当基础的刚度大大超过土的刚度,基础底面始终保持平面,底面上的压应力分布就与荷载分布情况不同。不论何种形状的刚性基础,按弹性理论计算,其基底压力都是呈鞍状分布,即越接近边缘,其压应力越大,如图2-8所示。

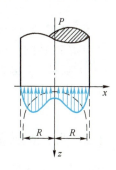

图2-8　按弹性理论计算基底压力分布

综上所述,可知影响压力的因素既多又复杂,要从理论上求得作用在基底上的真正应力图是一个很困难的问题,为了简化计算,一般都采用近似公式计算。

二　基底压力的简化计算

由于基底压力的分布情况对于地基土中的附加应力分布的影响是随着深度的增加而减少。根据弹性理论原理,在地基表面以下深度超过基础宽度1.5倍时,地基中引起的附加应力分布几乎与基础压力分布情况无关,而主要与基础总荷载大小有关。试验证明:当基础宽度不小于1.0m,荷载不大时,刚性基础的基底压力分布可近似按直线变化规律计算,这种简化计算而引起的误差在地基变形的实际计算中是容许的。

这个简化计算作了如下假定:

(1) 基础为不变形的绝对刚体,受荷载作用后基础底面始终保持为平面。

(2) 基底应力与基础沉降成正比。

根据这两个假定,如基础所受的荷载为中心垂直荷载,则基底沉降是均匀的,基底压力也是均匀的,呈水平直线分布[图2-9a)],而在偏心垂直荷载下,基底沉降是不均匀的,基底压力呈倾斜直线分布[图2-9b)]。于是得出以下基底压力的简化计算方法。

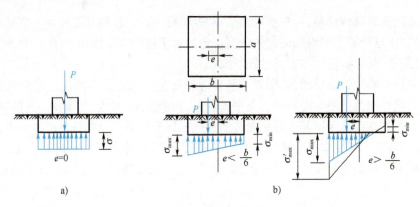

图2-9 基底压力分布近似计算

(一) 中心受压基础

在中心荷载 $P(kN)$ 作用下,基底压力为均匀分布,如图2-9a)所示。设基础底面积为 $A(m^2)$,则基底应力 σ 为:

$$\sigma = \frac{P}{A} \quad (kPa) \tag{2-3}$$

注意:在基础设计中,应力符号的规定,以压应力为正号。

对于条形基础,只需取1m长度(叫1延长米)进行计算,此时 P 为1延长米上作用的荷载,A 为1延长米的基底面积,其值等于 $b \times 1$,则基底压力 σ 为:

$$\sigma = \frac{P}{b} \quad (kPa) \tag{2-4}$$

(二) 偏心受压基础

偏心受压基础有单向偏心和双向偏心之分,这里只讲述单向偏心受压基础。

当基础荷载 P 作用在某一主形心轴上且对另一主形心轴有一偏心距 e 时,可将偏心荷载 P 的作用看作是在基底形心的中心荷载 P 和它对形心主轴的力矩 $M = Pe$ 的共同作用。今以铁路桥梁中常见的矩形基础为例,说明其计算方法。

矩形基础边缘的基底应力按材料力学中的公式进行计算如图2-10所示,即:

$$\genfrac{}{}{0pt}{}{\sigma_{max}}{\sigma_{min}} = \frac{P}{A} \pm \frac{M}{W} = \frac{P}{A} \pm \frac{Pe}{W} = \frac{P}{A}\left(1 \pm \frac{6e}{b}\right) \tag{2-5}$$

式中:b——P 作用的形心主轴方向边长(m);

P——基底竖向荷载(kN);

M——竖向荷载 P 对形心主轴偏心距 e 引起的力矩(kN·m);

W——基底面积对 y 轴的截面抵抗矩,即 $W = \frac{1}{6}ab^2 (m^3)$。

从式(2-6)及图 2-11 中可以看出，基底压力分布有三种情况：

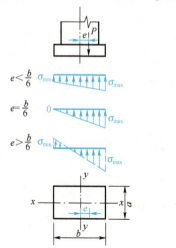
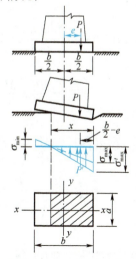

图 2-10　矩形基础单向偏心荷载作用下的基底压力　　图 2-11　矩形基础单向偏心荷载作用下的应力重分布

（1）当 $e < \dfrac{b}{6}$ 时，$\sigma_{\min}$ 为正值，基底压力按梯形分布；

（2）当 $e = \dfrac{b}{6}$ 时，$\sigma_{\min}$ 为零，基底压力为三角形分布；

（3）当 $e > \dfrac{b}{6}$ 时，$\sigma_{\min}$ 为负值，表示基底一侧出现拉应力。

实际上，基底与地基之间不能传递拉应力而是出现局部分离，受力面积有所减少，因此，基底压力会重新分布，如图 2-11 所示。此时，用式(2-5)计算的基底压力就和实际不符合，须按压力重分布后的情况按式(2-6)进行计算。

压力重分布后，假定应力分布图形为三角形，设基底压力分布宽度为 x，从图 2-11 中可知，基底反力的合力 $P' = \dfrac{1}{2} x \sigma'_{\max} \cdot a$ 的竖向作用线必通过三角形应力图形的形心，按静力平衡条件，基底反力的合力 P' 与荷载 P 的大小相等，方向相反，并作用在同一竖直线上，从而可得：

$$\dfrac{x}{3} = \dfrac{b}{2} - e;\ P' = \dfrac{1}{2} x \cdot \sigma_{\max} \cdot a = P$$

解上列两式，得：

$$x = 3\left(\dfrac{b}{2} - e\right)$$

$$\sigma'_{\max} = \dfrac{2P}{3\left(\dfrac{b}{2} - e\right) \cdot a} \tag{2-6}$$

【例 2-2】　有一矩形桥墩基础 $a = 6.0\mathrm{m}$，$b = 4.0\mathrm{m}$，受到沿 b 方向的单向竖直偏心荷载 $P = 8000\mathrm{kN}$ 的作用。试求：

（1）当偏心距 $e = 0.40\mathrm{m}$ 时，基底最大压应力为多少？

（2）当偏心距 $e = 0.80\mathrm{m}$ 时，基底最大压应力为多少？

解　基底面积：$A = a \cdot b = 6 \times 4 = 24.0(\mathrm{m}^2)$

截面抵抗矩：$$W = \frac{1}{6} a \cdot b^2 = \frac{1}{6} \times 6 \times 4^2 = 16.0 \, (\text{m}^3)$$

（1）当 $e = 0.40\text{m}$ 时，$e < \dfrac{b}{6} = 0.67\text{m}$

$$\begin{matrix} \sigma_{\max} \\ \sigma_{\min} \end{matrix} = \frac{P}{A} \pm \frac{M}{W} = \frac{8000}{24} \pm \frac{8000 \times 0.40}{16} = \begin{matrix} 533\,(\text{kPa}) \\ 133\,(\text{kPa}) \end{matrix}$$

（2）当 $e = 0.8\text{m}$ 时，$e > \dfrac{b}{6} = 0.67\text{m}$，基底最大应力应按应力重分布公式：

$$\sigma'_{\max} = \frac{2P}{3\left(\dfrac{b}{2} - e\right) a} = \frac{2 \times 8000}{3 \times \left(\dfrac{4}{2} - 0.8\right) \times 6.0} = 741 \, (\text{kPa})$$

三 基底附加压力的计算

建筑物的基础底面总是要埋置在地面以下一定的深度，这个深度称为基础埋置深度，用 h 表示。

如图 2-12 所示，建筑物在建造前，距地面为 h 的基底处，原来就存在自重应力 γh，此自重应力 γh 称为基底处的原存应力，一般来说，原存应力是不会引起地基沉降的。

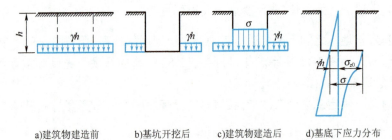

a) 建筑物建造前　　b) 基坑开挖后　　c) 建筑物建造后　　d) 基底下应力分布

图 2-12　建筑物在建造过程中基底应力的变化

基底附加压力是指建筑物建成后使基础底面净增加的压力，又叫基底净加压力或基底附加应力，以 σ_{z0} 表示。

当建造建筑物时，通常需先开挖基坑，这时，基底就卸除了自重应力 γh。而建筑物建造完成后，全部建筑物荷载就作用在基础底面上，基底压力为 σ。显然，能使建筑物产生沉降的应力，并不是基底压力 σ，而是从其中扣去相应于原存应力 γh 后的那部分应力，即：

$$\sigma_{z0} = \sigma - \gamma h \tag{2-7}$$

式中：σ_{z0}——基底附加应力；

σ——基底压力；

γ——基底以上土的天然重度（kN/m^3），分层土采用加权平均重度；

h——基底埋藏深度（m），一般由天然地面算起，若受水流冲刷时，由一般冲刷线算起。

任务三 土中附加应力计算

由外荷载在地基中引起的应力称为地基附加应力(或称荷载应力),用 σ_z 表示。σ_z 是以 σ_{z0} 为荷载按弹性理论求解的。计算附加应力时,假定地基土为均质、连续、各向同性的半无限线性变形体。实际上,地基土往往是分层的,各层土之间的性质差别较大,严格地说,上述假定与实际情况不一定相符。但当荷载不大,地基中的塑性变形区很小时,荷载与变形之间近似于直线关系,实践证明,用弹性理论计算的应力值与实测的结果出入不大,在工程中是允许的。

如果作用于地基面上的荷载是均匀满布的,例如大面积水平填土,则地基附加应力的分布不随深度而变化,即各个深度处的 σ_z 相等,其值等于满布荷载的强度,如图 2-13 所示。

由于建筑物的基础总是有限的,并且基底的形状各异,受力情况不同,因此,作用于地基面上的荷载(即基底压力)必然是具有不同形状和不同分布形式的局部荷载,这种荷载所引起的地基附加应力要比均匀满布荷载的情况复杂得多。下面分别讨论不同面积、不同分布形式的局部荷载作用下,地基附加应力的计算。

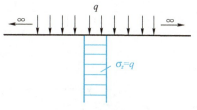

图 2-13 满布荷载时附加应力

竖直集中荷载作用下的地基附加应力计算

(一)计算公式

设在无限伸展的地面 O 点上,如图 2-14 所示,作用一竖向集中荷载 $P(kN)$,试求土中任意一点 M 的竖向附加应力 σ_z (kPa)。法国的布辛纳斯克(Boussinesq)用弹性理论求得其解答为:

$$\sigma_z = \frac{3P}{2\pi} \cdot \frac{z^3}{R^5} \quad (2\text{-}8)$$

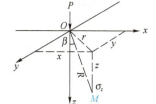

图 2-14 集中荷载 P 作用下土中附加应力

已知 $R = \sqrt{r^2 + z^2}$,式(2-8)可改写为:

$$\sigma_z = \frac{3P}{2\pi z^2} \cdot \frac{1}{\left[1 + \left(\frac{r}{z}\right)^2\right]^{\frac{5}{2}}} = \alpha_1 \frac{P}{z^2} \quad (\text{kPa}) \quad (2\text{-}9)$$

式中: $\alpha_1 = \frac{3}{2\pi} \cdot \frac{1}{\left[1 + \left(\frac{r}{z}\right)^2\right]^{\frac{5}{2}}}$,称为集中荷载竖向附加应力系数,其值可按比值 $\frac{r}{z}$ 由表 2-1 查得。

集中力作用下土中附加应力计算例题

集中荷载作用下的竖向附加应力系数 α_1 表 2-1

r/z	α_1	r/z	α_1	r/z	α_1	r/z	α_1
0.00	0.4775	0.65	0.1978	1.30	0.0402	1.95	0.0095
0.05	0.4745	0.70	0.1762	1.35	0.0357	2.00	0.0085
0.10	0.4657	0.75	0.1565	1.40	0.0317	2.20	0.0058
0.15	0.4516	0.80	0.1386	1.45	0.0282	2.40	0.0040
0.20	0.4329	0.85	0.1226	1.50	0.0251	2.60	0.0029
0.25	0.4103	0.90	0.1083	1.55	0.0224	2.80	0.0021
0.30	0.3849	0.95	0.0956	1.60	0.0200	3.00	0.0015
0.35	0.3577	1.00	0.0844	1.65	0.0179	3.50	0.0007
0.40	0.3294	1.05	0.0744	1.70	0.0160	4.00	0.0004
0.45	0.3011	1.10	0.0658	1.75	0.0144	4.50	0.0002
0.50	0.2733	1.15	0.0581	1.80	0.0129	5.00	0.0001
0.55	0.2466	1.20	0.0513	1.85	0.0116		
0.60	0.2214	1.25	0.0454	1.90	0.0105		

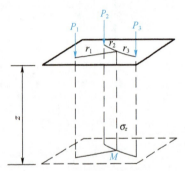

图 2-15 多个集中荷载引起的附加应力

(二) 土中应力的叠加

当地面上有两个及其以上相邻的集中荷载作用时 (图 2-15), 在地面下某深度 M 点处的竖向附加应力, 可先按式 (2-9) 分别计算, 然后叠加, 即可求得。

$$\sigma_z = \alpha_{11}\frac{P_1}{z^2} + \alpha_{12}\frac{P_2}{z^2} + \cdots = \sum_{i=1}^{n}\alpha_{1i}\frac{P_i}{z^2} \quad (2\text{-}10)$$

式中: α_{1i} —— 在集中荷载 P_i 作用下, 深度 z 处 M 点上的竖向附加应力系数 α_1。

当荷载在地面上呈不规则分布时, 可把荷载分布平面划分成许多小块面积, 将每一小块面积上分布的荷载近似地用一集中荷载代替, 这个集中荷载作用于该分布荷载的合力作用点处, 然后利用式 (2-10) 进行计算。

应当注意, 集中荷载的作用点至土中计算点的距离不宜小于 $3b$ (b 为该小块面积的短边尺寸), 否则误差会过大。

二、面荷载作用下的土中附加应力

(一) 矩形面积受均布荷载作用下的土中竖向附加应力

1. 中心点下的附加应力

如图 2-16 所示, 在矩形地面上作用着均布荷载 p (kPa) 时, 承载面积中心点下深度 z 处的 M 点上的竖向附加应力为:

$$\sigma_z = \alpha_0 p \text{ (kPa)} \quad (2\text{-}11)$$

式中: α_0 —— 矩形均布荷载中点应力系数, 根据比值 $\dfrac{a}{b}$、

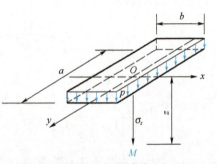

图 2-16 矩形面积均布荷载中心点下的附加应力

$\dfrac{z}{b}$ 由表 2-2 查得,其中 a、b 分别为矩形面积的长边和短边,z 为荷载作用面到计算点 M 的深度。

矩形面积均布荷载中点下的竖向应力系数 α_0 表 2-2

z/b	矩形的长宽比 a/b											a/b≥10 条形基础
	1	1.2	1.4	1.6	1.8	2	2.4	2.8	3.2	4	5	
0	1	1	1	1	1	1	1	1	1	1	1	1
0.1	0.980	0.984	0.986	0.987	0.987	0.988	0.988	0.988	0.989	0.989	0.989	0.989
0.2	0.960	0.968	0.972	0.974	0.975	0.976	0.976	0.977	0.977	0.977	0.977	0.977
0.3	0.880	0.899	0.910	0.917	0.920	0.923	0.925	0.928	0.928	0.929	0.929	0.929
0.4	0.800	0.830	0.848	0.859	0.866	0.870	0.875	0.878	0.879	0.880	0.881	0.881
0.5	0.703	0.741	0.765	0.781	0.791	0.799	0.809	0.812	0.814	0.817	0.818	0.819
0.6	0.606	0.651	0.682	0.703	0.717	0.727	0.740	0.746	0.749	0.753	0.754	0.755
0.7	0.527	0.574	0.607	0.630	0.646	0.660	0.674	0.685	0.690	0.694	0.697	0.698
0.8	0.449	0.496	0.532	0.558	0.579	0.593	0.612	0.623	0.630	0.636	0.639	0.642
0.9	0.392	0.437	0.473	0.499	0.518	0.536	0.559	0.572	0.579	0.588	0.592	0.596
1.0	0.334	0.378	0.414	0.441	0.463	0.481	0.505	0.520	0.529	0.540	0.545	0.550
1.1	0.295	0.335	0.369	0.396	0.418	0.436	0.462	0.479	0.488	0.501	0.508	0.513
1.2	0.257	0.294	0.325	0.352	0.374	0.392	0.419	0.437	0.447	0.462	0.470	0.477
1.3	0.229	0.263	0.292	0.318	0.339	0.357	0.384	0.403	0.426	0.431	0.440	0.448
1.4	0.201	0.232	0.260	0.284	0.304	0.321	0.350	0.369	0.383	0.400	0.410	0.420
1.5	0.180	0.209	0.235	0.258	0.277	0.294	0.322	0.341	0.356	0.374	0.385	0.397
1.6	0.160	0.187	0.210	0.232	0.251	0.267	0.294	0.314	0.329	0.348	0.360	0.374
1.7	0.145	0.170	0.191	0.212	0.230	0.245	0.272	0.292	0.307	0.326	0.340	0.355
1.8	0.130	0.153	0.173	0.192	0.209	0.224	0.250	0.270	0.285	0.305	0.320	0.337
1.9	0.119	0.140	0.159	0.177	0.192	0.207	0.233	0.251	0.263	0.288	0.303	0.320
2.0	0.108	0.127	0.145	0.161	0.176	0.189	0.214	0.233	0.241	0.270	0.285	0.304
2.1	0.099	0.116	0.133	0.148	0.163	0.176	0.199	0.220	0.230	0.255	0.270	0.292
2.2	0.090	0.107	0.122	0.137	0.150	0.163	0.185	0.208	0.218	0.239	0.256	0.280
2.3	0.083	0.099	0.113	0.127	0.139	0.151	0.173	0.193	0.205	0.226	0.243	0.269
2.4	0.077	0.092	0.105	0.118	0.130	0.141	0.161	0.178	0.192	0.213	0.230	0.258
2.5	0.072	0.085	0.097	0.109	0.121	0.131	0.151	0.167	0.181	0.202	0.219	0.249
2.6	0.066	0.079	0.091	0.102	0.112	0.123	0.141	0.157	0.170	0.191	0.208	0.239
2.7	0.062	0.073	0.084	0.095	0.105	0.115	0.132	0.148	0.161	0.182	0.199	0.234
2.8	0.058	0.069	0.079	0.089	0.099	0.108	0.124	0.139	0.152	0.172	0.189	0.228
2.9	0.054	0.064	0.074	0.083	0.093	0.101	0.117	0.132	0.144	0.163	0.180	0.218
3.0	0.051	0.060	0.070	0.078	0.087	0.095	0.110	0.124	0.136	0.155	0.172	0.208
3.2	0.045	0.053	0.062	0.070	0.077	0.085	0.098	0.111	0.122	0.141	0.158	0.190
3.4	0.040	0.048	0.055	0.062	0.069	0.076	0.088	0.100	0.110	0.128	0.144	0.184
3.6	0.036	0.042	0.049	0.056	0.062	0.068	0.080	0.090	0.100	0.117	0.133	0.175

续上表

z/b	矩形的长宽比 a/b										a/b≥10 条形基础
	1	1.2	1.4	1.6	1.8	2	2.4	2.8	3.2	4	5	
3.8	0.032	0.033	0.044	0.050	0.056	0.062	0.070	0.080	0.091	0.107	0.123	0.166
4.0	0.029	0.035	0.040	0.046	0.051	0.056	0.066	0.075	0.084	0.095	0.113	0.158
4.2	0.026	0.031	0.037	0.042	0.048	0.051	0.060	0.069	0.077	0.091	0.105	0.150
4.4	0.024	0.029	0.034	0.038	0.042	0.047	0.055	0.063	0.070	0.084	0.098	0.144
4.6	0.022	0.026	0.031	0.035	0.039	0.043	0.051	0.058	0.065	0.078	0.091	0.137
4.8	0.020	0.024	0.028	0.032	0.036	0.038	0.040	0.047	0.054	0.060	0.070	0.085	0.132
5.0	0.019	0.022	0.026	0.030	0.033	0.037	0.044	0.050	0.056	0.067	0.079	0.126

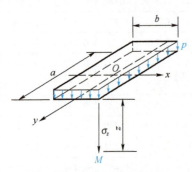

图 2-17 矩形面积均布荷载角点下的附加应力

2. 角点下的附加应力

如图 2-17 所示,在矩形地面上作用着均布荷载 p 时,承载面积角点下深度 z 处的 M 点上的竖向附加应力为:

$$\sigma_z = \alpha_d p \quad (\text{kPa}) \tag{2-12}$$

式中:α_d——矩形均布荷载角点应力系数,根据比值 $\dfrac{a}{b}$、$\dfrac{z}{b}$ 由表 2-3 查得。

3. 任意点下的附加应力(角点法)

矩形的地面上作用着均布荷载 p 时,承载面积任意点下深度 z 处的 M 点上的竖向附加应力 σ_z,可以利用上述角点下的应力公式及叠加原理,或利用中点下的应力公式及叠加原理进行计算,前者称为角点法,后者称为中点法,二者原理相同,这里只介绍角点法。

荷载作用面上 N 点下深度 z 处的 M 点上竖向附加应力,依 N 点的不同相对位置,可有下列四种情况:

(1) N 点位于矩形承载面积的边界上,如图 2-18a)所示。

这时,附加应力 σ_z 为两个矩形面积 $abeN$、$ecdN$ 角点下附加应力之和。即:

$$\sigma_z = (\alpha_{d\text{-}abeN} + \alpha_{d\text{-}ecdN})p \tag{2-13}$$

式中:$\alpha_{d\text{-}abeN}$、$\alpha_{d\text{-}ecdN}$——小矩形面积 $abeN$、$ecdN$ 的角点应力系数。

以下的角点应力系数角标符号注法相同,不再说明。

(2) N 点位于矩形承载面积内,如图 2-18b)所示。

这时,附加应力为四个小矩形面积角点下附加应力之和。即:

$$\sigma_z = (\alpha_{d\text{-}fagN} + \alpha_{d\text{-}gbeN} + \alpha_{d\text{-}echN} + \alpha_{d\text{-}hdfN})p \tag{2-14}$$

(3) N 点位于矩形承载面积之外,但在一组对边延长线范围之内,如图 2-18c)所示。这时,附加应力为面积 $gbeN$、$echN$ 角点下应力之和,再减去面积 $gafN$、$fdhN$ 角点下的应力。即:

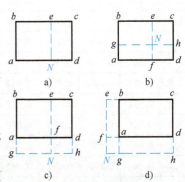

图 2-18 利用角点法计算附加应力

表 2-3

矩形面积均布荷载角点下的竖向应力系数 α_c

$\frac{z}{b}$	\\	矩形基础长宽比 $\frac{a}{b}$																					
	1.0	1.2	1.4	1.6	1.8	2.0	2.2	2.4	2.6	2.8	3.0	3.2	3.4	3.6	3.8	4.0	5.0	6.0	7.0	8.0	9.0	10.0
0.0	0.2500	0.2500	0.2500	0.2500	0.2500	0.2500	0.2500	0.2500	0.2500	0.2500	0.2500	0.2500	0.2500	0.2500	0.2500	0.2500	0.2500	0.2500	0.2500	0.2500	0.2500	0.2500
0.2	0.2486	0.2489	0.2490	0.2491	0.2491	0.2491	0.2492	0.2492	0.2492	0.2492	0.2492	0.2492	0.2492	0.2492	0.2492	0.2492	0.2492	0.2492	0.2492	0.2492	0.2492	0.2492
0.4	0.2401	0.2420	0.2429	0.2434	0.2439	0.2439	0.2440	0.2441	0.2442	0.2442	0.2442	0.2443	0.2443	0.2443	0.2443	0.2443	0.2443	0.2443	0.2443	0.2443	0.2443	0.2443
0.6	0.2229	0.2275	0.2300	0.2315	0.2324	0.2329	0.2333	0.2335	0.2337	0.2338	0.2339	0.2340	0.2340	0.2341	0.2341	0.2341	0.2342	0.2342	0.2342	0.2342	0.2342	0.2342
0.8	0.1999	0.2075	0.2120	0.2147	0.2165	0.2176	0.2183	0.2188	0.2192	0.2194	0.2196	0.2198	0.2199	0.2199	0.2200	0.2200	0.2202	0.2202	0.2202	0.2202	0.2202	0.2202
1.0	0.1752	0.1851	0.1911	0.1955	0.1981	0.1999	0.2012	0.2020	0.2026	0.2031	0.2034	0.2037	0.2039	0.2040	0.2041	0.2042	0.2044	0.2045	0.2045	0.2046	0.2046	0.2046
1.2	0.1516	0.1626	0.1705	0.1758	0.1793	0.1818	0.1836	0.1849	0.1858	0.1865	0.1870	0.1873	0.1876	0.1878	0.1880	0.1882	0.1885	0.1887	0.1888	0.1888	0.1888	0.1888
1.4	0.1308	0.1423	0.1508	0.1569	0.1613	0.1644	0.1667	0.1685	0.1696	0.1705	0.1712	0.1718	0.1722	0.1725	0.1728	0.1730	0.1735	0.1738	0.1739	0.1739	0.1739	0.1740
1.6	0.1123	0.1241	0.1329	0.1396	0.1445	0.1482	0.1509	0.1530	0.1545	0.1557	0.1567	0.1574	0.1580	0.1584	0.1587	0.1590	0.1598	0.1601	0.1602	0.1603	0.1604	0.1604
1.8	0.0969	0.1083	0.1172	0.1241	0.1294	0.1334	0.1365	0.1389	0.1408	0.1423	0.1434	0.1443	0.1450	0.1455	0.1460	0.1463	0.1474	0.1478	0.1480	0.1481	0.1482	0.1482
2.0	0.0840	0.0947	0.1034	0.1103	0.1158	0.1202	0.1236	0.1263	0.1284	0.1300	0.1314	0.1324	0.1332	0.1339	0.1345	0.1350	0.1363	0.1368	0.1371	0.1372	0.1373	0.1374
2.2	0.0732	0.0832	0.0917	0.0984	0.1039	0.1084	0.1120	0.1149	0.1172	0.1191	0.1205	0.1218	0.1227	0.1235	0.1242	0.1248	0.1264	0.1271	0.1274	0.1276	0.1277	0.1277
2.4	0.0642	0.0734	0.0813	0.0879	0.0934	0.0979	0.1016	0.1047	0.1071	0.1092	0.1108	0.1122	0.1133	0.1142	0.1150	0.1156	0.1175	0.1184	0.1188	0.1190	0.1191	0.1192
2.6	0.0566	0.0651	0.0725	0.0788	0.0842	0.0887	0.0924	0.0955	0.0981	0.1003	0.1020	0.1035	0.1047	0.1058	0.1066	0.1073	0.1095	0.1106	0.1111	0.1113	0.1115	0.1116
2.8	0.0502	0.0580	0.0649	0.0709	0.0761	0.0805	0.0842	0.0875	0.0900	0.0923	0.0942	0.0957	0.0970	0.0982	0.0991	0.0999	0.1024	0.1036	0.1041	0.1045	0.1047	0.1048

续上表

z/b	\multicolumn{19}{c}{矩形基础长宽比 a/b}
	1.0	1.2	1.4	1.6	1.8	2.0	2.2	2.4	2.6	2.8	3.0	3.2	3.4	3.6	3.8	4.0	5.0	6.0	7.0	8.0	9.0	10.0
3.0	0.0447	0.0519	0.0583	0.0640	0.0690	0.0732	0.0769	0.0801	0.0828	0.0851	0.0870	0.0887	0.0901	0.0913	0.0923	0.0931	0.0959	0.0973	0.0980	0.0983	0.0986	0.0987
3.2	0.0401	0.0467	0.0526	0.0580	0.0627	0.0668	0.0704	0.0735	0.0762	0.0786	0.0806	0.0823	0.0838	0.0850	0.0861	0.0870	0.0900	0.0916	0.0923	0.0928	0.0930	0.0933
3.4	0.0361	0.0421	0.0477	0.0527	0.0571	0.0611	0.0646	0.0677	0.0704	0.0727	0.0747	0.0765	0.0780	0.0793	0.0804	0.0814	0.0847	0.0864	0.0873	0.0877	0.0880	0.0882
3.6	0.0326	0.0382	0.0433	0.0480	0.0523	0.0561	0.0594	0.0624	0.0651	0.0374	0.0694	0.0712	0.0728	0.0741	0.0753	0.0763	0.0799	0.0816	0.0826	0.0832	0.0835	0.0837
3.8	0.0296	0.0348	0.0395	0.0439	0.0479	0.0516	0.0548	0.0577	0.0603	0.0626	0.0646	0.0664	0.0680	0.0694	0.0706	0.0717	0.0753	0.0773	0.0784	0.0790	0.0794	0.0798
4.0	0.0270	0.0318	0.0362	0.0403	0.0441	0.0474	0.0507	0.0535	0.0560	0.0588	0.0603	0.0620	0.0636	0.0650	0.0663	0.0674	0.0712	0.0733	0.0745	0.0752	0.0756	0.0758
4.2	0.0247	0.0291	0.0333	0.0371	0.0407	0.0439	0.0469	0.0496	0.0521	0.0543	0.0563	0.0581	0.0596	0.0610	0.0623	0.0634	0.0674	0.0696	0.0709	0.0716	0.0721	0.0724
4.4	0.0227	0.0268	0.0306	0.0343	0.0376	0.0407	0.0436	0.0462	0.0485	0.0507	0.0527	0.0544	0.0560	0.0574	0.0586	0.0597	0.0639	0.0662	0.0676	0.0684	0.0689	0.0692
4.6	0.0209	0.0247	0.0283	0.0317	0.0348	0.0378	0.0405	0.0430	0.0453	0.0474	0.0493	0.0510	0.0526	0.0540	0.0553	0.0564	0.0606	0.0630	0.0644	0.0654	0.0659	0.0683
4.8	0.0193	0.0229	0.0262	0.0294	0.0324	0.0352	0.0378	0.0402	0.0424	0.0444	0.0463	0.0480	0.0495	0.0509	0.0522	0.0533	0.0576	0.0601	0.0616	0.0626	0.0631	0.0638
5.0	0.0179	0.0212	0.0243	0.0274	0.0302	0.0328	0.0358	0.0376	0.0397	0.0417	0.0435	0.0451	0.0466	0.0480	0.0493	0.0504	0.0547	0.0573	0.0589	0.0599	0.0608	0.0810
6.0	0.0127	0.0151	0.0174	0.0196	0.0218	0.0238	0.0257	0.0276	0.0293	0.0310	0.0325	0.0340	0.0353	0.0366	0.0377	0.0388	0.0431	0.0460	0.0479	0.0491	0.0500	0.0506
7.0	0.0094	0.0112	0.0130	0.0147	0.0164	0.0130	0.0195	0.0210	0.0224	0.0238	0.0251	0.0263	0.0275	0.0286	0.0296	0.0306	0.0346	0.0376	0.0396	0.0411	0.0421	0.0428
8.0	0.0073	0.0087	0.0101	0.0114	0.0127	0.0140	0.0153	0.0165	0.0176	0.0187	0.0198	0.0209	0.0219	0.0228	0.0237	0.0240	0.0283	0.0311	0.0332	0.0348	0.0359	0.0367
9.0	0.0058	0.0069	0.0080	0.0091	0.0102	0.0112	0.0122	0.0132	0.0142	0.0152	0.0161	0.0169	0.0175	0.0186	0.0194	0.0202	0.0235	0.0262	0.0282	0.0298	0.0310	0.0319
10.0	0.0047	0.0056	0.0065	0.0074	0.0083	0.0092	0.0100	0.0109	0.0117	0.0125	0.0132	0.0140	0.0147	0.0154	0.0162	0.0167	0.0198	0.0222	0.0242	0.0258	0.0270	0.0280

$$\sigma_z = (\alpha_{\text{d-gbeN}} + \alpha_{\text{d-echN}} - \alpha_{\text{d-gafN}} - \alpha_{\text{d-fdhN}})p \tag{2-15}$$

（4）N 点位于矩形承载面积之外，也不在任一组对边延长线范围之内，如图 2-18d）所示。这时，附加应力为面积 $echN$、$fagN$ 角点下应力之和，再减去面积 $ebgN$、$fdhN$ 角点下的应力。即：

$$\sigma_z = (\alpha_{\text{d-echN}} - \alpha_{\text{d-ebgN}} - \alpha_{\text{d-fdhN}} + \alpha_{\text{d-fagN}})p \tag{2-16}$$

【例 2-3】 地面上一矩形承载面积 $abcd$ 的长边 $a = 6\text{m}$，短边 $b = 4\text{m}$，如图 2-19 所示，其上作用的均布荷载 $p = 300\text{kPa}$，求矩形面积中心点、角点和矩形面积内、外的 N、M 点下 4m 深度处的竖向附加应力。

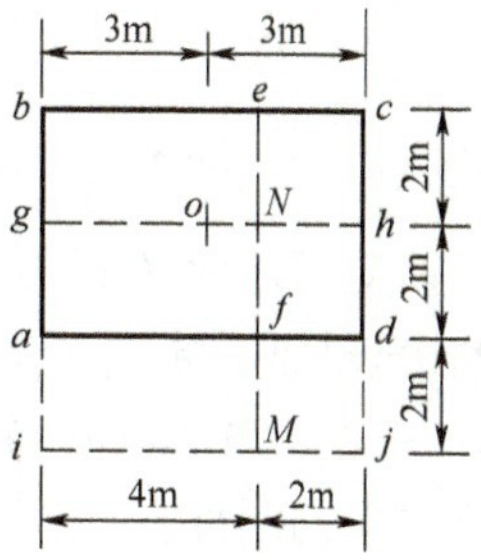

解 （1）中心点 O 下 4m 深度处的竖向附加应力

已知：$a = 6\text{m}$　$b = 4\text{m}$　$z = 4\text{m}$　$p = 300\text{kPa}$

按 $\dfrac{a}{b} = \dfrac{6}{4} = 1.5$，$\dfrac{z}{b} = \dfrac{4}{4} = 1$，查表 2-2，得 $\alpha_0 = 0.4275$

$$\sigma_z = \alpha_0 p = 0.4275 \times 300 = 128(\text{kPa})$$

（2）角点下 4m 深度处的竖向附加应力

已知：$a = 6\text{m}$　$b = 4\text{m}$　$z = 4\text{m}$　$p = 300\text{kPa}$

按 $\dfrac{a}{b} = \dfrac{6}{4} = 1.5$，$\dfrac{z}{b} = \dfrac{4}{4} = 1$，查表 2-3，得 $\alpha_d = 0.1933$

$$\sigma_z = \alpha_d p = 0.1933 \times 300 = 58.0(\text{kPa})$$

（3）矩形承载面积内 N 点下 4m 深度处的竖向附加应力

将矩形面积 $abcd$ 划分成 4 小块矩形面积，按角点法列表 2-4 计算。

$$\sigma_z = (\alpha_{\text{d-fagN}} + \alpha_{\text{d-gbeN}} + \alpha_{\text{d-echN}} + \alpha_{\text{d-hdfN}})p$$
$$= 36.1 + 36.1 + 25.2 + 25.2 = 122.6(\text{kPa})$$

N 点下 4m 深度处的竖向附加应力　　表 2-4

小矩形面积	$a(\text{m})$	$b(\text{m})$	$z(\text{m})$	a/b	z/b	α_d	$p(\text{kPa})$	$\alpha_d p(\text{kPa})$
$fagN$	4.0	2.0	4.0	2.0	2.0	0.1202	300	36.1
$gbeN$	4.0	2.0	4.0	2.0	2.0	0.1202	300	36.1
$echN$	2.0	2.0	4.0	1.0	2.0	0.0840	300	25.2
$hdfN$	2.0	2.0	4.0	1.0	2.0	0.0840	300	25.2

（4）矩形承载面积外 M 点下 4m 深度处的竖向附加应力

将矩形面积 $abcd$ 按图 2-19 进行划分，再利用角点法列表 2-5 计算。

$$\sigma_z = (\alpha_{\text{d-ibeM}} + \alpha_{\text{d-ecjM}} - \alpha_{\text{d-iafM}} - \alpha_{\text{d-fdjM}})p$$
$$= 58.0 + 39.4 - 36.1 - 25.2 = 36.1(\text{kPa})$$

M 点下 4m 深度处的竖向附加应力　　表 2-5

小矩形面积	$a(\text{m})$	$b(\text{m})$	$z(\text{m})$	a/b	z/b	α_d	$p(\text{kPa})$	$\alpha_d p(\text{kPa})$
$ibeM$	6.0	4.0	4.0	1.5	1.0	0.1933	300	58.0
$ecjM$	6.0	2.0	4.0	3.0	2.0	0.1314	300	39.4
$iafM$	4.0	2.0	4.0	2.0	2.0	0.1202	300	36.1
$fdjM$	2.0	2.0	4.0	1.0	2.0	0.0840	300	25.2

图 2-19　例 2-3 图

(二) 矩形面积受三角形分布荷载作用下的土中竖向附加应力

（1）如图 2-20a) 所示，矩形面积的地面上作用着三角形分布荷载时，荷载强度为零的角点 A 下、深度 z 处的 M_1 点上的竖向附加应力为：

$$\sigma_z = \alpha_{T_1} p \quad (2\text{-}17)$$

荷载强度最大值 p 处角点 B 下、深度 z 处的 M_2 点上的竖向附加应力为：

$$\sigma_z = \alpha_{T_2} p \quad (2\text{-}18)$$

上列两式中，α_{T_1}、α_{T_2} 为角点下的应力系数，按比值 $\dfrac{a}{b}$ 和 $\dfrac{z}{b}$ 由表 2-6 查得。

应当注意，b 是沿荷载呈三角形分布的边长（不一定是短边），a 是沿荷载强度为零或最大的边长（不一定是长边）。

（2）当 M 点位于矩形面积内任一点 N 下深度 z 处时，如图 2-20b) 所示，可将荷载作用面积分成Ⅰ、Ⅱ、Ⅲ、Ⅳ四个小矩形面积，再将三角形荷载图分成两个小三角形分布荷载（$\triangle ADF$ 和 $\triangle DCE$），和一个小矩形均布荷载（$\Box DFBE$），分别作用在相对应的小矩形面积上，再按角点法和叠加原理，算出 M 点上的竖向附加应力，即：

$$\sigma_z = \alpha_{T_2\text{-}\text{Ⅰ}} \cdot p_2 + \alpha_{T_2\text{-}\text{Ⅱ}} \cdot p_2 + \alpha_{T_1\text{-}\text{Ⅲ}} \cdot p_1 + \alpha_{T_1\text{-}\text{Ⅳ}} \cdot p_1 + \alpha_{d\text{-}\text{Ⅲ}} \cdot p_2 + \alpha_{d\text{-}\text{Ⅳ}} \cdot p_2 \quad (2\text{-}19)$$

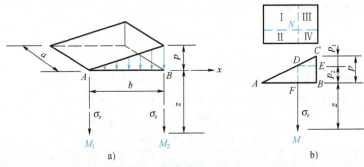

图 2-20 矩形面积受三角形分布荷载作用下的土中附加应力

当 M 点在荷载面积范围以外时，也可分块应用角点法和叠加原理进行计算。

【例 2-4】 地面上一矩形面积的尺寸为 $5\text{m} \times 4\text{m}$，其上作用着三角形分布荷载 $p = 250\text{kPa}$，如图 2-21 所示。求矩形面积 N 点下 4m 深度处 M 点上的竖向附加应力。

解 将矩形面积分成Ⅰ、Ⅱ、Ⅲ、Ⅳ四小块，将三角形分布荷载分成 $\triangle ADF$、$\triangle DCE$ 和 $\Box DEBF$ 三小块，算得 $p_1 = 200\text{kPa}$，$p_2 = 50\text{kPa}$，列表 2-7 计算。

$$\sigma_z = \alpha_{T_2\text{-}\text{Ⅰ}} p_2 + \alpha_{T_2\text{-}\text{Ⅱ}} p_2 + \alpha_{T_1\text{-}\text{Ⅲ}} p_1 + \alpha_{T_1\text{-}\text{Ⅳ}} p_1 + \alpha_{d\text{-}\text{Ⅲ}} p_2 + \alpha_{d\text{-}\text{Ⅳ}} p_2$$
$$= 1.37 + 1.37 + 8.84 + 8.84 + 6.01 + 6.01 = 32.4(\text{kPa})$$

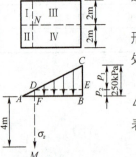

图 2-21 例 2-4 图

(三) 条形面积受均布荷载作用下的土中竖向附加应力

在地面上，一均布荷载作用在宽度为 b，长度为无限长的条形面积上时，土中任意点 M 的竖向附加应力为：

$$\sigma_z = \alpha_2 p \quad (2\text{-}20)$$

式中：α_2——条形面积均布荷载作用下的附加应力系数。

矩形面积受三角形分布荷载时角点下的竖向应力系数 α_{T_1} 与 α_{T_2}

表 2-6

z/b \ a/b	0.2		0.4		0.6		0.8		1.0		1.2		1.4		1.6	
	α_{T_1}	α_{T_2}	α_{T_1}	α_{T_2}	α_{T_1}	α_{T_2}	α_{T_1}	α_{T_2}	α_{T_1}	α_{T_2}	α_{T_1}	α_{T_2}	α_{T_1}	α_{T_2}	α_{T_1}	α_{T_2}
0.0	0.0000	0.2500	0.0000	0.2500	0.0000	0.2500	0.0000	0.2500	0.0000	0.2500	0.0000	0.2500	0.0000	0.2500	0.0000	0.2500
0.2	0.0223	0.1821	0.0280	0.2115	0.0296	0.2165	0.0301	0.2178	0.0304	0.2182	0.0305	0.2184	0.0305	0.2185	0.0306	0.2185
0.4	0.0269	0.1094	0.0420	0.1604	0.0487	0.1781	0.0517	0.1844	0.0531	0.1870	0.0539	0.1881	0.0543	0.1886	0.0545	0.1889
0.6	0.0259	0.0700	0.0448	0.1165	0.0560	0.1405	0.0621	0.1520	0.0654	0.1575	0.0673	0.1602	0.0684	0.1616	0.0690	0.1625
0.8	0.0232	0.0180	0.0421	0.0853	0.0553	0.1093	0.0637	0.1232	0.0688	0.1311	0.0720	0.1355	0.0739	0.1381	0.0751	0.1396
1.0	0.0201	0.0346	0.0375	0.0638	0.0508	0.0852	0.0602	0.0996	0.0668	0.1086	0.0708	0.1143	0.0735	0.1176	0.0753	0.1202
1.2	0.0171	0.0260	0.0324	0.0491	0.0460	0.0673	0.0546	0.0807	0.0615	0.0901	0.0664	0.0962	0.0698	0.1007	0.0721	0.1037
1.4	0.0145	0.0202	0.0278	0.0386	0.0392	0.0540	0.0483	0.0661	0.0554	0.0751	0.0606	0.0817	0.0644	0.0864	0.0672	0.0897
1.6	0.0123	0.0160	0.0238	0.0310	0.0339	0.0440	0.0424	0.0547	0.0492	0.0628	0.0545	0.0696	0.0586	0.0743	0.0616	0.0780
1.8	0.0105	0.0130	0.0204	0.0254	0.0294	0.0363	0.0371	0.0457	0.0435	0.0534	0.0487	0.0596	0.0528	0.0644	0.0560	0.0681
2.0	0.0090	0.0108	0.0176	0.0211	0.0255	0.0304	0.0324	0.0387	0.0384	0.0456	0.0434	0.0513	0.0474	0.0560	0.0507	0.0596
2.5	0.0063	0.0072	0.0125	0.0140	0.0183	0.0205	0.0236	0.0265	0.0284	0.0318	0.0326	0.0365	0.0362	0.0405	0.0393	0.0440
3.0	0.0046	0.0051	0.0092	0.0100	0.0135	0.0148	0.0176	0.0192	0.0214	0.0233	0.0249	0.0270	0.0280	0.0303	0.0307	0.0333
5.0	0.0018	0.0019	0.0036	0.0038	0.0054	0.0056	0.0071	0.0074	0.0088	0.0091	0.0104	0.0108	0.0120	0.0123	0.0135	0.0139
7.0	0.0009	0.0010	0.0019	0.0019	0.0028	0.0029	0.0038	0.0038	0.0047	0.0047	0.0056	0.0056	0.0064	0.0066	0.0073	0.0074
10.0	0.0005	0.0004	0.0009	0.0010	0.0014	0.0014	0.0019	0.0019	0.0023	0.0024	0.0028	0.0028	0.0033	0.0032	0.0037	0.0037

续上表

z/b \ a/b	1.8		2.0		3.0		4.0		6.0		8.0		10.0	
	α_{T_1}	α_{T_2}	α_{T_1}	α_{T_2}	α_{T_1}	α_{T_2}	α_{T_1}	α_{T_2}	α_{T_1}	α_{T_2}	α_{T_1}	α_{T_2}	α_{T_1}	α_{T_2}
0.0	0.0000	0.2500	0.0000	0.2500	0.0000	0.2500	0.0000	0.2500	0.0000	0.2500	0.0000	0.2500	0.0000	0.2500
0.2	0.0306	0.2185	0.0306	0.2185	0.0306	0.2186	0.0306	0.2186	0.0306	0.2186	0.0306	0.2186	0.0306	0.2186
0.4	0.0546	0.1891	0.0517	0.1892	0.0548	0.1894	0.0549	0.1894	0.0549	0.1894	0.0549	0.1894	0.0549	0.1894
0.6	0.0694	0.1630	0.0696	0.1633	0.0701	0.1638	0.0702	0.1639	0.0702	0.1640	0.0702	0.1640	0.0702	0.1640
0.8	0.0759	0.1405	0.0764	0.1412	0.0773	0.1423	0.0776	0.1424	0.0776	0.1426	0.0776	0.1426	0.0776	0.1426
1.0	0.0766	0.1215	0.0774	0.1225	0.0790	0.1244	0.0794	0.1248	0.0795	0.1250	0.0796	0.1250	0.0796	0.1250
1.2	0.0738	0.1055	0.0749	0.1069	0.0774	0.1096	0.0779	0.1103	0.0782	0.1105	0.0783	0.1105	0.0783	0.1105
1.4	0.0692	0.0921	0.0707	0.0937	0.0739	0.0973	0.0748	0.0982	0.0752	0.0986	0.0752	0.0987	0.0753	0.0987
1.6	0.0639	0.0806	0.0656	0.0826	0.0697	0.0870	0.0708	0.0882	0.0714	0.0887	0.0715	0.0888	0.0715	0.0889
1.8	0.0585	0.0709	0.0604	0.0730	0.0652	0.0782	0.0666	0.0797	0.0673	0.0805	0.0675	0.0806	0.0675	0.0808
2.0	0.0533	0.0625	0.0553	0.0649	0.0607	0.0707	0.0624	0.0726	0.0634	0.0734	0.0636	0.0736	0.0636	0.0738
2.5	0.0419	0.0169	0.0440	0.0491	0.0504	0.0559	0.0529	0.0585	0.0543	0.0601	0.0547	0.0604	0.0548	0.0605
3.0	0.0331	0.0359	0.0352	0.0380	0.0419	0.0451	0.0449	0.0482	0.0469	0.0504	0.0474	0.0509	0.0476	0.0511
5.0	0.0148	0.0154	0.0161	0.0167	0.0214	0.0221	0.0248	0.0256	0.0283	0.0290	0.0296	0.0303	0.0301	0.0309
7.0	0.0081	0.0083	0.0089	0.0091	0.0124	0.0126	0.0152	0.0154	0.0186	0.0190	0.0204	0.0207	0.0212	0.0216
10.0	0.0041	0.0012	0.0046	0.0046	0.0066	0.0066	0.0084	0.0083	0.0111	0.0111	0.0128	0.0130	0.0139	0.0141

例 2-4 表　　　　　　　　　　　　　　　　　　　　　表 2-7

小块面积	作用荷载	p_1 或 p_2 (kPa)	a(m)	b(m)	z(m)	$\dfrac{a}{b}$	$\dfrac{z}{b}$	α_{T_1}、α_{T_2} 或 α_d	σ_z(kPa)
Ⅰ	△ADF	50	2	1	4	2	4	$\alpha_{T_2\text{-}\mathrm{I}}=0.0274$	1.37
Ⅱ	△ADF	50	2	1	4	2	4	$\alpha_{T_2\text{-}\mathrm{II}}=0.0274$	1.37
Ⅲ	△DCE	200	2	4	4	0.5	1	$\alpha_{T_1\text{-}\mathrm{III}}=0.0442$	8.34
	□DEBF	50	4	2	4	2	2	$\alpha_{d\text{-}\mathrm{III}}=0.1202$	6.01
Ⅳ	△DCE	200	2	4	4	0.5	1	$\alpha_{T_1\text{-}\mathrm{IV}}=0.0442$	8.81
	□DEBF	50	4	2	4	2	2	$\alpha_{d\text{-}\mathrm{IV}}=0.1202$	6.01

α_2 按比值 $\dfrac{x}{b}$、$\dfrac{z}{b}$ 由表 2-8 查得，查表时应注意将坐标原点 O 设在荷载宽度的中点处。这样，z 轴就是荷载对称轴，如图 2-22 所示。

因而同一深度的附加应力均对称于 z 轴。即从 O 点向两边的 x 值，均取正值。

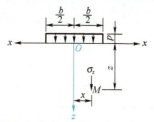

图 2-22　条形均布荷载下的土中应力

条形均布荷载下任意点的竖向应力系数 α_2　　　表 2-8

$\dfrac{z}{b}$	\multicolumn{11}{c}{$\dfrac{x}{b}$}
	0.00	0.10	0.25	0.50	0.75	1.00	1.50	2.00	3.00	4.00	5.00
0.00	1.000	1.000	1.000	0.500	0.000	0.000	0.000	0.000	0.000	0.000	0.000
0.10	0.997	0.996	0.986	0.499	0.010	0.005	0.000	0.000	0.000	0.000	0.000
0.25	0.960	0.954	0.905	0.496	0.088	0.019	0.002	0.001	0.000	0.000	0.000
0.35	0.907	0.900	0.832	0.492	0.148	0.039	0.006	0.003	0.000	0.000	0.000
0.50	0.820	0.812	0.735	0.481	0.218	0.082	0.017	0.005	0.001	0.000	0.000
0.75	0.668	0.658	0.610	0.450	0.263	0.146	0.040	0.017	0.005	0.001	0.000
1.00	0.552	0.541	0.513	0.410	0.288	0.185	0.071	0.029	0.007	0.002	0.001
1.50	0.396	0.395	0.379	0.332	0.273	0.211	0.114	0.055	0.018	0.006	0.003
2.00	0.306	0.304	0.292	0.275	0.242	0.205	0.134	0.083	0.028	0.013	0.006
2.50	0.245	0.244	0.239	0.231	0.215	0.188	0.139	0.098	0.034	0.021	0.010
3.00	0.208	0.208	0.206	0.198	0.185	0.171	0.136	0.103	0.053	0.028	0.015
4.00	0.160	0.160	0.158	0.153	0.147	0.140	0.122	0.102	0.066	0.040	0.025
5.00	0.126	0.126	0.125	0.124	0.121	0.117	0.107	0.095	0.069	0.046	0.034

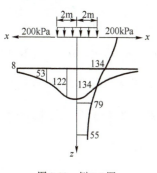

图 2-23　例 2-5 图

【例 2-5】　地面上一条形承载面积宽度 $b=4\mathrm{m}$，其上作用的均布荷载 $p=200\mathrm{kPa}$，如图 2-23 所示。

求：(1) 条形均布荷载宽度中点下深度为 0m、3m、6m、9m 处的土中竖向附加应力。

(2) 在深度 $z=3\mathrm{m}$ 的平面上，距纵向竖直对称面 $x=0\mathrm{m}$、1m、3m、6m 处的土中竖向附加应力。

解　(1) 条形均布荷载宽度中点下的土中竖向附加应力，列表 2-9 计算。

(2) 深度 $z=3\mathrm{m}$ 的平面上土中竖向附加应力，列表于 2-10 计算。

条形均布荷载宽度中点下的土中竖向附加应力计算   表 2-9

$z(\text{m})$	$x(\text{m})$	$\dfrac{z}{b}$	$\dfrac{x}{b}$	α_2	$\sigma_z = \alpha_2 p(\text{kPa})$
0	0	0	0	1.000	200
3	0	0.75	0	0.668	134
6	0	1.50	0	0.396	79
9	0	2.25	0	0.276	55

$z = 3\text{m}$ 的平面上土中各点竖向附加应力计算表   表 2-10

$z(\text{m})$	$x(\text{m})$	$\dfrac{z}{b}$	$\dfrac{x}{b}$	α_2	$\sigma_z = \alpha_2 p(\text{kPa})$
3	0	0.75	0	0.668	134
3	1	0.75	0.25	0.610	122
3	3	0.75	0.75	0.263	53
3	6	0.75	1.50	0.040	8

其他情况下附加应力计算

任务四 软弱下卧层的应力计算

当地基土由不同工程性质的土层组成时,直接支承建筑物基础的土层称为持力层,其下各土层称为下卧层。如果下卧层的强度低于持力层时,该下卧层称为软弱下卧层。

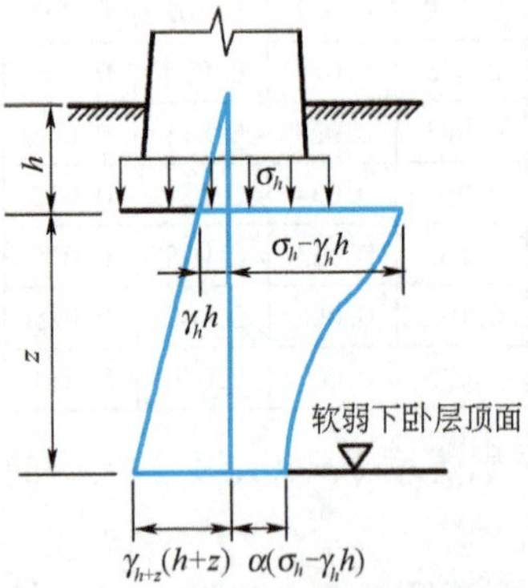

对于存在软弱下卧层的地基,在其上设计基础时,除按基底处持力层的强度初步选定基础底面尺寸外,还必须计算软弱下卧层顶面处的应力,要求作用在软弱下卧层顶面处的应力不超过它的容许承载力。

为了简化计算,可利用本项目前述的方法,计算软弱下卧层顶面与基础形心竖向轴线相交处的附加应力及自重应力。叠加后进行验算,如图 2-24 所示。

图 2-24 软弱下卧层顶面处的应力

$$\sigma_{h+z} = \gamma_{h+z}(h+z) + \alpha(\sigma_h - \gamma_h h) \leqslant [\sigma] \quad (2-21)$$

式中:σ_h——基底压应力(kPa),当 $\dfrac{z}{b} > 1$(或 $\dfrac{z}{2r} > 1$)时,σ_h 采用基底平均压应力,当 $\dfrac{z}{b} \leqslant 1$(或 $\dfrac{z}{2r} \leqslant 1$)时,$\sigma_h$ 按基底压应力图形采用距最大应力点 $\dfrac{b}{3} \sim \dfrac{b}{4}$(或 $\dfrac{2r}{3} \sim \dfrac{r}{2}$)处的压应力,其中 b 为基础的宽度(m),r 为圆形基础的半径(m);

  α——附加应力系数,对矩形和条形基础查表 2-2;

  γ_{h+z}——软弱下卧层顶面以上 $h+z$ 深度范围内各层土的换算重度(kN/m^3)。

γ_h——基底以上 h 深度范围内各层土的换算重度(kN/m^3);

h——基底埋置深度(m),当基础受水流冲刷时,通常由一般冲刷线算起,当不受水流冲刷时,由天然地面算起,如位于挖方内,则由开挖后的地面算起;

z——自基底至软弱下卧层顶面的距离(m);

$[\sigma]$——软弱下卧层的地基容许承载力(kPa)。

【例 2-6】 有一 $4m \times 6m$ 的矩形基础,基底以上荷载(包括基础自重及基顶土重)$P = 8000kN$、$M = 1600kN \cdot m$,基础埋深为 3m,地基土资料见图 2-25。设已知基底持力层处的地基容许承载力 $[\sigma]_h = 465kPa$,软弱下卧层顶面处的地基容许承载力 $[\sigma]_{h+z} = 310kPa$,试检算基底及软弱下卧层顶面处的强度。

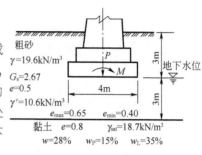

图 2-25 例 2-6 图

解 (1) 基底强度检算

$$\begin{matrix}\sigma_{max}\\ \sigma_{min}\end{matrix} = \frac{P}{A} \pm \frac{M}{W} = \frac{8000}{6 \times 4} \pm \frac{1600}{\frac{1}{6} \times 6 \times 4^2}$$

$$= 333 \pm 100 = \begin{matrix}433(kPa)\\ 233(kPa)\end{matrix} < [\sigma]_h = 465kPa$$

基底持力层强度安全。

(2) 软弱下卧层顶面强度检算

矩形基底的尺寸 $a = 6m, b = 4m, \frac{a}{b} = \frac{6}{4} = 1.5$。软弱下卧层在基底以下 3m,即 $z = 3m, \frac{z}{b} = \frac{3}{4} = 0.75$。查表 2-2,得 $\alpha_0 = 0.582$。因为 $\frac{z}{b} = 0.75 < 1$,所以,$\sigma_h = 233 + \frac{3}{4} \times (433 - 233) = 383kPa$。

按式(2-21),得:

$$\sigma = \gamma_{h+z}(h+z) + \alpha(\sigma_h - \gamma h)$$
$$= \gamma h + \gamma' z + \gamma_w z + \alpha_0(\sigma_h - \gamma h)$$
$$= 19.6 \times 3 + 10.9 \times 3 + 10 \times 3 + 0.582 \times (383 - 19.6 \times 3)$$
$$= 121.5 + 188.7 = 310(kPa)$$
$$= [\sigma]_{h+z} = 310kPa$$

软弱下卧层强度安全。

【项目小结】

1. 自重应力:土体本身的重量所引起的应力,其值随深度的增加而增大。一般说来,自重应力不会使地基产生变形。

2. 基底压力:由基础传给地基,在接触面上存在着接触应力,也称基底压力。一般都采用近似公式计算。

(1) 中心受压基础基底应力 σ 为:

$$\sigma = \frac{P}{A} \quad (\text{kPa})$$

（2）偏心受压基础：

$$\begin{matrix}\sigma_{\max}\\ \sigma_{\min}\end{matrix} = \frac{P}{A} \pm \frac{M}{W} = \frac{P}{A} \pm \frac{P \cdot e}{W} = \frac{P}{A}\left(1 \pm \frac{6e}{b}\right)$$

当 $e > \dfrac{b}{6}$ 时，基底压力重分布

$$\sigma'_{\max} = \frac{2P}{3\left(\dfrac{b}{2} - e\right) \cdot a}$$

（3）基底附加压力：

$$\sigma_{z0} = \sigma - \gamma h$$

3. 附加应力：集中荷载、均布面荷载、三角形分布荷载在地基土中引起的附加应力可通过查相应表格的附加应力系数计算得到。

4. 软弱下卧层顶面的应力检算：

$$\sigma_{h+z} = \gamma_{h+z}(h+z) + \alpha(\sigma_h - \gamma_h h) \leq [\sigma]$$

【项目训练】

1. 计算不同土层中的自重应力。
2. 计算不同荷载情况下土中附加应力。
3. 计算软弱下卧层顶面的应力，检算软弱下卧层强度。

【思考练习题】

2-1　为什么要计算土中应力？土中应力由哪几部分组成？

2-2　什么叫土的自重应力？在不同土质条件的土层情况下，怎样计算任一深度处的自重应力？

2-3　什么叫附加应力？它的分布规律怎样？

2-4　计算如图 2-26 所示土层的自重应力，并绘出自重应力图。

2-5　计算如图 2-27 所示土层的自重应力，并绘出自重应力图。

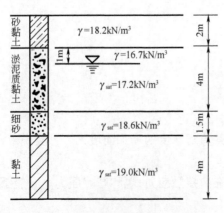

图 2-26　习题 2-4 图

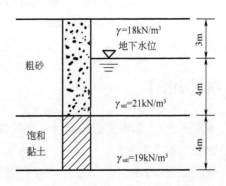

图 2-27　习题 2-5 图

2-6 求矩形面积均布荷载中心点下、角点下深度 $z=6\mathrm{m}$ 处的土中附加应力,$p=500\mathrm{kPa}$,$a=6\mathrm{m}$,$b=4\mathrm{m}$。

2-7 设有一矩形桥墩基础,承受中心垂直荷载 $P=12000\mathrm{kN}$,基底截面尺寸为 $4\mathrm{m}\times6\mathrm{m}$,基础埋深 $3\mathrm{m}$,其他资料如图 2-28 所示。试计算基底中心下 $2\mathrm{m}$、$4\mathrm{m}$、$6\mathrm{m}$、$8\mathrm{m}$ 处的附加应力,并绘出附加应力图,基底中心下 $8\mathrm{m}$ 处的总应力是多少?

2-8 一矩形基础的底面尺寸为 $5\mathrm{m}\times8\mathrm{m}$,其上荷载(包括基础自重)$P=16000\mathrm{kN}$,基础埋置深度为 $3.5\mathrm{m}$,地质资料见图 2-29。已知基底处中砂层的地基容许承载力 $[\sigma]=436\mathrm{kPa}$,黏土层的地基容许承载力 $[\sigma]=340\mathrm{kPa}$,试检算基底及软弱下卧层顶面处的强度是否安全。

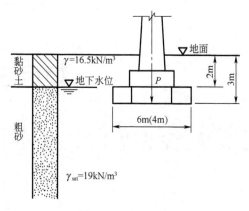

图 2-28 习题 2-7 图

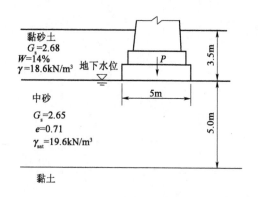

图 2-29 习题 2-8 图

项目三
土的渗透性分析

【能力目标】

1. 能够熟练应用达西定律计算渗流土体颗粒的渗透力。

2. 能够根据工程实际情况计算渗流出处的水力坡降 i 和渗流土体的临界水力坡降 i_{cr},判断土体所处的状态。

3. 能够根据工程特点选择适宜的工程措施,防治土体的渗透变形。

【知识目标】

1. 掌握土体的层流渗透定律——达西定律。

2. 了解土体渗透系数的测定方法。

3. 掌握土体渗透变形的类型及产生的原因。

4. 了解渗透变形对工程产生的危害,掌握渗透变形的防治方法。

【素质目标】

1. 通过分析计算不同土的渗透系数,培养学生认真、严谨的工作作风

2. 通过编写整治土体渗透变形技术交底,培养学生认真细致、质量第一的职业素质。

【案例导入】

朔黄铁路 K470+760~K470+980 路堤地基管涌原因分析及整治

一、概况

朔黄铁路 K470+760K470+980 段位于沧州境内,周边为耕地,地形平坦开阔,左侧有砖厂。铁路路堤为人工填筑土,该范围地层主要以粉质黏土为主,其性状主要是砂粒含量高,颗粒粗,软塑状,透水性好,土体内排水通畅,局部夹粉细砂层,长期受取土坑积水浸泡,土体呈饱和状态,强度低。原地面下 0~12m 为粉质黏土,12~15m 局部夹粉细砂层,15m 以下仍为粉质黏土。一级边坡采用拱形骨架防护,二级边坡采用浆砌片石和干砌片石防护。

二、病害成因

因当地砖厂过度取土致使线路两侧形成规模较大的取土坑,取土坑紧邻既有线且深度较大,坑内积水。取土坑内大部分边坡未防护。线路左侧取土坑位于 K470+790~K470+980,长190m,宽50m,距离左侧路基坡脚4m,深5~7m,勘测时坑内水深3.5m,水量29750m³。右侧取土坑位于 K470+770~K470+980,长210m,宽165m,距离右侧路基坡脚2.5m,取土坑二级平台距右侧线路中心25.2~29.4m,坑深5~17m,坑内水深3~5m,水量37950m³。左坑水位较右坑高出约8m。由于线路两侧取土坑内积水水头差过大,在渗透水压力的作用下,左坑水体通过路堤下部粉细砂层渗入右坑内,右侧路堤坡脚取土坑壁局部出现轻微管涌现象,对既有线安全运营构成极大隐患。虽现场采用袋装土临时封堵,但仍存在发生渗流破坏的可能性,需采取工程措施。

三、病害整治方案及主要工程措施

1. 病害整治方案

采取双排咬合旋喷桩止水帷幕+抗滑桩方案。两侧路堤坡脚采用双排咬合旋喷桩作为止水帷幕进行封水处理,同时于右侧路堤坡脚处设一排直径0.25m的钻孔灌注桩进行抗滑处理,桩顶设1.5m×1.0m冠梁,整治方案横断面见图3-1。

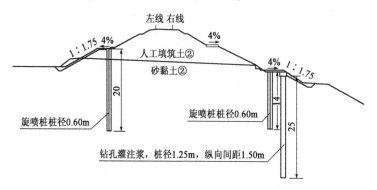

图3-1 病害整治方案(尺寸单位:m)

2. 主要工程措施

(1) 双排咬合旋喷桩止水帷幕技术方案

在 K470+760~K470+980 段路堤右侧二级平台,以及 K470+780~K470+980 段路堤左侧一级平台上采用旋喷桩止水帷幕进行封水处理,旋喷桩桩径0.6m,沿线路方向桩间距(纵向)0.4m(桩与桩之间咬合0.2m),横向桩间距0.4m。

(2) 抗滑桩主要技术措施

K470+799.5~K470+910.2路堤右侧二级边坡平台抗滑桩采用钻孔灌注桩。钻孔灌注桩采用C35混凝土浇筑，桩径1.25m，桩长23m，桩间距1.5m，桩顶设1.5m×0.8mC35钢筋混凝土冠梁，冠梁每隔15~20m设一道伸缩缝，缝内满塞沥青麻筋，伸缩缝应设在相邻桩间对应冠梁位置。

(3) 既有路堤坡面防护整修措施

拆除K470+760~K470+980路堤右侧第2级边坡既有浆砌片石及干砌片石坡面防护，维持既有边坡坡率且不陡于1:1.75，采用M10浆砌片石重新进行护坡防护，厚0.40m，下设碎石垫层，厚0.15m。

四、工程经验总结

(1) 在管涌不断加剧的情况下，寻找进、出水区域，并采取行之有效的止、截水方案，及时阻断渗流路径，消除管涌病害。

(2) 采用小桩径(1.25m)钻孔灌注桩+冠梁对路堤边坡进行抗滑加固，占地面积较小，不需要额外征地，现场施工较为方便。

(3) 路堤两侧坡脚处采用双排咬合旋喷桩进行止水处理，不但较好地处理了管涌病害，而且在旋喷桩施工过程中大量的水泥浆液对于路堤两侧坡脚处土体抗剪强度的提高起到了积极的作用，也在一定程度上提高了路堤边坡的稳定性。

任务一 土的渗透性认知

水在重力作用下通过土中的孔隙发生流动的现象称为渗透。土体具有被水透过的性质叫作土的渗透性。和压缩性一样，渗透性是土的重要力学性质之一。它对工程设计、施工都具有重要意义。

饱和土地基在建筑物荷载作用下产生压缩(固结)变形需经过一定时间才能完成，而经历时间的长短与土的渗透性直接有关。粗粒土(如砂土)渗透性好、排水快，压缩变形在短时间内就可以完成；细粒土(如黏土)渗透性差、排水慢，其压缩变形需要很长时间才能完成，有的需要几年、十几年甚至几十年。因此，在分析饱和土地基的沉降和时间关系时，需要知道土的渗透性。此外，桥梁墩台基础施工中，若开挖基坑时遇到地下水，则需要根据土的渗透性估算涌水量，以配置排水设备；修筑渗水路堤时，需要考虑填料的渗透性对边坡稳定的影响，所有这些都与土的渗透性有关。

地下水流动有层流和紊流两种基本形式。流速较小，流线互相平行(成层状)的水流称为层流；当流速较大时，水的质点运动轨迹不规则，流线互相交错，产生局部漩涡的水流称为紊流。由于土的孔隙很小，大多数情况下水在黏性土、粉砂及细砂的孔隙中流动，流速缓慢，属于层流。

一 达西定律

早在1856年，法国水利学家达西根据对砂土进行渗透试验的结果，发现当水流在层流状态时，水的渗透速度与水力坡度成正比，如图3-2所示。

根据达西的研究，则有：

$$v = Ki \quad (3-1)$$

或

$$q = KiA \quad (3-2)$$

式中：v——渗透速度（cm/s）；

q——渗透流量（cm³/s）；

i——水力坡度，$i = h/L = (H_1 - H_2)/L$；

A——垂直于渗透方向的土的截面积（cm²）；

H_1、H_2——分别为 a、b 两点的总水头；

K——比例系数，称为土的渗透系数。

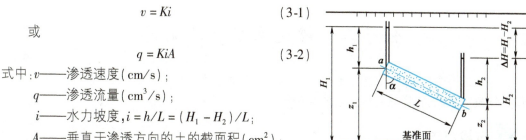

图 3-2　水在土中的渗流

当 $i = 1$ 时，则 $v = K$，表明渗透系数 K 是单位水力坡度时的渗透速度。它是表示土的透水性强弱的指标，单位为 cm/s，与水的渗透速度单位相同，其数值大小主要取决于土的种类和透水性质。

上述水流呈层流状态时，水的渗透速度与水力坡度的一次方成正比，这已被大量试验资料所证实。这是水在土体中渗透的基本规律，常称为渗透定律或达西定律。

必须指出，由于水在土体中的渗透不是经过整个土体的截面积，而仅仅是通过该截面内土体的孔隙面积，因此，水在土体孔隙中渗透的实际速度要大于按式（3-1）计算出的渗透速度。为了简便起见，在工程计算中，除特殊需要外，一般只计算土的渗透速度，而不计算其实际速度。

达西定律是土力学中的重要定律之一。在有关工程建设中，如桥基、渠道和水库的渗漏计算、基坑排水计算、井孔的涌水量计算等，都是以达西定律为基础计算解决的。同时，达西定律也是研究地下水运动的基本定律。

二 达西定律的适用范围

由于土体中的孔隙通道很小且很曲折，所以在绝大多数情况下，水在土体中的渗透流速都很小，地下水的渗流都属于层流范围。但研究结果表明，在大卵石、砾石地基或填石坝体中，渗透速度很大。如图 3-3 所示，当渗透速度超过某一临界流速 v_{cr} 时，渗透速度 v 与水力坡度 i 的关系就表现为非线性的紊流，此时达西定律便不再适用。

水在砂性土和较疏松的黏性土中的渗流，一般都符合达西定律，如图 3-4 所示通过原点的直线 a 所表示的情况。水在密实黏性土中的渗流，由于受到薄膜水的阻碍，其渗流情况便偏离达西定律，如图 3-4 所示的 b 曲线。当水力坡度较小时，渗透速度与水力坡度不成线性关系，甚至不发生渗流。只有当水力坡度达到某一较大数值，克服了薄膜水的阻力后，水才开始渗流。一般可把黏性土这一渗流特性简化为图 3-4 中的 c 所示的直线关系，i_b 称为黏性土的起始水力坡度。

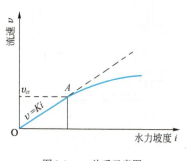

图 3-3　v-i 关系示意图

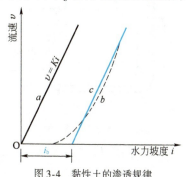

图 3-4　黏性土的渗透规律

任务二 渗透系数及其测定

土的渗透系数,是渗流计算中必不可少的一个基本参数。它的正确与否,直接影响到渗流计算的结果正确与否,通常应根据试验来确定。

一、试验方法

土的渗透系数可通过现场和室内试验确定。现场试验是在现场进行注水、抽水试验,详细内容见《工程地质手册》。现仅介绍室内测定渗透系数的方法。室内渗透试验使用的仪器较多,但根据其原理,可分为常水头试验和变水头试验两种方法。前者适用于透水性大($K>10^{-3}$cm/s)的土,如砂土;后者适用于透水性小($K<10^{-3}$cm/s)的土,如粉土和一般黏性土。

1. 常水头试验

常水头试验就是在试验过程中,水头始终保持不变。如图3-5所示,L为土样长度,A为土样的截面积,h为作用于土样上的水头,这三者都可以直接测定。

试验时测出时间间隔t内流过土样的总水量Q,即可根据达西定律求出土的渗透系数K值。

因为:

$$Q = qt = kiAt = K\frac{h}{L}At$$

则:

$$K = \frac{QL}{Aht} \tag{3-3}$$

2. 变水头试验

由于黏性土的透水性很小,常水头试验流过土样的水量也很小,不易测准;或者由于试验需要的时间很长,会因蒸发而影响试验的精度,故常用变水头试验方法。所谓变水头试验,就是在整个试验过程中,水头随时间变化的一种试验方法,如图3-6所示。土样上端装置一根有刻度的竖直玻璃管,便于在试验过程中观测水位的数值变化,其横截面积为a。

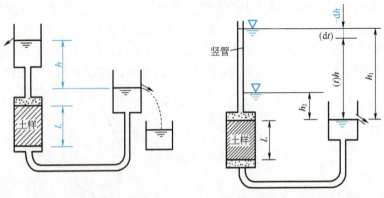

图3-5 常水头试验示意图　　图3-6 变水头试验示意图

设某一时间的水头为h_1,经过时间dt后,水位下降dh,则从时间t至$t+dt$内流经土样的水量dQ为:

$$dQ = -adh$$

式中的负号表示水量 Q 随水头 h 的降低而增加。

根据达西定律，其水量 dQ 应为：

$$dQ = K\frac{h}{L}Adt$$

开始观测时 $(t=t_1)$ 的水头为 h_1，结束时 $(t=t_2)$ 的水头为 h_2。则：

$$\int_{h_1}^{h_2}\frac{1}{h}dh = -\frac{K}{L}\cdot\frac{A}{a}\int_{t_1}^{t_2}dt$$

$$\ln\frac{h_2}{h_1} = -\frac{K}{L}\cdot\frac{A}{a}(t_2-t_1)$$

$$K = \frac{aL}{A(t_2-t_1)}\ln\frac{h_1}{h_2} \tag{3-4}$$

用常用对数表示为：

$$K = 2.3\frac{aL}{A(t_2-t_1)}\lg\frac{h_1}{h_2} \tag{3-5}$$

关于渗透试验的具体操作方法见《铁路工程土工试验规程》(TB 10102—2010)。各种土的渗透系数参考值见表 3-1。

土的渗透系数　　　　　　表 3-1

土的名称	渗透系数 K(cm/s)	土的名称	渗透系数 K(cm/s)
黏土	$<6\times10^{-6}$	细砂	$1\times10^{-3} \sim 6\times10^{-3}$
粉质黏土	$6\times10^{-6} \sim 1\times10^{-4}$	中砂	$6\times10^{-3} \sim 2\times10^{-2}$
粉土	$1\times10^{-4} \sim 6\times10^{-4}$	粗砂	$2\times10^{-2} \sim 6\times10^{-2}$
黄土	$3\times10^{-4} \sim 6\times10^{-4}$	圆砾	$6\times10^{-2} \sim 1\times10^{-1}$
粉砂	$6\times10^{-4} \sim 1\times10^{-3}$	卵石	$1\times10^{-1} \sim 6\times10^{-1}$

土的渗透系数不仅用于渗透计算，还可用于评定土层透水性的强弱，比如作为选择坝体、路堤等土工填料的依据。当 $K>10^{-2}$ cm/s 时，称为强透水层；当 $K=10^{-3}\sim10^{-5}$ cm/s 时，称为中等透水层；当 $K<10^{-6}$ cm/s 时，称为相对不透水层。如筑坝土料的选择，常将渗透系数较小的土用于坝体的防渗部位，将渗透系数大的土用于坝体的其他部位。

二 渗透系数的影响因素

由于渗透系数 K 综合反映了水在土孔隙中运动的难易程度，因而其值必然会受到土的性质和水的性质的影响。下面分别就这两方面的影响因素进行讨论。

1. 土的性质对 K 的影响

土粒大小和土粒级配对土的渗透系数影响极大。一般来讲，颗粒越大、越均匀、越浑圆，土的渗透系数越大。细粒土的孔隙通道比粗粒土的小，所以渗透系数也小。粒径级配良好的土，粗颗粒间的孔隙被细颗粒所填充，与颗粒级配均匀的土相比，前者孔隙通道较小故具有较小的渗透系数。如砂土中粉粒和黏粒的含量增多时，砂土的渗透系数就会减小。

黏性土的渗透系数在很大程度上取决于矿物成分及黏粒含量。如含蒙脱石(土)较多的黏性土，其透水性就小。土粒越小，黏粒含量越高的土，其渗透系数就越小。

同一种土，孔隙比或孔隙率大，则土的密实度低，过水断面大，渗透系数也大；反之，则土的密实度高,渗透系数小。

土的结构也是影响渗透系数 K 值的重要因素之一,特别是对黏性土其影响更为突出。例如在微观结构上,当孔隙比相同时,凝聚结构比分散结构具有更大的透水性;在宏观构造上,天然沉积的层状黏性土层,由于扁平状黏土颗粒的水平排列,往往使土层水平方向的透水性远大于垂直层面方向的透水性,水平方向渗透系数 K_x 与竖直方向渗透系数 K_z 之比可大于 10,使土层呈现明显的各向异性。

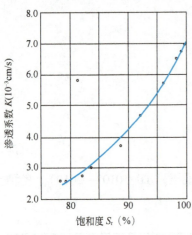

图 3-7 某种砂饱和度与渗透系数的关系

土体的饱和度反映了土中所含气体量的多少。试验证明,土中封闭气泡即使含量很少,也会对土的渗透性有很大的影响。它不仅使土的有效渗透面积减少,还可以堵塞某些孔隙通道,从而使渗透系数 K 值大为降低。图 3-7 表示某种砂土渗透系数与饱和度的关系,可见渗透系数几乎随饱和度的增加而直线上升。因此,为了保持测定 K 值时的试验精度,要求试样必须饱和。

2. 水的性质对 K 的影响

因为渗透系数与水的动力黏滞系数成反比,而动力黏滞系数又随水温发生明显的变化,故密度相同的土,在不同的温度下,将有不同的渗透系数。为了对试验资料进行有效比较,工程实践中常采用水温 10℃ 时的渗透系数作为标准值。故计算时要把在某一温度 t 时测定的渗透系数 K_t 换算为水温 10℃ 时的渗透系数 K_{10},即:

$$K_{10} = K_t \frac{\mu_t}{\mu_{10}} \tag{3-6}$$

或近似表示为:

$$K_{10} = \frac{K_t}{0.70 + 0.03T} \tag{3-7}$$

式中: μ_t、μ_{10}——水温为 t 和 10℃ 时水的动力黏滞系数。

三、成层土的渗透性

天然土层一般都是由渗透系数不同的几层土所组成,宏观上具有非均质性。确定成层土的渗透性时,需了解各层土的渗透系数,然后根据水流方向,按下列公式计算其平均渗透系数。如图 3-8 所示,设土为各向同性,其渗透系数分别为 K_1、K_2、K_3、…厚度分别为 H_1、H_2、H_3、…总厚度为 H。

1. 平行于层面(x 方向)的渗透情况

在 aO 与 cb 间作用的水力坡度为 i,总渗透流量 q_x 等于各层土的渗透流量之和,即:

$$q_x = q_1 + q_2 + q_3 + \cdots$$

取垂直于纸面的土层宽度为 1,根据达西定律可得:

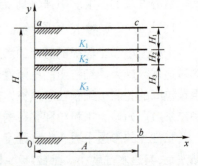

图 3-8 层状沉积土层

$$q_x = K_x iH = K_1 iH + K_2 iH + K_3 iH + \cdots$$

约去 i 后，则沿 x 方向的平均渗透系数 K_x 为：

$$K_x = \frac{1}{H}(K_1 H_1 + K_2 H_2 + K_3 H_3 + \cdots) \tag{3-8}$$

2. 垂直于层面（y 方向）的渗透情况

设流经土层厚度 H 的总水力坡度为 i，流经各土层的水力坡度为 i_1、i_2、$i_3\cdots$ 总渗透流量 q_y 应等于流经各土层的渗透流量 q_1、q_2、$q_3\cdots$，即：

$$q_y = q_1 = q_2 = q_3 = \cdots$$

所以

$$K_y iA = K_1 i_1 A = K_2 i_2 A = K_3 i_3 A = \cdots \tag{3-9}$$

式中：A——渗流经过的截面积。

又因总水头损失等于各土层水头损失之和，故

$$Hi = H_1 i_1 + H_2 i_2 + H_3 i_3 + \cdots \tag{3-10}$$

将式(3-10)代入式(3-9)，则得

$$K_y \frac{1}{H}(H_1 i_1 + H_2 i_2 + H_3 i_3 + \cdots) = K_1 i_1 = \cdots$$

所以沿 y 方向的平均渗透系数为：

$$K_y = \frac{H}{\dfrac{H_1}{K_1} + \dfrac{H_2}{K_2} + \dfrac{H_3}{K_3} + \cdots} \tag{3-11}$$

由上述可知，成层土的水平方向的渗透系数 K_x 总是大于垂直方向的渗透系数 K_y，有时可大到 10 倍左右。

任务三　渗透力与土的渗透破坏分析

一、渗透力与临界水力坡度认知

（一）渗透力

水在渗流过程中将受到土粒的阻力，同时水对土粒也就产生一种反作用力。这种由于水的渗流作用而对土粒产生的力，称为渗透力。

如图 3-9 所示，在渗流土体中沿渗流方向取出一个土柱体来研究，土柱长度为 L，横截面积为 A。因 $h_1 > h_2$，水从截面 1 流向截面 2。因渗流速度很小，惯性力可忽略不计。

这样，渗流时作用于土柱体上的力有：作用于截面 1 上的总水压力为 $\gamma_w h_1 A$，作用于截面 2 上的总水压力为 $\gamma_w h_2 A$，显然引起渗流的力为 $\gamma_w hA$。设 f_s 为单位土体积中土粒对渗流的阻

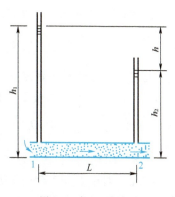

图 3-9　水在土中渗透

力,则土柱体 AL 对渗流的总阻力应为 $f_s AL$。

根据力的平衡条件,可得出:

$$(h_1 - h_2)\gamma_w A = f_s AL$$

所以:

$$f_s = \frac{h_1 - h_2}{L}\gamma_w = \frac{h}{L}\gamma_w = i\gamma_w$$

渗透力的大小应等于 f_s,但方向相反。设渗透力为 j,所以:

$$j = i\gamma_w \tag{3-12}$$

渗透力是一种体积力,其单位为 kN/m^3,其作用方向与渗流方向一致,其值等于水力坡度与水的重度之乘积。图 3-10 表示渗流对透水地基的作用情况。

如渗流方向自上而下,与土重力方向一致时(图 3-10 中 M_1 点),渗透力起增大重力的作用,对土体稳定有利;反之,若渗流方向是自下而上,与土重力方向相反(图 3-10 中 M_4 点),渗透力起减轻土重的作用,不利于土体稳定,这时,若渗透力大于土的浮重度,土粒就会被渗流挟带向上涌出。这就是引起土体渗透变形的根本原因。显然,要了解土体渗透变形的机理,就必须了解渗透力的概念。另外,路堤地基、土坝和基坑的边坡内也常有渗流,在进行稳定分析时必须考虑渗透力的影响。

(二)临界水力坡度

使土体开始发生渗透变形的水力坡度,称为临界水力坡度。它可以用如图 3-11 所示的试验方法加以确定。图中 cd 与 ab 两个截面中试样的浮重(向下)为 $W' = AL\gamma'$,而向上的渗透力为 $i\gamma_w AL$。当储水器被提升到某一高度,使 $i\gamma_w AL$ 与 $AL\gamma'$ 相等时,可以得出:

$$i\gamma_w = \gamma'$$

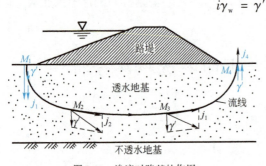

图 3-10 渗流对路基的作用

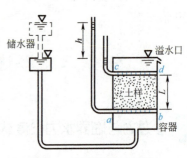

图 3-11 渗透变形试验原理

即渗透力等于土的浮重度,或写成:

$$i\gamma_w = \frac{G_s - 1}{1 + e}\gamma_w = (1 - n)(G_s - 1)\gamma_w$$

此时土粒处于被挟带走的临界状态。

以 i_{cr} 表示临界水力坡度,则:

$$i_{cr} = \frac{G_s - 1}{1 + e} = (1 - n)(G_s - 1) \tag{3-13}$$

由式(3-13)可知,临界水力坡度与土粒相对密度 G_s 及孔隙比 e(或孔隙率 n)有关,其值为 $0.8 \sim 1.2$。对于 $G_s = 2.65, e = 0.65$ 的中等密实砂土,$i_{cr} = 1.0$。在工程计算中,通常将土的临界水力坡度除以安全系数 $2 \sim 3$ 后才得出设计上采用的允许水力坡度数值 $[i]$。一些资料指出:均粒砂土的允许水力坡度$[i]=0.27\sim0.44$,细粒含量大于$30\%\sim50\%$的砂砾土的允许水力坡度$[i]=0.3\sim0.4$。黏土一般不易发生渗透变形,其临界坡度值较大,故$[i]$值也可以提高,有的资料建议用$[i]=4\sim6$(可供设计时参考)。

土的渗透破坏

在渗流作用下,土体处于被浮动状态。当渗透力大于土的浮重度时,土粒就会被渗流挟带走,土工建筑物及地基由于这种渗流作用而出现的变形或破坏称为渗透变形或渗透破坏,如土层剥落,地面隆起,细颗粒被水带出以及出现集中渗流通道等。至今,渗透变形仍是水工建筑物发生破坏的重要原因之一。

(一)渗透破坏的基本形式

土的渗透破坏类型主要有管涌、流土、接触流土和接触冲刷四种。就单一土层来说,渗透变形主要是流土和管涌两种基本形式。下面主要讲述这两种渗透破坏类型。

1.流土

在向上的渗透水流作用下,当渗透力等于或大于土的浮重度时,表层土局部范围内的土体或颗粒群同时发生悬浮、移动的现象称为流土。任何类型的土,只要水力坡度达到一定的大小,都会发生流土破坏。流土发生于渗流逸出处的土体表面而不是土体内部。开挖渠道或基坑时常遇到的流沙现象,即属于流土类型。流沙往往发生在细砂、粉砂、粉土和淤泥质土中,而颗粒较粗(如中砂、粗砂等)及黏性较大的土(如黏土)则不易发生流沙。

实践表明,流土常发生在下游路堤渗流逸出处无保护的情况下。例如图3-12表示一座建筑在双层地基上的路堤,地基表层为渗透系数较小的黏性土层,且较薄;下层为渗透性较大的无黏性土层,且$K_1\ll K_2$。当渗流经过双层地基时,水头将主要损失在上游水流渗入和下游水流渗出薄黏性土层的流程中,在砂层的流程损失很小,因此造成下游逸出处渗透坡度i较大。当$i>i_{cr}$时就会在下游坡脚处出现土表面隆起,裂缝开展,砂粒涌出,以至于整块土体被渗透水流抬起的现象,这就是典型的流土破坏。

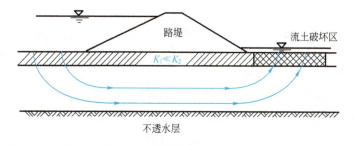

图3-12 路堤下游逸出处的流土破坏

若地基为比较均匀的砂层(不均匀系数$C_u<10$),当水位差较大,渗透途径不够长时,下游渗流逸出处也会有$i>i_{cr}$。这时地表将普遍出现小泉眼、冒气泡,继而土颗粒群向上鼓起,发生浮动、跳跃,称为砂沸。砂沸也是流土的一种形式。

2.管涌

在渗透水流作用下,土中的细颗粒在粗颗粒形成的孔隙中移动,以至于流失;随着土的孔隙不断扩大,渗透流速不断增加,较粗的颗粒也相继被水流逐渐带走,最终导致土体内形成贯

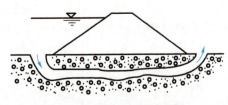

图 3-13 通过路基的管涌示意图

通的渗流管道,如图 3-13 所示,造成土体塌陷,这种现象称为管涌。可见,管涌破坏一般有个时间发展过程,是一种渐进性质的破坏。管涌发生在一定级配的无黏性土中,发生的部位可以在渗流逸出处,也可以在土体内部,故也称之为渗流的潜蚀现象。

(二) 渗透破坏类型的判别

土的渗透变形的发生和发展过程有其内因和外因。内因是土的颗粒组成和结构,即常说的几何条件;外因是水力条件,即作用于土体渗透力的大小。

1. 流土可能性的判别

在自下而上的渗流逸出处,任何土(包括黏性土或无黏性土)只要满足渗透坡度大于临界水力坡度这一水力条件,均要发生流土。因此,只要求出渗流逸出处的水力坡度 i,再用式(3-13)求出临界水力坡度 i_{cr} 值后,即可按下列条件,判别流土的可能性:

$i < i_{cr}$,土体处于稳定状态;

$i > i_{cr}$,土体发生流土破坏;

$i = i_{cr}$,土体处于临界状态。

由于流土将造成地基破坏、建筑物倒塌等灾难性事故,工程上是绝对不允许发生的,故设计时要保证有一定的安全系数,把逸出坡度限制在允许坡度 $[i]$ 以内,即:

$$i \leq [i] = \frac{i_{cr}}{F_s} \tag{3-14}$$

式中:F_s——流土安全系数,一般取 $F_s = 1.5 \sim 2.0$。

2. 管涌可能性的判别

土是否发生管涌,首先取决于土的性质。一般黏性土(分散性土例外),只会发生流土而不会发生管涌,故属于非管涌土。无黏性土中产生管涌必须具备下列两个条件:

1) 几何条件

土中粗颗粒所构成的孔隙直径必须大于细颗粒的直径,才可能让细颗粒在其中移动,这是管涌产生的必要条件。

对于不均匀系数 $C_u < 10$ 的较均匀土,颗粒粗细相差不多,粗颗粒形成的孔隙直径不大于细颗粒,因此细颗粒不能在孔隙中移动,也就不可能发生管涌。

对于 $C_u > 10$ 的不均匀砂砾石土,大量试验证明,这种土既可能发生管涌也可能发生流土,主要取决于土的级配情况和细粒含量。对于缺乏中间粒径、级配不连续的土,其渗透变形形式主要决定于细料含量,这里所谓的细料,是指级配曲线水平段以下的粒径,如图 3-14 曲线①中 b 点以下的粒径。试验结果表明,当细料含量在 25% 以下时,细料填不满粗料所形成的孔隙,渗透变形基本上属管涌型;当细料含量在 35% 以上时,细料足以填满粗料所形成的孔隙,粗细料形成整体,抗渗能力增强,渗透变形是流土型;当细料含量在 25%~35% 之间时,则是过渡型。具体形式还要看土的松密程度。对于级配连续的不均匀土,如图 3-14 中曲线②,不易找出骨架与充填料的分界线。一般可用土的孔隙平均直径 D_0 与最细部分的颗粒粒径 d_s 相比较,以判别土的渗透变形的类型。土的孔隙平均直径 D_0 可由下述经验公式表示:

$$D_0 = 0.25 d_{20} \quad (3-15)$$

式中 d_{20} 为小于该粒径的土质量占总质量的20%的粒径。试验证明，当土中有5%以上的细颗粒小于土的孔隙平均直径时，即 $D_0 > d_5$ 时，破坏形式为管涌；而如果土中小于 D_0 的细粒含量小于3%，即 $D_0 < d_3$ 时，可能流失的土颗粒很少，不会发生管涌，则呈流土破坏。综上所述，对于无黏性土是否发生管涌的几何条件可用下列准则判别：

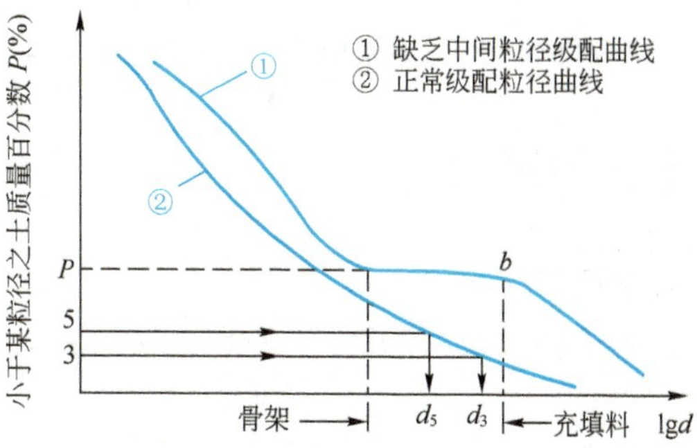

图3-14 粒径级配曲线

(1) $C_u \leq 10$ 的比较均匀的土，非管涌土。

(2) $C_u > 10$ 较不均匀的土：

①级配不连续的土，细料含量 $>35\%$，非管涌土；细料含量 $<25\%$，管涌土；细料含量为 $25\% \sim 35\%$ 过渡型土。

②级配连续的土，$D_0 < d_3$，非管涌土；$D_0 > d_5$，管涌土；$D_0 = d_3 \sim d_5$，过渡型土。

2）水力条件

渗透力能够带动细颗粒在孔隙间滚动或移动是发生管涌的水力条件，所以渗透力可用管涌的水力坡度来表示。但至今，管涌的临界水力坡度的计算方法仍不成熟，国内外研究者提出的计算方法很多，但算得的结果差异较大，还没有一个被公认的合适的公式。对于一些重大工程，应尽量由渗透破坏试验确定。在无试验条件的情况下，可参考国内外的一些研究成果。

我国学者在对级配连续与级配不连续的土进行了理论分析与试验研究的基础上，提出了管涌土的破坏水力坡度与允许水力坡度的范围值，如表3-2所示。

管涌的水力坡度范围　　　　　　　表3-2

水 力 坡 度	级配连续土	级配不连续土	水 力 坡 度	级配连续土	级配不连续土
破坏坡度 i_{cr}	0.2~0.4	0.1~0.3	允许坡度 $[i]$	0.1~0.25	0.1~0.2

3. 渗透变形的防治措施

防治流土的关键在于控制逸出处的水力坡度，为了保证逸出坡度不超过允许坡度，水利工程上常采取下列工程措施：

(1) 上游做垂直防渗帷幕，如混凝土防渗墙、板桩或灌浆帷幕等。根据实际需要，帷幕可完全切断地基的透水层，彻底解决地基土的渗透变形问题；也可不完全切断透水层，做成悬挂式，起延长渗流途径、降低下游逸出坡度的作用。

(2) 上游做水平防渗铺盖，以延长渗流途径、降低下游的逸出坡度。

(3) 下游挖减压沟或打减压井，贯穿渗透性小的黏性土层，以降低作用在黏性土层底面的渗透压力。

(4) 下游加透水盖重，以防止土体被渗透力所悬浮。

这几种工程措施往往是联合使用的，具体设计由实际情况而定。

防治管涌一般可从下列两方面采取措施：

(1) 改变水力条件，降低土层内部和渗流逸出处的渗透坡度。如上游做防渗铺盖或打板桩等。

(2) 改变几何条件，在渗流逸出部位铺设层间关系满足要求的反滤层，是防止管涌破坏的有效措施。反滤层一般是1~3层级配较为均匀的砂子和砾石层,用以保护基土不让细颗粒带出,同时应具有较大的透水性,使渗流可以畅通,具体设计方法可以参阅专业技术手册。

【项目小结】

1. 达西定律

当水流在层流状态时,水的渗透速度 v 与水力坡降 i 成正比,$v = Ki$。K 称为土的渗透系数。

2. 渗透力

水在渗流过程中将受到土粒的阻力,同时水对土粒也就产生一种反作用力。这种由于水的渗流作用对土粒产生的力,称为渗透力。

渗透力 j 是一种体积力,其单位为 kN/m^3,作用方向与渗透方向一致,其值等于水力坡降与水的重度之乘积,$j = i\gamma_w$。

如渗流方向自上而下,与土重力方向一致时,渗透力起增大重力的作用,对土体稳定有利;反之,若渗流方向是自下而上,与土重力方向相反,渗透力起减轻土重的作用,不利于土体稳定。这时,若渗透力大于土的浮重度,土粒就会被渗流挟带向上涌出。

3. 临界水力坡降

使土体开始发生渗透变形的水力坡降,称为临界水力坡降 i_{cr}。

$$i_{cr} = \frac{G_s - 1}{1 + e} = (1 - n)(G_s - 1)$$

4. 土的渗透破坏

(1) 破坏形式:流土、管涌

(2) 渗透破坏类型的判别

①流土可能性的判别:

若 $i < i_{cr}$,土体处于稳定状态;$i > i_{cr}$,土体发生流土破坏;$i = i_{cr}$,土体处于临界状态。

②管涌可能性的判别:

一般黏性土(分散性土例外),只会发生流土,而不会发生管涌,属于非管涌土。

无黏性土中是否产生管涌,取决于构成无黏性土的几何条件和水力条件。

5. 渗透变形的防治措施

【项目训练】

1. 通过常水头试验测定砂类土的渗透系数。
2. 通过变水头试验测定黏性土的渗透系数。
3. 选择一工程实例,根据土层及水流条件,判断是否发生渗透变形。

【思考练习题】

3-1 解释渗透性和渗透定律,比较砂土和黏性土的渗透性。

3-2 如何判断土体是否处于流土状态?

3-3　土的渗透对工程有哪些不利影响?

3-4　土的渗透变形有哪些类型? 如何防止土的渗透变形?

3-5　试验装置如图 3-15 所示,土样横截面积为 $30cm^2$,测得 10min 内透过土样渗入其下容器的水量 $Q=1.8cm^3$,求土样的渗透系数及其所受的渗透力。

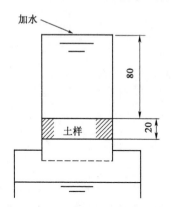

图 3-15　习题 3-5 图(尺寸单位:cm)

3-6　常水头渗透试验中,已知渗透仪直径 $D=75mm$,在 $L=200mm$ 渗流途径上的水头损失 $h=83mm$,在 60s 时间内的渗水量 $Q=71.6cm^3$,求土的渗透系数。

3-7　设做变水头渗透试验的黏土试样的截面积为 $30cm^2$,厚度为 4cm,渗透仪细玻璃管的内径为 0.4cm,试验开始时的水位差 145cm,经时段 7 分 25 秒观察水位差为 100cm,试验时的水温为 20℃,试求该黏土试样的渗透系数。

项目四

土的压缩性及地基变形分析

【能力目标】

1. 理解渗透固结的定义,能够进行土的压缩试验;能够根据土的压缩试验资料,绘制压缩曲线,计算土的压缩系数、压缩模量并评价土的压缩性。

2. 掌握地基沉降原因、类型、过程,能够应用分层总和法计算地基土的沉降量,并能根据《铁路桥涵地基和基础设计规范》(TB 10093—2017)的相关规定,对软土地基的计算沉降量进行修正。

3. 了解地基容许沉降量的确定方法,掌握减小地基沉降量和沉降差的措施。

【知识目标】

1. 了解土体压缩的主要原因,掌握土体压缩的有效应力原理。

2. 了解压缩曲线的工程意义,掌握压缩系数$\alpha_{0.1-0.2}$和压缩模量$E_{s(0.1-0.2)}$的计算方法并据此判断土体的压缩性。

3. 了解分层总和法的基本假定,掌握地基沉降量的计算方法。

【素质目标】

1. 具有全局意识,具备良好职业道德和敬业精神。

2. 具有质量意识、环保意识、安全意识和责任感。

3. 具有专业操守、具有自我提升意识,主动学习新技术、新工艺,获取新知识。

【案例导入】

许昌东站地面沉降控制技术

一、工程概况

1. 线路工程概况

许昌东站正线及相邻的到发线采用无砟轨道，其余为有砟轨道。

许昌东站属黄淮冲积平原地貌，地势平坦开阔，地面高程67～69m，多为农田及房舍。地表为深厚第四系地层所覆盖。表层局部为第四系全新杂填土，厚0～2m，主要分布在村庄附近。上部为第四系全新统冲洪积层：淤泥质黏土，呈透镜体分布，厚0～5m；粉质黏土、粉土呈互层状，厚20～45m。下为第四系上更新土冲洪积层黏土、粉质黏土及粉土等呈互层状分布，厚大于50m。地下水主要为第四系孔隙潜水，较发育，略具承压性，主要受大气降水及侧渗补给，测时地下水埋深约1.7～3.5m，地下水高程62.5～66.0m。

2. 沉降情况

2012年5月2日进行例行的路基沉降观测时发现沉降值出现异常，立即组织人员对该段水准点CPIII、轨道几何状态进行重新复测，发现水准点及CPIII高程、轨面高程均发生不同程度的沉降，轨面最大沉降量为27.7～30.8mm，根据前期沉观测资料分析，2012年1月底前路基沉降观测标数据还未发现异常，路基沉降的时间应为2012年2月以后。

二、地面沉降影响因素

许昌东站站前广场于2012年2月开始市政配套工程地下广场基坑施工。基坑长310m，宽131m，紧邻车站站房，与站房为无障碍连接，基坑开挖深度约8m，采用大口径管井进行井点降水，井深25m，降深为17m，管井均匀分布在站前广场坑壁四周，站房一侧的井点距离车站正常路基最近距离约70m，抽出的地下水均排入市政雨水管道。至2012年5月2日，由于抽水效果明显，整个基坑保持干燥状态，在施工过程基坑临时边坡采用短锚杆喷素混凝土支护，对基坑变形无相应的变形监测措施。

与基坑抽水导致的地下水位变化相对应，本段控制水准点、CPIII及轨面均显示发生不同程度的沉降，由于本处无其他可能导致许昌东站地面沉降的原因，表明站前广场基坑抽水是导致许昌东站地面沉降的原因。

基坑工程大面积降水后，孔隙水压力降低，地基土体有效应力增加，促使地基发生沉降，同时降水引起的水位降深差异，造成了路基侧向变形增加，也引起了地基的部分沉降变形。

三、案例反思

(1)土层中水的渗透固结是土体压缩的主要原因，此知识点在实际过程中的应用即：过量开采地下水是造成地面发生区域性沉降的主要原因，沉降超过容许值将对所在区域的铁路、公路、桥梁等构筑物造成严重破坏。

(2)高铁往往带动周边发展，形成高铁新城，高铁周围高层建筑密集，产生众多深基坑抽水工程引发高铁地面沉降。各建设单位及设计、施工人员应有大局意识，各部门密切协调，采取足够安全措施，限制乃至禁止基坑抽水，确保不得降低高铁范围内的地下水位。

土体在外力作用下总会产生变形,主要是竖向的压缩变形。因此,建造在土质地基上的建筑物也就会产生沉降。当沉降过大,特别是沉降差较大时,就会影响建筑物的正常使用;严重时还可使建筑物开裂、倾斜、甚至倒塌。因此,通常对位于较软弱土质地基上的建筑物,特别是大型和重要建筑物,在进行地基基础设计时,应根据正确可靠的地质勘测资料,计算建筑物基础的沉降量、基础不同部位或不同基础间的沉降差。如计算值在允许范围内,可认为建筑物是安全的,否则必须采取工程措施来加固地基和调整荷载的分布,或减小荷载,或增大基础埋深与基底面积尺寸,以满足建筑物对地基变形的要求。

土质地基在荷载作用下,总是要产生变形的,这是由土体压缩性引起的。地基沉降(变形),一般包括瞬时沉降、固结沉降和次固结沉降。瞬时沉降,是指加荷瞬时仅由土体的形状变化产生的沉降;固结沉降,是由于土体排水压缩产生的沉降;次固结沉降,是由土体骨架蠕变产生的沉降。

计算地基沉降量的目的,在于确定建筑物的最大沉降量、沉降差、倾斜或局部倾斜,判断其是否超出容许的范围,为建筑物设计时采取相应的措施提供依据,保证建筑物的安全。地基的变形是在可压缩地基上设计建筑物的重要控制因素之一。

地基的沉降需经过一定的时间才能完成。对于砂类土的地基,由于渗透性较好,沉降完成很快,所以在砂类土地基上的建筑物沉降往往在施工完毕后就基本完成。对一般黏性土地基,要经过相当长的时间,几年、几十年甚至更久,其压缩过程才能结束。地基变形完全结束时,地基表面的最大竖向变形就是基础的最终沉降量。

地基最终沉降量的计算方法有多种,主要采用分层总和法、按有关规范推荐的计算方法和弹性理论法等。

本项目主要介绍土的压缩性质、压缩指标的测试和地基变形计算方法,最后还简要介绍地基变形随时间变化的计算方法。

任务一 土的变形特性分析

一、土体压缩的基本概念

(一)土体压缩的形成

土在压力作用下体积减小的性质叫作土的压缩性。土体压缩的原因可能有以下三种:①土粒本身的压缩;②孔隙中水和气体的压缩;③水、空气所占据的孔隙体积的减小。

试验证明,土粒的压缩性极小,它远小于水的压缩性。既然我们可以认为水是不可压缩的,那就更可忽略土粒的压缩了。因此,土的压缩,即其体积的减小,可认为主要是由水、空气所占据的孔隙体积减小所造成的。由于土中孔隙体积由水、空气所占据,因而孔隙体积的减小,必须借土粒的移动和重新排列,水和空气部分地从孔隙中被挤出,封闭气体被压缩,才能实现。此外,土粒的移动、靠拢及孔隙水的挤出,需要经历一定的时间才能完成,因而土的压缩变形也需要持续一定时间才能趋于稳定。

(二)渗透固结

对于饱和土,只有挤出孔隙水,孔隙体积才会减小,所以饱和土的压缩量等于孔隙中水被挤出的体积。由于水被挤出，使土变得紧密，这种过程叫作土的渗透固结，或称为主固结。除渗透固结的压缩外，还存在由于骨架(土粒)的蠕动引起的固结压缩，称为次固结。目前，普遍采用渗透固结理论来研究饱和土的压缩变形过程。所谓"固结"，是指土体随着土中孔隙水的消散而逐渐压缩的过程，也就是土体在外加压力作用下，孔隙内的水和空气徐徐排出而使土体受压缩的过程。

(三)有效压力和孔隙水压力

饱和土体受到外界压力作用时，孔隙中的一部分自由水将随时间而逐渐向外渗流(被挤出)，土压力由原来全部由孔隙水承担而逐渐传递给土骨架一部分。这种现象叫作骨架和孔隙水的压力分担作用。由骨架承受的压力叫作有效压力，它能使土骨架的形状和体积变形，也能使土粒之间在有滑动趋势时产生摩擦，从而使土体具有一定的抗剪强度。另外，由孔隙水承担的压力叫作孔隙水压力。这种压力只能使每个土粒四周受到相同的压应力，所以它既不改变土粒的体积，也不改变土粒的位置，对土体既不能产生变形，也不能产生抗剪强度，因此孔隙水压力也叫作中性压力。当饱和土体仅受自重作用时，孔隙中的水只产生静水压力。这里所说的孔隙水压力，是指饱和土体在外界压力作用下所引起的、超过静水压力的那部分压力，也叫作超静水压力。下面用图4-1所示的渗压模型对土的受力情况再加以说明。

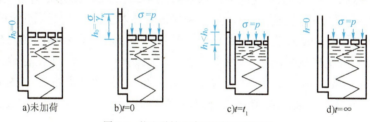

图 4-1　饱和黏性土渗透固结过程模型

模型是由弹簧和具有小孔的活塞组成的容器，容器中盛满水，容器的侧壁装有测压管，以显示容器内水的压力水头。模型中的带孔活塞、弹簧和水分别代表饱和土的排水通道、土骨架和孔隙水。活塞上无压力作用时(略去活塞重量)，水和弹簧均未受力，测压管显示静水压力而无压力水头，如图4-1a)所示。试验开始，在活塞上刚加上均布压力σ的一瞬间($t=0$)，容器中的水来不及从活塞小孔中排出，活塞未下降，弹簧无变形。测压管中显示出有超出静水位的压力水头h_0，如图4-1b)所示。h_0与水的重度γ_w的乘积等于外加压力σ，压力σ完全由活塞下面的水承担，即孔隙水承担的超静水压力$u=\sigma$，而弹簧还未来得及受力，此时弹簧所受的压应力$\bar{\sigma}=0$。随着受压时间的延续，容器中的水在超静水压力作用下，开始通过活塞上的小孔向外排出，从而活塞下降并促使弹簧压缩而受力，这时$t=t_1$，测压管显示的压力水头也逐渐下降，如图4-1c)所示。说明水所承担的压力u在逐渐减少，而弹簧承担了水所减少的那部分压力。随着水不断排出，活塞继续下降，测压管的压力水头越来越小，而弹簧承受的压力则越来越大。当时间足够长($t=\infty$)时，测压管水头完全消失，如图4-1d)所示。当外加压力全部转移到弹簧上时，水便停止流动，活塞不再下降，弹簧也停止压缩，这时$u=0$，$\bar{\sigma}=\sigma$，压缩过程也就完成，压缩变形达到该外加压力的最终数值。

(四)有效应力原理

由前面的原理及上述模型可以得出，饱和土中任一点的总压应力σ是该点有效压力$\bar{\sigma}$和

超静水压力 u 之和，即：

$$\sigma = \bar{\sigma} + u \qquad (4-1)$$

亦即

$$\bar{\sigma} = \sigma - u$$

式(4-1)称为有效应力原理。公式的形式简单，却具有工程实际应用价值。当已知土体中某一点所受的总应力 σ，并测得该点的孔隙水压力 u 时，就可以用式(4-1)，计算出该点的有效应力 $\bar{\sigma}$。如上所述，土的压缩变形和抗剪强度只随有效应力而变化，因此，通过有效应力分析土工建筑物或建筑地基的应力和变形是一个重要的手段。

二、压密定律及压缩指标

（一）压缩试验

1. 压缩过程

上面提到，土的压缩主要是由于在荷载作用下土中孔隙体积的减少。压缩试验的目的，在于确定荷载与土中孔隙体积改变量之间的关系。现将过程简述于下。

用环刀切取原状土样，将土样连同环刀放入如图4-2所示的压缩仪(固结仪)中，土样上下应各垫一块透水石，使土样受压后孔隙水可自由排出。土样上的压力是通过加荷装置和活塞板施加的，加荷的顺序一般为使单位面积土样产生的压力 $P = 0.05\text{MPa}$、0.1MPa、0.2MPa、0.3MPa、0.4MPa。每次加载后，待土样变形停止，用测微计(百分表)测出已稳定的压缩变形量 ΔH_i，这时土样高度由原来的 H 缩小为 $h_i = H - \Delta H_i$，孔隙比也由原来的 e_0 变为 e_i，如图4-3所示。然后再加下一级荷载，重复进行试验，测得各级压力作用下土样的压缩变形量，计算出相应的孔隙比。

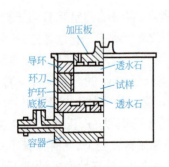

图4-2 压缩仪

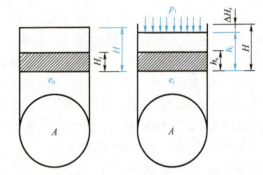

图4-3 土样在压缩仪中的变形

2. 压缩曲线

根据压缩试验的结果，以横坐标表示压力 p，以纵坐标表示孔隙比 e，绘制压力和孔隙比的关系曲线，称压缩曲线或 e-p 曲线，如图4-4所示。

土的压缩曲线可以反映土的压缩性质。图4-5表示两种土样 A 和 B 的压缩曲线，土样 A 的压缩曲线较陡，土样 B 的压缩曲线较平缓，在同一压力增量 Δp 的作用下，土样 A 的 Δe_A 变化较大，而土样 B 的 Δe_B 变化较小，所以土样 A 就比土样 B 的压缩变形大，土也较软，这说明压缩曲线的陡缓可表示土的压缩性的高低。

在如图4-4所示的压缩曲线中，当压力由 p_1 至 p_2 的变化范围不大时，可将压缩曲线上相

应的一小段 M_1M_2 近似地用直线来代替。若 M_1 点的压力为 p_1，相应的孔隙比为 e_1，M_2 点的压力为 p_2，相应的孔隙比为 e_2，则 M_1M_2 段直线的坡度可用下式表示：

$$\alpha = \tan\beta = \frac{\Delta e}{\Delta p} = \frac{e_1 - e_2}{p_2 - p_1} \tag{4-2}$$

上式称土的压密定律，它表示在压力变化不大时，土中孔隙比的变化与所加压力的变化成正比。其比例系数用符号 α 表示，称为压缩系数，单位是 MPa^{-1}。

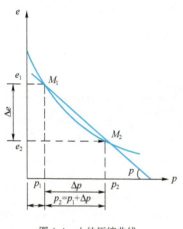

图 4-4 土的压缩曲线

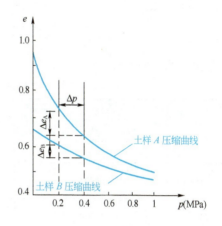

图 4-5 压缩曲线比较

3. 压缩系数

压缩系数表明在从 p_1 到 p_2 的压力段内，单位压力的增加所引起的土样孔隙比的减少，是反映土压缩性质的一个重要指标，其值越大，土越易压缩。

由图 4-5 可见，同一种土的压缩系数是随所取压力变化范围的不同而改变的。为了便于应用和比较，一般取 $p_1 = 0.1$ MPa 到 $p_2 = 0.2$ MPa 的压力范围确定土的压缩系数，用 $\alpha_{0.1-0.2}$ 表示。根据压缩系数 $\alpha_{0.1-0.2}$ 的大小，作为评价地基土压缩性的指标，如表 4-1 所示。

土 的 压 缩 性　　　　　　　表 4-1

土的压缩性分类	压缩系数 $\alpha_{0.1-0.2}$（MPa^{-1}）	压缩模量 $E_{s(0.1-0.2)}$（MPa）
高压缩性土	$\alpha_{0.1-0.2} \geq 0.5$	$E_{s(0.1-0.2)} < 4$
中压缩性土	$0.1 \leq \alpha_{0.1-0.2} < 0.5$	$4 \leq E_{s(0.1-0.2)} \leq 15$
低压缩性土	$\alpha_{0.1-0.2} < 0.1$	$E_{s(0.1-0.2)} > 15$

高压缩性的地基土，在压力作用下的变形较大，必须注意检查地基的沉降是否满足容许值的要求。

【例 4-1】　某土样的原始高度 $H = 20$ mm，直径 $D = 6.4$ cm，土粒重度 $\gamma_s = 27$ kN/m³，试验后测得干土样质量 $m_s = 91.2$ g，压缩试验结果如表 4-2 所示。试计算压缩曲线资料，确定该土样的压缩系数并评定该土样的压缩性。

某土样压力和变形的关系　　　　　表 4-2

压力 p（MPa）	0	0.05	0.1	0.2	0.3	0.4
土样压缩变形 ΔH（mm）	0	0.924	1.308	1.884	2.284	2.562

解 土样面积：

$$A = \frac{\pi D^2}{4} = \frac{3.14 \times 6.4^2}{4} = 32.2 \, (\text{cm}^2) = 32.2 \times 10^{-4} \, (\text{m}^2)$$

土粒部分高度：

$$h_s = \frac{W_s}{A\gamma_s} = \frac{91.2 \times 10 \times 10^{-3}}{32.2 \times 10^{-4} \times 27} = 10.49 \times 10^{-3} \, (\text{m}) = 10.49 \, (\text{mm})$$

天然孔隙比：

$$e_0 = \frac{H - h_s}{h_s} = \frac{20 - 10.49}{10.49} = 0.907$$

其余计算见表 4-3。

各级压力下的相应孔隙比 表 4-3

压力 p (MPa)	压缩变形 ΔH (mm)	土样高度 $h_i = H - \Delta H$ (mm)	孔隙比 $e_i = \dfrac{h_i}{h_s} - 1$
0	0	20	0.907
0.05	0.924	20 − 0.924 = 19.08	$\dfrac{19.08}{10.49} - 1 = 0.819$
0.1	1.308	20 − 1.308 = 18.69	$\dfrac{18.69}{10.49} - 1 = 0.782$
0.2	1.884	20 − 1.884 = 18.12	$\dfrac{18.12}{10.49} - 1 = 0.727$
0.3	2.284	20 − 2.284 = 17.72	$\dfrac{17.72}{10.49} - 1 = 0.689$
0.4	2.562	20 − 2.562 = 17.44	$\dfrac{17.44}{10.49} - 1 = 0.663$

根据计算结果可绘制压缩曲线。

土的压缩系数：

$$\alpha_{0.1-0.2} = \frac{e_1 - e_2}{p_2 - p_1} = \frac{0.782 - 0.727}{0.2 - 0.1} = 0.55 \, (\text{MPa}^{-1}) > 0.5 \, \text{MPa}^{-1}$$

由表 4-1 可知该土属于高压缩性土。

(二) 土体压缩量的计算

压缩曲线不仅可确定土的压缩系数，还可用来计算无侧向膨胀土层的压缩量。

设土样在均布压力 p_1 作用下的厚度为 h_1，体积为 V_1，孔隙比为 e_1；均布压力增加到 p_2 时，厚度压缩到 h_2，体积为 V_2，孔隙比为 e_2。土样的压缩量 Δs 可按以下关系式推出：

A 为土样的截面积，因无侧向膨胀，在压缩过程中，A 是不变的（图 4-6）。

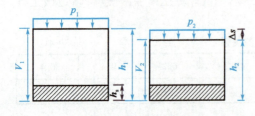

图 4-6 土样压缩量的计算

当作用的荷载为 p_1 时，土样的体积为：

$$(1 + e_1)V_s = h_1 A$$

当作用的荷载为 p_2 时，土样的体积为：

$$(1 + e_2)V_s = h_2 A = (h_1 - \Delta s)A$$

由于上列二式中，横截面面积 A 相等，所以

$$\frac{1+e_1}{h_1} = \frac{1+e_2}{h_1 - \Delta s}$$

故沉降量 Δs 为：

$$\Delta s = \frac{e_1 - e_2}{1 + e_1} h_1 \qquad (4\text{-}3)$$

在压缩曲线上按 p_1、p_2 可查出 e_1、e_2，又已知原来土样厚度 h_1，所以按式(4-3)可求得压缩量 Δs。

式(4-3)是求地基沉降量的基本公式,该式还可写成：

$$e_1 - e_2 = \frac{\Delta s}{h_1}(1 + e_1)$$

$$e_2 = e_1 - \frac{\Delta s}{h_1}(1 + e_1) \qquad (4\text{-}4)$$

压缩指数及土的应力历史对压缩的影响

若已知土样的天然含水率 w、天然重度 γ 及土粒重度 γ_s，可求得土样原始孔隙比 e_0，从而式(4-4)可改写成

$$e = e_0 - \frac{\Delta s}{H}(1 + e_0) \qquad (4\text{-}5)$$

已知土样原始高度 H，又测得在压力 p 作用下的总变形量(压缩量) s，根据式(4-5)可求得相应的孔隙比 e，这样也可作出 e-p 曲线。另外,式(4-5)在具体计算中也常用到。

(三) 压缩模量

在有侧限(无侧向膨胀)的条件下,土所受的压应力 σ_z 与相应的竖向应变 ε_z 的比值,叫作土的压缩模量 E_s，即：

$$E_s = \frac{\sigma_z}{\varepsilon_z} \qquad (4\text{-}6)$$

在压缩试验中,试件高度为 h_1，当压力由 p_1 增至 p_2，相应的孔隙比就由 e_1 变为 e_2，沉降量为 Δs，这时 $\sigma_z = p_2 - p_1$，$\varepsilon_z = \frac{\Delta s}{h_1}$，由式(4-3)可知, $\frac{\Delta s}{h_1} = \frac{e_1 - e_2}{1 + e_1}$，将这些关系式代入式(4-6)中,得：

$$E_s = \frac{\sigma_z}{\varepsilon_z} = \frac{p_2 - p_1}{\frac{\Delta s}{h_1}} = \frac{p_2 - p_1}{\frac{e_1 - e_2}{1 + e_1}} = \frac{1 + e_1}{\alpha} \qquad (4\text{-}7)$$

式中: $\alpha = \frac{e_1 - e_2}{p_2 - p_1}$ 为压缩系数。

由式(4-6)可知,压缩模量 E_s 是在无侧向膨胀条件下,产生单位竖向应变所需的压应力增加值。E_s 值越大,则产生单位竖向应变的压应力增加值就越大,就是说土越不易压缩; E_s 越小,则土就越容易压缩。所以, E_s 也可用以表示土的压缩性,为了便于应用和比较,通常规定用 $p_1 = 0.1\text{MPa}$、$p_2 = 0.2\text{MPa}$ 时所得的 $E_{s(0.1-0.2)}$ 作为判断土的压缩性的另一指标。

$$E_{s(0.1-0.2)} = \frac{1 + e_1}{\alpha_{0.1-0.2}} \qquad (4\text{-}8)$$

实用上: $E_{s(0.1-0.2)} > 15\text{MPa}$，为低压缩性土; $15\text{MPa} \geq E_{s(0.1-0.2)} \geq 4\text{MPa}$，为中压缩性土; $E_{s(0.1-0.2)} < 4\text{MPa}$，为高压缩性土。

【例 4-2】 已知粉质黏土的原始孔隙比 $e_0 = 0.92$，压缩试验前测得试样原始高度为 $H = 20\text{mm}$，在压力 $p_1 = 0.1\text{MPa}$ 时，试样的总变形量为 0.906mm，在压力 $p_2 = 0.2\text{MPa}$ 时，试样的总变形量为 1.502mm。试求压缩系数 $\alpha_{0.1-0.2}$，压缩模量 $E_{s(0.1-0.2)}$，并判定土的压缩性。

解 在式(4-5)中，$H = 20\text{mm}$，有

$$e_1 = e_0 - \frac{\Delta s}{H}(1 + e_0) = 0.92 - \frac{0.906}{20} \times (1 + 0.92) = 0.833$$

$$e_2 = 0.92 - \frac{1.502}{20}(1 + 0.92) = 0.776$$

根据式(4-2)求压缩系数

$$\alpha_{0.1-0.2} = \frac{e_{0.1} - e_{0.2}}{p_2 - p_1} = \frac{0.833 - 0.776}{0.2 - 0.1} = 0.57(\text{MPa}^{-1})$$

$$E_{s(0.1-0.2)} = \frac{1 + e_{0.1}}{\alpha_{0.1-0.2}} = \frac{1 + 0.833}{0.57} = 3.2(\text{MPa})$$

查表 4-1 可知，土样为高压缩性的。

(四) 回弹曲线与再加荷曲线

在压缩试验时，如果逐级加载后再逐级卸载，可以得到卸载过程中各级荷载和其对应的土样孔隙比的数据，并可绘出回弹曲线(膨胀曲线)，如图 4-7 所示。压缩曲线 a 与卸荷时的回弹曲线 b 并不重合，这说明土并不是理想弹性体。在卸荷时，变形虽有部分恢复，但不能全部恢复，能恢复的部分称为弹性变形，不能恢复的部分称为残余变形。一般来说，残余变形比弹性变形大。如果再重新加载，则得再加荷曲线 c，再加荷曲线 c 与原来的压缩曲线 a 有连续的趋势。

荷载试验与
土的变形模量

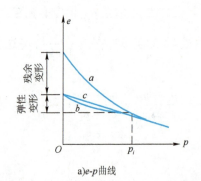
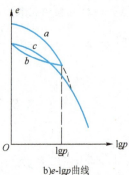

a) e-p 曲线   b) e-$\lg p$ 曲线

图 4-7 土的加卸荷曲线

经过一次加载、卸载过程的土，它的孔隙比将会有很大的减小。所以，如果从地基中取原状土做压缩试验时，实际上已经经历了一个加卸荷过程(即卸去了土样在地基中所承受的原存应力)。因此试验所得的压缩曲线，实际上是再加荷曲线，并不是初始加载的压缩曲线。在实际应用中，对其所造成的误差，应引起足够的重视。

如果加载、卸载重复进行，最后在所加压力段范围内，土的回弹曲线与再加荷曲线将趋于重合，再加荷所引起的变形便趋于全部是弹性变形。

三、土的侧压力系数与侧向膨胀系数

做有侧限压缩试验时,压缩仪中的土样在竖向压应力的作用下,由于受刚劲侧壁的限制,不能侧向膨胀,就使侧壁对土样作用有侧向压应力。很明显,竖向应力增大,侧向应力也随之增大,侧向压应力 σ_x 与竖向压应力 σ_z 的比值称为土的侧压力系数 ζ(或称静止土压力系数)。

$$\zeta = \frac{\sigma_x}{\sigma_z} \qquad (4-9)$$

土的侧压力系数与土的种类、土的物理性质、加载条件等有关,它可由试验测定。

在没有侧向限制的条件下,土承受竖向压应力作用时,将产生侧向膨胀,土的侧向膨胀应变 ε_x 与竖向压缩应变 ε_z 的比值称为土的侧向膨胀系数(或称泊松比)μ。土的侧向膨胀系数不易由试验方法直接测定,通常根据测定的土的侧压力系数 ζ,按材料力学原理求得:

$$\zeta = \frac{\mu}{1-\mu} \qquad (4-10)$$

或

$$\mu = \frac{\zeta}{1+\zeta} \qquad (4-11)$$

目前,由试验室测定土的侧压力系数值不普遍,在缺乏试验资料时,可参照表 4-4 选用 ζ 与 μ 值。

土的侧压力系数 ζ 及侧向膨胀系数 μ 的参考值　　　　表 4-4

土的种类与状态		侧压力系数 ζ	侧向膨胀系数 μ
碎石类土		0.18～0.25	0.15～0.20
砂类土		0.25～0.33	0.20～0.25
黏砂土		0.33	0.25
砂黏土	半干硬状态	0.33	0.25
	硬塑状态	0.43	0.30
	软塑或流塑状态	0.53	0.35
黏土	半干硬状态	0.33	0.25
	硬塑状态	0.53	0.35
	软塑或流塑状态	0.72	0.42

任务二　地基沉降量计算

地基变形完成时,地基表面的最大竖向变形就是地基的最终沉降量。

地基最终沉降量的计算方法有多种,主要采用分层总和法、按有关规范推荐的计算方法和弹性理论法等。本教材主要介绍分层总和法。

天然地基土一般是由性质不同的不均匀土层组成,并相互重叠。即使是均一土层,随着深度的变化,土的某些物理力学指标也在改变。因此,计算地基沉降,最好把土层分成许多薄层,分别计算每个薄层的压缩变形量,最后叠加成为总沉降量。这是一种近似计算法,称为分层总和法。

一、分层总和法假定

（1）地基土是一个均匀、各向同性的半无限空间弹性体。在荷载作用下，土的应力与应变呈直线关系。

（2）根据基础中心点下土柱所受的附加应力 σ_z 进行计算，但得到的沉降量数值偏大。

（3）中心土柱被认为是无侧向膨胀的单轴受压土样，因中心轴周围的土柱也在同样约束条件下压缩，对中心土柱有一定约束作用。这样就可以应用侧限压缩试验的指标，但得到的沉降量数值偏小，可与上述情况互相补偿。

（4）一般地基的沉降量，等于基础底面中心点下某一深度（受压层）范围内各土层的压缩量总和，理论上应计算至无限深度，但由于附加应力随深度而减小，超过某一深度后的土层的沉降量很小，可以忽略不计。当受压层下有软弱土层时，则应计算其沉降量。

二、分层总和法的基本计算公式

地基总沉降量的计算通常采用分层总和法，这个方法是假设地基土受压后只产生竖向压缩，没有侧向膨胀，将基底以下压缩层范围内的土层划分为若干压缩性均一的水平薄层，如图4-8所示。再按照基底形心下各薄层所受的应力情况及土样压缩试验资料，分别计算每一薄层的压缩量，它们的总和即为地基的总沉降量。

地基分成 n 个薄层后，就可按式(4-3)计算第 i 薄层的压缩量。

$$\Delta s_i = \frac{e_{1i} - e_{2i}}{1 + e_{1i}} h_i \tag{4-12}$$

式中：Δs_i——第 i 薄层的压缩量（mm）；

h_i——第 i 薄层的厚度（mm）；

e_{1i}——相应于第 i 薄层土的平均自重应力 $\left[(\bar{\sigma}_{cz})_i = \dfrac{(\sigma_{cz})_{i-1} + (\sigma_{cz})_i}{2}\right]$ 时的初始孔隙比，可由该层土的压缩曲线图4-9中查得；

e_{2i}——相应于建造建筑物后，第 i 薄层土的平均总应力[即第 i 薄层土中的平均自重应力加平均附加应力 $(\bar{\sigma}_{cz})_i + (\bar{\sigma}_z)_i = \dfrac{(\sigma_{cz})_{i-1} + (\sigma_{cz})_i}{2} + \dfrac{(\sigma_z)_{i-1} + (\sigma_z)_i}{2}$ 时土压缩后的孔隙比，也可由图4-9查得。

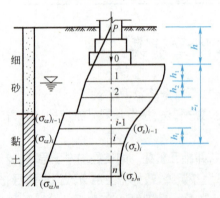

图4-8 分层总和法计算地基沉降

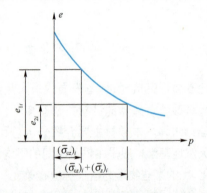

图4-9 某土层的压缩曲线

同理,算出每个薄层土的压缩量,则各薄层土压缩量的总和,即为地基的总沉降量:

$$s = \sum_{i=1}^{n} \Delta s_i = \sum_{i=1}^{n} \frac{e_{1i} - e_{2i}}{1 + e_{1i}} h_i \tag{4-13}$$

上式中的 Δs 也可用压缩系数 α 来表达,因为:

$$\alpha_i = \frac{e_{1i} - e_{2i}}{[(\bar{\sigma}_{cz})_i + (\bar{\sigma}_z)_i] - (\bar{\sigma}_{cz})_i} = \frac{e_{1i} - e_{2i}}{(\bar{\sigma}_z)_i}$$

所以,式(4-13)也可以写成:

$$s = \sum_{i=1}^{n} \frac{\alpha_i (\bar{\sigma}_z)_i}{1 + e_{1i}} h_i \tag{4-14}$$

如上式用压缩模量 E_s 来表达,可以用 $E_s = \dfrac{1 + e_{1i}}{\alpha_i}$ 代入式(4-14),得:

$$s = \sum_{i=1}^{n} \frac{(\bar{\sigma}_z)_i}{E_{si}} h_i \tag{4-15}$$

《铁路桥涵地基和基础设计规范》规定,软土地基的总沉降量应乘以沉降经验系数 m_s,即:

$$s = m_s \sum_{i=1}^{n} \frac{e_{1i} - e_{2i}}{1 + e_{1i}} h_i \tag{4-16}$$

《铁路桥涵地基和基础设计规范》规定,对软土地基 m_s 不得小于 1.3。

分层总和法的原理简单明了,它是目前国内外广泛采用的计算方法。其缺点是假设土是直线变形体且无侧向膨胀,这与实际情况不相符,而且没考虑地基受压历史对沉降的影响和深基础开挖时基坑土的回弹影响。另外,上部结构、基础、地基三者是协同工作的,分层总和法只考虑了地基的因素,这些都使计算结果形成一定的误差,所以此法尚有待改进。

分层总和法的几点规定

为使沉降量计算结果较为准确,应注意下列几点规定:

(1)地基中不同土层的分界面应作为分层面。又因地下水位面上部、下部土的重度并不相同,所以,同一土层的地下水位面也应作为分层面。

(2)分层厚度越薄,计算结果越精确,但为减少计算工作量,分层厚度可采用 $h \leqslant 0.4b$(b 为基础短边长度)。

(3)一般情况下,地基沉降是由附加应力引起的,附加应力越小,压缩变形也越小,而附加应力是随深度的增加而减小的。当分层的深度达到某一数值时,该分层的压缩量就很小,可以忽略不计。通常把需要计算压缩量的土层叫作压缩层,压缩层的下限可定在地基附加应力与地基自重应力的比等于 20% 处,即 $(\sigma_z)_n = 0.2(\sigma_{cz})_n$ 处。当地基为压缩性高的软土时,则定在 10% 处,即 $(\sigma_z)_n = 0.1(\sigma_{cz})_n$ 处。

(4)《铁路桥涵地基和基础设计规范》(TB 10093—2017)规定,桥涵基础的沉降应按恒载计算,其工后沉降量不应超过表 4-5、表 4-6 规定的限值。超静定结构相邻墩台沉降量之差除应满足表 4-5、表 4-6 的规定外,尚应根据沉降差对结构产生的附加应力的影响确定。基础沉降计算值不含区域沉降。

有砟轨道静定结构墩台基础工后沉降限值　　　　表 4-5

设计速度	沉降类型	限值(mm)
250km/h 及以上	墩台均匀沉降	30
	相邻墩台沉降差	15
200km/h	墩台均匀沉降	50
	相邻墩台沉降差	20
160km/h 及以下	墩台均匀沉降	80
	相邻墩台沉降差	40

无砟轨道静定结构墩台基础工后沉降限值　　　　表 4-6

设计速度	沉降类型	限值(mm)
250km/h 及以上	墩台均匀沉降	20
	相邻墩台沉降差	5
200km/h 及以下	墩台均匀沉降	20
	相邻墩台沉降差	10

城际铁路墩台基础沉降限值

按照《高速铁路设计规范》(TB 10621—2014)的规定,墩台基础的沉降应按恒载计算,其在恒载作用下产生的工后沉降量不应超过表 4-7 规定的限值。特殊条件下无砟轨道桥梁无法满足沉降限值要求时,可采取预留调整措施的方式满足轨道平顺性要求。

(5) 位于路涵过渡段范围的涵洞涵身工后沉降限值应与相邻过渡段工后沉降限值一致,不在过渡段范围内的涵洞涵身工后沉降限值不应大于 100mm。

静定结构墩台基础工后沉降限值　　　　表 4-7

沉降类型	桥上轨道类型	限值(mm)
墩台均匀沉降	有砟轨道	30
	有砟轨道	20
相邻墩台沉降差	有砟轨道	15
	有砟轨道	5

注:超静定结构相邻墩台沉降量之差除应满足上述规定外,尚应根据沉降差对结构产生的附加应力的影响确定。

四 分层总和法计算地基沉降的步骤

以下按照压缩曲线的计算方法,说明其计算步骤:

(1) 将基底下的土层分成若干薄层;

(2) 计算各分层面处土的自重应力 $(\sigma_{cz})_i$ (自重应力应自地面起算)及各分层的平均自重应力 $(\bar{\sigma}_{cz})_i$,$(\bar{\sigma}_{cz})_i = \dfrac{(\sigma_{cz})_{i-1} + (\sigma_{cz})_i}{2}$;

(3) 计算基础底面处的附加应力 σ_{z0};

(4) 计算基底形心下,各分层面处土中的附加应力 $(\sigma_z)_i$,及各分层的平均附加应力 $(\bar{\sigma}_z)_i$,$(\bar{\sigma}_z)_i = \dfrac{(\sigma_z)_{i-1} + (\sigma_z)_i}{2}$;

(5) 确定压缩层厚度;

(6) 根据土层的压缩曲线资料,按各分层平均自重应力 $(\overline{\sigma}_{cz})_i$ 和各分层平均自重应力加平均附加应力 $(\overline{\sigma}_{cz})_i + (\overline{\sigma}_z)_i$ 值分别查出 e_{1i} 和 e_{2i};

(7) 计算各分层压缩量 $\Delta s_i = \dfrac{e_{1i} - e_{2i}}{1 + e_{1i}} h_i$,求得其总和,即为地基总沉降量。

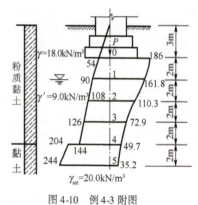

图 4-10 例 4-3 附图

【例 4-3】 某桥墩基础,基底为矩形,$a = 10\text{m}, b = 5\text{m}$,基础埋深为 3m,受竖直中心荷载 $P = 12000\text{kN}$,地基为粉质黏土和黏土层,地下水位在地面下 5m 处,有关地质资料如图 4-10 所示,粉质黏土层和黏土层的压缩曲线资料列于表 4-8 中,试按分层总和法计算地基总沉降量。

压缩曲线资料   表 4-8

土 名	荷载 $p(\text{kPa})$				
	0	50	100	200	300
	e				
粉质黏土	0.860	0.795	0.765	0.730	0.710
黏土	0.825	0.770	0.740	0.707	0.695

解 (1) 将地基分层,根据地基土的天然层次及分层厚度不超过 $0.4b = 0.4 \times 5 = 2(\text{m})$ 的规定,分层厚度均取 2m。

(2) 从原地面起计算各分层面处的自重应力及各分层的平均自重应力,列于表 4-9 中。

自重应力计算   表 4-9

分层点编号	土的重度 γ (kN/m^3)	土层厚度 h_j (m)	$\gamma_j h_j$ (kPa)	自重应力(kPa) $(\sigma_{cz})_j = \sum \gamma_j h_j$	平均自重应力 $\overline{\sigma}_{cz}$ (kPa)
原地面				0	
基底 0	18.0	3	54.0	54.0	—
1	18.0	2	36.0	90.0	72.0
2	9.0	2	18.0	108.0	99.0
3	9.0	2	18.0	126.0	117.0
4	9.0	2	18.0	144.0	135.0
	20.0	2	40	204.0	224.0
5				244.0	

(3) 计算基础底面处附加应力:

$$\sigma = \frac{P}{ab} = \frac{12000}{10 \times 5} = 240(\text{kPa})$$

基底附加应力: $\sigma_{z0} = \sigma - \gamma h = 240 - 18.0 \times 3 = 186.0(\text{kPa})$

(4) 计算各分层面处的附加应力及各分层的平均附加应力,列于表 4-10 中。

附加应力计算 表4-10

分层点编写	基底下距离 z (m)	$\dfrac{a}{b}$	$\dfrac{z}{b}$	α_0	自重应力 σ_{cz} (kPa)	附加应力 σ_z (kPa)	平均附加应力 $(\overline{\sigma}_z)_j$ (kPa)
基底0	0	$\dfrac{10}{5}=2$	0	1.000	186	186.0	
1	2	2	$\dfrac{2}{5}=0.4$	0.870	186	161.8	173.9
2	4	2	$\dfrac{4}{5}=0.8$	0.593	186	110.3	136.1
3	6	2	$\dfrac{6}{5}=1.2$	0.392	186	72.9	91.6
4	8	2	$\dfrac{8}{5}=1.6$	0.267	186	49.7	61.3
5	10	2	$\dfrac{10}{5}=2.0$	0.189	186	35.2	42.5

(5) 确定压缩层厚度。分层点5处的自重应力及附加应力分别为：$(\sigma_{cz})_5 = 244\text{kPa}$，$(\sigma_z)_5 = 35.2\text{kPa}$，经比较 $\dfrac{(\sigma_z)_5}{(\sigma_{cz})_5} = \dfrac{35.2}{244} = 0.144 < 0.2$，故压缩层厚度定为10m。

(6) 计算各分层的压缩量，列于表4-11中。

各分层压缩量计算 表4-11

分层编号	平均自重应力 $(\overline{\sigma}_{cz})_i$ (kPa)	平均附加应力 $(\overline{\sigma}_z)_i$ (kPa)	合应力 $(\overline{\sigma}_{cz})_i + (\overline{\sigma}_z)_i$ (kPa)	e_{1i}	e_{2i}	$\dfrac{e_{1i}-e_{2i}}{1+e_{1i}}$	土层厚 h_i (mm)	$\Delta s_i = \dfrac{e_{1i}-e_{2i}}{1+e_{1i}}h_i$ (mm)
0-1	72.0	173.9	246	0.782	0.721	0.0342	2000	68.4
1-2	99.0	136.1	235	0.766	0.723	0.0243	2000	48.6
2-3	117.0	91.6	209	0.759	0.728	0.0176	2000	35.2
3-4	135.0	61.3	196	0.753	0.731	0.0125	2000	25.0
4-5	224.0	42.5	267	0.704	0.699	0.0029	2000	5.8

(7) 计算总沉降量。

$$s = \sum_{i=1}^{5} \Delta s_i = 68.4 + 48.6 + 35.2 + 25.0 + 5.8 = 183(\text{mm})$$

任务三　地基容许沉降量确定与减小沉降的措施

地基沉降随时间变化的计算

沉降计算的目的是预测建筑物建成后基础的沉降量（包括差异沉降）会不会太大，是否超过建筑物安全和正常使用所容许的数值。如果计算结果表明基础的沉降量有可能超出容许值，那就要改变基础设计并考虑采取一些工程措施以尽量减小基础沉降可能给建筑物造成的危害。

一、容许沉降量

地基容许沉降量的确定比较困难,因为这涉及上部结构、基础、地基之间的相互作用问题,而结构类型、材料性质以及地基土的性状又是多种多样的;同时,除了从结构安全的角度考虑之外,尚应满足建筑物的使用功能、生产工艺以及人们心理感觉等方面的要求。目前,确定地基容许沉降量主要有两种途径:一是理论分析法,二是经验统计法。

理论分析法的实质是进行结构与地基相互作用分析,计算上部结构中由于地基差异沉降可能引起的次应力或拉应变,然后在保证次应力或拉应变不超出结构承受能力的前提下,综合考虑其他方面的要求,确定地基容许沉降量。这方面的理论分析研究工作虽然有相当大的进展,但仍存在不少困难,如结构和构件的形状、地基土的本构关系、土的参数以及现场的边界条件等都不容易确定。因此,从工程实用角度,目前主要还是依靠经验统计法。

经验统计法是对大量的各类已建建筑物进行沉降观测和使用状况调查,然后结合地基地质情况,分类归纳整理,提出容许沉降量控制值。

因此,为了保证建筑物正常使用,不发生裂缝、倾斜,甚至破坏,必须使地基变形值不大于地基容许变形值。

根据地基变形特征,分为下列四种:

(1)沉降量(mm)——多指基础中心的沉降量。如沉降量过大,会影响到建筑物的正常使用。例如桥梁地基沉降量过大,会使线路轨面高程不够,影响线路正常使用。因此,目前在沉降量较大的软土地区常用沉降量作为建筑物变形的控制指标之一,同时,在建筑物建成以后,对重要及大型建筑物作沉降观测。

(2)沉降差(mm)——指同一建筑物相邻两个基础沉降量的差值。沉降差过大,会使上部结构产生附加应力,超过限度则建筑物出现裂缝、倾斜,甚至破坏。

(3)倾斜(‰)——指单独基础倾斜方向两端点的沉降差与其距离的比值。对水塔、烟囱、高墩台等,以倾斜作为控制指标。

(4)局部倾斜(‰)——指砖石承重结构沿纵墙 6~10m 长度内,基础两点的沉降差与其距离的比值,通常砖石承重结构由局部倾斜控制。

二、减小地基沉降的措施

实践表明,绝对沉降量越大,沉降差往往也越大。因此,为减小地基沉降对建筑物可能造成的危害,除采取措施尽量减小降差外,还应设法尽可能减小基础的绝对沉降量。

目前,对可能出现过大沉降或沉降差的情况,通常从以下几个方面采取措施。

1. 减小沉降量的措施

(1)外因方面的措施

地基沉降由附加应力引起,如减小基础底面的附加压力 σ_{z0},则可相应减小地基沉降。由基底附加压力 $\sigma_{z0} = \sigma - \gamma h$ 可知,减小 σ_{z0} 可采取以下两种措施:

①上部结构采用轻质材料,则可减小基础底面的接触压力 σ。

②当地基中无软弱下卧层时可加大基础埋深。

(2)内因方面措施

地基产生沉降的内因是:地基土由三相组成,固体颗粒之间存在孔隙,在外荷作用下孔隙发生压缩,导致产生沉降。因此,为减小地基的沉降量,在修造建筑物之前,可预先对地基进行加固处理。根据地基土的性质、厚度,结合上部结构特点和场地周围环境,可分别采用机械压密、强力夯实、换土垫层、加载预压、砂桩挤密、振冲及化学加固等人工地基的措施,必要时,还可以采用桩基础等深基础。

2. 减小沉降差的措施

(1) 设计中尽量使上部荷载作用于基础中心,基底压力均匀分布。

(2) 遇高低层相差悬殊或地基软硬突变等情况,可合理设置沉降缝。

(3) 增加上部结构对地基不均匀沉降的调整作用。如设置封闭圈梁与构造柱,加强上部结构的刚度;将超静定结构改为静定结构,以加大对不均匀沉降的适应性。

(4) 妥善安排施工顺序。例如,建筑物高、重部位沉降大先施工;拱桥先做成三铰拱,并可预留上拱度。

(5) 人工补救措施。当建筑物已发生严重的不均匀沉降时,可采取人工补救措施。如杭州市某运输公司 6 层营业楼,由于北侧新建 5 层楼的附加应力扩散作用,使运输公司 6 层楼北倾,两楼顶部相撞。为此,在运输公司 6 层楼南侧采用水枪冲地基土的方法,将北侧 6 层楼纠正过来。

以上措施,有的是设法减小地基沉降量,尤其是差异沉降量;有的是设法提高上部结构对沉降和差异沉降的适应能力。设计时,应从具体工程情况出发,因地制宜,选用合理、有效、经济的一种或几种措施。

【项目小结】

1. 土体压缩的形成:土的压缩,即其体积的减小,主要是由水、空气所占据的孔隙体积减小所造成的。

2. 有效应力原理:土体受到压缩时,由土中的固体颗粒骨架和孔隙水共同承担。

$$\sigma = \bar{\sigma} + u$$

由骨架承受的压力 $\bar{\sigma}$ 叫作有效压力,它能使土骨架的形状和体积压密而变形,也能使土粒之间在有滑动趋势时产生摩擦,从而使土体具有一定的抗剪强度。由孔隙水承受的压力 u 叫作孔隙水压力,它对土体既不能产生变形,也不能产生抗剪强度。

3. 压缩系数 α:是反映土压缩性质的一个重要指标,其值越大,土越易压缩。

$$\alpha = \tan\beta = \frac{\Delta e}{\Delta p} = \frac{e_1 - e_2}{p_2 - p_1}$$

工程上一般取 $p_1 = 0.1$ MPa 到 $p_2 = 0.2$ MPa 的压力范围确定土的压缩系数,用 $\alpha_{0.1-0.2}$ 表示。压缩系数 $\alpha_{0.1-0.2}$ 的大小可作为评价地基土压缩性的指标。

4. 土体压缩量计算公式:

$$\Delta s = \frac{e_1 - e_2}{1 + e_1} \cdot h_1$$

5. 分层总和法计算地基沉降量:

$$s = \sum_{i=1}^{n} \Delta s_i = \sum_{i=1}^{n} \frac{e_{1i} - e_{2i}}{1 + e_{1i}} h_i$$

或

$$s = \sum_{i=1}^{n} \frac{a_i (\overline{\sigma_z})_i}{1 + e_{1i}} h_i$$

6. 地基容许沉降量确定与减小沉降的措施:

目前,确定地基容许沉降量主要有两种途径:一是理论分析法,二是经验统计法。为减小地基沉降对建筑物可能造成的危害,除采取措施尽量减小降差外,还应设法尽可能减小基础的绝对沉降量。

【项目训练】

1. 进行土的压缩试验,测定并计算土的压缩性指标,判断土的压缩性。
2. 选择一典型地基土案例,用分层总和法计算地基的沉降量;根据沉降量值及建筑物对沉降的要求,提出减小沉降的措施。

【思考练习题】

4-1 土体的压缩如何形成?

4-2 什么叫渗透固结?

4-3 如何根据压缩曲线比较两种土的压缩性?

4-4 如何用压缩模量判断土的压缩性?

4-5 减小地基沉降量和沉降差的措施有哪些?

4-6 某土样原始高度 $h_0 = 20$mm,直径 $d = 64$mm,已知土粒重度 $\gamma_s = 26.7$kN/m³,试验后,测得土样干重 $W_s = 0.870$N,压缩试验的结果如表 4-12 所列。

习题 4-6 数 据 表   表 4-12

荷载 p(kPa)	0	50	100	200	300	400
压缩量 Δs(mm)	0	0.903	1.287	1.865	2.262	2.541

试计算压缩曲线资料,并绘制 e-p 曲线,确定该土样的压缩系数 $\alpha_{0.1-0.2}$ 及压缩模量 $E_{s(0.1-0.2)}$,并评定该土样的压缩性。

4-7 一土层厚为 2m,若已知建筑物建造前该土层上作用的平均自重应力为 20kPa,建筑物建造完成后,作用在该土层上的平均总应力增至 280kPa,该土层的压缩试验资料同习题 4-6,求该土层的压缩量。

4-8 已知一土样厚为 30mm,原始孔隙比 $e = 0.765$,当荷载为 0.1MPa 时,$e_1 = 0.707$,在 0.1~0.2MPa 荷载段内的压缩系数 $\alpha_{0.1-0.2} = 0.24$MPa^{-1},求:

(1) 土样的无侧向膨胀压缩模量 $E_{s(0.1-0.2)}$;

(2) 当荷载为 0.2MPa 时,土样的总变形量;

(3) 当荷载由 0.1MPa 增至 0.2MPa 时,土样的压缩量。

4-9 某跨线桥桥墩基础的基底为矩形,长边为 $a = 12$m,短边为 $b = 5$m,基础埋深为 4m,受竖直中心荷载 $P = 16200$kN 的作用,地基为中砂和黏土层,有关地质资料如图 4-11 所示。中砂和黏土层的压缩曲线资料如表 4-13 所列,试用分层总和法计算基础的总沉降量。

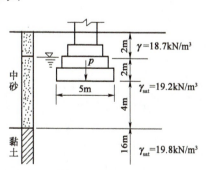

图 4-11 习题 4-9 图

习题 4-9 数 据 表 表 4-13

土 名	p(kPa)					
	0	50	100	200	300	350
	e					
中砂	0.605	0.575	0.562	0.550	0.545	0.542
黏土	0.880	0.815	0.790	0.755	0.740	0.735

项目五

土的抗剪强度与地基承载力计算

【能力目标】
1. 熟练应用直剪仪测定土的抗剪强度指标 c、φ，并能根据建筑物的施工速度和地基土的工程特性正确选择试验排水方式。
2. 能够根据地基土的物理性质指标确定地基的基本承载力 σ_0，并能根据基础的宽度和基底的埋置深度计算地基容许承载力 $[\sigma]$。
3. 能够进行地基持力层和软弱下卧层的强度验算。

【知识目标】
1. 理解抗剪强度的定义、影响抗剪强度的因素、土的极限平衡条件。
2. 掌握库仑定律和土的抗剪强度指标的测定方法。
3. 掌握按照《铁路桥涵地基和基础设计规范》(TB 10093—2017)规定的方法确定各种地基承载力。

【素质目标】
1. 在土的抗剪强度计算及地基承载力确定等专业知识的学习中，培养学生认真细致严谨的工作作风。
2. 在进行土工直剪试验操作中，培养学生严谨务实，理论联系实际的职业素质。

【案例导入】

　　1976年7月28日,河北省唐山地区发生了7.8级强烈地震,震中烈度达11度,当天18:00又在滦县发生了7.1级地震,主震后的余震加重了地震灾害。这次地震发生在工矿企业集中、人口稠密的城市,从而造成了极严重的灾害。

　　喷水冒砂和地表裂缝是唐山地震地表震害的主要形式。唐山地震造成液化面积十分广大,震后航拍和现场考察证实,液化范围约25000km^2,因此无论是破坏程度,还是波及规模,都是近现代地震历史上非常罕见的。

　　2008年5月12日14:00,我国四川汶川、北川境内发生8级强烈地震,最大烈度11度。汶川地震是新中国成立以来波及范围最大、破坏性最强的一次地震,其强度、烈度都超过了1976年的唐山大地震。

　　中国地震局研究人员考察结果表明,汶川地震的液化分布范围是新中国成立以来最广的一次,有118个液化场地和液化带,涉及10万km^{2}的区域。地震液化场地喷砂类型对比我国以往发生的地震液化砂类明显丰富,喷砂类型包括:粉砂、细砂、中砂、粗砂、砾石,甚至卵石。为我国砂砾土液化研究提供了大量有价值的数据。

　　砂土液化属于地震的次生灾害,由于孔隙水短时间内无法排出,土体内孔隙水压力急剧上升。当孔隙水压力等于总应力值时,土体中的有效应力下降为零,此时,砂土颗粒处于悬浮状态,完全丧失承载力,土体抗剪强度等于零,形成犹如"液体"的现象,称为地基土的"液化"。

　　应对"砂土液化"主要从预防砂土液化的发生和防止或减轻建筑物不均匀沉陷两方面入手,包括:合理选择场地;采取振冲、夯实、爆炸、挤密桩等措施,提高砂土密度;排水降低砂土孔隙水压力;换土、板桩围封,以及采用整体性较好的筏板基础、桩基等方法。

任务一　土的抗剪强度认知

　　为了保证建筑工程安全与正常使用,建筑物地基基础设计必须满足变形和强度两个基本条件。

　　(1)地基强度条件

　　在进行铁路桥涵地基基础设计过程中,首先根据桥梁上部结构荷载与地基承载力之间的关系,来确定基础埋置深度和基础平面尺寸,以保证地基的稳定性,不发生强度破坏。

　　(2)地基变形条件

　　在满足地基强度条件的基础上,还要控制桥涵的沉降在容许的范围之内,使桥涵结构不致因过大的沉降出现开裂、倾斜等现象,保证桥涵建筑物和配套管网设施能够正常工作。

　　这两个条件中,地基变形条件已在项目四中阐述。本项目着重介绍地基土的强度问题。

　　土的强度指的是土的抗剪强度,是土体抵抗剪切破坏的极限能力。地基受荷载作用后,土中各点同时产生法向应力和剪应力,其中法向应力作用对土体施加约束力,这是有利的因素;而剪应力作用可使土体发生剪切滑移,这是不利的因素。若地基中某点的剪应力数值达到该点的抗剪强度,则此点的土将沿着剪应力作用方向产生相对滑动,此时称该点发生强度破坏。如果随着外荷增大,地基中达到强度破坏的点越来越多,即地基中的塑性变形区范围不断扩大,最后形成连续的滑动面,则建筑物的地基会失去整体稳定而发生滑动破坏。

　　土的抗剪强度问题在工程上应用很广,归纳起来主要有下列三方面。

一 地基承载力与地基稳定性

地基承载力与地基稳定性,是每一项建筑工程都遇到的问题,具有普遍意义。这将在本项目介绍。

二 土坡稳定性

土坡稳定性也是工程中经常遇到的问题。土坡包括两类:

(一)天然土坡

天然土坡为自然界天然形成的土坡,如山坡、河岸、海滨等。

如在山麓或山坡上建造房屋,一旦山坡失稳(图5-1),势必毁坏房屋。又如在河岸或海滨建造房屋,可能导致岸坡滑动,连同房屋一起滑动破坏。

(二)人工土坡

人工土坡为人类活动造成的土坡,如基坑开挖、修筑堤坝、土坝、路基等。

如基坑失去稳定,基坑附近地面上的建筑物和堆放的材料,将一起滑动入基坑。若路基发生滑动,可能连同路上行驶的车辆一起滑动,导致人员伤亡(图5-2)。

图5-1 山体滑坡

图5-2 路基边坡滑动

三 挡土墙及地下结构上的土压力

挡土墙是指能侧向支挡土体而承受土压力的墙体结构物。

如图5-3所示为支挡陡峭山坡土体的挡土墙及所受到的土压力E,图5-4为建筑工程中地下室侧墙,它既是地下室外墙,也是支挡墙外填土的挡墙,承受墙外填土压力E的作用。

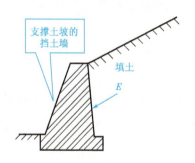
图5-3 挡土墙及土压力

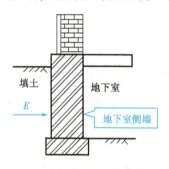
图5-4 地下室侧墙及土压力

在各类挡土墙及地下结构设计中,必须计算所承受的土压力数值。关于土压力理论和计算公式,将在项目六中论述。

为了对建筑物地基的稳定性进行力学分析和计算,需要深入研究土的强度问题,包括:了解土的抗剪强度的来源、影响因素,研究土的极限平衡理论和极限平衡条件,抗剪强度指标的测定方法和取值;掌握地基受力状况,确定地基承载力的方法。

1776年,法国科学家库仑通过一系列砂土剪切试验,提出砂土抗剪强度的表达式:

$$\tau_f = \sigma \tan\varphi \tag{5-1}$$

以后又通过试验进一步提出了黏性土的抗剪强度表达式:

$$\tau_f = \sigma \tan\varphi + c \tag{5-2}$$

式中:τ_f——土的抗剪强度(kPa);

σ——剪切面上的法向应力(kPa);

c——土的黏聚力(kPa);

φ——土的内摩擦角(°)。

式(5-1)和式(5-2)即为著名的库仑抗剪强度定律,式中c、φ称为土的抗剪强度指标。该定律表明,土的抗剪强度是剪切面上的法向总应力σ的线性函数,如图5-5所示。同时从该定律可知,对于无黏性土,其抗剪强度仅仅是土粒间的摩擦力;而对于黏性土,其抗剪强度由黏聚力和摩擦力两部分构成。

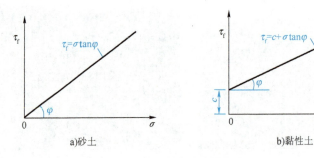

图5-5 砂土和黏性土的抗剪强度定律

与一般固体材料不同,土的抗剪强度不是常数,而是与剪切滑动面上的法向应力σ相关,随着σ的增大而提高。实践表明,在一般压力范围内,抗剪强度τ_f采用这种直线关系,是能够满足工程精度要求的。

任务二 土的极限平衡状态的判定

一、土体中任一点的应力状态

当土中某点任一方向的剪应力τ达到土的抗剪强度τ_f时,称该点处于极限平衡状态。因此,若已知土体的抗剪强度,则只要求得土中某点各个面上的剪应力τ和法向应力σ,即可判断土体所处的状态。

现以平面问题为例。从土体中任取一单元体,如图5-6所示。设作用在该单元体上的大、

小主应力分别为 σ_1 和 σ_3，在单元体内与大主应力 σ_1 作用面成任意角 α 的 mn 平面上有正应力 σ 和剪应力 τ。为建立 σ、τ 之间的关系，取楔形脱离体 abc 进行力学分析。

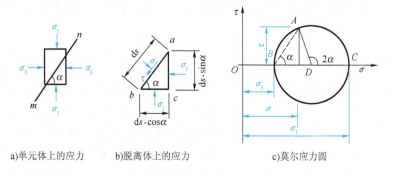

a) 单元体上的应力　　b) 脱离体上的应力　　c) 莫尔应力圆

图 5-6　土中任意点的应力状态

根据楔形体静力平衡条件可得：

$$\sigma_3 ds\sin\alpha - \sigma ds\sin\alpha + \tau ds\cos\alpha = 0$$

$$\sigma_1 ds\cos\alpha - \sigma ds\cos\alpha - \tau ds\sin\alpha = 0$$

联立求解以上方程得 mn 平面上的应力为：

$$\sigma = \frac{1}{2}(\sigma_1 + \sigma_3) + \frac{1}{2}(\sigma_1 - \sigma_3)\cos 2\alpha \tag{5-3}$$

$$\tau = \frac{1}{2}(\sigma_1 - \sigma_3)\sin 2\alpha \tag{5-4}$$

式中：σ——与大主应力面成 α 角的截面 mn 上的法向应力（kPa）；

τ——同一截面上的剪应力（kPa）。

由材料力学可知，土中某点应力状态既可由上述公式表示，也可用摩尔应力圆描述。即在 σ-τ 坐标系中，按一定比例沿 $O\sigma$ 轴截取 $OB = \sigma_3$，$OC = \sigma_1$，以 D 点 $\left(\dfrac{\sigma_1 + \sigma_3}{2}, 0\right)$ 为圆心，以 $\dfrac{\sigma_1 - \sigma_3}{2}$ 为半径作圆，即为摩尔应力圆，如图 5-6c) 所示。以 D 为圆心，自 DC 开始逆时针方向旋转 2α 角，与应力圆相交于 A 点。可证明，A 点的坐标 (σ, τ) 即为土中任一点 M 处与最大主应面成 α 角的斜面 mn 上的法向应力 σ 和剪应力 τ。由此可见，用摩尔应力圆可以表示土体中任意点的应力状态，最大剪应力 τ_{max} 作用面与大主应力作用面的夹角为 $45°$。

二、土的极限平衡条件

为判别土体中某点的平衡状态，可将土的抗剪强度线与描述土体中某点的摩尔应力圆绘于同一坐标系中，按其相对位置判断该点所处的状态，如图 5-7 所示。

（一）相离

摩尔应力圆 I 位于抗剪强度线的下方，表明通过该点的任何平面上的剪应力都小于抗剪强度，即 $\tau < \tau_f$，所以该点处于稳定平衡状态。

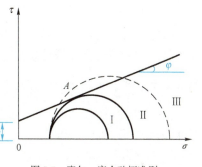

图 5-7　摩尔—库仑破坏准则

(二)相切

圆 II 与抗剪强度线在 A 点相切,表明切点 A 所代表的平面上剪应力等于该平面的抗剪强度,即 $\tau = \tau_f$,该点处于极限平衡状态。

(三)相割

圆 III 与抗剪强度线相割,表示过该点的相应于割线所对应弧段代表的平面上的剪应力已大于该平面的抗剪强度,即 $\tau > \tau_f$。该点已经破坏。实际上圆 III 的应力状态是不可能存在的,因为在任何材料中,产生的任何应力都不可能超过其强度。

如图 5-8 所示某一土体单元处于极限平衡状态时的应力条件,抗剪强度线和应力圆相切于 A 点。根据几何关系可得:

$$\sin\varphi = \frac{\overline{AD}}{\overline{ED}} = \frac{\frac{1}{2}(\sigma_1 - \sigma_2)}{c\cot\varphi + \frac{1}{2}(\sigma_1 + \sigma_2)}$$

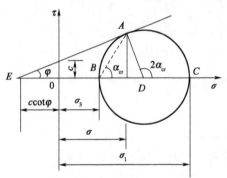

图 5-8 土的极限平衡条件

于是

$$\frac{1}{2}(\sigma_1 - \sigma_2) = \frac{1}{2}(\sigma_1 + \sigma_2)\sin\varphi + c\cos\varphi$$

经整理后可得 σ_1 和 σ_3 的关系式如下:

$$\sigma_1 = \sigma_3 \tan^2\left(45° + \frac{\varphi}{2}\right) + 2c\tan\left(45° + \frac{\varphi}{2}\right) \tag{5-5}$$

$$\sigma_3 = \sigma_1 \tan^2\left(45° - \frac{\varphi}{2}\right) - 2c\tan\left(45° - \frac{\varphi}{2}\right) \tag{5-6}$$

对于砂性土,黏聚力 $c = 0$,则砂土处于极限平衡状态时,其大小主应力的关系式为:

$$\sigma_1 = \sigma_3 \tan^2\left(45° + \frac{\varphi}{2}\right) \tag{5-7}$$

$$\sigma_3 = \sigma_1 \tan^2\left(45° - \frac{\varphi}{2}\right) \tag{5-8}$$

土体处于极限平衡状态时,破裂面与大主应力作用面间的夹角 α_{cr} 可由图 5-8 的几何关系得出:

$$\alpha_{cr} = \pm\left(45° + \frac{\varphi}{2}\right) \tag{5-9}$$

根据式(5-5)~式(5-8)判断黏性土或砂土是否处于极限平衡状态,是土的强度理论,通常称为摩尔—库仑强度理论。由土体的极限平衡条件可知,土的剪切破坏并不是发生在最大剪应力 $\tau_{max} = \frac{1}{2}(\sigma_1 - \sigma_3)$ 的作用面,而与最大剪应力面成 $\frac{\varphi}{2}$ 的夹角。

【例 5-1】 某砂土地基的内摩擦角 $\varphi = 30°$,$c = 0$。若地基中一点的大主应力 $\sigma_1 = 200\text{kPa}$,小主应力 $\sigma_3 = 80\text{kPa}$。问:(1)该点处于什么状态?(2)是否会沿剪应力最大的面发生破坏?为什么?

解 (1)设达到极限平衡状态时所需的大主应力为 σ_1',则由式(5-7)可知:

$$\sigma'_1 = \sigma_3 \tan^2\left(45° + \frac{\varphi}{2}\right) = 80\tan^2\left(45° + \frac{30°}{2}\right) = 240(\text{kPa}) > 200\text{kPa}$$

这表明,在 $\sigma_3 = 80\text{kPa}$ 的条件下,该点如果处于极限平衡状态,需要大主应力为240kPa,大于实际大主应力 $\sigma_1 = 200\text{kPa}$,因此该点处于稳定平衡状态。

若该点处于极限平衡状态时的小主应力为 σ'_3,则由式(5-8)可知:

$$\sigma'_3 = \sigma_1 \tan^2\left(45° - \frac{\varphi}{2}\right) = 200\tan^2\left(45° - \frac{30°}{2}\right) = 67(\text{kPa}) < 80\text{kPa}$$

故该点处于稳定平衡状态。

(2)最大剪应力为:

$$\tau_{\max} = \frac{1}{2}(\sigma_1 - \sigma_3) = \frac{1}{2} \times (200 - 80) = 60(\text{kPa})$$

最大剪应力作用面上的法向应力为:

$$\sigma = \frac{1}{2}(\sigma_1 + \sigma_3) + \frac{1}{2}(\sigma_1 - \sigma_3)\cos2\alpha$$
$$= \frac{1}{2} \times (200 + 80) + \frac{1}{2} \times (200 - 80)\cos90°$$
$$= 140(\text{kPa})$$

该面上的抗剪强度为:

$$\tau_f = \sigma\tan\varphi + c = 140\tan30° = 81(\text{kPa}) > \tau_{\max} = 60\text{kPa}$$

所以该点不会沿剪应力最大的面发生剪切破坏。

任务三　土的抗剪强度指标的确定

土的抗剪强度指标包括内摩擦角 φ 和黏聚力 c 两项,是地基基础设计的重要指标。确定土的抗剪强度指标的试验称为剪切试验。剪切试验的方法有多种,在实验室内常用的有直接剪切试验、三轴剪切试验和无侧限抗压试验;现场原位测试有十字板剪切试验等。

根据《铁路工程土工试验规程》(TB 10102—2010)规定,直接剪切试验适用于测定黏性土和粉土的 c、φ,及最大粒径小于2mm砂类土的 φ。渗透系数 $K > 10^{-6}\text{cm/s}$ 的土不宜作快剪试验。

一　直接剪切试验

直接剪切试验是测定土的抗剪强度的最简便和最常用的方法。所使用的仪器称为直剪仪,分应变控制式和应力控制式两种,前者以等应变速率使试样产生剪切位移直至剪破,后者是分级施加水平剪应力并测定相应的剪切位移。目前,我国应用较多的是应变控制式直剪仪,其主要工作部分见图5-9。

试验时,首先将剪切盒的上、下盒对正,然后用环刀切取土样,并将其推入由上、下盒构成的剪切盒中。通过杠杆对土样施加垂直压力 P,然后以规定速率对下盒逐渐施加水平剪切推力,使试样沿上下盒水平接触面产生剪切变形,直至破坏。剪切面上相应的剪应力值由与上盒接触的量力环的变形值推算。在剪切过程中,每隔一固定时间测记量力环中百分表读数,直至土样剪损。根据计算的剪应力 τ 与剪切位移 Δl 的值可绘制出一定法向应力 σ 条件下的剪应力—剪切位移关系曲线,如图5-10所示。

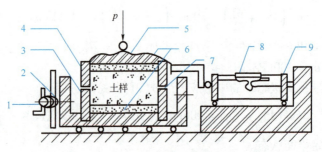

图 5-9 应变式直剪仪构造

1-轮轴;2-螺杆;3-下盒;4-上盒;5-传压板;6-透水石;7-开缝;8-测微表;9-弹性量力环

较密实的黏土及密实砂土的 τ-Δl 曲线,具有明显峰值,如图 5-10 中曲线 1,其峰值即为破坏强度 τ_f;软黏土和松砂,其 τ-Δl 曲线常不出现峰值,如图 5-10 中曲线 2,此时可按某一剪切变形量作为破坏控制标准,《土工试验方法标准》(GB/T 50123—2019) 规定以相对稳定值 b 点的剪应力作为抗剪强度 τ_f。

要通过直剪试验确定某种土的抗剪强度,通常取四个试样,分别施加不同的垂直压力 σ 进行剪切试验,求得相应的抗剪强度 τ_f。将 τ_f 与 σ 绘于直角坐标系中,即得该土的抗剪强度包线,如图 5-11 所示。强度包线与 σ 轴的夹角即为内摩擦角 φ,在 τ 轴上的截距即为土的黏聚力 c。绘制如图 5-11 所示的抗剪强度与垂直压力的关系曲线时必须注意纵横坐标的比例一致。

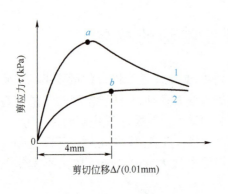

图 5-10 剪应力与剪切位移关系

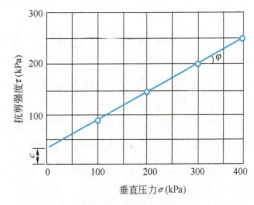

图 5-11 抗剪强度与垂直压力的关系曲线

为了近似模拟土体在现场受剪时的排水条件,通常将直剪试验按加荷速率的不同,分为快剪、固结快剪和慢剪三种,具体做法是:

(1) 快剪:竖向应力 σ 施加后立即进行剪切,剪切速率要快。如《铁路工程土工试验规程》(TB 10102—2010) 规定,要使试样在 3~5min 内剪损。

(2) 固结快剪:竖向应力施加后,让试样充分固结,每隔 1h 测定垂直位移一次。黏土试样每小时变形量不大于 0.005mm,粉质黏土、粉土和砂类土试样每小时变形量不大于 0.01mm 时,则固结已趋稳定。固结完成后,再进行快速剪切,其剪切速率与快剪相同。

(3) 慢剪:竖向应力施加后,允许试样排水固结。待固结完成后,施加水平剪应力,以 0.02mm/min 剪速进行剪切。也可按下式估算剪切破坏时间:

$$t_f = 50 t_{50} \tag{5-10}$$

式中:t_f——达到破坏所经历的时间(min);

t_{50}——固结度达50%所需的时间(min)。

对正常固结的黏性土,在竖向应力和剪应力作用下,土样都被压缩,所以通常在一定应力范围内,快剪的抗剪强度τ_q最小,固结快剪的抗剪强度τ_{cq}有所增大,而慢剪抗剪强度τ_s最大,即正常固结土$\tau_q<\tau_{cq}<\tau_s$。

直接剪切试验由于仪器简单、操作方便,在工程界被广泛应用。但该试验存在着以下不足:

(1)不能严格控制排水条件,不能量测试验过程中试样的孔隙水压力;

(2)试验中人为限定上下盒的接触面为剪切面,该面不一定是土样的最薄弱面;

(3)试样中应力状态复杂,有应力集中情况,但仍按应力均布计算;

(4)剪切过程中剪切面上的剪应力分布不均匀,剪切面积随剪切位移的增加而减小,但仍按初始土样面积计算。

因此,直剪试验不宜作为深入研究土的抗剪强度特性的方法。

三轴压缩试验

三轴压缩试验,是测试土体抗剪强度指标的一种较精确的试验。因此,在重大工程与科学研究中经常进行三轴压缩试验。三轴压缩试验可用于测定土的总抗剪强度参数和有效抗剪强度参数,适用于黏性土、粉土和砂类土的抗剪强度参数测定。

三轴压缩试验所用的仪器为三轴仪,有应变控制式和应力控制式两种。前者操作较后者简单,因而使用较广泛。应变控制式三轴仪组成如图5-12所示,主要包括压力室、轴向加压设备、周围压力控制系统、反压力控制系统、孔隙压力测量系统、轴向变形和体积变化量测系统。

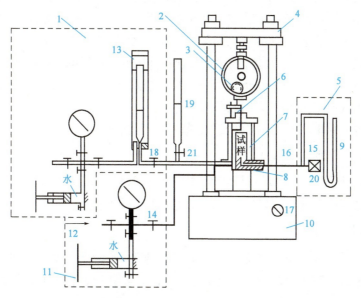

图5-12 三轴仪组成示意图

1-反压力控制系统;2-轴向测力计;3-轴向位移计;4-试验机横梁;5-孔隙水压力测量系统;6-活塞;7-压力室;8-升降台;9-量水管;10-试验机;11-周围压力控制系统;12-压力源;13-体变管;14-周围压力阀;15-量管阀;16-孔隙压力阀;17-手轮;18-体变管阀;19-排水管;20-孔隙压力传感器;21-排水管阀

三轴试验采用正圆柱形试样。试验的主要步骤为：

(1) 将制备好的试样套在橡皮膜内置于压力室底座上，装上压力室外罩并密封。

(2) 向压力室充水使周围压力达到所需的 σ_3，并使液压在整个试验过程中保持不变。

(3) 按照试验要求关闭或开启各阀门，开动马达使压力室按选定的速率匀速上升，活塞即对试样施加轴向压力增量 $\Delta\sigma$，$\sigma_1 = \sigma_3 + \Delta\sigma$，如图 5-13a) 所示。

假定试样上下端所受约束的影响忽略不计，则轴向即为大主应力方向，试样剪切面方向与大主力作用平面的夹角为：$\alpha_f = 45° + \dfrac{\varphi}{2}$。如图 5-13b) 所示。

试验时一般采用 3~4 个土样，在不同的 σ_3 作用下进行剪切，得出 3~4 个不同的破坏应力圆，绘出各应力圆的公切线，即为抗剪强度包线，通常近似取一直线。由此求得抗剪强度指标 c、φ 值，如图 5-14 所示。

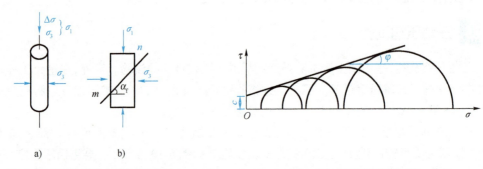

图 5-13　三轴压缩试验试样受力示意图　　　　图 5-14　土的抗剪强度包线

三轴压缩试验的突出优点是能较严格控制试样的排水条件，从而可以量测试样中的孔隙水压力，以定量地获得土中有效应力的变化情况。此外，试样中的应力分布比较均匀。所以，三轴压缩试验结果较直剪试验结果更加可靠、准确。但三轴仪构造复杂，操作技术水平要求高，且试样制备也比较麻烦。此外，试验是在轴对称情况下进行的，即 $\sigma_2 = \sigma_3$，这与一般土体实际受力有所差异。为此，有 $\sigma_1 \neq \sigma_2 \neq \sigma_3$ 的真三轴剪力仪、平面应变仪等能更准确地测定不同应力状态下土的强度指标的试验仪器。

按照土样的固结排水情况，常规的三轴试验有三种方法：

1. 不固结不排水剪 (UU)

不固结不排水剪，简称不排水剪。试验时，先施加周围压力 σ_3，然后增加轴向力 ($\sigma_1 - \sigma_3$) 直至破坏，过程中不允许试样排水，可求得总抗剪强度参数 (c_u、φ_u)。

2. 固结不排水剪 (CU 或 $\overline{\text{CU}}$)

试验时，试样先在某一周围压力 σ_3 作用下排水固结，在保持不排水的情况下增加轴向压力直至破坏。本试验可测得总抗剪强度参数 c_{CU}、φ_{CU}，或者有效抗剪强度参数 c'、φ' 和孔隙水压力系数。

3. 固结排水剪 (CD)

固结排水剪，简称排水剪。试样先在某一周围压力作用下排水固结，在允许试样继续排水的条件下增加轴向压力直至破坏。本试验可测得有效抗剪强度参数 c_d、φ_d。

剪切试验中取得的强度指标,因试验方法的不同须分别用不同的符号加以区分,如表 5-1 所示。

剪切试验结果表达　　　　　　　表 5-1

直接剪切		三轴剪切	
试验方法	结果表达	试验方法	结果表达
快剪	c_q, φ_q	不排水剪	c_u, φ_u
固结快剪	c_{cq}, φ_{cq}	固结不排水剪	c_{cu}, φ_{cu}
慢剪	c_s, φ_s	排水剪	c_d, φ_d

从试验结果可以发现,对于同一种土,施加相同的总应力时,抗剪强度并不相同,这与试样的固结与排水情况有关。因此,抗剪强度与总应力 σ 没有唯一的对应关系。

从饱和土体的固结过程可知,只有有效应力才引起土骨架的变形。现行的理论与试验均说明了抗剪强度与有效应力有唯一的对应关系,即:

$$\tau_f = \sigma'\tan\varphi' + c' = (\sigma - u)\tan\varphi' + c' \tag{5-11}$$

式中:φ'、c'——土的有效内摩擦角和有效黏聚力;

σ'——剪切破坏面上的有效法向应力。

建筑场地工程地质勘察,应根据实际地质情况与施工速度,即土中孔隙水压力 u 的消散程度,选用合适的试验方法与抗剪强度指标。例如当地基为不易排水的饱和软黏土,施工工期又较短时,可选用不排水剪或快剪试验的抗剪强度指标;反之当地基容易排水固结,如砂类土地基,而施工工期又比较长时,可选用固结排水剪或慢剪试验的强度指标;当建筑物完工后很久,荷载又突然增大,如水闸完工后挡水的情况,可采用固结不排水剪或固结快剪试验的抗剪强度指标。

三　无侧限抗压强度试验

无侧限抗压试验是三轴剪切试验的一种特例,即对正圆柱形试样不施加周围压力($\sigma_3 = 0$),只施加垂直的轴向压力 σ_1,由此测出试样在无侧向压力的条件下,抵抗轴向压力的极限强度,称之为无侧限抗压强度。

本试验适用于在自重作用下不发生变形的饱和软黏土,可测定其无侧限抗压强度 q_u 和灵敏度 S_t。

图 5-15a)为应变控制式无侧限压缩仪。因为试验时 $\sigma_3 = 0$,所以试验结果只能作出一个极限应力圆,对于一般非饱和黏性土,难以作出强度包线。对于饱和软黏土,根据三轴不排水剪切试验成果,其强度包线近似于一水平线,即 $\varphi_u = 0$。故无侧限抗压试验适用于测定饱和软黏土的不排水强度,见图 5-15b)。在 σ-τ 坐标中,以无侧限抗压强度 q_u 为直径,通过 $\sigma_3 = 0$、$\sigma_1 = q_u$ 作极限应力圆,其水平切线就是强度包线,该线在 τ 轴上的截距 c_u 即等于抗剪强度 τ_f,即:

$$\tau_f = c_u = \frac{q_u}{2} \tag{5-12}$$

式中:c_u——饱和软黏土的不排水强度(kPa)。

饱和黏性土的强度与土的结构有关,当土的结构遭到破坏时,其强度会迅速降低,称为土的结构性。工程上常用灵敏度 S_t 来反映土的结构性的强弱。

$$S_t = \frac{q_u}{q_u'} \tag{5-13}$$

式中：q_u——原状土的无侧限抗压强度(kPa)；
　　　q_u'——重塑试样(指在含水率不变的条件下使土的天然结构彻底破坏再重新制备的土)的无侧限抗压强度(kPa)。

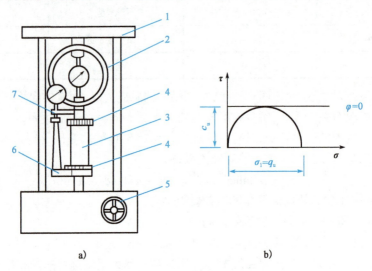

图 5-15　应变控制式无侧限抗压强度试验
1-轴向加荷架；2-轴向测力计；3-试样；4-上、下传压板；5-手动或电动转轮；6-升降板；7-轴向位移计

根据灵敏度可将饱和黏性土分为三类：

低灵敏度　　　　　　　　　　$1 < S_t \leq 2$
中灵敏度　　　　　　　　　　$2 < S_t \leq 4$
高灵敏度　　　　　　　　　　$S_t > 4$

土的灵敏度越高，其结构性越强，受扰动后土的强度降低就越多。所以在高灵敏度土上修建建筑物时，应尽量减少对土的扰动。

四　十字板剪切试验

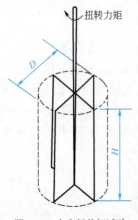

图 5-16　十字板剪切试验

十字板剪切试验是一种现场测定饱和软黏土的抗剪强度的原位试验方法。与室内无侧限抗压强度试验一样，十字板剪切试验所测得的结果亦相当于不排水抗剪强度。

十字板剪切仪的主要工作部分见图 5-16。试验时预先钻孔到接近预定施测深度，清理孔底后将十字板固定在钻杆下端下至孔底，压入到孔底以下约 750mm 处。然后通过安放在地面上的设备施加扭矩，使十字板按一定速率扭转直至土体剪切破坏。由剪切破坏时的扭矩 M 可推算土的抗剪强度。

十字板现场剪切试验为不排水剪切试验，因此试验结果与无侧限抗压强度试验结果接近。饱和软土不排水剪 $\varphi_u = 0$，则 $\tau_f = \dfrac{c_u}{2}$。

c_u 与扭矩 M 的关系为：

$$c_u = \frac{2M}{\pi D^2 H\left(1 + \dfrac{D}{3H}\right)} \tag{5-14}$$

式中：D、H ——十字板板头的直径与高。

十字板剪切试验具有无须钻孔取样和使土少受扰动的优点，且仪器结构简单、操作方便，因而在软黏土地基中有较好的适用性，亦常用以在现场对软黏土的灵敏度测定。但这种原位测试方法中剪切面上的应力条件十分复杂，排水条件也不能严格控制，因此所测得的不排水强度与原状土室内的不排水剪切试验结果可能会有一定差别。

任务四　影响土抗剪强度指标的因素

一、抗剪强度的来源

研究影响土抗剪强度指标的因素，首先应分析土的抗剪强度的来源。按无黏性土与黏性土两大类分别介绍。

(一) 无黏性土

无黏性土抗剪强度来源于土粒间的内摩擦力，内摩擦力由作用在剪切面的法向压应力 σ 与土体的内摩擦系数 $\tan\varphi$ 组成，内摩擦力的数值为这两项的乘积 $\sigma\tan\varphi$。密实状态的粗粒土中，土粒间除滑动摩擦力外还存在咬合摩擦力。

1. 滑动摩擦力

滑动摩擦力存在于土粒表面之间，即在土体剪切过程中，剪切面上的土粒发生相对移动所产生的摩擦力。

2. 咬合摩擦力

咬合摩擦力是指相邻颗粒对于相对移动的约束作用。当土体内沿某一剪切面产生剪切破坏时，相互咬合着的颗粒必须从原来的位置被抬起，跨越相邻颗粒，或者在尖角处将颗粒剪断，然后才能移动。土体越密实，形状越不规则，表面越粗糙，则咬合作用越强。

(二) 黏性土

黏性土的抗剪强度包括内摩擦力与黏聚力两部分。

1. 内摩擦力

黏性土的内摩擦力与无黏性土中的粉细砂相同。土体受剪切时，剪切面上下土颗粒相对移动时，土粒表面相互摩擦产生的阻力。其数值，一般小于无黏性土。

2. 黏聚力

黏聚力是黏性土区别于无黏性土的特征，使黏性土的颗粒黏结在一起。黏聚力主要来源于土粒间的各种物理化学作用力，包括库仑力(静电力)、范德华力、胶结作用力等。

二、影响土抗剪强度指标的各种因素

钢材与混凝土等建筑材料的强度比较稳定,并可由人工加以定量控制。各地区的各类工程可以根据需要选用材料。而土的抗剪强度则不同,为非标准定值,受很多因素影响。不同地区、不同成因、不同类型土的抗剪强度往往有很大的差别。即使同一种土在不同的密度、含水率、剪切速率、仪器形式等条件下,其抗剪强度的数值也不相等。

根据库仑定律可知:土的抗剪强度与法向压力 σ、土的内摩擦角 φ 和土的黏聚力 c 三者有关。因此,影响抗剪强度的因素可归纳为两类:

(一)土的物理化学性质的影响

1. 土粒的矿物成分

砂土中石英矿物含量多,内摩擦角 φ 大;云母矿物含量多,则内摩擦角 φ 小;黏性土的矿物成分不同,土粒间分子力不同,其黏聚力 c 也不同。土中含有的各种胶结物质,可使 c 增大。

2. 土的颗粒形状与级配

土的颗粒越大,表面越粗糙,内摩擦角 φ 越大。同一种土,级配良好,φ 大;级配不良,φ 小。

3. 土的原始密度

土的原始密度越大,土粒之间接触点多且紧密,土粒之间的表面摩擦力和咬合力越大,则 φ 越大。同时,土的原始密度大,土的孔隙比小,土粒接触紧密,黏聚力 c 也必然大。

4. 土的含水率

土的含水率增加时,水在土粒表面形成润滑剂,使内摩擦角 φ 减小。对黏性土来说,含水率增加,将使薄膜水变厚,甚至增加自由水,使抗剪强度降低。联系实际,凡是山坡滑动,通常都在雨后,雨水渗入使山坡土中含水率增加,从而降低土的抗剪强度,导致山坡失稳滑动。

5. 土的结构

黏性土具有结构性,如黏性土的结构受扰动,则其黏聚力 c 降低。

(二)孔隙水压力的影响

由"有效应力原理"可知:作用在试样剪切面上的总应力 σ,为有效应力 σ' 与孔隙水压力 u 之和,即 $\sigma = \sigma' + u$。在外荷 σ 作用下,随着时间的增长,孔隙水压力 u 因排水而逐渐消散,同时有效应力 σ' 相应的不断增加。

孔隙水压力作用在土中的自由水上,不会产生土粒之间的内摩擦力,只有作用在土颗粒骨架上的有效应力 σ' 才能产生土的内摩擦力。因此,若土的抗剪强度试验条件不同,土中孔隙水是否排出与排出多少,会影响有效应力 σ' 的数值大小,使抗剪强度试验结果不同。建筑场地工程地质勘察,应根据实际地质情况与施工速度,即土中孔隙水压力 u 的消散程度,采用三种不同的试验方法,如本项目任务三所述。

任务五 砂类土的液化机理与液化地基的判别

一 砂类地基土的液化机理

处于地下水位以下的饱和砂土和粉土在地震时容易发生液化现象。地震引起的强烈地面运动使得饱和砂土或粉土颗粒间发生相对位移，土颗粒结构趋于密实。如果土体本身渗透系数较小，当颗粒结构压密时，短时间内孔隙水排泄不出受到挤压，孔隙水压力 u 将急剧增加。在地震作用的短暂时间内，这种急剧上升的孔隙水压力来不及消散，使原先由土颗粒通过其接触点传递的压力（即有效压力）$\sigma' = \sigma - u$ 减小，当有效压力 σ' 完全消失时，砂土颗粒局部或全部处于悬浮状态。此时，土体抗剪强度等于零，形成犹如"液体"的现象，称为地基土的"液化"。

液化时因下部土层的水头压力比上部高，所以水向上涌，把土粒带到地面上来，即产生冒水喷砂现象。随着水和土粒不断涌出，孔隙水压力降低至一定程度时，只冒水而不喷土粒。当孔隙水压力进一步消散，冒水终将停止，土的液化过程结束。当砂土和粉土液化时，其强度将完全丧失从而导致地基失效。

土层的液化会引起一系列危害：喷水冒砂淹没农田，淤塞渠道，路基被掏空，有的地段产生很多陷坑，河堤的裂缝和滑移，桥梁的破坏等。

地基液化受多种因素的影响，主要的因素有：

（1）土层的地质年代。地质年代古老的饱和砂土比地质年代较新的不容易液化。

（2）土的组成和密实程度。一般来说，颗粒大小均匀的土比颗粒级配良好的土容易液化，松砂比密砂容易液化，细砂比粗砂容易液化。另外，粉土中黏性颗粒多的要比黏性颗粒少的不容易液化。因为黏聚力越大，土颗粒越不容易流失。

（3）液化土层的埋深。液化砂土层埋深越大，土层上的有效覆盖压力越大，就越不容易液化。

（4）地下水位深度。地下水位高时比地下水位低时容易液化。

（5）地震烈度和持续时间。地震烈度越高，越容易发生液化；地震持续时间越长，越容易发生液化。所以同等烈度情况下的远震与近震相比较，近震较远震更容易液化。

二 地基土的液化判别

《铁路工程抗震设计规范》（GB 50111—2006）（2009 年版）规定：饱和细砂和饱和粉土属可液化土层，对设计烈度为 7 度，在地面以下 15m 内，设计烈度为 8 度或 9 度，在地面以下 20m 内，当地基中存在可液化土层时，应使用标准贯入法或静力触探法进行试验，并结合场地的工程地质和水文地质条件进行综合分析，判定在地震时是否液化。

（一）标准贯入试验法

当实测标准贯入击数 N 小于液化临界标准贯入击数 N_{cr} 时，应判为液化土。N_{cr} 应按下列公式计算：

$$N_{cr} = \alpha_1 \alpha_2 \alpha_3 \alpha_4 N_0 \tag{5-15}$$

式中：N_0——当标准贯入试验点的深度 $d_s = 3\text{m}$，地下水埋藏深度 $d_w = 2\text{m}$，上覆非液化土层的厚度 $d_u = 2\text{m}$，α_4 为 1 时的液化临界标准贯入击数，应按表 5-2 取值；

α_1——地下水埋深 d_w 的修正系数，$\alpha_1 = 1 - 0.065(d_w - 2)$；

α_2——标准贯入试验点的深度 d_s 的修正系数，$\alpha_2 = 0.52 + 0.175 d_s - 0.005 d_s^2$；

α_3——上覆非液化土层的厚度 d_u 的修正系数，$\alpha_3 = 1 - 0.05(d_u - 2)$；

α_4——黏粒重量百分比 p_c 的修正系数，$\alpha_4 = 1 - 0.17\sqrt{p_c}$，$\alpha_4$ 也可按表 5-3 取值。

临界锤击数 N_0 值　　　　　　　　　表 5-2

特征周期分区	地震动峰值加速度				
	0.1g	0.15g	0.2g	0.3g	0.4g
一区	6	8	10	13	16
二区、三区	8	10	12	15	18

p_c 修正系数 α_4 值　　　　　　　　　表 5-3

土性	砂土	粉土	
		塑性指数 $I_p \leq 7$	塑性指数 $7 < I_p \leq 10$
α_4 值	1.0	0.6	0.45

(二) 单桥头静力触探试验法

当利用单桥头静力触探试验实测计算的贯入阻力 P_{sca} 值小于液化临界贯入阻力 P'_s 值时，应判为液化土。

P'_s 值应按下列公式计算：

$$P'_s = P_{s0} \alpha_1 \alpha_3 \tag{5-16}$$

式中：P_{s0}——当 $d_w = 2\text{m}$、$d_u = 2\text{m}$ 时砂类土的液化临界贯入阻力 P_{s0}（MPa）应按表 5-4 取值；

α_1、α_3——与式（5-15）中的 α_1、α_3 相同。

临界贯入阻力 P_{s0}　　　　　　　　　表 5-4

A_g	0.1g	0.15g	0.2g	0.3g	0.4g
P_{s0}	5	6	11.5	13	18

注：A_g 为地震动峰值加速度。

P_{sca} 应按下列规定取值：

(1) 当砂类土层厚度大于 1m 时，应取该层贯入阻力 P'_s（MPa）的平均值作为该层的 p_{sca} 值；当砂类土层厚度大于 1m，且上、下土层为贯入阻力 P_s 值较小的土层时，应取上、下土层贯入阻力值的较大者作为该层的 P_{sca} 值。

(2) 砂类土层厚度较大，按力学性质和 P'_s 值可明显分层时，应分别计算各分层的平均贯入阻力 P_s 作为 P_{sca}，分层进行判别。

三、地基抗液化的措施

对可能发生液化的砂土层一般可采用避开、开挖和加固等工程措施。当可能发生液化的范围不大时，可根据具体情况改变工程的位置，或挖除砂土层；当可能发生液化的范围较大较深时,一般只能采取加固措施,如人工加密砂土层、桩基和盖重等。加密是增大砂层的密实度;桩基是将建筑物支承在可能发生液化的砂层以下的坚实土层上。《铁路工程抗震设计规范》(GB 50111—2006)(2009年版)规定:

(1)位于常年有水河流的可液化土层或软土地基上的桥梁墩台,应采用桩和沉井,且桩尖及沉井底埋入稳定土层内不应小于2m。当水平力较大时桩基桥台宜设置斜桩或采取其他加固措施。

(2)特大桥、大中桥桥头路堤的地基为可液化土层或软土层,并同时具备下列条件时,应对台后15m范围内路堤基底以下的可液化土层或软土,采取振密、砂桩、碎石桩、换填等加固措施。

①桥头路堤高度大于3m;
②设防烈度为8度或9度。

(3)位于可液化土层或软土地基上的特大桥、大中桥应将桥台设置在稳定的河岸上。不宜在主河槽与河滩分界的地形突变处设置桥墩。

任务六 按《铁路桥涵地基和基础设计规范》(TB 10093—2017)确定地基承载力

确定地基承载力的方法,比较可靠的方法是原位测试,即在现场用仪器直接对地基土进行测试。铁道工程中常用的原位测试方法有标准贯入试验、静力触探试验和动力触探试验。相关的试验要点和数据处理方法见《铁道工程地质原位测试规程》(TB 10018—2003)。也可在设计临近位置,对原有建筑物进行地基调查,这也是确定地基承载力的可靠方法。但对于大部分桥涵和房屋建筑的地基基础,如果地质情况比较简单,可采用各地区和有关产业部门所制定的地基基础设计规范,这些规范所提供的数据和方法,大多是根据土工试验、工程实践和地基荷载试验总结出来的,具有一定安全储备,不致因各种意外原因而导致地基破坏。

本节将介绍《铁路桥涵地基和基础设计规范》(TB 10093—2017)(以下简称《桥基设计规范》)中提供的经验公式和承载力表确定地基承载力的方法。

一 根据《桥基设计规范》确定地基容许承载力

一般桥涵基础,可以利用《桥基设计规范》推荐的各种土的基本容许承载力表和承载力公式来确定地基土的容许承载力。所谓容许承载力$[\sigma]$,是指在保证地基稳定条件下,桥梁和涵洞基础下地基单位面积上容许承受的力。而基本容许承载力,是指当基础宽度$b \leq 2m$,埋置深度$h \leq 3m$时地基的容许承载力,用σ_0表示(基础的宽度b,对于矩形基础为短边尺寸,对于圆形或正多边形基础为$\sqrt{S}$,S为基础的底面积)。《桥基设计规范》中提出的基本承载力数据表,是根据我国各地不同地基上已有桥涵建筑物的观测资料和荷载试验资料用统计分析方法制定出来的。要利用这些数据,须先在现场取出土样,进行室内试验,以确定土的类别和测定土的物理力学指标。根据土的类别和物理力学指标,查表确定地基土的基本承载力σ_0。当基础宽度b大于2m、埋深h大于3m时,则可根据修正公式进行修正提高,以确定地基土的容许承载力$[\sigma]$。

1. 黏性土

黏性土类型很多,有经过水的搬运沉积下来的沉积土,有基本没有经过搬运就地风化成的残积土。有的同是沉积土,但因沉积年代不同,性质不一。故它们的承载力不能笼统地按同一物理力学指标来确定,必须根据土的具体情况,区别对待。

对于 Q_4 的冲积或洪积黏性土,其沉积年代较短,土的结构强度较小,对土的承载力影响不大。由大量试验资料分析表明,决定黏性土地基承载力的主要参数是土的液性指数 I_L 和天然孔隙比 e。只要取出土样,测出其天然含水率、天然孔隙比、液限和塑限等指标,就可求出 I_L,再按 I_L 和 e 由表 5-5 查出 σ_0。

Q_4 冲(洪)积黏性土地基的基本承载力 σ_0 (kPa)　　　　　　　　　表 5-5

孔隙比 e	液性指数 I_L												
	0	0.1	0.2	0.3	0.4	0.5	0.6	0.7	0.8	0.9	1.0	1.1	1.2
0.5	450	440	430	420	400	380	350	310	270	240	220	—	—
0.6	420	410	400	380	360	340	310	280	250	220	200	180	—
0.7	400	370	350	330	310	290	270	240	220	190	170	160	150
0.8	380	330	300	280	260	240	230	210	180	160	150	140	130
0.9	320	280	260	240	220	210	190	180	160	140	130	120	100
1.0	250	230	220	210	190	170	160	150	140	120	110		
1.1	—	—	160	150	140	130	120	110	100	90	—	—	—

注:土中含有粒径大于 2mm 的颗粒且这些颗粒按质量计占全重 30% 以上时,可酌予提高。

对于 Q_3 或以前的冲积和洪积黏性土,或处于半干硬状态的黏性土,由于沉积年代太久并且含水率很低,土的结构强度增大,土的力学指标就显得突出。经过大量试验资料分析发现,土的压缩模量 E_s 为该类土承载力的一个控制参数。按《桥基设计规范》统一规定:

$$E_s = \frac{1 + e_1}{\alpha_{0.1-0.2}} \tag{5-17}$$

式中:e_1——土样在 0.1MPa 压力下的孔隙比;

$\alpha_{0.1-0.2}$——土样在 0.1~0.2MPa 压力段内的压缩系数。

故只要由试验室测出土的 E_s,就可由表 5-6 查出 σ_0 来。当 $E_s <$ 10MPa 时,σ_0 可按表 5-5 确定。

Q_3 及其以前冲(洪)积黏性土地基的基本承载力 σ_0　　　　　　　　　表 5-6

压缩模量 E_s (MPa)	10	15	20	25	30	35	40
σ_0 (kPa)	380	430	470	510	550	580	620

注:1. 当 $E_s <$ 10MPa 时,基本承载力按表 5-5 采用。

2. 压缩模量为对应于 0.1~0.2MPa 压力段的压缩模量。

残积黏性土,因没有经过较大的搬运过程,仍然保存着较高的结构强度,其压缩模量 E_s 同样成为地基承载力的控制参数,但 σ_0 和 E_s 之间的变化规律和上述黏性土不一样,故需另行制表。表 5-7 为残积黏性土的基本承载力表,其用法和表 5-5 相同。该表适用于西南地区碳酸盐类岩层的残积红土,其他地区可参照使用。

残积黏性土地基的基本承载力 σ_0　　　　　　　　　表 5-7

压缩模量 E_s (MPa)	4	6	8	10	12	14	16	18	20
σ_0 (kPa)	190	220	250	270	290	310	320	330	340

在使用上述各表时,若测定的 I_L、e 和 E_s 诸值介于表中两数之间,可用内插法求得。

2. 黄土

(1) 新黄土(Q_4、Q_3)

新黄土包括湿陷性黄土和非湿陷性黄土。《桥基设计规范》提供的新黄土地基的基本承载力主要与其天然含水率 w、孔隙比 e 和液限含水率 w_L 等因素有关,见表5-8。

新黄土(Q_4、Q_3)地基的基本承载力 σ_0 (kPa)　　　　表5-8

液限含水率 w_L	孔隙比 e	天然含水率 w						
		5	10	15	20	25	30	35
24	0.7	—	230	190	150	110	—	—
	0.9	240	200	160	125	85	(50)	—
	1.1	210	170	130	100	60	(20)	—
	1.3	180	140	100	70	40	—	—
28	0.7	280	260	230	190	150	110	—
	0.9	260	240	200	160	125	85	—
	1.1	240	210	170	140	100	60	—
	1.3	220	180	140	110	70	40	—
32	0.7	—	280	260	230	180	150	—
	0.9	—	260	240	200	150	125	—
	1.1	—	240	210	170	130	100	60
	1.3	—	220	180	140	100	70	40

注:1. 非饱和 Q_3 新黄土,当 $0.85 < e < 0.95$ 时,σ_0 值可提高10%。
　　2. 本表不适用于坡积、崩积和人工堆积等黄土。
　　3. 括号内数值供内插用。
　　4. 液限含水率试验采用圆锥仪法,圆锥仪总质量76g,入土深度10mm。

(2) 老黄土(Q_2、Q_1)

《桥基设计规范》提供的老黄土(Q_2、Q_1)地基的基本承载力见表5-9。

老黄土(Q_2、Q_1)地基的基本承载力 σ_0 (kPa)　　　　表5-9

w/w_L	孔隙比 e			
	$e < 0.7$	$0.7 \leq e < 0.8$	$0.8 \leq e \leq 0.9$	$e > 0.9$
<0.6	700	600	500	400
0.6~0.8	500	400	300	250
>0.8	400	300	250	200

注:1. 老黄土黏聚力小于50kPa,内摩擦角小于25°时,σ_0 应降低20%左右。
　　2. 液限含水率试验采用圆锥仪法,圆锥仪总质量76g,入土深度10mm。

3. 粉土

粉土地基可根据土的天然孔隙比 e 和天然含水率 w 按表5-10确定基本承载力。

4. 砂类土

决定砂类土地基的 σ_0 主要是土的密实度和土的颗粒级配,但还要考虑地下水对细、粉砂的影响。这不仅要考虑水的浮力作用,还要考虑细、粉砂的振动液化问题。所以表5-11中对于粗砂、中砂将按其密实度来决定 σ_0，而对于细、粉砂除考虑土的分类和密实度外，还要考虑水的影响因素。同样的细、粉砂在非饱和状态下的 σ_0 要大于饱和状态下的 σ_0。饱和的稍松细、粉砂则根本没有承载力。

粉土地基的基本承载力 σ_0 (kPa)   表 5-10

天然孔隙比 e	天然含水率 w (%)						
	10	15	20	25	30	35	40
0.5	400	380	(355)	—	—	—	—
0.6	300	—	290	280	(270)	—	—
0.7	250	235	225	215	(205)	—	—
0.8	200	190	180	170	165	—	—
0.9	160	150	145	140	130	(125)	—
1.0	130	125	120	115	110	105	(100)

注：1. 表中括号内数值用于内插取值。
    2. 在湖、塘、沟、谷与河漫滩地段以及新近沉积的粉土，应根据当地经验取值。

砂类土地基的基本承载力 σ_0 (kPa)   表 5-11

土 名	湿 度	密实程度			
		稍松	稍密	中密	密实
砾砂、粗砂	与湿度无关	200	370	430	550
中砂	与湿度无关	150	330	370	450
细砂	稍湿或潮湿	100	230	270	350
	饱和	—	190	210	300
粉砂	稍湿或潮湿	—	190	210	300
	饱和	—	90	110	200

5. 碎石类土

碎石类土地基的承载力与组成该类土的颗粒大小、含量、密实程度、岩性和充填物性质有关。当颗粒粒径为较大而圆浑的卵石时，其强度要较粒径小而多棱角泥污的砾石为高。另一方面，在影响碎石类土基本承载力的诸多因素中，密实度是一个具有共性的因素。因此《桥基设计规范》中碎石类土的基本承载力 σ_0 主要决定于土的分类和密实程度，见表 5-12。

碎石类土地基的基本承载力 σ_0 (kPa)   表 5-12

土 名	密实程度			
	松散	稍密	中密	密实
卵石土、粗圆砾土	300~500	500~650	650~1000	1000~1200
碎石土、粗角砾土	200~400	400~550	550~800	800~1000
细圆砾土	200~300	300~400	400~600	600~850
细角砾土	200~300	300~400	400~500	500~700

注：1. 半胶结的碎石类土可按密实的同类土的 σ_0 值，提高 10%~30%。
    2. 由硬质岩块组成，充填砂类土者用高值；由软质岩块组成，充填黏性土者用低值。
    3. 自然界中很少见松散的碎石类土，定为松散时应慎重。
    4. 漂石土、块石土的 σ_0 值，可参照卵石土、碎石土适当提高。

6. 岩石

岩石地基的承载力,不能简单地取一个岩样作单轴压力试验来决定,因为整个岩盘存在着节理和裂隙,岩样的强度是局部的,不能代表岩石地基整体。所以《桥基设计规范》中既要考虑岩石的坚硬程度,又要考虑岩石的节理和裂隙发育情况。表 5-13 中把岩石按坚硬程度分成硬质岩、较软岩、软岩和极软岩四类。节理发育情况也可分成不发育、发育和很发育三类。对于复杂的岩层(如溶洞、断层、软弱夹层、易溶岩石、软化岩石等),应按各项因素综合确定。

岩石地基的基本承载力 σ_0(kPa)　　　　　　　　　　表 5-13

岩石类别 \ 节理发育程度（节理间距(cm)）	节理很发育 20~200	节理发育 200~400	节理不发育 >400
硬质岩	1500~2000	2000~3000	>3000
较软岩	800~1000	1000~1500	1500~3000
软岩	500~800	700~1000	900~1200
极软岩	200~300	300~400	400~500

7. 多年冻土

影响多年冻土地基承载力的主要因素有颗粒成分、含水率和地温。在地温和含水率相同的情况下,一般是碎石类土的承载力最大,砂类土的次之,黏性土的最小。《桥基设计规范》提供的多年冻土的基本承载力见表 5-14。

多年冻土地基本承载力 σ_0(kPa)　　　　　　　　　　表 5-14

序号	土　名	基础底面的月平均最高气温(℃)					
		-0.5	-1.0	-1.5	-2.0	-2.5	-3.5
1	块石土、卵石土、碎石土、粗圆砾土、粗角砾土	800	950	1100	1250	1380	1650
2	细圆砾土、细角砾土、砾砂、粗砂、中砂	600	750	900	1050	1180	1450
3	细砂、粉砂	450	550	650	750	830	1000
4	粉土	400	450	550	650	710	850
5	粉质黏土、黏土	350	400	450	500	560	700
6	饱冻冰土	250	300	350	400	450	550

注：1. 表列数值不适用于含盐量和泥炭化程度超高表 5-15 及表 5-16 中数值的多年冻土。
2. 本表序号 1~5 类的地基基本承载力,适合于少冰冻土、多冰冻土,当序号 1~5 类的地基为富冰冻土时,表列数值应降低 20%。
3. 含土冰层的承载力应实测确定。
4. 基础置于饱冰冻土的土层上时,基础底面应敷设厚度不小于 0.20~0.30m 的砂垫层。

盐渍化冻土的盐渍程度界限值　　　　　　　　　　表 5-15

土类	碎石类土、砂类土	粉土	粉质黏土	黏土
盐渍程度(%)	0.10	0.15	0.20	0.25

泥炭化冻土的泥炭化程度界限值　　　　　　　　　　表 5-16

土类	碎石类土、砂类土	黏土、粉土
泥炭化程度(%)	≥3	≥5

【例 5-2】 某黏性土地基的土样试验数据见表 5-17,试确定其承载力并定出土名。

例题 5-2 数据　　　　　表 5-17

土粒相对密度 G_s	土的密度 ρ（g/cm³）	天然含水率 w（%）	液限 w_L（%）	塑限 w_P（%）
2.63	1.87	35.2	45.0	27.5

解 (1) 计算该黏性土的液性指数 I_L

$$I_L = \frac{w - w_P}{w_L - w_P} = \frac{35.2 - 27.5}{45.0 - 27.5} = 0.44$$

计算该黏性土的孔隙比 e:

$$e = \frac{G_s}{\rho}(1 + w) - 1 = \frac{2.63}{1.87} \times (1 + 0.352) - 1 = 0.90$$

根据上述两指标查表 5-5,得该黏性土的基本承载力 σ_0 为 216kPa。

(2) 计算该黏性土的塑性指数 I_P

$$I_P = w_L - w_P = 45.0 - 27.5 = 17.5 > 17$$

所以该土名称为黏土。

二、考虑基础宽度、深度影响的地基容许承载力 $[\sigma]$

当基础的宽度 $b > 2$m,基础底面的埋置深度 $h > 3$m,且 $h/b \leq 4$ 时,地基容许承载力 $[\sigma]$ 可按《桥基设计规范》提供的计算公式计算:

$$[\sigma] = \sigma_0 + k_1\gamma_1(b - 2) + k_2\gamma_2(h - 3) \tag{5-18}$$

式中:$[\sigma]$——地基容许承载力(kPa);

σ_0——地基的基本承载力(kPa);

b——基础底面的最小边宽度(m):当 b 小于 2m 时,b 取 2.0m;当 b 大于 10m 时,取 $b = 10$m;圆形或正多边形基础为 $\sqrt{F}$,F 为基础的底面积;

h——基础底面的埋置深度(m),对于受水流冲刷的墩台,由一般冲刷线算起;不受水流冲刷者,由天然地面算起;位于挖方内,由挖方后地面算起;

γ_1——基底持力层土的天然重度(kN/m³),如持力层在水面以下,且为透水土,应采用浮重度;

γ_2——基底以上土的天然重度的加权平均重度,如持力层在水面以下,且为透水土,水中部分应采用浮重度,如为不透水土,不论基底以上水中部分的透水性质如何,均取饱和重度;

k_1、k_2——宽度、深度修正系数,根据持力层土的类别查表 5-18。

式(5-18)由三部分组成:

(1) 地基土的基本承载力 σ_0,可从表 5-5~表 5-16 查得。

(2) $k_1\gamma_1(b - 2)$ 是基础宽度 $b > 2$m 时地基承载力的增加值。从图 5-17 可看出,当地基承受压力发生挤出破坏时,$b > 2$m 的基础所挤出土体的体积和重力都比 $b = 2$m 时大,挤出所遇的阻力也增加。因此,基础越宽,挤出就越困难,地基承载力就比 $b = 2$m 时有所增加。增加值与基础宽度的增大值($b - 2$)、反映基底挤出土体重量的重度 γ_1 和反映基底土抗剪强度的系数 k_1 三者有关。

宽度、深度修正系数 表5-18

修正系数	黏性土			粉土	黄土		砂类土								碎石类土			
	Q_4的冲、洪积土		Q_3及以前的冲、洪积土	残积土	新黄土	老黄土	粉砂		细砂		中砂		砂砾粗砾		碎石土圆砾土角砾土		卵石土	
	$I_L<0.5$	$I_L \geq 0.5$					稍、中密	密实	稍、中密	密实	稍、中密	密实	稍、中密	密实	稍、中密	密实	稍、中密	密实
k_1	0	0	0	0	0	0	1	1.2	1.5	2	2	3	3	4	3	4	3	4
k_2	2.5	1.5	2.5	1.5	1.5	1.5	2	2.5	3	4	4	5.5	5	6	5	6	6	10

注:1.节理不发育或较发育的岩石不作宽深修正,节理发育或很发育的岩石,k_1、k_2可参照碎石类土的系数,但对已风化成砂、土状者,则参照砂类土、黏性土的系数。
2.稍松的砂类土和松散状态的碎石类土,k_1、k_2值可采用表列稍、中密值的50%。
3.冻土的$k_1=0$、$k_2=0$。

(3)$k_2\gamma_2(h-3)$是基础底面埋置深度$h>3m$时地基承载力的增加值。从图5-18可看出,当$h>3m$时,相当于在$h=3m$的基础周围地面上有$\gamma_2(h-3)$的超载作用,基底下的滑动土体在挤出过程中,要增加克服超载作用的阻力,所以地基承载力有所增加。系数k_2与基底挤出土的抗剪强度有关。

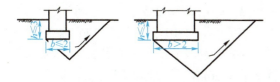

图5-17 不同基础宽度对地基承载力影响的对比示意图(尺寸单位:m)

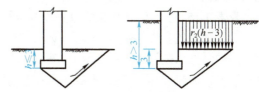

图5-18 不同基础埋深对地基承载力影响的对比示意图(尺寸单位:m)

对于节理不发育或较发育的岩石,可不作宽深修正;对于节理发育或很发育的岩石,可采用碎石类土的修正系数;对于已风化成砂、土状的岩石,可参照采用砂类土、黏性土的修正系数;对于稍松状态的砂类土和松散状态的碎石类土,k_1和k_2可采用表5-18中与中密状态对应的修正系数的50%。冻土地基承载力的宽度、深度修正问题,尚待研究解决,目前在计算中暂取$k_1=k_2=0$。

在计算地基容许承载力时,《桥基设计规范》还有如下规定:

(1)修建在水中的墩台基础,持力层又是不透水土,则地基以上水柱将起到过载或反压平衡作用,因而可提高地基承载力。故《桥基设计规范》规定,凡地基土符合上述条件,由常水位到河床一般冲刷线,水深每高1m,容许承载力$[\sigma]$可增加10kPa。

(2)计算基底应力时,如荷载组合为主力+附加力(不含长钢轨纵向力)时,地基的容许承载力可提高20%。主力加特殊荷载(地震力除外)时,地基容许承载力$[\sigma]$可按表5-19提高。

地基容许承载力$[\sigma]$的提高系数 表5-19

地基情况	提高系数
$\sigma_0>500kPa$的岩石和土	1.4
$150kPa<\sigma_0 \leq 500kPa$的岩石和土	1.3
$100kPa<\sigma_0 \leq 150kPa$的土	1.2

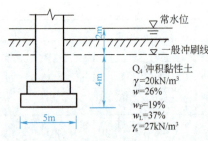

图 5-19 例 5-3 图

(3)既有桥墩的地基因多年运营已被压密，故其基本承载力可适当提高，但提高量不应超过25%。

【例 5-3】 一矩形桥墩基础，基底短边 $b=5.0\text{m}$，地基土为 Q_4 冲积黏性土，地质及其他有关资料见图 5-19，受主力与附加力的同时作用，试确定地基容许承载力。

解 (1)求基本承载力 σ_0

液性指数：

$$I_L=\frac{w-w_P}{w_L-w_P}=\frac{26-19}{37-19}=0.39<0.50$$

地基土处于硬塑状态。

孔隙比：

$$e=\frac{\gamma_s(1+w)}{\gamma}-1=\frac{27\times(1+0.26)}{20}-1=0.70$$

根据 $I_L=0.39$ 和 $e=0.70$，查表 5-5，得基本承载力 $\sigma_0=312\text{kPa}$。

(2)求容许承载力$[\sigma]$

已知 $b=5>2\text{m}$，从图 5-19 可看出 $h=4>3\text{m}$，$h/b=4/5=0.8<4$，应考虑按式(5-18)作宽、深修正。

查表 5-15，对于 $I_L<0.5$ 的 Q_4 冲、洪积黏性土，$k_1=0$，$k_2=2.5$。

又地基土的塑性指数 $I_P=w_L-w_P=37-19=18$，查表 1-10，知地基土为黏土。处于硬塑状态的黏性土是不透水的。因此，基底以上土的重度 γ_1 和基底以下土的重度 γ_2 都应采用饱和重度。如图 5-19 所示的地基常在水下，其重度 $\gamma=20\text{kN/m}^3$，即饱和重度。又因为基底土不透水，常水位至一般冲刷线的高度为 2m，所以容许承载力为：

$$\begin{aligned}[\sigma]_{主+附}&=1.2\times[\sigma_0+k_1\gamma_1(b-2)+k_2\gamma_2(h-3)+10h_w]\\&=1.2\times[312+0+2.5\times20\times(4-3)+10\times2]\\&=458(\text{kPa})\end{aligned}$$

【例 5-4】 一矩形桥墩基础，基底长边 $a=6.6\text{m}$，短边 $b=6.0\text{m}$，在主力和附加力同时作用时，基底最大压应力 $\sigma_{max}=352\text{kPa}$，最小压应力 $\sigma_{min}=92\text{kPa}$，地质剖面图和有关资料见图 5-20。试验算地基强度。

图 5-20 例 5-4 图

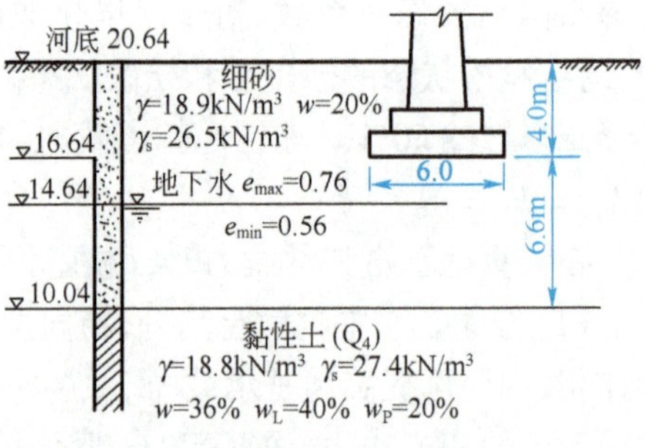

解 (1)求持力层的地基容许承载力

持力层是细砂，其孔隙比 e 为：

$$e=\frac{\gamma_s(1+w)}{\gamma}-1=\frac{26.5\times(1+0.2)}{18.9}-1=0.68$$

相对密实度 D_r 为：

$$D_r=\frac{e_{max}-e}{e_{max}-e_{min}}=\frac{0.76-0.68}{0.76-0.56}=\frac{0.08}{0.20}=0.40$$

查表 1-6，知此细砂是稍密的。

因持力层在地下水位以上，可认为细砂是潮湿或稍湿的，查表 5-11，得 $\sigma_0=230\text{kPa}$，查

表 5-18,得 $k_1 = 1.5$,$k_2 = 3$。

由式(5-18),可求得地基容许承载力:

$$[\sigma]_{\text{主}+\text{附}} = 1.2 \times [\sigma_0 + k_1\gamma_1(b-2) + k_2\gamma_2(h-3)]$$
$$= 1.2 \times [230 + 1.5 \times 18.9 \times (6-2) + 3 \times 18.9 \times (4-3)]$$
$$= 480(\text{kPa})$$

(2) 持力层的强度验算

已知在主力和附加力同时作用下,基底最大压应力 $\sigma_{\max} = 352\text{kPa}$,现持力层的地基容许承载力 $[\sigma]_{\text{主}+\text{附}} = 480\text{kPa} > 352\text{kPa}$,故持力层强度足够。

(3) 求软弱下卧层的容许承载力

从图 5-20 可看出,下卧层有两层,即水下的稍密细砂和 Q_4 黏性土。查表 5-11,水下(饱和的)稍密细砂的基本承载力 $\sigma_0 = 190\text{kPa}$,与持力层的 σ_0 相差不大,且持力层的强度还有一定富余,估计问题不大,故下面仅验算黏土层的强度。

黏土层的液性指数 I_L 为:

$$I_L = \frac{w - w_P}{w_L - w_P} = \frac{36 - 20}{40 - 20} = 0.8$$

查表 1-12,知此黏土层处于软塑状态。

黏性土层的孔隙比 e 为:

$$e = \frac{\gamma_s(1+w)}{\gamma} - 1 = \frac{27.4 \times (1+0.36)}{18.8} - 1 = 0.98$$

根据 $I_L = 0.8$ 和 $e = 0.98$ 查表 5-5,得基本承载力 $\sigma_0 = 144\text{kPa}$。

软弱下卧层的容许承载力仍可按式(5-18)计算。计算时,式中的 b 可偏于安全地仍采用基础短边宽度 $b = 6.0\text{m}$,式中的埋深 h 则为地面(或一般冲刷线)至软弱下卧层顶面距离,在本例中为 $4.0 + 6.6 = 10.6\text{m}$。查表 5-15,对于 $I_L = 0.8 > 0.5$ 的 Q_4 黏性土,$k_1 = 0$、$k_2 = 1.5$,γ_1 和 γ_2 分别为软弱下卧层顶面以下和以上土的重度。软弱下卧层为软塑黏土,w 接近 w_L,但仍假定其为不透水的,则 γ_1 为黏土的天然重度,$\gamma_1 = 18.8\text{kN/m}^3$,软弱下卧层顶面以上有两层土:一层是厚 6m 的水上中密细砂,天然重度 $\gamma = 18.9\text{kN/m}^3$;另一层是厚 4.6m 的水下中密细砂。因假设黏土层是不透水的,故 γ_2 应等于水上中密细砂的天然重度和水下中密细砂的饱和重度的加权平均值。

现计算水下中密细砂的饱和重度 γ_{sat}。

中密细砂的孔隙比为:

$$e = \frac{\gamma_s(1+w)}{\gamma} - 1 = \frac{26.5 \times (1+0.2)}{18.9} - 1 = 0.68$$

$$\gamma_{\text{sat}} = \frac{\gamma_s + e\gamma_w}{1+e} = \frac{26.5 + 0.68 \times 10}{1 + 0.68} = 19.8(\text{kN/m}^3)$$

软弱下卧层顶面以上两层土的加权平均重度 γ_2 为:

$$\gamma_2 = \frac{19.8 \times 4.6 + 18.9 \times 6}{4.6 + 6} = 19.3(\text{kN/m}^3)$$

软弱下卧层的地基容许承载力为:

$$[\sigma]_{\text{主}+\text{附}} = 1.2 \times [\sigma_0 + k_1\gamma_1(b-2) + k_2\gamma_2(h-3)]$$
$$= 1.2 \times [144 + 0 + 1.5 \times 19.3 \times (10.6-3)]$$
$$= 437(\text{kPa})$$

(4) 软弱下卧层的强度验算

软弱下卧层顶面的应力按式(2-21)计算,即:

$$\sigma_{h+z} = \gamma_{h+z}(h+z) + \alpha(\sigma_h - \gamma_h h)$$

已知软弱下卧层顶面至基底的距离 $z=6.6\mathrm{m}$,至地面的距离 $h+z=4+6.6=10.6\mathrm{m}$。在 $(h+z)$ 范围内土的换算平均重度已算得为 $19.3\mathrm{kN/m^3}$。故土的自重应力为:

$$\sigma_{cz} = \gamma_{h+z}(h+z) = 19.3 \times 10.6 = 204.6(\mathrm{kPa})$$

又 $z=6.6\mathrm{m}$, $b=6.0\mathrm{m}$, $z/b=6.6/6=1.1>1$,故 σ_h 采用基底平均压应力,即:

$$\sigma_h = \frac{1}{2}(\sigma_{max} + \sigma_{min}) = \frac{1}{2} \times (352+92) = 222(\mathrm{kPa})$$

据 $z/b=1.1$ 和 $a/b=6.6/6=1.1$,查表2-4,得 $\alpha=0.315$。又知基底以上土的重度为 $18.9\mathrm{kN/m^3}$,故附加应力 $\sigma_z = \alpha(\sigma_h - \gamma_h h) = 0.315 \times (222 - 18.9 \times 4) = 46.1(\mathrm{kPa})$。

作用在软弱下卧层顶面的应力为:

$$\sigma_{h+z} 204.6 + 46.1 = 250.7(\mathrm{kPa}) < [\sigma]_{主+附} = 437\mathrm{kPa}$$

软弱下卧层的强度足够。

【项目小结】

1. 土的抗剪强度:土体抵抗剪切破坏的极限能力。
2. 库仑定律: $\tau_f = \sigma \tan\varphi + c$。
3. 土的极限平衡条件:

土的极限平衡条件是土体强度的理论基础,运用极限平衡条件,可判断土中任一点的应力是否处于极限平衡状态,并能确定单元土体破坏时剪切面的方位和大、小主应力的关系式:

$$\sigma_1 = \sigma_3 \tan^2\left(45° + \frac{\varphi}{2}\right) + 2c\tan\left(45° + \frac{\varphi}{2}\right)$$

或

$$\sigma_3 = \sigma_1 \tan^2\left(45° - \frac{\varphi}{2}\right) - 2c\tan\left(45° - \frac{\varphi}{2}\right)$$

4. 土的抗剪强度指标的测定方法:

(1) 直剪试验。适用于测定黏性土和粉土的黏聚力 c 和内摩擦角 φ,及最大粒径小于2mm砂类的内摩擦角 φ。渗透系数 $k>10^{-6}\mathrm{cm/s}$ 的土不宜作快剪试验。

(2) 三轴压缩试验:能较严格地控制试样的排水条件,可量测试样中的孔隙水压力,以定量地获得土中有效应力。试验结果较直剪试验结果更加可靠、准确。但仪器较复杂,操作技术要求也高。

(3) 无侧限压缩试验:适用于饱和软黏土。

(4) 十字板剪切试验:特别适用于取样困难或在自重作用下不能保持原有形状的软黏土。

根据试验过程中排水条件的不同,可分为不固结不排水剪(UU)、固结不排水剪(CU)、固结排水剪(CD)。排水条件不同,同一土样测得的土的抗剪强度指标是不同的。工程实践中应根据建筑物的施工速度和地基土的特点选择合适的试验方法。

5. 地基土的液化判别:

(1) 标准贯入试验法。

(2) 单桥头静力触探试验法。

6. 按《桥基设计规范》确定地基容许承载力：

地基容许承载力是指在保证地基稳定条件下，建筑物的沉降量不超过容许值的地基承载力，用 $[\sigma]$ 表示。基本容许承载力，指当基础宽度 $b \leq 2m$，埋置深度 $h \leq 3m$ 时地基的容许承载力，用 σ_0 表示。

【项目训练】

1. 根据提供的土样资料，进行土的直接剪切试验操作，并对试验结果进行数据处理，确定土样的内摩擦角 φ 和内聚力 c。
2. 根据土样的物理性质指标确定土的名称，并确定该地基土的基本承载力 σ_0。

【思考练习题】

5-1 同钢材、混凝土等建筑材料相比，土的抗剪强度有何特点？同一种土其强度值是否为一定值？为什么？

5-2 简述土的抗剪强度的来源，影响土的抗剪强度的因素有哪些？

5-3 什么是土的极限平衡状态？如何表达？

5-4 如何理解不同的试验方法有不同的土的强度？工程上应如何选用？

5-5 砂土振动液化有哪些危害？影响液化的主要因素是什么？

5-6 什么是地基的基本承载力？当基础的宽度 $b \geq 2m$，埋置深度 $h \geq 3m$ 时地基容许承载力 $[\sigma]$ 为什么要进行宽、深修正？

5-7 在平面问题上，砂类土中一点的大小主应力分别为 500kPa 和 180kPa，内摩擦角 $\varphi = 36.42°$，问：

(1) 该点的最大剪应力是多少？最大剪应力作用面上的法向应力是多少？

(2) 此点是否已达到极限平衡状态？为什么？

(3) 如果此点未达到极限平衡状态，那么当保持大主应力不变，而改变小主应力的大小，在达到极限平衡状态时，小主应力应为多少？

5-8 设有一干砂样放在直接剪切仪的剪切盒中，剪切盒的断面积为 $60cm^2$。在砂样上作用一大小为 600N 的竖直荷载，然后作水平剪切。当水平推力为 200N 时，砂样开始被剪坏。试求当竖直荷载为 1800N 时，应使用多大的水平推力，砂样才能被剪坏？该砂样的内摩擦角为多大？

5-9 某粗砂地基的土样试验数据和最大、最小孔隙比见表 5-20，试确定其基本承载力。

习题 5-9 表   表 5-20

土粒相对密度 G_s	土的密度 ρ(g/cm³)	天然含水率 w(%)	最小孔隙比 e_{min}	最大孔隙比 e_{max}
2.65	1.95	23	0.475	0.850

5-10 有一陆地桥墩，基底截面为 $4m \times 6m$ 的矩形，主力和附加力同时作用时 $\sigma_{max} = 550kPa$，$\sigma_{min} = 410kPa$。基础埋深为 3m，基底处有地下水。地面以下 7m 范围内为粗砂，其下为 Q_4 的冲积黏性土。如图 5-21 所示。土样的几个物理指标见表 5-21，试分别验算基底和下卧层的强度。

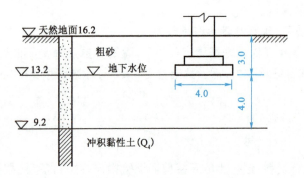

图 5-21 习题 5-10 图

习题 5-10 表

表 5-21

粗砂	天然重度 （kN/m³）	土粒重度 γ_s （kN/m³）	天然孔隙比 e	最大孔隙比 e_{max}	最小孔隙比 e_{min}
	19.5	26.5	0.50	0.64	0.41
黏土	土粒重度 γ_s （kN/m³）	天然孔隙比 e	天然含水率 w （%）	塑限 w_P （%）	液限 w_L （%）
	26.0	0.80	30	18	36

项目六

土压力计算与挡土墙设计

【能力目标】

1. 能够根据挡土墙的结构特点、填土表面的倾斜情况、墙身的位移方向等指标,选择合适的计算公式,进行土压力计算。

2. 能够进行重力式挡土墙设计,并进行挡土墙抗滑动稳定性验算和抗倾覆稳定性验算。

【知识目标】

1. 正确理解土压力的类型,重点掌握朗肯土压力和库仑土压力公式的适用条件。

2. 掌握朗肯主动土压力和被动土压力计算原理。

3. 掌握库仑主动土压力和被动土压力计算原理。

4. 了解挡土墙的类型和构造特点,掌握重力式挡土墙的设计、检算步骤。

【素质目标】

1. 在利用朗肯土压力理论、库仑土压力理论计算土压力时,培养学生认真、严谨的工作作风。

2. 在进行重力式挡土墙的设计、检算中,培养学生独立分析问题、解决问题的职业能力和认真、细致的工作作风。

【案例导入】

世界铁路第一墙——南昆铁路石头寨锚拉式桩板墙

南昆铁路是一条连接广西壮族自治区南宁市和云南省昆明市的国铁Ⅰ级干线电气化铁路，是南方铁路网的一条东西向运输大干线。南昆铁路全长828km，于1997年11月建成通车。

南昆铁路所经地区，地形起伏大，线路从海拔只有80m北部湾海滨爬上云贵高原，相对高差达2010m。有些区段地质极为复杂，有膨胀岩（土）、软土、岩溶、瓦斯、断层、滑坡等，可溶岩达375km，膨胀土岩（土）地段146km，7度以上地震区线路长220km，其中有85km位于8度、9度地震地区；此外还有泥石流、滑坡、崩坍、危岩落石、岩堆错落、软土、隧道水害、煤系地层含瓦斯等，线路地质病害区合计741km；桥隧高度集中，有的区段桥隧总延长占线路长度的70%以上。在南昆铁路设计施工中，组织推广20多项新技术，开展了36项科研攻关项目。南昆铁路是中国国内科技含量最高的铁路之一。

南昆铁路石头寨车站锚拉式桩板墙（图6-1），该桩板墙全长200m，最大高度24m，为全世界最长、最高的锚拉式桩板墙，共有34根墙面桩（其中20根为预应力锚拉桩）、29根锚定桩、4个锚定孔，高14~16m的墙面桩采用单支点一排拉索，高16~23m的墙面桩则采用双支点两排拉索。

图6-1 南昆铁路石头寨锚拉式桩板墙

它创造并保持着国内同类挡土墙的最高纪录，同时，其挡墙高度、锚索数量及土石方量亦均居世界前列。该工程结构新颖、工程宏伟、造型美观，具有显著的经济、社会效益，科研成果更是达到国际一流水平。该工程荣获原铁道部优秀工程设计一等奖。

任务一 土压力类型认知与静止土压力计算

在铁路路基工程、房屋建筑、水利工程以及桥梁工程中，遇到在土坡上、下修筑建筑物时，为了防止土坡发生滑坡和坍塌，需用各种类型的挡土结构物加以支挡。挡土墙是最常用的支挡结构物。例如，支撑路堤、路堑的挡土墙，隧道洞口挡墙、河岸以及桥台等。挡土墙应用举例见图6-2。

a)路堤挡土墙

b)路堑挡土墙

c)河岸挡土墙

d)隧道洞口挡土墙

e)桥台两侧挡土墙

图6-2 挡土墙应用举例

土压力的种类

土压力是挡土墙后填土因自重或外荷载作用下对墙背产生的侧向压力。由于土压力是挡土墙的主要外荷载,因此,设计挡土墙时首先要确定土压力的性质、大小、方向和作用点。挡土墙土压力的大小及其分布规律与墙体可能移动的方向和位移大小有很大关系。依据挡土墙可能的位移方向和大小,土压力分为主动土压力、被动土压力和静止土压力。

(一)静止土压力

当挡土墙静止不动时,墙后土体由于墙的侧限作用而处于静止状态,此时墙后土体作用在墙背上的土压力称为静止土压力,用 E_0 表示。如地下室外墙、地下水池壁可近似视为受静止土压力作用。如图6-3a)所示。

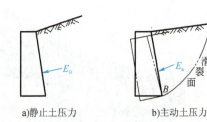

a) 静止土压力　　b) 主动土压力　　c) 被动土压力

图 6-3　挡土墙上的三种土压力

(二) 主动土压力

当挡土墙在墙后土体的推力作用下向前移动,墙后土体随之向前移动。土体下方阻止移动的抗剪强度发挥作用,使作用在墙背上的土压力减小。当墙向前位移达到 $-\Delta$ 值时,土体中产生滑裂面 AB,同时在此滑裂面上产生的抗剪强度全部发挥,此时墙后土体达到主动极限平衡状态,墙背上作用的土压力减至最小,称为主动土压力,用 E_a 表示,如图 6-3b) 所示。

(三) 被动土压力

若挡土墙在较大的外力作用下,向后移动推向填土,则填土受墙的挤压,使作用在墙背上的土压力增大。当挡土墙向填土方向的位移量达到 $+\Delta$ 时,墙后土体即将被挤出产生滑裂面 AC,在此滑裂面上土的抗剪强度全部发挥,墙后土体达到被动极限平衡状态,墙背上作用的土压力增至最大。因为土体是被动地被墙推移,故称之为被动土压力,以 E_p 表示,如图 6-3c) 所示。

上述挡土墙位移与土压力的关系,可绘成如图 6-4 所示的曲线。

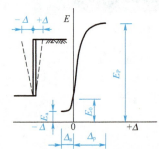

图 6-4　墙身位移与土压力

理论分析和原型试验均证明:对同一挡土墙,在填土的物理力学性质相同的条件下,主动土压力小于静止土压力,而静止土压力远小于被动土压力,即有:

$$E_a < E_0 \ll E_p$$

相应的,产生被动土压力的位移量 Δ_p 也大大超过了产生主动土压力的位移量 Δ_a,即:

$$\Delta_p \gg \Delta_a$$

三、静止土压力

作用在挡土结构背面的静止土压力可视为天然土层自重应力的水平分量。如图 6-5 所示。在墙后填土体中任意深度 z 处取一微小单元体,作用于单元体水平面上的应力为 γz,则该点的静止土压力,即侧压力为:

$$p_0 = K_0 \gamma z \quad (6-1)$$

式中:K_0——土的侧压力系数,即静止土压力系数,可采用 0.25~0.5;
　　　γ——墙后填土重度(kN/m^3);
　　　z——计算点在填土面下的深度(m)。

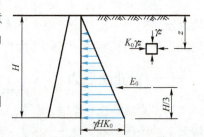

图 6-5　静止土压力合力的分布图

由式(6-1)可知,静止土压力沿墙高呈三角形规律分布,如沿墙长度方向取 1m 计算,则作用在墙上的静止土压力为:

$$E_0 = \frac{1}{2}K_0\gamma H^2 \quad (6\text{-}2)$$

式中:E_0——单位墙长的静止土压力(kN/m);
H——挡土墙高度(m)。

合力 E_0 的方向水平,作用点在距墙底 $H/3$ 高度处。

任务二 朗肯土压力计算

一 基本假设

朗肯土压力理论是土压力计算中两个最有名的经典理论之一,由英国学者朗肯于 1857 年提出。由于其概念清楚、公式简单、便于记忆,所以目前在工程界仍被广泛地应用。

朗肯土压力理论的前提条件是:①墙为刚体;②墙背竖直、光滑;③填土面水平。因为墙背竖直光滑,墙背处无摩擦力,土体的竖直面和水平面无剪应力,故竖直方向和水平方向的应力为主应力。这样,水平填土体中的应力状态才与半空间土体中的应力状态一致,墙背可假想为半无限土体内部的一个铅直平面,即在水平面与垂直面上的正应力正好分别为大、小主应力。

二 朗肯主动土压力

如图 6-6 所示在表面水平的半无限空间弹性体中,于深度 z 处取一微小单元体。若土的天然重度为 γ,则作用在此微元体顶面的法向应力为 σ_1,为该处土的自重应力,即:

$$\sigma_1 = \sigma_z = \gamma z$$

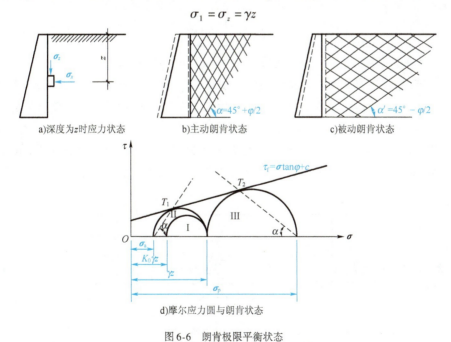

a)深度为z时应力状态 b)主动朗肯状态 c)被动朗肯状态

d)摩尔应力圆与朗肯状态

图 6-6 朗肯极限平衡状态

作用在微元体侧面的应力为：

$$\sigma_3 = \sigma_x = K_0 \gamma z$$

此微元体的应力如图 6-6a) 所示。在静止状态下的摩尔应力圆如图 6-6d) 中的圆 Ⅰ。

如果挡土墙在土压力的作用下产生离开土体的位移，则认为墙背对微元体的侧向应力逐渐减小，而作用在微元体上的竖向应力保持不变，摩尔应力圆逐渐增大。当挡土墙的位移增大到 Δ_a 时，墙后土体的抗剪强度发挥到极限值，土体对墙背的压力减至最小。土体在某一范围内达到极限平衡状态，如图 6-6d) 中的圆 Ⅱ 所示。墙后土体出现一组滑裂面，它与大主应力作用面（即水平面）的夹角为 $(45° + \varphi/2)$。

若土体处于极限平衡状态，根据项目五中土的极限平衡理论可知，土中任一点的大、小主应力 σ_1 和 σ_3 应满足下列关系式，即：

$$\sigma_3 = \sigma_1 \tan^2\left(45° - \frac{\varphi}{2}\right) - 2c\tan\left(45° - \frac{\varphi}{2}\right) \tag{6-3}$$

令 $K_a = \tan^2\left(45° - \frac{\varphi}{2}\right)$，将 $\sigma_1 = \gamma z$，$\sigma_3 = p_a$ 代入上式，则有：

$$p_a = \gamma z K_a - 2c\sqrt{K_a} \tag{6-4}$$

c 为黏性土的黏聚力，对于无黏性土，$c=0$，则：

$$p_a = \gamma z K_a \tag{6-5}$$

式中：p_a——主动土压力强度（kPa）；

K_a——主动土压力系数，$K_a = \tan^2\left(45° - \frac{\varphi}{2}\right)$；

φ——土的内摩擦角（°）；

z——计算点距填土表面的距离（m）。

由式 (6-5) 知，无黏性土的主动土压力强度与深度 z 成正比，沿墙高呈三角形规律分布。沿墙的纵向取 1m 计，则作用在单位墙长上的主动土压力合力 E_a（kN/m）为：

$$E_a = \frac{1}{2}\gamma h^2 K_a \tag{6-6}$$

h 为挡土墙的高度，E_a 的作用点距墙底 $h/3$，如图 6-7b) 所示。

对于黏性土，其主动土压力强度由两部分组成：第一部分为 $\gamma z K_a$，与无黏性土相同；第二部分为 $-2c\sqrt{K_a}$，由黏性土的黏聚力 c 产生，与深度无关，为一常数。这两部分叠加后，如图 6-7c) 所示，在墙顶部土压力三角形 $\triangle aed$ 对墙顶的作用力为负值，即为拉力。实际上，墙与土体并非整体，在很小的拉力作用下，墙与土体就会分离。即挡土墙不承受拉力，故可认为挡土墙顶部 ae 段墙体的土压力为零。因此，黏性土的主动土压力分布只有 $\triangle abc$ 部分。

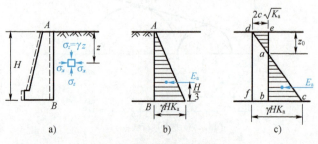

图 6-7 朗肯主动土压力状态

土压力为零的 a 点的深度 z_0 称为临界深度。

由 $p_a = \gamma z_0 K_a - 2c\sqrt{K_a} = 0$，可得：

$$z_0 = \frac{2c}{\gamma\sqrt{K_a}} \tag{6-7}$$

在深度 $z = H$ 处，$p_a = \gamma H K_a - 2c\sqrt{K_a}$。

取单位墙长，则黏性土的主动土压力合力为：

$$E_a = \frac{1}{2}(\gamma H K_a - 2c\sqrt{K_a})(H - z_0) = \frac{1}{2}\gamma H^2 K_a - 2cH\sqrt{K_a} + \frac{2c^2}{\gamma} \tag{6-8}$$

黏性土主动土压力合力作用点到墙底的距离为 $\frac{1}{3}(H - z_0)$。

三 朗肯被动土压力

假设在足够大的水平推力作用下，挡土墙沿着与土压力相反的方向发生位移，墙后土体受到挤压，随着位移的增大，作用在微元体上的侧压力将不断增大，并超过 σ_z。而作用在微元体顶面的法向应力 $\sigma_z = \gamma z$ 不变；摩尔应力圆不断增大最后与抗剪强度线相切于 T_2 点，如图 6-6d) 中应力圆Ⅲ所示。由图可知，$\sigma_z = \gamma z$ 成为小主应力 σ_3，而 σ_x 达到极限状态的大主应力 σ_1，即为所求被动土压力。

由极限平衡条件公式(5-5)可知，$\sigma_1 = \sigma_3 \tan^2\left(45° + \frac{\varphi}{2}\right) + 2c\tan\left(45° + \frac{\varphi}{2}\right)$。

令 $K_p = \tan^2\left(45° + \frac{\varphi}{2}\right)$，则被动土压力强度计算公式为：

$$p_p = \gamma z K_p + 2c\sqrt{K_p} \tag{6-9}$$

式中：p_p——被动土压力强度(kPa)；

c——黏性土的黏聚力，对于无黏性土，$c = 0$。

则：

$$p_p = \gamma z K_p \tag{6-10}$$

被动土压力分布见图 6-8。

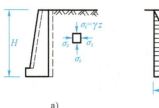
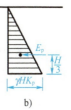
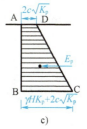

图 6-8 朗肯被动土压力分布图

则单位墙长的被动土压力 E_p 为：

无黏性土

$$E_p = \frac{1}{2}\gamma h^2 K_p \tag{6-11}$$

黏性土

$$E_p = \frac{1}{2}\gamma h^2 K_p + 2ch\sqrt{K_p} \qquad (6\text{-}12)$$

式中：K_p——被动土压力系数，$K_p = \tan^2\left(45° + \dfrac{\varphi}{2}\right)$。

【例 6-1】 有一挡土墙，墙高 4.5m，墙背竖直光滑，墙后填土面水平。填土为粗砂，其重度为 18.6kN/m³，内摩擦角 $\varphi = 30°$。试计算主动土压力及其作用点，并绘出主动土压力分布图。

解 根据题意，墙底处主动土压力强度为：

$$p_a = \gamma h \tan^2\left(45° - \frac{\varphi}{2}\right) = 18.6 \times 4.5 \times \tan^2\left(45° - \frac{30°}{2}\right) = 27.9(\text{kPa})$$

主动土压力合力为：

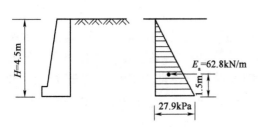

图 6-9 墙背受力示意图

$$E_a = \frac{1}{2}\gamma h^2 K_a = \frac{1}{2} \times 18.6 \times 4.5^2 \times \tan^2\left(45° - \frac{30°}{2}\right) = 62.8(\text{kN/m})$$

主动土压力合力距墙底的距离为：

$$\frac{h}{3} = \frac{4.5}{3} = 1.5(\text{m})$$

主动土压力分布图如图 6-9 所示。

【例 6-2】 有一挡土墙，墙高 6m，墙背竖直、光滑，墙后填土面水平。填土为黏性土，其重度为 17.8kN/m³，内摩擦角 $\varphi = 20°$，内聚力 $c = 10$kPa，试求：(1) 主动土压力及其作用点，并绘出主动土压力分布图；(2) 被动土压力及其作用点，并绘出被动土压力分布图。

解 (1) 主动土压力计算

墙底处的土压力强度为：

$$p_a = \gamma h \tan^2\left(45° - \frac{\varphi}{2}\right) - 2c\tan\left(45° - \frac{\varphi}{2}\right)$$

$$= 17.8 \times 6 \times \tan^2\left(45° - \frac{20°}{2}\right) - 2 \times 10\tan\left(45° - \frac{20°}{2}\right)$$

$$= 38.4(\text{kPa})$$

临界深度：

$$z_0 = \frac{2c}{\gamma\sqrt{K_a}} = \frac{2 \times 10}{17.8 \times \tan\left(45° - \dfrac{20°}{2}\right)} = 1.61(\text{m})$$

主动土压力：

$$E_a = \frac{1}{2} \times (6 - 1.61) \times 38.4 = 84.3(\text{kN/m})$$

主动土压力距墙底的距离为：

$$\frac{h - z_0}{3} = \frac{6 - 1.61}{3} = 1.46(\text{m})$$

主动土压力分布图如图 6-10 所示。

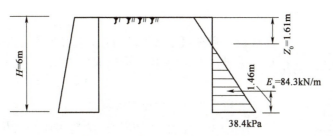

图 6-10 墙背主动土压力受力示意图

（2）被动土压力计算

因填土为黏性土，墙顶处被动土压力强度 p_{p1} 为：

$$p_{p1} = 2c\sqrt{K_p} = 2 \times 10 \times \tan\left(45° + \frac{20°}{2}\right) = 28.6(\text{kPa})$$

墙底处的被动土压力强度 p_{p2} 为：

$$p_{p2} = \gamma h K_p + 2c\sqrt{K_p} = 17.8 \times 6 \times \tan^2\left(45° + \frac{20°}{2}\right) + 2 \times 10 \times \tan\left(45° + \frac{20°}{2}\right)$$
$$= 246.4(\text{kPa})$$

被动土压力的合力值为：

$$E_p = \frac{1}{2} \times (28.6 + 246.4) \times 6 = 825(\text{kN/m})$$

被动土压力合力作用点到墙底的距离为：

$$\frac{28.6 \times 6 \times 3 + \frac{1}{2} \times 217.8 \times 6 \times 2}{28.6 \times 6 + \frac{1}{2} \times 217.8 \times 6} = 2.24(\text{m})$$

被动土压力分布图如图 6-11 所示。

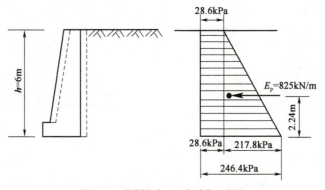

图 6-11 墙背被动土压力受力示意图

四 几种常见情况下土压力计算

工程上经常遇到填土面有超载、分层填土、填土中有地下水的情况，当挡土墙满足朗肯土压力条件时，仍可根据朗肯理论按如下方法分别计算其土压力。

（一）填土面有连续均布荷载

当挡土墙后填土面有连续均布荷载 q 作用时，通常土压力的计算方法是将均布荷载换算成作用在地面上的当量土重（其重度 γ 与填土相同），即设想成一厚度为 h 的土层：

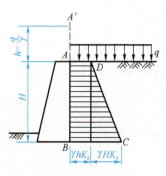

图 6-12 填土表面有连续均布
荷载的土压力计算

$$h = q/\gamma \quad (6-13)$$

土层作用在填土面上,然后,计算填土面处和墙底处的土压力。以无黏性土为例,填土面处的主动土压力强度为:

$$p_{a1} = \gamma h K_a = q K_a \quad (6-14)$$

挡土墙底处土压力强度为:

$$p_{a2} = \gamma h K_a + \gamma H K_a = (q + \gamma H) K_a \quad (6-15)$$

压力分布如图 6-12 所示。

(二) 成层填土

当墙后填土由不同性质的土分层填筑时,上层土按均匀的土性质指标计算土压力。计算第二层土的土压力时,将上层土视为作用在第二层土上的均布荷载,换算成第二层土的性质指标的当量土层,然后按第二层土的指标计算土压力,但只在第二层土厚度范围内有效。因此在土层的分界面上,计算出的土压力有两个数值,产生突变。其中一个代表第一层底面的压力,而另一个则代表第二层顶面的压力。由于两层土性质不同,土压力系数 K 也不同,计算第一、第二层土的土压力时,应按各自土层的性质指标 c、φ 分别计算其土压力系数 K,从而计算出各层土的土压力。多层土时计算方法相同,如图 6-13 所示。

(三) 填土中有地下水

挡土墙后填土中常因渗水或排水不畅而存在地下水。由于地下水的存在使土的含水量增加,抗剪强度降低,从而使土压力增大,同时还产生静水压力,因此应注意加强挡土墙后填土的防水、排水措施,如图 6-14 所示。

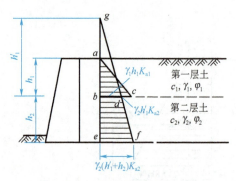

图 6-13 分层填土的土压力计算

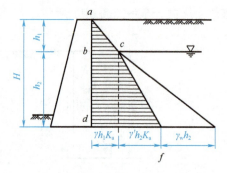

图 6-14 填土中有地下水的土压力计算

挡土墙后有地下水时,作用在墙背上的侧压力有土压力和静水压力两部分。对于土压力计算,在地下水以下部分采用土的浮重度 γ',土的内摩擦角 φ 与黏聚力 c 与水上部分相同。水深 h_2,墙底处土压力强度 $p_a = \gamma' h_2 K_a$。

墙底处静水压力强度为 $\gamma_w h_2$,静水压力合力为 $P_w = \frac{1}{2} \gamma_w h_2^2$。

【例 6-3】 已知某挡土墙高度 $H = 6.0$m,墙背竖直、光滑,墙后填土表面水平,如图 6-15 所示,距墙顶 3m 处有地下水,填土为粗砂,天然重度 $\gamma = 19.0$kN/m³,饱和重度 $\gamma_{sat} = 20.6$kN/m³,粗砂内摩擦角 $\varphi = 32°$。填土表面作用有均布荷载 $q = 18.0$kN/m²。计算作用在挡土墙上的主动土压力 P_a 及其分布。

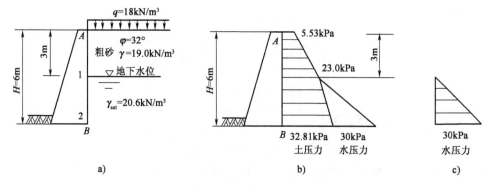

图 6-15 主动土压力分布

解 将填土表面作用的均布荷载 q 折算成当量土层高度 h。

$$h = \frac{q}{\gamma} = \frac{18.0}{19.0} = 0.947 (\mathrm{m})$$

填土表面处主动土压力强度：

$$p_{a1} = \gamma h K_a = q K_a = 18.0 \times \tan^2\left(45° - \frac{32°}{2}\right) = 5.53 (\mathrm{kPa})$$

地下水位处土压力强度：

$$p_{a2} = (h + H) K_a = (0.947 + 3.0) \times 19.0 \times \tan^2\left(45° - \frac{32°}{2}\right) = 23.0 (\mathrm{kPa})$$

墙底处土压力强度：

$$\begin{aligned} p_{a3} &= (\gamma h + \gamma h_1 + \gamma' h_2) \times K_a \\ &= [0.947 \times 19.0 + 19.0 \times 3.0 + (20.6 - 10) \times 3.0] \times \tan^2\left(45° - \frac{32°}{2}\right) \\ &= 32.81 (\mathrm{kPa}) \end{aligned}$$

主动土压力为：

$$E_a = \frac{1}{2} \times (5.53 + 23.0) \times 3.0 + \frac{1}{2} \times (23.0 + 32.81) \times 3.0 = 126.51 (\mathrm{kN/m})$$

墙底处静水压力强度为：

$$\sigma_w = \gamma_w h_2 = 10 \times 3.0 = 30 (\mathrm{kPa})$$

静水压力合力为：

$$E_w = \frac{1}{2} \times 30 \times 3.0 = 45 (\mathrm{kN/m})$$

总侧向压力为：

$$E = E_a + E_w = 126.51 + 45 = 171.51 (\mathrm{kN/m})$$

【例 6-4】 已知某挡土墙高度 $H = 6\mathrm{m}$，墙背竖直、光滑（图 6-16），墙后填土表面水平，填土分为等厚度的两层：第一层重度 $\gamma_1 = 19.0\mathrm{kN/m^3}$，黏聚力 $c_1 = 10\mathrm{kPa}$，内摩擦角 $\varphi_1 = 16°$；第二层 $\gamma_2 = 17.0\mathrm{kN/m^3}$，$c_2 = 0$，$\varphi_2 = 30°$。计算作用在挡土墙上的主动土压力，并绘出土压力分布图。

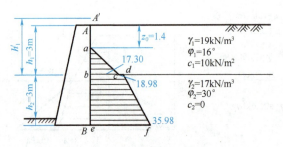

图 6-16 分层土的主动土压力分布

解 第一层土为黏性土,墙顶部土压力为零,计算临界深度 z_0:

$$z_0 = \frac{2c}{\gamma \sqrt{K_{a1}}} = \frac{2 \times 10}{19.0 \times \tan\left(45° - \frac{16°}{2}\right)} = 1.40(\text{m})$$

上层土底部土压力强度:

$$p_{a1} = \gamma_1 h_1 K_{a1} - 2c\sqrt{K_{a1}} = 19.0 \times 3.0 \times \tan^2\left(45° - \frac{16°}{2}\right) - 2 \times 10 \times \tan\left(45° - \frac{16°}{2}\right)$$

$$= 32.38 - 15.08 = 17.3(\text{kPa})$$

下层土压力计算,先将上层土折算成当量土层,厚度为:

$$h_1' = h_1 \frac{\gamma_1}{\gamma_2} = 3.0 \times \frac{19.0}{17.0} = 3.35(\text{m})$$

下层土顶面土压力强度:

$$p_{a2} = \gamma_2 h_1' K_{a2} = 17.0 \times 3.35 \times \tan^2\left(45° - \frac{30°}{2}\right) = 18.98(\text{kPa})$$

下层土底面土压力强度:

$$p_{a3} = \gamma_2 (h_1' + h_2) K_{a2} = 17.0 \times (3.35 + 3.0) \times \tan^2\left(45° - \frac{30°}{2}\right) = 35.98(\text{kPa})$$

总主动土压力:

$$E_a = \frac{1}{2} p_{a1}(h_1 - z_0) + \frac{1}{2}(p_{a2} + p_{a3}) \times h_2$$

$$= \frac{1}{2} \times 17.3 \times (3.0 - 1.40) + \frac{1}{2} \times (18.98 + 35.98) \times 3.0$$

$$= 13.84 + 82.44 = 96.28(\text{kN/m})$$

任务三 库仑土压力计算

一、适用范围与基本假定

法国科学家库仑于 1776 年提出了著名的库仑土压力理论,该理论适用于计算:

(1)墙背倾斜,倾角为 α;

(2)墙背粗糙,墙与土间摩擦角为 δ;

(3)填土表面倾斜,坡角为 β。

由于该理论适用于计算一般情况的土压力,因而具有更普遍的实用意义。

库仑土压力理论是从滑动楔体处于极限平衡状态时的静力平衡条件出发,而求解主动或被动土压力的理论,其基本假设为:

(1)挡土墙是刚性的,墙后填土是理想的散粒体($c=0$);

(2)当墙身向前或向后移动以产生主动土压力或被动土压力时,滑动楔体是沿着墙背和一个通过墙踵的平面发生滑动的;

(3)滑动土楔体可视为刚体。

库仑主动土压力

挡土墙高为 H,墙背俯斜,与铅垂线的夹角为 α,墙后填土为砂土,填土表面与水平面的夹角为 β,墙背与填土间的摩擦角为 δ。

当挡土墙向前移动或转动时,墙后填土将沿着某一破坏面 BC 和墙背 AB 向下滑动,形成一滑动土楔体 ABC。当达到主动极限平衡状态时,取滑动楔体 ABC 作为脱离体研究其平衡条件,如图 6-17a)所示。

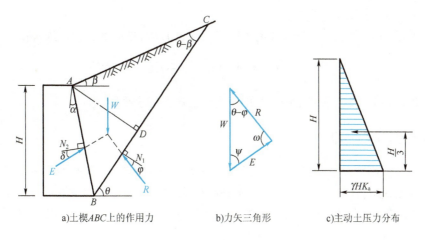

a)土楔ABC上的作用力　　b)力矢三角形　　c)主动土压力分布

图 6-17　库仑主动土压力合力计算图

作用于滑动土楔体 ABC 上的力有:

(1)重力 W,为 $\gamma \cdot S_{\triangle ABC}$(挡土墙的长度取 1 延长米),当滑动面 BC 确定时,W 的数值是已知的。

(2)墙背对土楔体的支承反力 E:E 与要计算的土压力大小相等,方向相反,与墙背的法线成 δ 角(墙与土的摩擦角)。当土楔下滑时,墙对土楔的阻力是向上的,故反力 E 必在墙背 AB 法线的下侧。

(3)填土中的滑裂面 BC,滑裂面下方土体对滑动楔体的反力 R,R 的大小是未知的,方向与滑裂面 BC 的法线 N_1 成 φ 角,同理,R 位于 N_1 的下方。

上述滑动土楔在自重 W、挡土墙支承力 E 和填土中滑动面 BC 上的反力 R 三个力作用下处于静力平衡状态。因此,三个力必汇交于一点,可得封闭的力三角形,如图 6-17b)所示。

取不同滑动面坡角 θ_1、$\theta_2\cdots$,则 W、R、E 的数值以及 R 的方向也将随之发生变化。当 E 最大时对应的滑动面即为最危险滑裂面。利用高等数学中求极限的知识求 E 的极大值,令:

$$\frac{dE}{d\theta} = 0$$

从而求得 E 为极大值时填土滑裂面 $\overset{\frown}{BC}$ 与水平面夹角 θ_{cr}，将 θ_{cr} 代入 E 的表达式，整理后可得库仑主动土压力的一般公式：

$$E_a = \frac{1}{2}\gamma H^2 K_a \tag{6-16}$$

$$K_a = \frac{\cos^2(\varphi - \alpha)}{\cos^2\alpha\cos(\alpha + \delta)\left[1 + \sqrt{\dfrac{\sin(\varphi + \delta)\sin(\varphi - \beta)}{\cos(\alpha + \delta)\cos(\alpha - \beta)}}\right]^2} \tag{6-17}$$

式中：γ、φ——分别是填土的重度（kN/m^3）和内摩擦角；

H——挡土墙高度（m）；

α——墙背的倾角，即墙背与垂线的夹角，以垂线为准，俯斜为正，仰斜为负；

β——墙后填土表面的倾斜角；

δ——土对挡土墙背的摩擦角，它与填土性质、墙背粗糙程度、排水条件、填土表面轮廓和它上面有无超载等有关，应由试验确定；

K_a——库仑主动土压力系数。

当墙背竖直（$\alpha=0$）、光滑（$\delta=0$）、填土面水平（$\beta=0$）时，主动土压力系数为：

$$K_a = \tan^2\left(45° - \frac{\varphi}{2}\right)$$

可见在此条件下，库仑主动土压力和朗肯主动土压力完全相同。

三 库仑被动土压力

当墙受外力作用推向填土，直至土体沿某一破裂面 BC 破坏时，土楔 ABC 向上滑动，并处于被动极限平衡状态（图 6-18a）。此时土楔 ABC 在其自重 W 和反力 R、E 的作用下平衡，R 和 E 的方向都分别在 BC 和 AB 面法线的上方。按上述求主动土压力同样的原理可求得被动土压力的库仑公式为：

$$E_p = \frac{1}{2}\gamma H^2 K_p \tag{6-18}$$

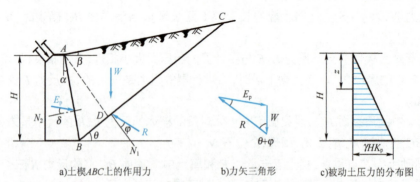

a) 土楔 ABC 上的作用力　　b) 力矢三角形　　c) 被动土压力的分布图

图 6-18　库仑被动土压力合力计算图

$$K_p = \frac{\cos^2(\varphi + \alpha)}{\cos^2\alpha\cos(\alpha - \delta)\left[1 - \sqrt{\dfrac{\sin(\varphi + \delta)\sin(\varphi + \beta)}{\cos(\alpha - \delta)\cos(\alpha - \beta)}}\right]^2} \tag{6-19}$$

式中:K_p——库仑被动土压力系数,铁道工程中应用较少,可按式(6-19)计算。

当墙背竖直($\alpha=0$)、光滑($\delta=0$)、填土面水平($\beta=0$)时,被动土压力系数为:

$$K_p = \tan^2\left(45° + \frac{\varphi}{2}\right)$$

【例6-5】 已知某挡土墙高度$H=6.0$m,墙背倾斜$\alpha=10°$,墙后填土倾角$\beta=10°$,墙与填土摩擦角$\delta=20°$,墙后填土为中砂,重度$\gamma=18.3$kN/m³,内摩擦角$\varphi=30°$,如图6-19所示。计算作用在挡土墙上的主动土压力。

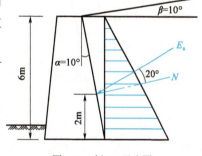

图6-19 例6-5示意图

解 根据题意,采用库仑主动土压力理论计算。经计算,主动土压力系数$K_a=0.46$。

将各数据代入式(6-16)得:

$$E_a = \frac{1}{2}\gamma H^2 K_a = \frac{1}{2} \times 18.3 \times 6^2 \times 0.46$$
$$= 151.5 (\text{kN/m})$$

E_a的作用点位于下$\frac{1}{3}H=2.0$m处,E_a的方向与墙背的法线N呈$\delta=20°$角,位于法线N的上侧,如图6-19所示。

总的说来,朗肯理论在理论上较为严密,但只能得到理想简单边界条件下的解答,在应用上受到限制。而库仑理论虽然在推导时做了明显地近似处理,但由于能适用于各种较为复杂的边界条件和荷载条件,且在一定程度上能满足工程上所要求的精度,因而应用更广。

任务四 重力式挡土墙设计与检算

重力式挡土墙多用浆砌片(块)石砌筑,缺乏石料地区有时可用混凝土预制块作为砌体,也可直接用混凝土浇筑,一般不配钢筋或只在局部范围配置少量钢筋。这种挡土墙形式简单、施工方便,可就地取材、适应性强,因而应用广泛。

由于重力式挡土墙依靠自身重力来维持平衡和稳定,因此墙身断面大,圬工数量也大,在软弱地基上修建时往往受到地基承载力的限制。如果墙过高,材料耗费多,因而也不一定经济。当地基较好,墙高不大,且当地又有石料时,一般优先选用重力式挡土墙。

在有石料的地区,重力式挡土墙应尽可能采用浆砌片石砌筑,片石的极限抗压强度不得低于30MPa。在一般地区及寒冷地区,采用M7.5水泥砂浆;在浸水地区及严寒地区,采用M10水泥砂浆。

在缺乏石料的地区,重力式挡土墙可用C15混凝土或片石混凝土建造;在严寒地区采用C20混凝土或片石混凝土。

重力式挡土墙各部分的名称如图6-20所示。

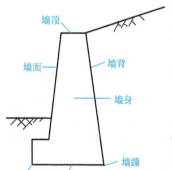

图6-20 重力式挡土墙各部分名称

一、重力式挡土墙的形式

重力式挡土墙按墙背倾斜情况分为仰斜、俯斜和垂直式三种,如图6-21所示。由计算分析知:仰斜式的主动土压力最小,俯斜式的主动土压力最大。从边坡挖填的要求来看,当边坡是挖方时，仰斜式比较合理，因为它的墙背可以和开挖的边坡紧密贴合；反之，填方时如用仰斜式，则墙背填土的夯实工作就比较困难，这时采用俯斜式或垂直式就比较合理。

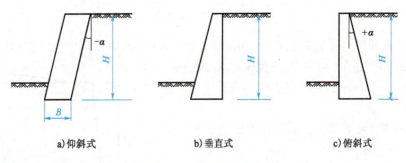

图 6-21　重力式挡土墙的形式

为了减小作用在挡土墙背上的土压力，增大它的抗倾覆和抗滑动的能力，除了采用仰斜式墙外，还可通过改变墙背的形状和构造来实现。如图 6-22 所示的衡重式挡土墙，它也是一种重力式挡土墙。它由上墙和下墙组成，上下墙间有一平台，称为衡重台。它除墙身自重外，还增加了衡重台以上填土重量来维持墙身的稳定性，节省了一部分墙身圬工。工程中有时还采用如图 6-23 所示的减压平台。平台把墙背分为上下两部分，上墙所受的主动土压力可按前述方法计算，而下墙墙背所受的土压力只与平台以下的填土重力有关，因而下墙承受的土压力比起同高的一般重力式挡墙的下部所受的土压力要小得多。减压平台一般设置在墙背中部附近，向后伸得越远则减压作用越大，以伸到滑动面附近为最好。

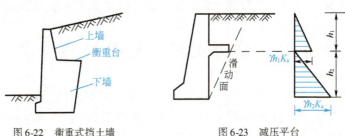

图 6-22　衡重式挡土墙　　　　　图 6-23　减压平台

挡土墙填料的选择对减小土压力也很有影响。从填土的内摩擦角 φ 对主动土压力值的影响考虑，按前述朗肯或库仑的土压力计算理论，主动土压力随 φ 值的增加而减小，故一般应选用 φ 值较大的粗砂或砾砂等作为墙后填料以减小主动土压力，而且这类填料的 φ 角受浸水的影响很小。在施工上应注意将墙后填土分层夯实，保证质量，使填土密实、φ 角增大，从而减小挡土墙所受的主动土压力。

二、尺寸拟定

1. 墙身

挡土墙各部分的构造应满足强度和稳定性的要求，并考虑就地取材，截面经济合理，施工及养护方便。浆砌片石挡土墙的墙顶宽度一般不应小于 0.5m，胸墙坡度在墙较高时以 1∶0.05～1∶0.2 为宜，墙较矮时可不放坡。墙背根据工程情况可做成仰斜、直立或俯斜，甚至台阶式。但要注意当墙背仰斜过大时，施工会非常不便，因此，仰斜墙背不宜陡于 1∶0.25。一般情况下，挡土墙基础的宽度与墙高之比大约为 1/2～1/3。有时为了增加基底的抗滑稳定性，可将基底做成墙趾高、墙踵低的逆坡，坡度一般为 0.1∶1（土质地基）或 0.2∶1（岩石地基），如

图 6-24 所示。

2. 基础

（1）基础类型

挡土墙大多数都是直接砌筑在天然地基上的浅基础。

当地基承载力不足且墙趾处地形平坦时，为减少基底应力和增加抗倾覆稳定性，常常采用扩大基础，如图 6-25a）所示，将墙趾部分加宽成台阶（路堑墙），或墙趾墙踵同时加宽（路堤或路肩墙），以加大承压面积。加宽宽度视基底应力需要

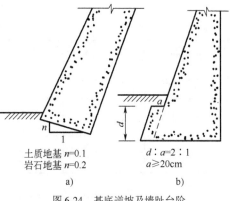

图 6-24 基底逆坡及墙趾台阶

减少的程度和加宽后的合力偏心距的大小而定，一般不小于 20cm。台阶高度按基础材料刚性角的要求确定，对于砖、片石、块石、粗料石砌体，当用低于 M5 的砂浆砌筑时，刚性角应不大于 35°；对混凝土砌体，应不大于 40°。

当地基压应力超过地基承载力过高时，需要的加宽值较大，为避免加宽部分的台阶过高，可采用钢筋混凝土底板基础，其厚度由剪力和主拉应力控制，如图 6-25b）所示。

当挡土墙修筑在陡坡上，而地基又为较为稳定的坚硬岩石时，为节省圬工和基坑开挖数量，可采用台阶形基础，如图 6-25c）所示。台阶的高宽比应不大于 2∶1。台阶宽度不宜小于 50cm。最下一个台阶的宽度应满足偏心距的有关规定，并不宜小于 1.5~2.0m。

如地基有短段缺口（如深沟等）或挖基困难（如局部地段地基软弱等），可采用拱形基础，以石砌拱圈跨过，再在其上砌筑墙身，如图 6-25d）所示。但应注意土压力不宜过大，以免横向推力导致拱圈开裂。设计时应对拱圈予以验算。

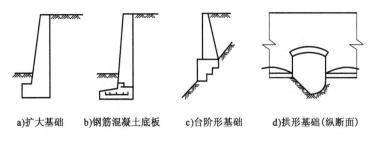

a) 扩大基础 b) 钢筋混凝土底板 c) 台阶形基础 d) 拱形基础（纵断面）

图 6-25 挡土墙基础形式

当地基为软弱土层，如淤泥、软黏土等，可采用砂砾、碎石、矿渣或石灰土等材料予以换填，以扩散基底压应力，使之均匀地传递到软弱下卧层中。

（2）基础埋深

挡土墙基础，应视地形、地质条件埋置足够的深度，以保证挡土墙的稳定性。设置在土质地基上的挡土墙，基底埋置深度应符合下列要求：

① 无冲刷时，一般应在天然地面下不小于 1.0m。

② 有冲刷时，应在冲刷线下不小于 1.0m。

③ 受冻胀影响时，应在冰胀线以下不小于 0.25m。非冻胀土层中的基础，例如岩石、卵石、砾石、中砂或粗砂等，埋置深度可不受冻深的限制。

挡土墙基础设置在岩石上时，应清除表面风化层；当风化层较厚难以全部清除时，可根据地基的风化程度及其相应的容许承载力将基底埋在风化层中。当墙趾前地面横坡较大时，基

础埋置深度用墙趾前的安全襟边宽度 b 来控制,以防地基剪切破坏,襟边宽度如表 6-1 所示。

挡土墙安全襟边宽度　　　　　　表 6-1

地质情况	安全襟边宽 $b(m)$	基础埋深 $h(m)$	示意图
轻风化硬质岩石	0.25~0.6	0.25	
风化岩石或软质岩石	0.6~1.0	0.6	
密实的粗粒土	1.0~2.0	1.0	

为了防止墙后填土在地表水下渗后积水和便于疏干墙后土体,挡土墙应设泄水孔,以利土体排水,避免土体中产生静水压力和因含水量增高引起的膨胀压力。若墙后填料透水性不良,为了防止孔道淤塞,还应在最低一排泄水孔至墙顶以下 0.5m 高度以内,填筑不小于 0.3m 厚的砂砾石或无砂混凝土块板或土工织物作反滤层,如图 6-26 所示。

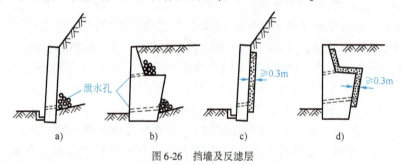

图 6-26　挡墙及反滤层

三、稳定性检算

重力式挡土墙因依靠自重来平衡墙后土体的侧向压力,故它应具有足够的强度和稳定性方能满足工程应用要求。在根据填土性质和墙高等因素初步拟定挡土墙尺寸后,主要验算内容就是挡墙的强度和稳定性。即挡土墙的设计应保证在自重和外力作用下不发生全墙的滑动和倾覆,并保证墙身每一截面和基底的应力与偏心距均不超过容许值。经大量研究和现场调查,墙的稳定性往往是挡土墙设计的控制因素,它分为抗滑稳定性和抗倾覆稳定性两种形式。

(一) 抗滑动稳定性验算

挡土墙抗滑动稳定检算示意图如图 6-27 所示。

挡土墙的抗滑动稳定性是指在挡土墙自重、土压力的竖向分量和其他外力作用下所提供的基底摩擦阻力抵抗滑移的能力,也即作用于挡土墙的最大可能的抗滑力与实际滑动力之比,用抗滑稳定系数 K_c 表示为:

$$K_c = \frac{\sum N \cdot f + E_p}{E_x} \quad (6-20)$$

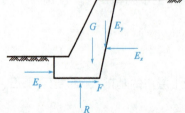

图 6-27　挡土墙抗滑动稳定检算示意图

以上图及式中:$\sum N$——作用于基底的总垂向力,浸水时需扣浮力;

E_x——墙后主动土压力的水平分力;

E_y——墙后主动土压力的竖向分力;

E_p——墙前被动土压力,一般不予考虑;埋深较大时,可取$\frac{1}{3}E_P$(墙前土体难以达到被动状态);

f——基底与地基之间的摩擦系数,当缺少实测值时,可采用如下经验值:碎石类土取0.50,砂类土取0.40,黏性土取0.2~0.4。

沿基底的抗滑稳定系数 K_c 不应小于1.3,墙高较大时(超过12~15m 时),尚应注意加大 K_c 值,以保证挡土墙的抗滑稳定性。

(二)抗倾覆稳定性验算

挡土墙的抗倾覆稳定性是指挡土墙抵抗绕墙趾向外转动倾覆的能力,用抗倾覆稳定系数 K_0 表示。如图6-28所示。

$$K_0 = \frac{\sum M_y}{\sum M_0} \quad (6-21)$$

式中:$\sum M_y$——稳定力系对墙趾的总力矩;

$\sum M_0$——倾覆力系对墙趾的总力矩。

抗倾覆稳定系数 K_0 不应小于1.6,当墙较高时(超过12~15m),也应注意加大 K_0 值以确保挡土墙的抗倾覆稳定性。

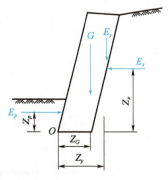

图6-28 挡土墙抗倾覆稳定验算示意图

任务五 重力式挡土墙设计检算算例

【例6-6】 重力式挡土墙设计

已知某挡土墙高 H 为6m,墙背直立($\alpha=0$),填土面水平($\beta=0$),墙背光滑($\delta=0$),用MU20的毛石和M2.5水泥砂浆砌筑;砌体抗压强度 $R=1600\text{kPa}$,砌体重度 $\gamma_k=22\text{kN/m}^3$,填土内摩擦角 $\varphi=40°$,$c=0$,$\gamma=19\text{kN/m}^3$,基底摩擦系数 $f=0.5$,地基土的容许承载力 $[\sigma]=180\text{kPa}$。要求:设计此挡土墙。

解 (1)挡土墙断面尺寸的选择

重力式挡土墙的顶宽约为$\frac{1}{12}H$,底宽可取$\left(\frac{1}{2}\sim\frac{1}{3}\right)H$,初步选择顶宽 $b=0.7\text{m}$,底宽 $B=2.5\text{m}$。

(2)土压力计算

$$E_a = \frac{1}{2}\gamma H^2 \tan^2\left(45° - \frac{\varphi}{2}\right)$$
$$= \frac{1}{2} \times 19 \times 6^2 \times \tan^2\left(45° - \frac{40°}{2}\right) = 74.4(\text{kN/m})$$

土压力作用点离墙底的距离为:

$$h = \frac{1}{3}H = \frac{1}{3} \times 6 = 2(\text{m})$$

(3)挡土墙自重及重心

将挡土墙截面分成一个三角形和一个矩形(图6-29)分别计算它们的自重:

$$G_1 = \frac{1}{2}(2.5 - 0.7) \times 6 \times 22 = 119(\text{kN/m})$$

$$G_2 = 0.7 \times 6 \times 22 = 92.4(\text{kN/m})$$

G_1 和 G_2 的作用点离 O 点距离分别为：

$$a_1 = \frac{2}{3} \times 1.8 = 1.2(\text{m})$$

$$a_2 = 1.8 + \frac{1}{2} \times 0.7 = 2.15(\text{m})$$

(4) 倾覆稳定验算

$$K_0 = \frac{G_1 a_1 + G_2 a_2}{E_a h} = \frac{119 \times 1.2 + 92.4 \times 2.15}{74.4 \times 2} = 2.29 > 1.6$$

(5) 滑动稳定验算

$$K_c = \frac{(G_1 + G_2)f}{E_a} = \frac{(119 + 92.4) \times 0.5}{74.4} = 1.42 > 1.3$$

(6) 地基承载力验算 (图 6-30)

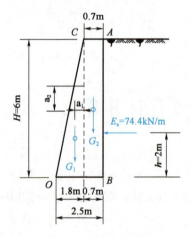

图 6-29 挡土墙稳定验算示意图

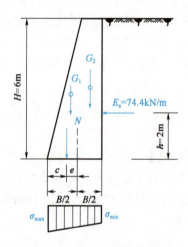

图 6-30 基础强度检算示意图

作用在基底的总垂直力：

$$N = G_1 + G_2 = 119 + 92.4 = 211.4(\text{kN/m})$$

合力作用点离 O 点距离：

$$c = \frac{G_1 a_1 + G_2 a_2 - E_a h}{N}$$

$$= \frac{119 \times 1.2 + 92.4 \times 2.15 - 74.4 \times 2}{211.4} = 0.911(\text{m})$$

偏心距：

$$e = \frac{B}{2} - c = \frac{2.5}{2} - 0.911 = 0.339 < \frac{B}{6} = \frac{2.5}{6} = 0.417(\text{m})$$

基底的应力：

$$\begin{matrix}\sigma_{\max} \\ \sigma_{\min}\end{matrix} = \frac{N}{B}\left(1 \pm \frac{6e}{B}\right) = \frac{211.4}{2.5}\left(1 \pm \frac{6 \times 0.339}{2.5}\right)$$

$$= 84.6(1 \pm 0.804) = \dfrac{153.4}{15.76}(kN/m^2)$$

$$\sigma_{max} = 153.4 kN/m^2 < 1.2[\sigma] = 1.2 \times 180 = 216(kN/m^2)$$

(7) 墙身强度验算

验算离墙顶 3m 处截面 Ⅰ-Ⅰ (图 6-31) 的应力。

截面 Ⅰ-Ⅰ 以上的主动土压力

$$E_{a1} = \dfrac{1}{2}\gamma H_1^2 \tan^2\left(45° - \dfrac{\varphi}{2}\right)$$

$$= \dfrac{1}{2} \times 19 \times 3^2 \times 0.217 = 18.5(kN/m)$$

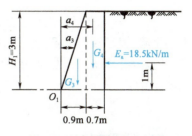

图 6-31 墙身强度验算示意图

截面 Ⅰ-Ⅰ 以上挡土墙自重：

$$G_3 = \dfrac{1}{2} \times 0.9 \times 3 \times 22 = 29.7(kN/m)$$

$$G_4 = 0.7 \times 3 \times 22 = 46.2(kN/m)$$

G_3 和 G_4 作用点离 O_1 点的距离：

$$a_3 = \dfrac{2}{3} \times 0.9 = 0.6(m)$$

$$a_4 = 0.9 + 0.35 = 1.25(m)$$

Ⅰ-Ⅰ 截面上的总法向压力：

$$N_1 = G_3 + G_4 = 29.7 + 46.2 = 75.9(kN/m)$$

N_1 作用点离 O_1 点的距离：

$$c_1 = \dfrac{G_3 a_3 + G_4 a_4 - E_{a1} h_1}{N_1}$$

$$= \dfrac{29.7 \times 0.6 + 46.2 \times 1.25 - 18.5 \times 1}{75.9} = 0.75(m)$$

偏心距：

$$e = \dfrac{B_2}{2} - c_1 = \dfrac{1.6}{2} - 0.75 = 0.05(m)$$

Ⅰ-Ⅰ 截面上的法向应力：

$$\dfrac{\sigma_{max}}{\sigma_{min}} = \dfrac{N_1}{B_2}\left(1 \pm \dfrac{6e_1}{B}\right) = \dfrac{75.9}{1.6}\left(1 \pm 6 \times \dfrac{0.05}{1.6}\right)$$

$$= 47.5(1 \pm 0.19) = \dfrac{56.5}{38.5}(kN/m) \ll R = 1600 kPa$$

Ⅰ-Ⅰ 截面上的剪应力：

$$\tau = \dfrac{E_{a1} - (G_3 + G_4)f}{B_1}$$

$$= \dfrac{18.5 - (29.7 + 46.2) \times 0.6}{1.6} < 0$$

上式中 f 为砌体的摩擦系数，取 $f = 0.6$。

任务六 轻型挡土墙构造特点认知

工程中常见挡墙形式除有重力式外，还有由钢筋混凝土构件组成的轻型挡土结构，如锚杆式挡土墙、铺定板挡土墙、加筋土挡土墙、抗滑桩以及桩板式挡土墙等。这些轻型支挡结构的共同特点是自重轻、占地少、结构合理、利于较快施工。下面对上述几种常见支挡结构的特点做简要介绍。

一、薄臂式挡土墙

薄壁式挡土墙是钢筋混凝土结构，属轻型挡土墙，包括悬臂式和扶壁式两种形式，如图 6-32 所示。

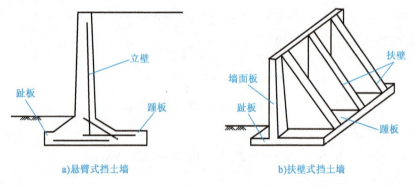

图 6-32 薄壁式挡土墙

(一) 悬臂式挡土墙

悬臂式挡土墙由底板和固定在底板上的直墙构成，是主要靠底板上的填土重量来维持稳定的挡土墙，主要由立壁、趾板及踵板三个钢筋混凝土构件组成。

悬臂式挡土墙构造简单，施工方便，能适应较松软的地基，墙高一般在 6～9m 之间。当墙高较大时，立壁下部的弯矩较大，钢筋与混凝土的用量剧增，影响这种结构形式的经济效果，此时采用扶壁式挡土墙。

(二) 扶壁式挡土墙

扶壁式挡土墙指的是沿悬臂式挡土墙的立臂，每隔一定距离加一道扶壁，将立壁与踵板连接起来的挡土墙，一般为钢筋混凝土结构。

扶壁式挡土墙是一种钢筋混凝土薄壁式挡土墙，其主要特点是构造简单、施工方便，墙身断面较小，自身重量轻，可以较好地发挥材料的强度性能，能适应承载力较低的地基，适用于缺乏石料及地震地区。一般在较高的填方路段来稳定路堤，以减少土石方工程量和占地面积。扶壁式挡土墙，断面尺寸较小，踵板上的土体重力可有效地抵抗倾覆和滑移，竖板和扶壁共同承受土压力产生的弯矩和剪力，相对悬臂式挡土墙受力好。适用 6～12m 高的填方边坡，可有效地防止填方边坡的滑动。

锚定式挡土墙

(一)锚杆挡土墙

锚杆挡土墙通常是由肋柱、墙面板和锚杆三部分组成的轻型支挡结构。它不同于一般重力式挡土墙依靠自重来维持挡土墙的稳定性,而是依靠锚固在稳定岩土中的锚杆所提供的拉力来保证挡土墙的稳定,它能适用于承载力较低的地基,而不必进行复杂的地基处理,是一种有效的挡土结构,如图6-33所示。图6-34为锚杆挡土墙工程实例图。

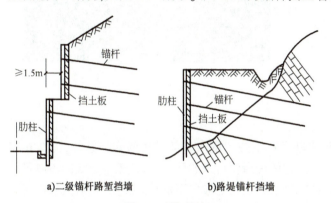

图6-33 锚杆挡墙

图6-34 锚杆挡土墙工程图

(二)锚定板挡土墙

锚定板挡土墙由墙面系、拉杆和锚定板组成(图6-35)。它与锚杆挡土墙受力状态相似,通过锚定板前填土的被动抗力来支承拉杆拉力,依靠填土的自重来保持填土的稳定性。一方面填土对墙面产生主动土压力,填土越高,主动土压力越大;而另一方面,填土又对锚定板的移动产生被动的土抗力,填土越高,锚定板前的被动土抗力越大。通过钢拉杆将墙面系和锚定板连接起来,就变成了一种能够承受侧压力的新型支挡结构。从受力角度来看,它是一种结构合理、适用面广的轻型支挡构筑物。

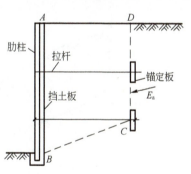

图6-35 锚定板挡土墙

(三)加筋土挡土墙

加筋土挡土墙是面板、拉筋、填土三者的有机结合体,其构造如图6-36所示。填土和拉筋之间的摩擦力使得填土与拉筋结合成为一个整体。在这个整体中起控制作用的是填土与拉筋间的摩擦力。面板的作用是阻挡填土坍落挤出,迫使填土与拉筋结合为整体。这个复合结构内部存在着由填土产生的墙面土压力、拉筋的拉力,以及填土与拉筋间的摩擦力等相互作用的内力。这些内力的互相平衡,保证了这个复合结构的内部稳定;同时,加筋土这一复合结构,要能抵抗拉筋尾部填土所产生的侧压力,使整个复合结构稳定,亦即加筋土挡土墙的外部稳定。

加筋土挡土墙一般应用于地形较为平坦且宽敞的填方路段上,在挖方路段或地形陡峭的山坡,由于不利于布置拉筋,一般不宜使用。

加筋土是柔性结构物,能够适应地基轻微的变形,填土引起的地基变形对加筋土挡土墙的稳定性影响比对其他结构物小,地基的处理也较简便;它是一种很好的抗震结构物;节约占地,造型美观;造价比较低,具有良好的经济效益。加筋土挡土墙工程图如图 6-37 所示。

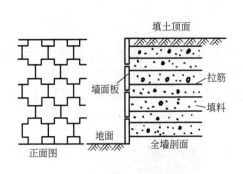

图 6-36 加筋土挡土墙　　图 6-37 加筋土挡土墙工程图

(四) 抗滑桩

抗滑桩又称锚固桩。它是近 30 年来获得广泛应用的一种新型抗滑支挡结构,如图 6-38 所示。抗滑桩的下部埋于稳定的岩床中,上部承受滑体传来的下滑力,依靠下部锚固段以及上部桩前滑体所产生的抗力来维持桩本身的稳定,并阻止滑坡向下滑动。显然,抗滑桩的作用就是改善滑坡状态,促使滑坡向稳定转化。抗滑桩工程实例如图 6-39 所示。

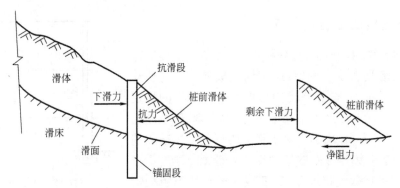

图 6-38 抗滑桩

图 6-39 抗滑桩工程实例图

【项目小结】

1. 土压力的类型

根据挡土墙的位移情况,土压力可分为静止土压力、主动土压力、被动土压力。

2. 朗肯土压力理论

以研究墙后填土一点的应力状态为出发点,借助极限平衡方程式推导出极限应力的理论解。特点是概念明确、计算公式简便。

3. 库仑土压力理论

以研究墙后无黏性填土滑动模块上的静力平衡为出发点,推导出作用在墙背上的主动或被动土压力的计算理论。特点是概念简明,适用于计算主动土压力。

4. 特殊情况下的土压力计算

在实际工程中,经常遇到一些特殊的情况,如填土面有均布荷载、墙后填土分层、墙后填土有地下水、填土表面受局部均布荷载等,在计算土压力时需充分考虑。

5. 挡土墙的类型

重力式挡土墙、锚定板挡土墙、锚杆式挡土墙、加筋土挡土墙以及抗滑桩。

6. 重力式挡土墙的设计、检算

【项目训练】

1. 朗肯主动土压力、被动土压力计算。
2. 库仑主动土压力、被动土压力计算。
3. 重力式挡土墙的设计与检算。

【思考练习题】

6-1 试阐述主动、静止、被动土压力的定义和产生的条件,并比较三者的数值大小。

6-2 比较朗肯土压力理论和库仑土压力理论的基本假定及适用条件。

6-3 简述挡土墙的种类和各自的特点。

6-4 重力式挡土墙设计时主要进行哪两项验算?

6-5 某挡土墙高 5m,墙背竖直光滑,填土面水平,$\gamma = 18.0 \text{kN/m}^3$,$\varphi = 22°$,$c = 15 \text{kPa}$。试计算:①该挡土墙主动土压力分布、合力大小及其作用点位置;②若该挡土墙在外力作用下,朝填土方向产生较大的位移时,作用在墙背的土压力分布、合力大小及其作用点位置又为多少?

6-6 某挡土墙墙后填土为中密粗砂,$\gamma_d = 16.8 \text{kN/m}^3$,$w = 10\%$,$\varphi = 36°$,$\delta = 18°$,$\beta = 15°$,墙高 4.5m,墙背与竖直线的夹角 $\alpha = -8°$,试计算该挡土墙主动土压力 E_a 值。

6-7 某挡土墙高 6m,墙背竖直光滑,填土面水平,并作用有连续的均布荷载 $q = 15 \text{kPa}$,墙后填土分两层,其物理力学性质指标如图 6-40 所示,试计算墙背所受主动土

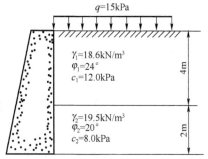

图 6-40 习题 6-7 图

压力分布、合力及其作用点位置。

6-8 已知某挡土墙高 H 为 5m，墙背直立（$\alpha=0$），填土面水平（$\beta=0$），墙背光滑（$\delta=0$），用 MU20 的毛石和 M5 水泥砂浆砌筑；砌体容许压应力 $R=2150$kPa，砌体重度 $\gamma=20$kN/m³，砌体摩擦系数 $f=0.6$。填土内摩擦角 $\varphi=35°$，$c=0$，$\gamma=19$kN/m³，基底摩擦系数 $f=0.5$，地基土的容许承载力 $[\sigma]=200$kPa。要求：设计此挡土墙并进行检算。

项目七

天然地基上浅基础设计

【能力目标】

能够综合经济、技术条件、上部结构形式、邻近建筑物的影响等因素确定基础的埋置深度;能够进行明挖基础的检算。

【知识目标】

1. 掌握桥梁基础的分类和基础类型的选择原则。

2. 掌握基础埋置深度的确定原则;掌握作用于铁路桥涵基础上的荷载的分类,了解荷载的计算方法。

3. 了解刚性角的概念,掌握刚性扩大基础的构造形式。

4. 掌握明挖基础的地基强度验算、基底合力偏心检算、地基沉降计算等内容的计算方法。

【素质目标】

1. 在进行地基分布特点分析,确定基础类型的过程中培养学生仔细认真、逻辑性强的职业素质。

2. 在进行地基强度验算、基底合力偏心验算等计算中培养学生严谨细致的工作作风。

【案例导入】

沪杭高速铁路桥涵基础设计一般要求

上海至杭州高速铁路客运专线,全线正线长度158.8km,设计速度目标值为350km/h,是我国"四纵四横"《中长期铁路网规划》中沪昆客运专线的组成部分。工程自2009年4月开工建设,2010年10月26日顺利实现通车运营。

沪杭高铁全线桥涵基础主要采用钻孔灌注桩及管桩基础,部分小桥涵及下穿道路引道工程采用搅拌桩加固复合地基。

桥涵基础设计的一般要求如下:

1. 沉降量。

(1)按200km/h速度目标值设计部分:对静定结构,其工后沉降量不应超过下列容许值:墩台均匀沉降量:≤50mm。相邻墩台沉降量之差:≤20mm。

(2)按350km/h速度目标值设计部分:对静定结构,其工后沉降量不应超过下列容许值:墩台均匀沉降量:≤20mm。相邻墩台沉降量之差:≤5mm。

(3)按160km/h速度目标值设计部分:对静定结构,有砟桥面工后沉降量不应超过下列容许值:墩台均匀沉降量:≤80mm。相邻墩台沉降量之差:≤40mm。

以上三种速度目标值,对超静定结构,其相邻墩台均匀沉降量之差的容许值,除满足上述要求外,还应根据沉降时对结构产生的附加应力的影响确定。

2. 跨度L_p≤40m的桥梁桩基的桩径根据不同墩高、地质条件选用ϕ1.0m、ϕ1.25m。

3. 跨度L_p>40m的桥梁桩基的桩径根据不同桥跨、墩高、地质条件选用ϕ1.0m、ϕ1.25m、ϕ1.5m、ϕ2.0m或更大桩径钻孔桩。

4. 桩基承台厚度应按刚性角确定。一般情况下承台厚度的选择:桩径1.0m,承台厚2m;桩径1.25m、1.5m时承台厚2.5~3m。

5. 在桥梁地处空旷地带、周边100m以内无既有建筑物、墩高较矮的简支梁桥墩,适当采用预应力混凝土管桩,桩径0.8m、1.0m,桩头力分别控制在3200kN、4000kN。采用管桩地质条件限制:对于桩基穿过粉砂层>3.0m、穿过硬塑黏土的地段,因管桩施工难度较大,则不再采用管桩基础。

6. 风化岩极限摩阻力:①粉砂质页岩、泥质砂岩、页岩、泥质粉砂岩等软质岩W_3取$f=(0.25~0.3)\sigma_0$;②硬质岩W_3及软质岩之W_2取$(0.4~0.5)\sigma_0$;③$\sigma_0=350$kPa的角砾土,取$f=90~100$kPa;④卵石土、砂夹碎石土$\sigma_0=400$kPa,取$f=150$kPa。

7. 软弱黏土层桩基计算中,地基系数的比例系数m和m_0值,应根据承台底面或最大冲刷线下$2(d+1)$范围软土的物理力学指标及承台水平位移值大小进行相应折减。

8. 建于软土地基上的桥台,除计算桥台的附加竖向力外,还应考虑路基填土引起的附加水平力的影响。锥体及台前应进行地基加固处理。

9. 桩基础桩底进入较软岩(如泥质砂岩)W_2风化岩层者,按摩擦桩和柱桩进行计算比较,取其较短者;桩底进入硬质岩W_2风化岩层者,按柱桩设计。桩底置于W_3岩层上时,桩长按摩擦桩设计,按柱桩配筋。

10. 岩石试块单轴抗压极限强度R值,按地质专业提供取用。如地质专业未能提供,一般极软岩可取$6\sigma_0$,软质岩按$8\sigma_0$取值,硬质岩按$(10~12)\sigma_0$取值,C_0值可由R值内插计算。

11. 基础施工围堰类型:一般视施工水深和地质情况选用草袋围堰筑岛,打入钢板桩或套(吊)箱围堰等。位于既有铁路、公路(城市道路)或管线附近桥涵采用打入钢板桩防护。

任务一 桥梁基础的分类和基础类型选择

按基础的结构形式和施工方法分类

(一) 明挖基础

在明挖基坑中建造的基础通常称为明挖基础。根据基坑土质、开挖的深浅及有无水和水量大小等情况的不同,可直接开挖(图 7-1a)、加坑壁防护(如衬板、板桩或喷射混凝土护壁等)的开挖(图 7-1b)和设置围堰(用土、草袋或麻袋装土,木板桩或钢板桩等材料制成)抽水后开挖(图 7-1c)等。明挖基础的结构形式,一般为刚性实体,从上而下逐渐扩大,因此又称为扩大基础。

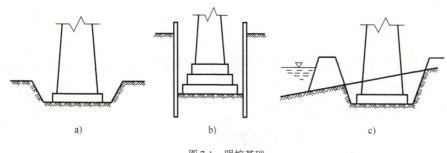

图 7-1 明挖基础

(二) 桩基础

当坚硬土层埋的较深,或河床冲刷深度较大时,须将基础埋置较深。如果采用明挖基础,就会因基坑太深,土方开挖数量大,并且因坑壁需要支撑和做板桩围堰,所承受的土压力和水压力很大,使支撑结构的费用昂贵,同时,施工也很不方便。在这种情况下,常采用桩基础或沉井基础。

桩基础是借助设于土中的桩,将承台和上部结构的荷载传到深层土中的一种基础形式(图 7-2)。桩基础具有承载力高、沉降量小且均匀的优点,是桥梁工程中经常采用的一种基础类型。

1. 桩基础分类

根据土对桩的支承情况,有摩擦桩和柱桩,柱桩又称端承桩,如图 7-3 所示。摩擦桩是指桩底位于较软的土层内,其轴向荷载由桩侧摩阻力和桩底土支承反力来承担,而桩侧摩阻力起主要支承作用;柱桩的桩底支立于坚硬土层上,其轴向荷载可认为全由桩底土来支承。

2. 桩基础特点

(1) 桩支承于坚硬的(基岩、密实的卵砾石层)或较硬的(硬塑黏性土、中密砂等)土层,具有很高的竖向单桩承载力或群桩承载力,足以承担建筑结构的全部竖向荷载(包括偏心荷载)。

(2) 桩基具有很大的竖向单桩刚度(端承桩)或群刚度(摩擦桩),在自重或相邻荷载影响下，不产生过大的不均匀沉降，并确保建筑物的倾斜不超过允许范围。

（3）凭借巨大的单桩侧向刚度（大直径桩）或群桩基础的侧向刚度及其整体抗倾覆能力，抵御由于风和地震引起的水平荷载与力矩荷载，保证建筑结构的抗倾覆稳定性。

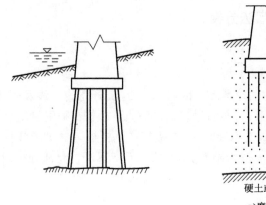

图 7-2 桩基础　　　　　图 7-3 摩擦桩和柱桩

（4）桩身穿过可液化土层而支承于稳定的坚实土层或嵌固于基岩，在地震造成浅部土层液化与震陷的情况下，桩基凭借深部稳固土层仍具有足够的抗压与抗拔承载力，从而确保建筑结构的稳定，且不产生过大的沉陷与倾斜。

（三）管柱基础

管柱基础是由钢筋混凝土、预应力混凝土或钢管柱群和钢筋混凝土承台组成的基础结构，如图7-4所示。

1. 管柱基础分类

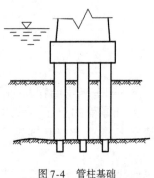

图 7-4 管柱基础

管柱基础的类型可按地基土的支承情况划分为支承式管柱基础和摩擦式管柱基础。如管柱穿过土层落于基岩上或嵌于基岩中，则柱的支承力主要来自柱端岩层的阻力，称为支承式管柱基础；若管柱下端未达基岩，则柱的支承力将同时来自柱侧土的摩擦力和柱端土的阻力，称为摩擦式或支承及摩擦式管柱基础。

部分管柱基础由单根大型管柱构成。它是一种深基础，多用于桥梁。管柱埋入土层一定深度，柱底尽可能落在坚实土层或锚固于岩层中，其顶部的钢筋混凝土承台，支托桥墩（台）及上部结构。作用在承台的全部荷载，通过管柱传递到深层的密实土或岩层上。

2. 管柱基础特点

由于管柱直径甚大（我国习惯上做成1.2m以上），虽为高承台基础，仍具有足够的刚度，如无特殊要求（如水平力过大），常在桥梁工程中采用，以省工省料。在地基密实而均匀、桥墩不高的条件下，甚至把承台提高到桥墩墩帽位置，从而省去墩身。

（四）沉井基础

沉井作为基础结构，是在桥墩位所在的地面上或筑岛面上建造的井筒状结构物，将上部荷载传至地基的一种深基础。如图7-5所示。通过在井筒内取土，借助自重的作用，克服土对井壁的摩擦力而沉入土中。当第一节(底节)井筒快没入土中时，再接筑第二节(中间节)井筒，这样一直接筑、下沉至设计位置(最后接筑的一节沉井通常称为顶节)，然后再经封底、井内填充、修筑顶盖，即成为墩台的沉井基础。

沉井一般由刃脚、井壁、隔墙、井孔、凹槽、射水管组和探测管、封底混凝土、顶盖等部分组成。

沉井基础具有埋深较大，整体性好，稳定性好；具有较大承载面积，能承受较大竖向荷载和水平荷载等特点。此外，沉井既是基础，又是施工时的挡土和挡水围堰结构物，其施工工艺简便，技术稳妥可靠，无须特殊专业设备，并可做成补偿性基础，避免过大沉降。在深基础或地下结构中应用较为广泛，如桥梁墩台基础、地下泵房、水池、油库、矿井竖井以及大型设备基础、高层和超高层建筑物基础等。但沉井基础施工工期较长，对粉砂、细砂类土在井内抽水时易发生流沙现象，造成沉井倾斜；沉井下沉过程中遇到的大孤石、树干或井底岩层表面倾斜过大，也将给施工带来一定的困难。

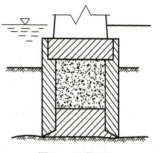

图7-5 沉井基础

(五) 沉箱基础

当深水中桥墩墩址有透水性很强的覆盖层或岩面裸露无法排水、覆盖层内存在有遗留的外来障碍物、覆盖层含有胶结的大小卵石或漂石以及基底岩面十分不平等情况，此时，如采用沉井将造成排水下沉或水下出土清基困难，气压沉箱基础就成为可以考虑的一种改进方案。

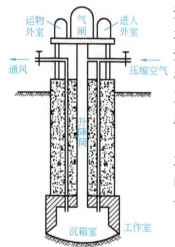

沉箱是一个无底的空箱，其平面尺寸与基础底面尺寸相同。在水下施工时，把压缩空气通入沉箱室内将水挤出，使施工人员在沉箱室内无水的条件下挖土，并通过升降筒和气闸把弃土外运。在沉箱自重和上部砌体重力的共同作用下，沉箱逐步下沉。沉至设计位置后，用混凝土封底、填充，即成为沉箱基础，如图7-6所示。

由于沉箱作业条件差，对人员健康有害，且工效低、费用大，加上人体不能承受过大气压，沉箱入水深度一般控制在35m以内，使基础埋深受到限制。因此，沉箱基础除遇到特殊情况外，一般较少采用。

图7-6 沉箱基础

(六) 组合基础

当地形、地质条件特殊时，可将上述某两种基础组合在一起使用。如当持力层很深时，可将沉箱沉到事先打好的桩上，如图7-7a) 所示，或在沉井下设管柱，如图7-7b) 所示。当桥台位于陡峭岩壁处，可在桥台前部采用桩基，后部则直接将基础置于岩层上，称为局部桩基础或半边桩基础。

二、基础类型的选择

基础类型的选择，应考虑地质、水文、施工、建筑材料、上部结构荷载、地形和邻近既有建筑物等条件，经全面深入地研究、分析和比较后确定。

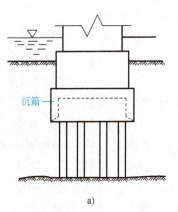
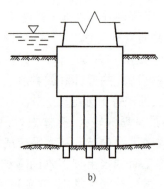

图 7-7 组合基础

基础是置于地基持力层上并将荷载传到持力层及下卧层的结构物,地质条件对基础类型的选择有决定性的影响。因此,设计前必须尽可能准确地查明桥址处的地质情况,如各层地基土的物理力学性质及其容许承载力、土的透水性和基层岩面的倾斜情况等。

基础施工时是否有水和水量的大小、水位的高低和流速的大小;河流是否通航以及河床冲刷和河床变化等情况,对基础类型的选择有重大影响,设计前应详加考虑。《铁路桥涵地基和基础设计规范》(TB 10093—2017)规定,新建或改建位于河道非岩石地基上的桥跨不应采用明挖基础。

实践经验表明,施工单位的人力和技术情况、机具设备和施工期限等,都与基础类型的选择有很大的关系。因此,设计前应对这些情况调查清楚。

其他如材料供应、上部结构的类型及其对不均匀沉降的敏感度、荷载大小、地形陡缓以及邻近既有建筑物的情况等,对基础类型的选择都有一定的影响,设计时均应予以考虑。

具体确定基础类型时,应根据每座桥的实际情况,结合考虑上述各种因素予以确定。一般的选择原则是:在保证基础的强度、稳定性和耐久性的基础上,先考虑明挖基础,然后考虑桩基础或沉井基础,最后才考虑管柱基础。沉箱基础和组合基础只有在很特殊的情况下才采用。如果情况比较复杂,还应拟定两个及以上的基础类型方案,经全面综合比较后确定。

任务二 基础埋置深度的确定

基础的埋置深度是指基础底面至天然地面(无冲刷时)或局部冲刷线(有冲刷时)的距离,如图 7-8 所示。

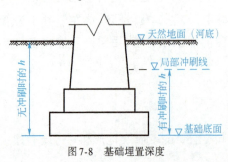

图 7-8 基础埋置深度

埋置深度的确定是基础设计的关键问题,它对基础类型的选择、结构物建成后是否稳固、施工方法和施工期限的确定都有很大影响。确定基础的埋置深度主要从两方面考虑:

(1) 基础应埋得足够深,使地基中的持力层不受外界破坏影响,如避免外界湿度、温度和动植物对持力层的扰动,冻胀、冲刷对它的破坏等,因此,基础应有一个最小埋深。

（2）在最小埋深以下的各地层中，找一个埋深较浅、压缩性较小而容许承载力又足够大的地层作为持力层。

在地基分层较复杂时，可作为持力层的地层可能不止一个，这就要根据经济、技术条件、上部结构形式、邻近建筑物的影响等因素综合比较，选出一个最佳方案。在具体确定基础的埋置深度时，应考虑以下各项要求。

 保证持力层稳定的最小埋深

基础底面不能置于松软的填土和表层土上。为了保证地基基础的强度和稳定性，《铁路桥涵地基和基础设计规范》（TB 10093—2017）规定，墩台明挖基础和沉（挖）井基础的基底，在无冲刷处或设有铺砌防冲刷时，不应小于地面以下2m。

 地基的地质条件

地基的地质条件是影响基础埋置深度的最重要因素。在非岩石地基中，埋置深度可根据荷载的大小和地基容许承载力确定。如前所述，当可作为持力层的地层不止一个时，应拟定两个及以上方案经综合比较后确定。在岩石地基中，基础可直接置于岩石上，但应尽可能将岩石上的风化层清除；如风化层很厚难以全部清除时，基底也可置于风化层内，但确定地基容许承载力时，必须考虑岩石的风化程度。

三 水流对河床的冲刷

在有水流的河床上修建墩台，必须考虑洪水对河床的冲刷作用。建桥以后，桥下的过水断面积一般会比建桥前减小，为排泄同样大小的流量，桥下水流速度势必增大，致使桥下产生冲刷。这种由于建桥而引起的在桥下河床全宽范围内的普遍冲刷，称为桥下一般冲刷。由于桥墩阻水而引起的水流冲刷和涡流作用，在桥墩周围形成的河床局部变形，称为局部冲刷。为防止墩台基底下的土层被水流冲刷淘空致使墩台倒塌，《铁路桥涵地基和基础设计规范》（TB 10093—2017）规定，有冲刷处的墩台明挖基础和沉（挖）井基础的底面，应在墩台附近的最大冲刷（一般冲刷和局部冲刷之和）线以下不小于下列安全值：对于一般桥梁，安全值为2m加冲刷总深度的10%，对于技术复杂、修复困难或重要的特大桥，这类桥梁如因基础埋深不够，一旦遭到破坏，损失较大，修复困难，影响面广。因此，在设计频率流量时基础的最小埋深应较一般桥梁增加1m。安全值为3m加冲刷总深度的10%。如表7-1所示。

基底埋置深度安全值　　　　　　　表7-1

安全值 (m)	冲刷总深度(m)		0	5	10	15	20
	一般桥梁		2.0	2.5	3.0	3.5	4.0
	技术复杂、修复困难或重要的特大桥	设计流量	3.0	3.5	4.0	4.5	5.0
		检算流量	1.5	1.8	2.0	2.3	2.5

对于不易冲刷磨损的岩石，墩台基础应嵌入基本岩层不小于0.25~0.5m（视岩层抗冲性能而定）。嵌入风化、破碎、易冲刷磨损岩层应按未嵌入岩层计。

四 冻害的影响

地面以下一定深度内的土层,其温度是随气温的变化而变化的。冬季冰冻时,这层土会冻结,有些土在冻结后还会使地面隆起(冻胀),在解冻时,如果地基土是非均匀的且解冻的时间和程度又不一致,地基将发生不均匀沉降,导致建筑物倾斜甚至断裂。为避免这些危害,《铁路桥涵地基和基础设计规范》(TB 10093—2017)规定,除不冻胀土外,对于冻胀、强冻胀土基底埋置深度应在冻结线以下不小于 0.25m;对于弱冻胀土,埋置深度应不小于冻结深度。多年冻土季节融化土层的冻胀性分级标准见表 7-2。

多年冻土季节融化土层的冻胀性分级划分　　　　表 7-2

土 的 类 别	冻前天然含水率 $w(\%)$	冻结期间地下水位距冻结面的最小距离 $h_w(\mathrm{m})$	平均冻胀率 $\eta(\%)$	冻胀等级及类别
粉黏粒质量≤15%的粗颗粒土,粉黏粒质量≤10%的细砂	不考虑	不考虑	$\eta \leq 1$	Ⅰ级不冻胀
粉黏粒含量>15%碎石、砂类土,粉黏粒质量>10%的细砂	$w \leq 12$	>1.0		
粉砂	$12 < w \leq 14$	>1.0		
粉土	$w \leq 19$	>1.5		
黏性土	$w \leq w_p + 2$	>2.0		
粉黏粒含量>15%碎石、砂类土,粉黏粒质量>10%的细砂	$w \leq 12$	≤1.0	$1 < \eta \leq 3.5$	Ⅱ级弱冻胀
	$12 < w \leq 18$	>1.0		
粉砂	$w \leq 14$	≤1.0		
	$14 < w \leq 19$	>1.0		
粉土	$w \leq 19$	≤1.5		
	$19 < w \leq 22$	>1.5		
黏性土	$w \leq w_p + 2$	≤2.0		
	$w_p + 2 < w \leq w_p + 5$	>2.0		
粉黏粒质量≤15%的粗颗粒土,粉黏粒质量≤10%的细砂	$12 < w \leq 18$	≤1.0	$3.5 < \eta \leq 6$	Ⅲ级冻胀
	$w > 18$	>0.5		
粉砂	$14 < w \leq 19$	≤1.0		
	$19 < w \leq 23$	>1.0		
粉土	$19 < w \leq 22$	≤1.5		
	$22 < w \leq 26$	>1.5		
黏性土	$w_p + 2 < w \leq w_p + 5$	≤2.0		
	$w_p + 5 < w \leq w_p + 9$	>2.0		

续上表

土的类别	冻前天然含水率 $w(\%)$	冻结期间地下水位距冻结面的最小距离 $h_w(m)$	平均冻胀率 $\eta(\%)$	冻胀等级及类别
粉黏粒质量 >15% 的粗颗粒土,粉黏粒质量 >10% 的细砂	$w>18$	≤ 0.5	$6<\eta\leq 12$	Ⅳ级强冻胀
粉砂	$19<w\leq 23$	≤ 1.0		
粉土	$22<w\leq 26$	≤ 1.5		
粉土	$26<w\leq 30$	>1.5		
黏性土	$w_p+5<w\leq w_p+9$	≤ 2.0		
黏性土	$w_p+9<w\leq w_p+15$	>2.0		
粉砂	$w>23$	不考虑	$\eta>12$	Ⅴ级特强冻胀
粉土	$26<w\leq 30$	≤ 1.5		
粉土	$w>30$	不考虑		
黏性土	$w_p+9<w\leq w_p+15$	≤ 2.0		
黏性土	$w>w_p+15$	不考虑		

注:1. η 为地表冻胀量与冻层厚度减地表冻胀量之比。
  2. w_p 为塑限含水率。
  3. 盐渍化冻土不在表列。
  4. 塑性指数 w_p 大于 22 时,冻胀性降低一级。
  5. 碎石类土当填充物大于全部质量的 40% 时,其冻胀性按填充物的类别确定。
  6. 粗颗粒土指中砂、粗砂、砾砂和碎石类土,粉黏粒指粒径小于 0.075mm 的颗粒。

土的标准冻结深度,指地表无积雪或草皮覆盖时,多年实测最大冻结深度的平均值。我国北方各地的冻结深度可参考《建筑地基基础设计规范》(GB 50007—2011)中的标准冻深线图并结合实地调查结果确定。

涵洞基础除设置在不冻胀地基土上者外,出入口和自两端洞口向内各 2m 范围内的涵身基底埋深,对于冻胀土、强冻胀土和特强冻胀土应在冻结线以下 0.25m,对于弱冻胀土应不小于冻结深度。涵洞中间部分的基底埋深可根据地区经验确定。严寒地区,当涵洞中间部分的埋深与洞口埋深相差较大时,其连接处应设过渡段。冻结较深的地区,也可将基底至冻结线以下 0.25m 处的地基土换填为粗颗粒土(包括碎石类土、砾砂、粗砂和中砂,但其中粉黏粒含量应小于或等于 15%,或粒径小于 0.1mm 的颗粒含量小于或等于 25%)。

当铁路桥梁采用桩基础时,《铁路桥涵地基和基础设计规范》(TB 10093—2017)规定:承台底面如在土中,应位于冻结线以下不小于 0.25m,(不冻胀土不受此限)承台底面如在水中,应位于最低冰层底面以下不小于 0.25m。

任务三 铁路桥涵基础上的荷载计算与组合

在设计基础之前,须确定作用在桥涵基础上的荷载。荷载可分为主力、附加力和特殊荷载三类。桥涵所受荷载如表 7-3 所示,设计时应根据可能出现的最不利荷载组合进行计算。

桥涵荷载 表 7-3

荷载分类		荷载名称	荷载分类	荷载名称
主力	恒载	结构构件及附属设备自重 预加力 混凝土收缩和徐变的影响 土压力 基础变位的影响 静水压力及水浮力	附加力	制动力或牵引力 支座摩擦阻力 风力 流水压力 冰压力 温度变化的作用 冻胀力 波浪力
	活载	列车竖向静活载 公路(城市道路)活载 列车竖向动力作用 离心力 横向摇摆 活载土压力 人行道人行荷载 气动力	特殊荷载	列车脱轨荷载 船只或排筏的撞击力 汽车撞击力 施工临时荷载 地震力 长钢轨纵向作用力(伸缩力、挠曲力和断轨力)

注：1. 如杆件的主要用途为承受某种附加力，则在计算此杆件时，该附加力应按主力考虑。
 2. 流水压力不与冰压力组合，两者也不与制动力或牵引力组合。
 3. 船只或排筏的撞击力、汽车撞击力，只计算其中的一种荷载与主力相组合，不与其他附加力组合。
 4. 列车脱轨荷载只与主力中恒载组合，不与主力中活载和其他附加力组合。
 5. 地震力与其他荷载的组合应符合《铁路工程抗震设计规范》(GB 50111—2006)的相关规定。
 6. 无缝线路纵向作用力不参与常规组合，其与其他荷载的组合按《铁路桥涵设计规范》(TB 10002—2017)的相关规定执行。

 主力

主力为经常作用的荷载，包括恒载和活载两部分。

(一) 恒载

恒载主要包括：

1. 结构自重

结构自重包括由支座传来的桥跨结构自重、墩台身自重、基础及基顶上覆土自重等。桥梁结构常用材料重度如表 7-4 所示。

桥梁结构一般常用材料重度表 表 7-4

材料名称	材料重度(kN/m^3)
钢、铸钢	78.5
铸铁	72.5
钢筋混凝土或预应力混凝土(配筋率在3%以内)	25.0~26.0
混凝土和片石混凝土	24.0
浆砌块石或料石	24.0~25.0
浆砌片石	23.0
干砌块石或片石	21.0

注：钢筋混凝土中配筋率大于3%时，其重度为单位体积中混凝土(扣除所含钢筋体积)自重加钢筋自重。

验算基底应力和偏心时,一般按常水位(包括地表水或地下水)考虑,计算基础台阶顶面至一般冲刷线的土重;验算稳定时,应按设计洪水频率水位(即高水位)考虑,计算基础台阶顶面至局部冲刷线的土重。

2. 静水压力及水浮力

在河中的墩台,当基底下的持力层为透水性土时,则基础要承受向上的水浮力,水浮力大小可由结构浸水部分体积求出。《铁路桥涵设计规范》(TB 10002—2017)关于水浮力的考虑规定如下:位于碎石土、砂土、粉土等透水地基上的墩台,当检算稳定时应考虑设计频率水位的浮力;计算基底压力或偏心时则考虑常水位(包括地表水或地下水)的浮力。验算墩、台身截面或验算位于黏土上的基础,以及验算岩石上(破碎、裂隙严重者除外)的基础且基础混凝土与岩石接触良好时,均不考虑水浮力。位于粉质黏土和其他地基上的墩台,不能肯定持力层是否透水时,应分别按透水和不透水两种情况验算,取其不利者。

3. 土压力

桥台承受台后填土土压力、锥体填土土压力及台后滑动土楔(也称破坏棱体)上活载所引起的土压力(简称活载土压力)。土压力计算公式见《铁路桥涵设计规范》(TB 10002—2017)附录 A。

(二)活载

列车活载虽然不是时刻作用于桥梁结构,但通过车辆是建造桥梁的目的,故活载与恒载一样,并列为主要荷载。

1. 列车活载图式

列车荷载图式是铁路列车对线路基础设施静态作用的概化表达形式。列车荷载图式根据线路类型按表 7-5 选用;当选用的图式与线路类型不一致时,应研究确定图式配套的参数体系。

铁路列车荷载图式 表 7-5

线路类型	图式名称	荷载图式	
		普通荷载	特种荷载
高速铁路	ZK	64(kN/m) 任意长度 / 200 200 200 200(kN) 0.8m 1.6m 0.8m / 1.6m 1.6m / 64(kN/m) 任意长度	250 250 250 250(kN) 1.6m 1.6m 1.6m
城际铁路	ZC	48(kN/m) 任意长度 / 150 150 150 150(kN) 0.8m 1.6m 0.8m / 1.6m 1.6m / 48(kN/m) 任意长度	190 190 190 190(kN) 1.6m 1.6m 1.6m

续上表

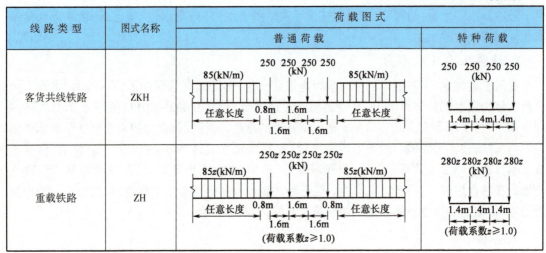

高速铁路是新建设计开行 250km/h(含预留)及以上动车组列车,初期运营速度不小于 200km/h 的客运专线铁路。城际铁路是专门服务于相邻城市间或城市群,设计速度 200km/h 及以下的快速、便捷、高密度客运专线铁路。客货共线铁路是旅客列车与货物列车共线运营、设计速度 200k/h 及以下的铁路。重载铁路指满足列车牵引重量 8000t 及以上,轴重为 27t 及以上、在至少 150km 线路区段上年运量大于 4000 万 t 三项条件中两项的铁路。

客货共线铁路货运特征达到重载铁路标准时,应选用 ZH 荷载图式。

设计轴重 30~35t(不含)、货车载重 100t 级的重载铁路,荷载系数 z 取 1.30;其他重载铁路荷载系数宜根据列车荷载发展系数平均值不低于 1.20、最小值不低于 1.10 的原则确定。

设计中采用空车检算桥梁时,可按 10kN/m 的均布荷载加载。

设计加载时,列车荷载图式可任意截取。

桥涵结构计算应考虑列车竖向活载动力作用,可按列车竖向静活载乘以动力系数 $(1+\mu)$ 确定。不同桥跨结构的动力系数计算见《铁路桥涵设计规范》(TB 10002—2017)。实体墩台、基础计算可不考虑动力作用。

2. 离心力

列车在曲线上行驶时,要产生离心力。离心力是一个指向曲线外侧的横向水平力。离心力按下列公式计算:

$$F = \frac{v^2}{127R}(f \times W) \tag{7-1}$$

式中:F——离心力(kN);
W——列车荷载图式中的集中荷载或分布荷载(kN 或 kN/m);
v——设计速度(km/h);
R——曲线半径(m);
f——竖向活载折减系数,按照式(7-2)计算:

$$f = 1.00 - \frac{v-120}{1000}\left(\frac{814}{v}+1.75\right)\left(1-\sqrt{\frac{2.88}{L}}\right) \tag{7-2}$$

式中:L——桥上曲线部分荷载长度(m)。当 $L \leq 2.88$m 或 $v \leq 120$km/h 时,f 值取 1.0;当 $L > 150$m 时,取 $L = 150$m 计算 f 值。

当 f 计算值大于 1.0 时，f 取 1.0；当设计速度大于 250km/h 时，f 按设计速度等于 250km/h 计算；城际铁路、重载铁路的 f 值取 1.0。

当计算速度大于 120km/h 时，离心力和竖向活载组合时，应考虑以下三种情况：
(1) 不折减的列车竖向活载和按 120km/h 速度计算的离心力($f=1.0$)；
(2) 折减的列车竖向活载和按设计速度计算的离心力($f<1.0$)；
(3) 曲线桥梁还应考虑没有离心力时列车活载作用的情况。

客货共线铁路离心力作用高度应按水平向外作用于轨顶以上 2.0m 处计算，高速铁路、城际铁路离心力作用高度应按水平向外作用于轨顶以上 1.8m 处计算。重载铁路离心力作用高度应按水平向外作用于轨顶以上 2.4m 处计算。

3. 列车横向摇摆力

列车横向摇摆力作为一个集中荷载取最不利位置，以水平方向垂直线路中心线作用于钢轨顶面。横向摇摆力按表 7-6 取值并应符合系列规定。

横向摇摆力计算取值表（kN）　　　　表 7-6

设计标准	重载铁路	客货共线铁路	高速铁路	城际铁路
摇摆力	100z	100	80	60

注：重载铁路列车横向摇摆力折减系数 z 的取值与重载铁路荷载系数一致。

多线桥可仅计算任一线上的横向摇摆力。客货共线铁路、重载铁路空车时应考虑横向摇摆力。

 附加力

附加力是指非经常性作用的荷载，多为水平向，有如下几种：

（一）制动力或牵引力

制动力或牵引力应按计算长度内列车竖向静活载的 10% 计算；但当与离心力或列车竖向动力作用同时计算时，制动力或牵引力应按计算长度内列车竖向静活载 7% 计算。双线桥梁按一线的制动力或牵引力计算；三线或三线以上的桥梁按双线的制动力或牵引力计算。重载铁路制动力或牵引力作用在轨顶以上 2.4m 处，其他标准铁路的制动力或牵引力均作用在轨顶以上 2m 处。当计算桥梁墩台时移至支座中心处，计算台顶以及刚构桥、拱桥时制动力或牵引力时移至轨底，均不计移动作用点所产生的竖向力或力矩。

采用特种活载时，不计制动力或牵引力。

简支梁传到墩台上的纵向水平力数值应按下列规定计算：
(1) 固定支座为全孔制动力或牵引力的 100%。
(2) 滑动支座为全孔制动力或牵引力的 50%。
(3) 滚动支座为全孔制动力或牵引力的 25%。

在一个桥墩上安设固定支座及活动支座时，应按上述数值相加，但对于不等跨梁，则不应大于其中较大跨的固定支座的纵向水平力，对于等跨梁，不应大于其中一跨的固定支座的纵向水平力。

(二) 风力

作用于桥梁上的风力等于风荷载强度 $W(\text{Pa})$ 乘以受风面积。风荷载强度及受风面积应按下列规定计算：

(1) 作用在桥梁上的风荷载强度 $W(\text{Pa})$ 按下式计算：

$$W = K_1 K_2 K_3 W_0 \tag{7-3}$$

式中：W——风荷载强度(Pa)；

W_0——基本风压值(Pa)，$W_0 = v^2/1.6$，系按平坦空旷地面，离地面20m高，频率1/100的10min平均最大风速 $v(\text{m/s})$ 计算确定，一般情况下 W_0 可按《铁路桥涵设计规范》(TB 10002—2017)附录C"全国基本风压分布图"，并通过实地调查核实后采用；

K_1——风载体形系数，桥墩见表7-7，其他构件为1.3；

K_2——风压高度变化系数，见表7-8，风压随离地面或常水位的高度而异，除特别高墩个别计算外，为简化计算，全桥均取轨顶高度处的风压值；

K_3——地形、地理条件系数，见表7-9。

桥墩风载体形系数 K_1　　　　　　　表7-7

截面图示	截面形状	长宽比值	体形系数
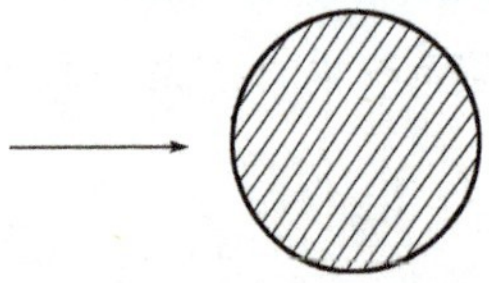	圆形截面		0.8
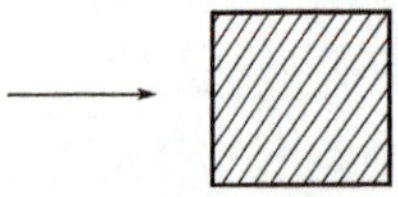	与风向平行的正方形截面		1.4
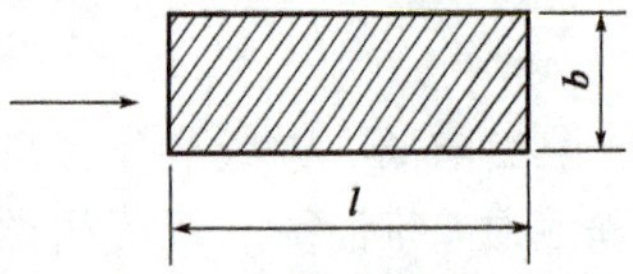	短边迎风的矩形截面	$l/b \leq 1.5$	1.2
		$l/b > 1.5$	0.9
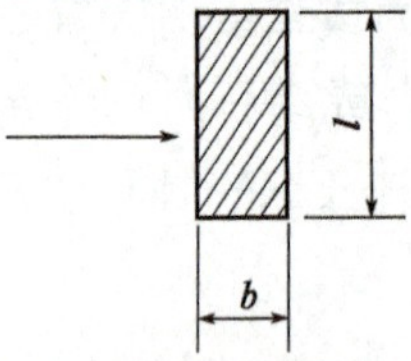	长边迎风的矩形截面	$l/b \leq 1.5$	1.4
		$l/b > 1.5$	1.3
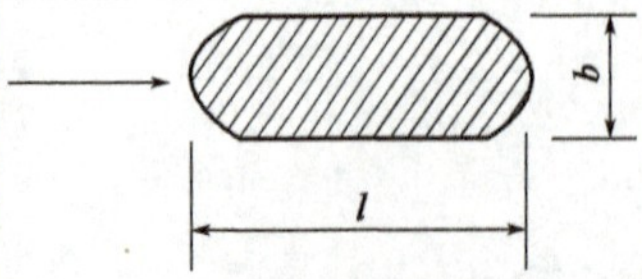	短边迎风的圆端形截面	$l/b \geq 1.5$	0.3
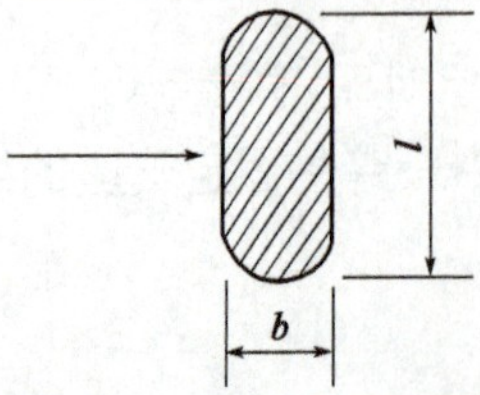	长边迎风的圆端形截面	$l/b \leq 1.5$	0.8
		$l/b > 1.5$	1.1

风压高度变化系数 K_2　　　　　　　　　　　　　　　表 7-8

离地面或常水位高度(m)	≤20	30	40	50	60	70	80	90	100
K_2	1.00	1.13	1.22	1.30	1.37	1.42	1.47	1.52	1.56

地形、地理条件系数 K_3　　　　　　　　　　　　　　　表 7-9

地形、地理情况	K_3
一般平坦空旷地区	1.0
城市、林区盆地和有障碍物挡风时	0.85 ~ 0.90
山岭、峡谷、垭口、风口区、湖面和水库	1.15 ~ 1.30
特殊风口区	按实际调查或观测资料计算

(2)桥上有车时,风荷载强度采用 $0.8W$,并不大于 1250Pa;桥上无车时按 W 计算。

(3)作用在桥梁上的风力等于风荷载强度 W 乘以受风面积。

横向风力的受风面积应按结构理论轮廓面积乘以表 7-10 所列系数。

横向受风面积系数表　　　　　　　　　　　　　　　表 7-10

受风面积	系　　数
钢桁梁及钢塔架	0.4
钢拱两弦间的面积	0.5
桁拱下弦与系杆间的面积或上弦与桥面系间的面积	0.2
整片的桥跨结构	1.0

列车横向受风面积按 3m 高的长方带计算,其作用点在轨顶以上 2m 高度处。

纵向风力与横向风力计算方法相同。对于列车、桥面系和各类上承梁,其所受的纵向风力不予计算;对于下承桁梁和塔架,应按其所受横向风荷载强度的 40% 计算。

标准设计的风荷载强度,有车时 $W = K_1 K_2 \times 800$,并不大于 1250Pa;无车时 $W = K_1 K_2 \times 1400$。

(三) 流水压力

作用于桥墩上的流水压力可按下式计算:

$$P = KA\frac{\gamma}{2g_n}v^2 \tag{7-4}$$

式中:P——流水压力(kN);

　　　A——桥墩阻水面积(m^2),通常计算至一般冲刷线处;

　　　γ——水的重度,一般采用 $10kN/m^3$;

　　　g_n——标准自由落体加速度(m/s^2);

　　　v——计算时采用的流速(m/s),验算稳定性时采用设计频率水位的流速,计算基底应力或基底偏心时采用常水位的流速;

　　　K——桥墩形状系数,见表 7-11。

桥墩形状系数表 K   表 7-11

截面形状	方形	长边与水流平行之矩形	圆形	尖端形	圆端形
K	1.47	1.33	0.73	0.67	0.60

流水压力的分布假定为倒三角形,其合力的着力点位于水位线以下 1/3 水深处。

(四) 冰压力

位于有冰的河流和水库中的桥墩台,应根据当地冰的具体条件及墩台的结构形式,考虑河流流冰产生的动压力、风和水流作用于大面积冰层产生的静压力等冰荷载的作用。

(五) 温度变化的作用

在拱桥、刚构桥和连续梁桥等结构中,由于温度变化时变形受到约束,对结构的外力或内力产生影响,设计时必须考虑均匀温差和日照温差引起的变化和应力。但对于涵洞,一般孔径较小,又埋在路堤中,温度变化的影响不大,故可以略去不计。

(六) 冻胀力

严寒地区桥梁基础位于冻胀、强冻胀土中时,将受到切向冻胀力的作用,其计算及验算见《铁路桥涵地基和基础设计规范》(TB 10093—2017) 附录 G。

三、特殊荷载

特殊荷载指某些出现概率极小的荷载,如船只或排筏撞击力、地震作用以及仅在某一段时间才出现的荷载,如施工临时荷载。

施工临时荷载是指结构物在就地建造或安装时,考虑作用在其上的荷载,包括自重、人群、架桥机、风载、吊机或其他机具的荷载以及拱桥建造过程中承受的单侧推力等。在构件制造、运送、装吊时亦应考虑作用于构件上的临时荷载。计算施工荷载时,可视具体情况分别采用各自有关的安全系数。

以上各种荷载并不同时全部作用在结构物上,对结构物的强度、刚度或稳定性的影响也不相同。在桥梁设计中,应对每一项要求选取导致结构物出现最不利情况的荷载进行验算,称之为最不利荷载组合。例如验算桥墩基底要求的承载力时,应选取导致桥墩基底产生最大应力的各项荷载组合进行计算;当验算基底稳定性时,则应选取导致桥墩承受最大水平力而竖向力为最小的各项荷载组合。不同要求的最不利荷载组合一般不能直接判断出来,须选取可能出现的不同荷载组合通过计算确定。在进行荷载组合时应注意如下原则:

(1) 只考虑主力 + 附加力或主力 + 特殊荷载。不考虑主力加附加力加特殊力这种组合方式,因为它们同时出现的概率是非常小的。

(2) 主力与附加力组合时,只考虑主力与一个方向(顺桥向或横桥向)的附加力相组合。

(3) 列车脱轨荷载只与主力中恒载组合,不与主力中活载和其他附加力。

(4) 对某一验算项目应选取相应的最不利荷载组合。最不利荷载组合可依该验算项目的验算公式做分析和选取,即应是对该验算能否通过最具威胁者。

任务四　明挖基础设计

置于天然土层上的基础,根据基础埋置深度的不同,可分为浅基础和深基础两种类型。一般说来,当基底在地面或冲刷线以下不超过5m,且能采用简单的施工方法时(如明挖基坑砌筑基础)属浅基础;当基底埋深较大,且又需要采用其他较复杂的方法施工时,属深基础(如桩基础、沉井基础等)。

明挖法施工的浅基础,称为明挖基础。因其平面尺寸自上而下逐级扩大,呈台阶形,以适应地基承载力的要求,故明挖基础又称为扩大基础。桥梁墩台的扩大基础常采用片石和混凝土等刚性材料砌筑,又称为刚性扩大基础,如图7-9所示。片石或混凝土的抗拉强度很低,因此墩台身底部扩出的悬臂长度不能过大,否则会因弯矩产生的拉应力而断裂。

在扩大基础内配置足够数量的钢筋来承受由弯矩产生的拉应力,使基础在受弯时不致破坏,这种基础不受刚性角的限制,基础剖面可以做成扁平形状,从而用较小的基础高度把上部荷载传到较大的基础底面上,以满足地基承载力的要求。这种基础称为钢筋混凝土扩展基础,如图7-10所示。

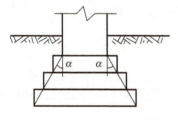

图7-9　刚性扩大基础

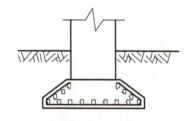

图7-10　柔性基础

一、明挖基础的构造形式

(一)基底平面的形状

明挖基础底面的形状一般宜和桥梁墩台身的形状相配合。如矩形和圆端形墩采用矩形基础,圆形墩用圆形或八角形基础。其他较为复杂的墩台,为便于施工,也常采用矩形基础。

(二)基底平面尺寸确定

由于地基强度通常总比墩台基础材料的强度低得多,因此基础底面的尺寸需要扩大,以使基底产生的最大压应力不超过持力层的容许承载力。但由于构成刚性基础的材料抗压强度高而抗拉强度低,墩台底部边缘扩出的悬臂部分长度不能过大。为此,需将悬出部分长度限制在一定范围内。通常可用限制各台阶正交方向的坡线与竖直线所成夹角 α(称为刚性角)值予以控制,如图7-11所示。

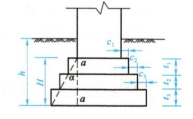
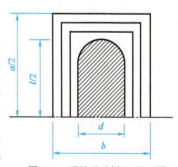

图7-11　明挖基础剖面、平面图

根据《铁路桥涵地基和基础设计规范》(TB 10093—2017),混凝土明挖基础襟边尺寸的构造应符合下列规定:

(1)单向受力明挖基础(不包括单向受力圆端形桥墩采用矩形的基础)各层台阶正交方向(顺桥轴方向和横桥轴方向)的坡线与竖直线所成的夹角不应大于45°。

(2)双向受力矩形墩台的各种形状基础以及单向和双向受力的圆端形、圆形桥墩采用矩形基础时,其最上一层基础台阶两正交方向的坡线与竖直线所成夹角,对于混凝土基础不应大于35°;同时需要调整最上一层台阶两正交方向的襟边宽度时,其斜角处的坡线与竖直线所成的夹角,不得大于上述两正交方向为35°夹角时斜角处的坡线与竖直线所成的夹角;其下各层台阶正交方向的夹角不应大于45°,否则应予切角。

上述规定实际上限制了基础底面的最大尺寸,基础底面长、宽尺寸与基础厚度有如下关系式:

$$\left.\begin{array}{l}长度(横桥向) \quad a = l + 2H\tan\alpha \\ 宽度(顺桥向) \quad b = d + 2H\tan\alpha\end{array}\right\} \tag{7-5}$$

式中:l——墩台身底截面长度(m);
d——墩台身底截面宽度(m);
H——基础厚度(m);
α——墩台身底截面边缘至基础边缘连线与铅垂线间的夹角(°)。

(三)襟边宽度

基础顶面外缘与墩台身底部边缘的距离称为襟边。其作用:一是扩大基底面积增加基础承载力;二是便于调整基础施工时在平面尺寸上可能发生的偏差;三是满足支立墩台身模板的需要。通常,桥梁墩台基础采用的襟边最小宽度为0.2m。

(四)基础台阶高度

当基础的高度较大时,在保证刚性角和最小襟边尺寸的前提下,可将基础做成台阶状,为方便施工和节约圬工,多采用厚1m的逐层扩大的登高台阶。浅基础的埋置深度通常不超过5m,故台阶数可采用1~5层。

明挖基础顶面不宜高出最低水位。地面高于最低水位且不受冲刷时,地基顶面不宜高出地面。

二、明挖基础的设计验算

明挖基础的设计,通常都是根据构造要求和过去的设计经验先拟定基础几何尺寸,然后按照最不利荷载组合的基底合力进行地基承载力、基底合力偏心距、基础稳定性进行验算,必要时还要进行地基稳定性和地基沉降量的验算。而刚性基础本身的强度,只要满足刚性角的要求即可得到保证,不必另行验算。通过验算如不能满足要求,则应修改尺寸再进行验算,直至满足要求为止。

(一)地基强度验算

1.持力层强度验算

持力层是直接与基底相接触的土层,持力层强度验算要求最不利荷载组合在基底产生的地基应力不超过持力层的地基容许承载力。在实践中常采用简化方法，即按材料力学偏心受压公式进行计算。由于浅基础埋置深度浅，在计算中，可不计基础四周土的摩阻力和弹性抗力的作用。

桥梁在直线上，其计算公式为：

$$\left.\begin{array}{c}\sigma_{\min}\\ \sigma_{\max}\end{array}\right\} = \frac{\sum P}{A} \pm \frac{\sum M_x}{W_x} \leq [\sigma] \qquad (7\text{-}6)$$

式中：$\sum P$——基底竖向合力(kN)；
　　　A——基底面积(m^2)；
　　　M_x——基底纵向(顺桥轴线 y 方向)合力矩(kN·m)；
　　　W_x——基底对 x 轴之截面模量(m^3)；
　　　$[\sigma]$——地基容许承载力(kPa)。

桥梁在曲线上，在验算持力层强度时，除了基底纵向合力矩 M_x 外，尚有离心力所产生的横向力矩 M_y 对基底应力的影响，其计算公式为：

$$\left.\begin{array}{c}\sigma_{\min}\\ \sigma_{\max}\end{array}\right\} = \frac{\sum P}{A} \pm \frac{\sum M_x}{W_x} \pm \frac{\sum M_y}{W_y} \leq [\sigma] \qquad (7\text{-}7)$$

式中：M_y——基底横向(横桥轴线 y 方向)合力矩(kN·m)；
　　　W_y——基底对 y 轴之截面模量(m^3)。

按以上公式计算，当 $\sigma_{\min} < 0$ 时，说明基底出现拉应力。若持力层为非岩石地基，实际上是不会产生拉应力的；若持力层为整体性较好的岩面，当出现拉应力时，由于《铁路桥涵地基和基础设计规范》(TB 10093—2017)规定不考虑基底承受拉应力，因此应考虑应力重分布，全部荷载仅由受压部分承担。按应力重分布计算的基底最大压应力 $\sigma'_{\max}$ 也必须满足地基承载力的要求，即 $\sigma'_{\max} \leq [\sigma]$。

2. 软弱下卧层强度验算

当受压层范围内地基土由多层土组成，且持力层以下有软弱下卧层时，还应验算软弱下卧层的承载力。验算时先计算软弱下卧层顶面(在基底形心轴下)处的总压应力(包括自重应力及附加应力)σ_{h+z}，要求 σ_{h+z} 不得大于软弱下卧层顶面处的地基承载力 $[\sigma]$，计算公式为式(2-25)，即

$$\sigma_{h+z} = \gamma_{h+z}(h + z) + \alpha(\sigma_h - \gamma h) \leq [\sigma]$$

(二)基底合力偏心验算

控制基底偏心距 e 的目的是使基底压应力的分布较均匀，减少地基土的不均匀下沉，从而避免基础发生过大的倾斜。根据《铁路桥涵地基和基础设计规范》(TB 10093—2017)墩台基底的合力偏心距限值应符合表 7-12 的规定。

(1)建于非岩石地基上的墩台基础，仅承受恒载时，合力作用点应接近基础底面的重心。

(2)建于非岩石地基(包括土状的风化岩层)上的桥墩与地基土基本承载力 $\sigma_0 > 200$kPa 的桥台基础，当承受主力加附加力时，$e \leq \rho$；当土的基本承载力 $\sigma_0 \leq 200$kPa 时，对桥台基础，$e \leq 0.8\rho$。

(3)建于岩石地基上的墩台基础，当承受主力加附加力时，对于节理不发育、较发育和节理发育的硬质岩，$e \leq 1.5\rho$；对于其他岩石地基，$e \leq 1.2\rho$。

合力偏心距 e 的限值规定　　　　　　表 7-12

地基及荷载情况			e 的限值
仅承受恒载作用	非岩石地基	合力的作用点应接近基础底面的重心	
①主力+附加力 ②主力+附加力+长钢轨伸缩力(或挠曲力)	非岩石地基上的桥台，(包括土状的风化岩层)	桥墩与土的基本承载力 $\sigma_0 > 200\text{kPa}$ 的桥台	1.0ρ
		土的基本承载力 $\sigma_0 \leq 200\text{kPa}$ 的桥台	0.8ρ
	岩石地基	硬质岩	1.5ρ
		其他岩石	1.2ρ
主力+长钢轨伸缩或挠曲力(桥上无车)	非岩石地基	土的基本承载力 $\sigma_0 > 200\text{kPa}$	0.8ρ
		土的基本承载力 $\sigma_0 \leq 200\text{kPa}$	0.6ρ
	岩石地基	硬质岩	1.25ρ
		其他岩石	1.0ρ
主力+特殊荷载(地震力除外)	非岩石地基	土的基本承载力 $\sigma_0 > 200\text{kPa}$	1.2ρ
		土的基本承载力 $\sigma_0 \leq 200\text{kPa}$	1.0ρ
	岩石地基	硬质岩	2.0ρ
		其他岩石	1.5ρ

注：表中②指当长钢轨纵向力参与组合时，计入长钢轨纵向力的桥上线路应按无车考虑。

外力对基底截面重心的合力偏心距 e 的计算公式为：

$$e = \frac{\sum M}{\sum N} \leq [e] \tag{7-8}$$

式中：$\sum M$——所有外力对基底截面重心的合力矩(kN·m)；

$\sum N$——基底竖向合力(kN)；

$[e]$——基底容许偏心距(m)。

当外力作用点不在基底截面对称轴上，基底受斜向弯矩时，截面 ρ 值的计算较为烦琐，为省略计算 ρ 的工作，可先求出基底截面的最小应力 $\sigma_{\min}$，然后按下式直接求出 e/ρ 的比值。

$$\frac{e}{\rho} = 1 - \frac{\sigma_{\min}}{\frac{\sum N}{A}} \tag{7-9}$$

式中：$\sigma_{\min}$——不考虑应力重分布的基底最小应力。

其他符号意义同前，但要注意 $\sum N$ 和 $\sigma_{\min}$ 是在同一种荷载组合情况下求得的。

(三) 基础稳定性验算

基础稳定性验算的目的是保证墩台在最不利荷载组合作用下，不致绕基底外缘转动或沿基底面滑动。其验算内容包括倾覆稳定性验算和滑动稳定性验算两部分。

1. 倾覆稳定性验算

在最不利荷载组合下，墩台基础的倾覆稳定系数 K_0 的计算公式为：

$$K_0 = \frac{稳定力矩}{倾覆力矩} = \frac{y \cdot \sum N_i}{\sum N_i e_i + \sum N_i h_i} = \frac{y}{e} \tag{7-10}$$

式中：K_0——墩台基础的倾覆稳定系数；

N_i——各竖直力(kN)；

e_i——各竖直力 P_i 对验算截面重心的力臂(m);

T_i——各水平力(kN);

h_i——图 7-12 中各水平力 T_i 对验算截面的力臂(m);

y——在沿截面重心与合力作用点的连线上,自截面重心至验算倾覆轴的距离(m),如图 7-12 所示;

e——所有外力合力 R 的作用点至截面重心的距离(m)。

力矩 $N_i e_i$ 和 $T_i h_i$ 应视其绕截面重心的方向区别正负。

墩台基础的倾覆稳定系数不得小于 1.5,考虑施工荷载时不得小于 1.2。

理论和实践证明,基础倾覆稳定性与合力的偏心距有关。合力偏心距越大,则基础抗倾覆的安全储备越小,因此,在设计时,可以用限制合力偏心距 e 来保证基础的倾覆稳定性。

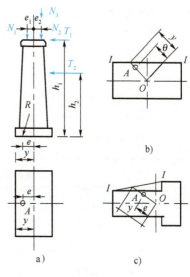

图 7-12 基础倾覆稳定验算

2. 滑动稳定性验算

在最不利荷载组合情况下,桥梁墩台基础的滑动稳定系数 K_c 的计算公式为:

$$K_c = \frac{f \cdot \sum N_i}{\sum T_i} \tag{7-11}$$

式中:f——基底与地基土间的摩擦系数。当缺少实际资料时,可采用表 7-13 数值。

基底摩擦系数 f 表 7-13

地基土	黏性土		粉土、坚硬的黏性土	砂类土	碎石类土	岩石	
	软塑	硬塑				软质	硬质
摩擦系数 f	0.25	0.3	0.3~0.4	0.4	0.5	0.4~0.6	0.6~0.7

墩台基础的滑动稳定系数不得小于 1.3,考虑施工荷载时不得小于 1.2。

(四) 地基沉降验算

修建在非岩石地基上的桥梁基础,都会发生一定程度的沉降,但这种沉降不得大到因墩台沉降问题而使桥头和桥上线路坡度的改变影响列车的正常运行。故要限制墩、台基础的沉降量。

墩台基础沉降应按恒载计算,现行各设计标准铁路沉降限值的确定主要是基于列车运营安全和舒适要求的不同。表 7-14、表 7-15 分别规定了有砟轨道、无砟轨道静定结构墩台基础的工后沉降限值。超静定结构相邻墩台沉降量之差除应满足表 7-14、表 7-15 的规定外,尚应根据沉降差对结构产生的附加力的影响确定。基础沉降计算值不含区域沉降。

位于路涵过渡段范围的涵洞涵身工后沉降限值应与相邻过渡段工后沉降限值一致,不在过渡段范围内的涵洞涵身工后沉降限值不应大于 100mm。

地基沉降计算的方法见项目四。

有砟轨道静定结构墩台基础工后沉降限值 表7-14

设计速度	沉降类型	限值(mm)
250km/h 及以上	墩台均匀沉降	30
	相邻墩台沉降差	15
200km/h	墩台均匀沉降	50
	相邻墩台沉降差	20
160km/h 及以下	墩台均匀沉降	80
	相邻墩台沉降差	40

无砟轨道静定结构墩台基础工后沉降限值 表7-15

设计速度	沉降类型	限值(mm)
250km/h 及以上	墩台均匀沉降	20
	相邻墩台沉降差	5
200km/h 及以下	墩台均匀沉降	20
	相邻墩台沉降差	10

【项目小结】

1. 基础的结构形式

铁路桥梁的基础可分为明挖基础、桩基础、管柱基础、沉井基础、沉箱基础和组合基础。

2. 基础类型的选择

应考虑地质、水文、施工、建筑材料、上部结构荷载、地形和邻近既有建筑物等条件,全面深入地研究、分析和比较后确定。

3. 基础埋置深度的确定

基础的埋置深度是指基础底面至天然地面(无冲刷时)或局部冲刷线(有冲刷时)的距离。确定基础的埋置深度要考虑《铁路桥涵地基和基础设计规范》(TB 10093—2017)规定的最小埋深、地基的地质条件、水流对河床的冲刷和冻害的影响等诸多因素。

4. 基础上的荷载

作用在桥涵基础上的荷载,可分为主力、附加力和特殊荷载三类。设计时应根据可能出现的最不利荷载组合进行计算。

主力包括恒载和活载。恒载主要包括结构自重、静水压力及水浮力、土压力、基础变位的影响;活载主要有列车竖向静活载、列车竖向动力作用、离心力、横向摇摆力、活载土压力、气动力等;附加力主要有列车制动力或牵引力、风力、流水压力、冰压力、温度变化的影响、冻胀力。特殊荷载指列车脱轨荷载、船只或排筏的撞击力、地震力、施工临时荷载、长钢轨纵向作用力等。

在进行荷载组合时应注意如下原则:

(1)只考虑主力加附加力或主力加特殊荷载。

(2)主力与附加力组合时,只考虑主力与一个方向(顺桥向或横桥向)的附加力相组合。

(3)列车脱轨荷载只与主力中恒载组合,不与主力中活载和其他附加力。

(4)对某一验算项目应选取相应的最不利荷载组合。

5. 明挖基础设计

明挖基础的设计包括两部分内容:

(1) 确定基础的平面形状和基底截面尺寸。

(2) 刚性扩大基础的验算,包括地基强度验算、基底合力偏心验算、基础稳定性验算、地基沉降验算。

【项目训练】

1. 确定墩台基础的埋置深度。
2. 进行明挖基础的地基强度验算。
3. 进行明挖基础基底合力偏心验算。
4. 进行明挖基础地基沉降验算。

【思考练习题】

7-1 什么是基础?常用的桥梁基础有哪几种?选择基础类型时应考虑哪些因素?

7-2 什么是基础的埋置深度?具体确定基础埋置深度时应考虑哪些要求?

7-3 某明挖基础的地基,从地质条件考虑,有两个地层都可能作为持力层。问:当确定基础埋置深度时,是否一定要将这两个地层中埋置较浅的一个作为持力层?为什么?

7-4 作用在桥梁基础上的荷载分为哪几类?离心力、制动力(牵引力)、风力、流水压力应如何计算?

7-5 刚性基础和扩展基础各有何特点?

7-6 何谓刚性角?明挖基础的平面形状和尺寸如何确定?

7-7 明挖基础的验算项目有哪些?如何验算?

7-8 如图 7-13 所示钢筋混凝土桥梁基础,基底平面尺寸为 $a=7.5\mathrm{m}$,$b=7.2\mathrm{m}$,埋置深度 $h=2\mathrm{m}$,试根据如图所示荷载及地质资料,进行下列项目的验算。

(1) 验算持力层及下卧层的承载力。

(2) 验算基底偏心距、基础滑动稳定和倾覆稳定。

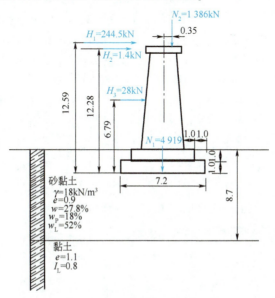

图 7-13 习题 7-8 图(尺寸单位:m)

项目八

天然地基浅基础施工

【能力目标】

1. 具备基础工程施工前几何定位控制、基坑测量能力。

2. 具备旱地和水中基础施工方法的选择、设计、组织和现场指挥能力。

3. 具备选择钢板桩作围堰时对围堰平面图形、埋置深度、板桩类型进行选择设计和组织施工的能力。

4. 具备基底检验、根据开挖后实际性状进行处理的能力。

【知识目标】

1. 掌握浅基础类型、特点和适用性。

2. 掌握建筑物基础的各种测量定位方法。

3. 掌握目前国内外浅基础的常用施工方法及其优缺点、适用范围。

4. 掌握目前国内钢板桩型号、优缺点、适用范围及常规施工方法。

【素质目标】

1. 在基础施工测量中,培养学生认真、严谨的职业素质和良好的语言沟通能力以及吃苦耐劳的工作作风。

2. 在进行钢板桩围堰的施工组织设计中,培养学生独立利用专业规范解决问题的职业能力。

【案例导入】

珠江市某大桥西延线先行段工程全线长4.297km(K1+000.000~K5+291.970),项目所在区域地貌主要表现为滨海平原地貌,微地貌有河流、河涌、农田、林地等。项目沿线主要分布有第四系海陆交互相沉积层,软土分布较广,厚度较大;下覆基岩主要为燕山期花岗岩。项目区域地处西江下游滨海地带,境内河流众多,西江诸分流水道与当地河涌纵横交织,属典型的三角洲河网区。桥址范围的地表水体主要为鱼塘,地下水类型主要为松散岩类孔隙水及基岩裂隙水。承台施工范围内土层为2-2淤泥质土,内摩擦角取值为3.0°,重度$\gamma_1=16.8kN/m^3$,黏聚力$c=4.9kPa$;2-2b淤泥质土,内摩擦角取值为11.5°,重度$\gamma_1=16.9kN/m^3$,黏聚力$c=14.2kPa$。

由于承台施工需要对地基进行处理,对施工范围进行了钢板桩围堰打设施工,钢板桩深度为9m/12m,采用钢板桩围堰排水开挖方案,施工前需对平台高程进行调整,为保证不影响承台施工,围檩底高程需高于承台顶高程不少于50cm。经测量,钢板桩顶面高程需为原地面高程上50~100cm。钢板桩插打完成之后进行开挖,开挖至原地面下1m,然后进行围檩施工,围檩底高程由原地面下0.5m,型钢围檩及斜撑利用吊车安装。钢板桩采用拉森Ⅳ钢板桩,长400mm,高170mm,板厚15.5mm;围檩采用HW300×300型钢,高300mm,宽300mm,翼厚15mm,腹板厚10mm;内支撑采用D377mm×10mm钢管,直径377mm,管厚10mm。其中0号台钢板桩围堰结构见图8-1。

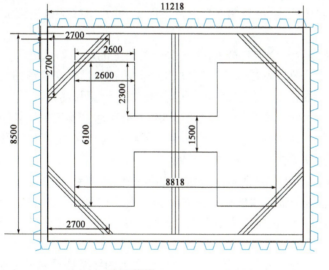

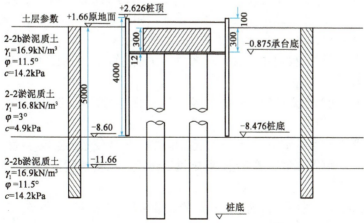

图8-1 0号桥台围堰结构图(尺寸单位:cm)

钢板桩围堰施工工艺流程为：场地平整→测放钢板桩打设位置→插打钢板桩→开挖钢板桩顶高程下1m处→施作围檩及支撑→开挖至基底高程→打设承台垫层→破桩头→绑扎承台钢筋及墩身预埋筋→承台模板支设→混凝土浇筑→拆模养护→基坑回填→钢板桩拆除。

任务一　基础施工测量

桥梁施工测量的主要任务是精确地测定墩台中心位置，桥轴线测量及对构造物各细部构造的定位、放样及准确地确定它们的高程。对大型桥梁来讲，首先必须建立平面控制网、高程控制网，以确保桥梁走向、跨距、高程等符合规范和设计要求。

一、墩台定位施工测量

首先对桥址附近有影响范围内的一段线路进行复测，平面位置及高程均应进行，并要求严格闭合，在桥梁两端附近的线路上埋设固定的中线基桩作为主要控制点；然后在两控制点范围内，根据地形地貌、精度要求、桥梁中线长短和设备条件等，设计和布置适用的测设方法和平面控制网形，测定各墩台中心里程，在两端控制点上闭合，并用直接测设或交会方法在实地上定出墩台中心位置。

桥的两端还应各设置一个水准基点，并与附近线路上的水准基点闭合。在此两个水准基点之间，还应设置若干个临时水准点，使墩台施工各阶段都只需一次置镜即能测定高程。临时水准点应编号，注明平面位置和高程，防止记忆混淆，发生计算和测设错误。

墩台中心桩设定后，每个墩台均应设护桩，以供基础和墩台施工中反复使用。护桩呈十字形布置，以控制墩台的纵轴和横轴。由十字桩引出的线称为十字线。纵轴顺线路方向，称为纵向中心线；横轴垂直线路方向，称为横向中心线。

当桥梁位于直线上时，桥墩纵向中心线两边和横向中心线两边都是对称的；桥台的横向控制线一般与胸墙线一致。横向控制线在墩台每侧至少埋设两个护桩，最好令其一侧埋设3个护桩，另一侧2个；纵向中心线则视地形、线路和测量方法等情况而定，如图8-2所示。

桥梁在曲线上时，由于大多情况下梁是直的，而桥上的线路或桥面却必须是圆顺的曲线，所以梁的中心线连成了折线，这样，曲线上墩台的纵向中心线和横向中心线与直线上情况就有所不同。直线上各墩台的纵向中心线即为线路中线，而曲线上各墩台的纵向中心线则与各自的线路中心线的切线平行；横向中心线都在各自的法线方向上，各墩台的十字线可能互相交叉，如图8-3所示。

根据施工经验，对为数众多的墩台护桩，必须建立完善的编号系统，并绘制成桩点和护桩布置平面图。

图上详细注明各桩点的编号、位置及附近的地面特征，以便按图查找。同时应将桩点用石堆围起来，指定人员保管，以防人畜损伤，影响施工进度。严格按测量规程，建立严格的复核制度。

不论何种测量，均应进行复核测量。一人的测量结果，应由另一人复核。当闭合且各种误差均在允许范围内时，方可组织施工。

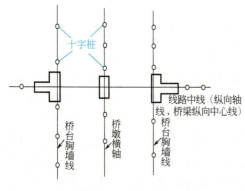

图 8-2 十字桩布置

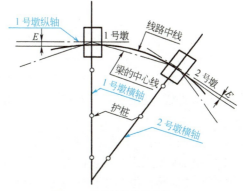

图 8-3 曲线桥墩纵横轴线示意

基坑测量

基坑开挖前,首先要按护桩交出墩台中心,并根据墩台中心在地面上放出开挖轮廓线。在地面放线前应完成以下工作:

(一) 确定基坑底面尺寸

将现场的地质水文实际情况与设计文件所提供的资料进行核对,确定基坑的开挖方法、坑壁坡度、支护方法、基坑底面尺寸及防排水措施等。基坑底面尺寸可根据基础平面尺寸确定,但应考虑给基础边缘之外留有一定的加宽量。其大小视基坑内水量而定。

无水土质基坑底面,宜按基础设计尺寸每边放宽不小于 50cm。

适合垂直开挖且不立模板的基坑,基底尺寸应按基础轮廓确定。底层基础可采用满坑灌注。

有水基坑底面,应满足四周排水沟与汇水井的设置需要,每边放宽不小于 80cm。如地下水位以上部分采用敞坑放坡开挖,下部为打板桩支护开挖时,则基坑在打板桩顶部处,应适当预留安设打桩机的位置。

基坑尺寸纵横方向,不论其对称与否,均应以护桩十字线作为准起量基线,深度应以基底中心设计高程与该处实际高程之差来计算。

(二) 基坑断面测量

为求得地面的开挖轮廓线,应对原地面线进行测量,主要是做横断面测量。对中心线上的地形变化处,要增加桩点,同时增测横断面。根据坑底尺寸及拟定边坡,定出边坡顶点,将基坑四周的顶点连起来,撒上灰线,此封闭图形就是实际基坑开挖面。基坑开挖完工后,要对实际开挖断面进行测量,并定出土石分界线,这是重要的竣工原始资料。

对这些测量放线程序,亦应进行严格的复核。还需对设计图纸及放样的有关资料进行复核。

这些工作过程中最容易出错的地方是:干河床弄错流向,涵洞进出口倒置,曲线上桥墩中线外移距离弄反方向,桥墩基础将纵横方向尺寸弄反,不等跨桥墩将梁缝中心线误认为基础中心线等。

任务二　陆地上浅基础的施工

在陆地上修筑浅基础,一般应经过基础定位放样、基坑开挖及坑壁围护、基坑排水及防水、地基检验与处理、基础浇筑与养护和基坑的回填等工序,其中最主要的工作是基坑开挖及坑壁围护。

基坑开挖之前应认真做好各项准备工作,首先要根据地质、地貌、水文情况及现场环境,确定开挖方式,编制施工组织设计方案,拟定单项开工报告,报监理工程师审批;同时进行施工测量放线,尤其对相对位置和坐标应进行最后核对,确保准确无误;准备好基础施工所需的设备、材料、机具和相应配套设施;道路、电力、通信和用水要保证通畅,凡与工程有关的事项均应协调妥当,保障开工后顺利实施。

在条件允许的情况下,应首选机械开挖。机械开挖不仅能提高挖基速度,同时能解决提升和运输问题。仅以人力用来修整边坡和清底,这样可以数倍的提高工效。只有在松散的砂层中用机械开挖不易保持边坡稳定和地下水比较丰富的条件下,才考虑用人工开挖。

一、基坑开挖

基坑开挖可采用垂直开挖、放坡开挖、支撑围护加固等开挖方法。

(一)垂直开挖

不用支撑和放坡直接开挖,这种开挖方式省工省时,灌注基础时还可采用满坑灌注,节约了模板及其制作、拆卸工时,是一种非常好的施工方法。但只有在坑壁为岩石或黏性土,而开挖深度又不大时才能采用。非石质的黏性土坑壁,若采用垂直开挖,其开挖深度不得大于根据下式求得的数值:

$$h_{\max} = \frac{2c}{K \times \gamma \times \tan\left(45° - \frac{\varphi}{2}\right)} - \frac{q}{\gamma} \tag{8-1}$$

式中:q——坑顶护道上的均布荷载;
　　　c——坑壁土的黏聚力;
　　　φ——坑壁土的内摩擦角;
　　　γ——坑壁土的重度;
　　　K——安全系数,可采用 1.25。

(二)放坡开挖

地基土为砂类土,不可能垂直开挖,或者虽为黏性土,但开挖深度超过了上述公式所算得的 $h_{\max}$ 时,则应采用放坡开挖。开挖过深的基坑还应加设护道,如图 8-4 所示。

在天然土层上开挖基坑,开挖深度在 5m 以内,施工期较短,基坑底在地下水位线以上,且土的湿度正常,构造均匀,采用放坡开挖时坑壁的坡度可采用表 8-1 的数

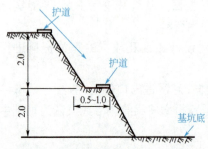

图 8-4　明挖基础的基坑(尺寸单位:m)

值。当深度大于5m时,可将边坡适当放缓,或加设平台。若基坑顶有动载时,则基坑边缘至动载之间,至少要留有1m宽的护道。当动载过大时,宜增宽护道或采取加固措施。当土的湿度可能引起坑壁坍塌时,坑壁坡度应缓于该湿度下土的天然坡度。

基坑坑壁坡度　　　　表8-1

坑壁土	坑壁坡度		
	基坑顶缘无载重	基坑顶缘无静载	基坑顶缘有静载
砂类土	1:1	1:1.25	1:1.5
碎石类土	1:0.75	1:1	1:1.25
黏性土、粉土	1:0.33	1:0.5	1:0.75
极软岩	1:0.25	1:0.33	1:0.67
软质岩	1:0	1:0.1	1:0.25
硬质岩	1:0	1:0	1:0

(三)坑壁围护开挖

当基坑开挖较深、土质松软、含水量又较大时,若还要采用放坡开挖,不仅土石方量大,不经济,还会因坡度不易保持、场地受到限制或影响邻近建筑物的安全而不能施工,则必须采用围护加固坑壁的方法进行施工。围护加固坑壁的方法有挡板支护、喷射混凝土及混凝土围圈支护、板桩支护等。

1. 挡板支护

这种围护结构适用于开挖面积较小和深度较浅的基坑,挡板厚4~6cm,可直立或横置,再用横枋或竖枋加横撑木支撑,如图8-5所示。为便于挖基运土,上下支撑应设在同一垂直面内。

直立挡板是一次挖至基底后再安装挡板支撑。对有些黏性差、易坍塌的土,可采用分级支撑,分段下挖,随挖随撑。图8-6中采用的是密排方式,为节约木材,如遇黏性较好的土,也可采取疏排方式。

横排挡板要比竖排挡板加固坑壁简便。当土质密实且黏性较好时,可一次挖到基坑底后进行支撑加固,如图8-6所示。对黏性较差易坍塌的土,则可分层开挖、支撑,最后以长立木替换短立木即可。挡板支护的作用是挡土,工作特点是先开挖,后设围护结构。

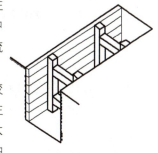

图8-5 挡板支撑

2. 钢木结合支撑

当基坑深度大于3m,或坑口很大,难以安设支撑时,可沿基坑顶周围每1~1.5m,打入一根型钢(工字钢或钢轨),至坑底面以下1~1.5m,并用钢拉杆将型钢上端锚固于锚桩上,随着基坑下挖设置水平挡板,并在型钢与挡板之间用木楔塞紧,如图8-6所示。

开挖较大基坑或使用机械化施工挖土而采用锚固支撑有困难时(如近旁建筑物影响等),可采用斜柱支撑,如图8-7所示。

受施工场地限制,基坑开挖时部分放坡不足,或基坑周边土质软硬不均,为防止局部坡脚坍塌,可采用短桩间隔支撑,如图 8-8 所示。

受施工场地限制或因工程抢修等施工任务较紧急不能用常规方法施工导致放坡不足,或用于基坑坡脚临时防坍,可采用临时土袋护壁,即用草袋、麻袋、编织袋装土堆置坡脚,作为坡脚支撑,如图 8-9 所示。

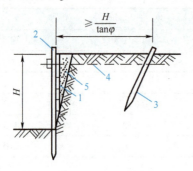
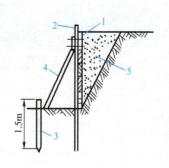

图 8-6　锚固支撑　　　　　　　　　　图 8-7　斜柱支撑
1-挡板;2-桩柱;3-锚桩;4-拉杆;5-回填土　　1-挡板;2-桩柱;3-撑柱;4-斜撑;5-回填土

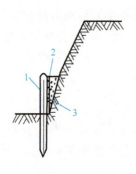

图 8-8　短柱间隔支撑　　　　　　　　图 8-9　临时土袋护壁
1-短桩;2-回填土;3-挡土板

3. 喷射混凝土护壁

将欲开挖的墩址场地整平,放设基坑的开挖线,并在基坑的开挖线外侧周围,就地灌注深 1m、厚 0.4m 的混凝土护筒。筒口应高出地面 0.1～0.2m,以加固坑口,并防止地表水和杂物进入坑内。

混凝土护壁适用于深度较大的各种圆形、稳定性较好、渗水量少的基坑。采用掺有速凝剂的混凝土浆用喷射器向坑壁喷射,喷射的混凝土能早期与坑壁形成具有一定强度的支护层。喷射混凝土的厚度,主要取决于地质条件、渗水量、基坑直径及开挖深度等因素。可据表 8-2 选定。基坑较大和较深时取较大值,一般为 5～8cm。开挖基坑与喷射混凝土均分节进行,每节高 0.5～1.5m。若把护筒下的土全部挖除,会使护筒下沉,应采用跳槽法开挖,如图 8-10 所示。分层开挖时,先挖除 1,开挖深度视土质而定,在 0.5～1.5m 之间。然后立即喷射混凝土,等混凝土达到一定强度后,可挖除 2,喷射 2。这样分层挖 1 喷 1、挖 2 喷 2,周而复始,直到设计高程。对极易坍塌的流沙、淤泥

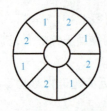

图 8-10　工艺顺序

层,仅用喷护混凝土往往不足以稳定坑壁,遇此情况,可先在坑壁上打入木桩,或在已打好成排的木桩上编制竹篱,在有大量流沙处塞以草袋,然后喷射15~20cm厚的混凝土,即可防止坍塌。

喷层参考厚度(cm) 表8-2

地质条件	渗水情况		
	无水基坑	有少量渗水基坑	有大量渗水基坑
粉砂流沙淤泥	10~15	15(加少量木桩)	15~20(加较多木桩及塞草袋竹片)
砂黏土	5~8	8~10	15~20(加较多木桩及塞草袋竹片)
黏砂土	3~5	5~8	15~20(加较多木桩及塞草袋竹片)
卵碎石土	3~5	5~8	15~20(加较多木桩及塞草袋竹片)
砂夹卵石	3~5	5~8	8~10(加较多木桩及塞草袋竹片)

对于无水或少水的坑壁,在每节高度范围内,喷护混凝土应由下部向上部成环进行,这样对少量渗水的土层,一经喷护即能完全止水;对涌水的坑壁,喷护混凝土则应由上部向下部成环进行,以保证新喷的混凝土不致被水冲坏。一次可能喷设的厚度,主要取决于土层与混凝土的黏结力,以及渗水量的大小。如果一次喷射不能达到规定的厚度,则应等待上一次喷层终凝后,再行补喷,直到规定的厚度为止。

施工过程中应经常注意检查护壁,如有变形开裂或有空壳脱皮等现象应立即加厚补喷或凿除重喷,以确保坑内施工安全。

对于集中的股水,或较大的渗水,喷射时应从无水或水量小的地方开始,逐步向水量大的地方推进,最后用竹管或胶管将集中股水引至坑底排出。对于较大的股水和涌水,用上述方法不能解决。当开挖进入大的含水层时,一次下挖深度不能大于0.5m,应先挖中间部分,然后挖周边,并向开挖限界以外扩挖40cm左右,随挖随将级配好的卵石干砌回填至开挖限界。这样使大量的涌水,从干砌卵石缝流入坑底抽出,而坑壁表面则无大的渗水,利于喷护,同时干砌卵石对坑壁亦能起支撑作用。干砌后应立即喷射一层5~8cm厚的混凝土,这样既加固了底层又起到了防水作用。

喷射混凝土应早强、速凝、有较高的不透水性,且其干料应能顺利通过喷射机。

水泥应用硬化快、早期强度高、保水性能较好的硅酸盐水泥,其强度等级不宜低于32.5级;粗集料最大粒径要严格控制在喷射机允许范围内,细集料宜用中砂,应严格控制其含水率在4%~6%之间。当含水率小于4%时混合料易胶结,堵塞管路,或使喷射效果显著降低;当含水率大于6%时混合料易在喷射过程中离析,从而降低混凝土强度。混凝土水灰比为0.4~0.5,水泥与集料比为1:4~1:5,速凝剂掺量为水泥用量的2%~4%,掺入后停放时间不应超过20min。混凝土初凝时间宜不大于5min,终凝时间不大于10min。

4. 现浇混凝土护壁

喷射混凝土护壁要求有熟练的技术工人和专门设备,对混凝土用料要求也较严,因而有其局限性。现浇混凝土护壁则适应性较广,可以按一般混凝土施工,基坑深度可达15~20m,除流沙及呈流塑状态黏土外,可适用于其他各种土类。

现浇混凝土护壁,也是用混凝土环形结构承受土压力,但其混凝土环壁是使用现场灌注的普通混凝土,壁厚较喷射混凝土大,一般为15~30cm,也可按土压力作用下的环形结构计算确定。

采用现浇混凝土围圈护壁时,基本做法是将基坑自上而下分层垂直开挖,开挖一层后即灌注一层混凝土护壁。为防止已灌注的混凝土围圈在开挖时失去支撑而下沉,顶层混凝土应一次整体灌注,以下各层应如喷射混凝土的施工方法一样,均用跳槽式开挖和灌注,并将上下层混凝土纵向接缝错开。开挖面应均匀分布对称施工,及时灌注混凝土壁支护,每层坑壁无混凝土支护总长度应不大于周长的一半。分层高度以垂直开挖面不坍塌为原则,一般顶层高 2m 左右,以下每层高 1~1.5m。

现浇混凝土护壁应紧贴坑壁灌注,不用外模,内模可做成圆形或多边形。施工时应注意使层、段间各接缝密贴,防止其间夹泥土和有浮浆等而影响围圈的整体性。围圈混凝土一般采用 C15 混凝土。为使基坑开挖和灌注工作连续不间断地进行,一般在围圈混凝土抗压强度达到 2.5MPa 时,即可拆除模板。

和喷射混凝土护壁一样,要防止地面水流入基坑,避免在坑顶周围土的破坏棱体范围内有不均匀附加荷载。

目前也有采用混凝土预制块分层砌筑来代替就地灌注的混凝土围圈,它的好处是省去现场混凝土灌注和养护的时间,使开挖与支护不间断进行,且围圈混凝土质量容易得到保证。

基坑排水

当基坑底低于地下水位线,则要不断地将渗入基坑的水排出,边排水,边开挖。其目的在于当有水渗入基坑时,仍能保障开挖作业在无水或少水的情况下进行。基坑排水方法有集水坑和井点排水两种。

土层内地下水在不受扰动的情况下处于静止状态。开挖基坑时破坏了地下水的平衡,地下水与坑底之间产生了水头差,使水有了渗透压力,水便从基坑坑底渗出,引起水在土中的流动。当水压力较大,其动水压力等于土的浮重度时,则土粒处于悬浮状态,它随水而流动,引起流沙现象。土层中的渗流量与土质有着密切的关系,因此要想排除水对开挖的影响,应确定渗水量,若排水能力大于渗水能力,则其坑内将不积水。

(一) 渗水量估算

水在土这种多孔介质中流动,被称为渗流。渗流有着其自身的规律,法国人达西通过试验推导出了渗流的计算公式,即渗流的流量 Q 与水头损失 $(H_1 - H_2)$ 成正比,与砂层的厚度 l 成反比。即:

$$Q = K \frac{H_1 - H_2}{l} \tag{8-2}$$

1. 渗透系数确定

式(8-2)中的 K 为渗透系数,其大小取决于土的颗粒级配、黏土颗粒的含量及土的结构等因素。

(1) 查表法

根据多年的经验及试验结果,对常见土质的渗透系数,可从表 8-3 中查出。

土壤渗透系数 表8-3

土壤分类	渗透系数 K (m/d)
黏土质粉粒 0.01~0.05mm 颗粒占多数	0.5~1.0
均质粉砂 0.01~0.05mm 颗粒占多数	1.5~5.0
黏土质细砂 0.1~0.25mm 颗粒占多数	1.0~1.5
均质细砂 0.1~0.25mm 颗粒占多数	2.0~2.5
黏土质中砂 0.25~0.50mm 颗粒占多数	2.0~2.5
均质中砂 0.25~0.50mm 颗粒占多数	35~50
黏土质粗砂 0.50~1.0mm 颗粒占多数	35~40
均质粗砂 0.50~1.0mm 颗粒占多数	60~75
砾石	100~125

（2）按颗粒成分计算法

按颗粒成分计算渗透系数，只适用于砂土类，其计算公式为：

$$K = 11.56 \times C \times d_H^2 \quad (m/d)$$

或

$$K = 3.76 d_m^2 \quad (m/d) \tag{8-3}$$

式中：d_H——颗粒有效直径（占总试样10%的颗粒粒径）(mm)；

d_m——颗粒平均粒径(mm)；

C——经济系数，其值为纯砂1200，非均质密实砂400，均质密实砂800。

2. 渗水量计算

在求得渗透系数后，可选下列公式之一计算基坑渗水量。

（1）干河床采用下式计算：

$$Q = \frac{1.366 K H^2}{\lg(R + r_0) - \lg r_0} \quad (m^3/d) \tag{8-4}$$

式中：K——渗透系数(m/d)；

H——稳定水位至设计基底深度(m)；

R——影响半径(m)，其值见表8-4；

r_0——引用基坑半径(m)，对于矩形基坑，$r_0 = \mu \dfrac{L+B}{4}$，对于不规则形状基坑，$r_0 = \sqrt{\dfrac{F}{\pi}}$，其中$L$与$B$分别为基坑的长与宽，$F$为基坑面积，$\mu$值如表8-5所示。

影响半径 R 表8-4

土的种类	粒径 (mm)	所占质量百分率 (%)	R(m)	土的种类	粒径 (mm)	所占质量百分率 (%)	R(m)
极细砂	0.05~0.1	<70	25~50	极粗砂	1.0~2.0	>50	400~500
细砂	0.1~0.25	>70	50~100	小砾石	2.0~3.0	—	500~600
中砂	0.25~0.5	>50	100~200	中砾石	3.0~5.0	—	600~1500
粗砂	0.5~1.0	>50	200~400	大砾石	5.0~10	—	1500~3000

μ 值取用表 表8-5

B/L	0.1	0.2	0.3	0.4	0.6	1.0
μ	1.0	1.0	1.12	1.16	1.18	1.18

(2) 基坑近河沿时采用下列公式计算：

$$Q = \frac{1.36KH^2}{\lg \frac{2D}{r_0}} \quad (m^3/d) \tag{8-5}$$

式中：D——基坑距河边线距离（m）；

其余符号含义同式(8-4)。

(3) 当含水层为均质土而基坑有不漏水板桩围堰时，可用下式计算：

$$Q = KHUq \quad (m^3/d) \tag{8-6}$$

式中：U——围堰周长（m）；

q——单位渗流量，即每延长米基坑周长在单位水头作用下，渗透系数为1时的渗流量，可从图8-11查得。

(4) 当含水层为非均质土层时，应采用各土层的加权平均值为渗透系数，即：

$$K = \frac{\sum K_i h_i}{\sum h_i} \tag{8-7}$$

式中：K_i、h_i——各分层的渗透系数及土层厚度。

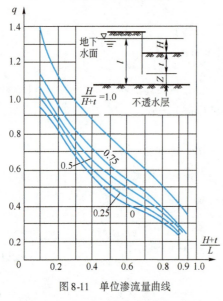

图8-11 单位渗流量曲线

(二) 基坑排水

1. 集水坑排水

集水坑排水又叫表面排水，方法是在基坑边角处设集水坑，用来汇集渗入基坑的水，然后用机械将水排出。要求排水能力大于基坑的涌水量才能保障基坑开挖工作始终在无水状态下顺利进行。因此在开挖前应对基坑涌水量进行估算或抽水试验，比较准确地掌握涌水量的大小，确定采用什么样的排水机械。现场的方法大多靠经验估算。

表面排水法除要开挖集水坑外，还必须在基坑底部周边挖集水沟，使渗入基坑的水通过集水沟汇集到集水坑中，再将抽水机的抽水龙头放入集水坑中，将水排出坑外。集水坑中的水深在抽水状态下应能淹没抽水龙头，坑壁应用竹（荆）笫围护，并用麻袋包住水龙头，以防龙头中吸进泥沙（采用砂石浆除外）。随着基坑的挖深，集水坑也随着降低，并应始终低于基坑底面0.8～1.0m，集水沟底也应低于基坑底面0.3～0.5m。

采用哪一种排水机具，应视涌水量大小和当地具体条件而定。涌水量很小时，可安排人工抽水或用小型抽水机排水；当涌水量较大需安装水泵时，要求其总的排水能力为经验估算涌水量的1.5～2倍。同时应考虑安装备用水泵。当排水能力为1.5倍涌水量时，水泵数应在三台以上，当排水能力为2倍涌水量时，水泵数应在两台以上。安装水泵时应根据基坑深度、水深及吸程大小，分别安装在坑顶、坑中护道及活动脚手架上。

一个基坑抽水时，可能使临近基坑的地下水位下降，因此可考虑邻近基坑同时开挖。

陆地上明挖的基坑，应向地面的下坡方向排水，并用导流槽或在地面挖沟，将排出的水引向远方，防止向基坑回渗。

表面排水法，除有严重流沙的基坑外，一般情况下均可采用。

2. 井点排水

井点排水适用于陆地上土质为透水性较大的粉砂、细砂和亚砂土地基，能有效防止表面排水时可能发生的流沙现象。这种方法又称为人工降低地下水位，如图 8-12 所示。

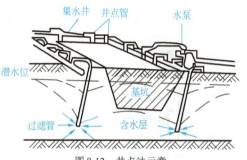

图 8-12 井点法示意

（1）井点法的工作原理

井点法的计算理论是以水井理论公式为基础推导的。它的假设是：水井都布置在水平而均质的含水层中，这些含水层在天然状态下都有水平的水压面或潜水面；井中抽水时，水位开始下降，周围含水层的水就流向该水位的降低处（即管井处）。抽水到一定时间后，周围的水位由水平变成弯曲，最后曲线渐趋稳定，成为向管井倾斜的水位降落漏斗，即喇叭口状漏斗，这个曲线即浸润曲线，要求的水位降低值即井群中心的降低值。

（2）井点法的类型及适用范围

井点法的类型有管井、针井、电渗井等类型，应根据土层的渗透系数、要求降低地下水位的深度及工程特点，选择适宜的井点类型和所需设备，如表 8-6 所示。

井点法降水的适用范围 表 8-6

井点法类别	土层渗透系数(m/d)	降低水位深度(m)
单层轻型井点	0.1~50	3~6
多层轻型井点	0.1~50	6~12（由井点层数而定）
喷射井点	0.1~2	8~20
电渗井点	<0.1	根据选用的井点确定
管井井点	20~200	3~5
深井井点	10~250	>15

井管的构造如图 8-13 所示，井管四周用砾砂填充，井管下部有滤管，滤管上布满直径为 2cm 的孔，外面包有过滤网，以防止泥沙进入井管。砾砂填充层厚约 5~6cm，用来过滤地下水中的细土，以防将进水管堵塞，影响正常抽水。

井点排水时，应符合下列规定：

①安装井点管，应先造孔后下管，不得将井点管硬打入土内，造孔应垂直，深度宜比滤管底深 0.5m 左右。滤管底应低于基底以下 1.5m。

②井点管四周，应以粗砂灌实，距地面 0.5~1.0m 深度内，用黏土填塞严密。

③集水总管与水泵的安装应降低，集水总管向水泵方向宜设有 0.25%~0.50% 的下坡。

④井管系统各部件均应安装严密，不得漏气。

⑤降低成层土中的地下水位时，应尽可能将滤管埋设在透水性较好的土层中。

⑥在水位降低的范围内应设置水位观测孔，其数量视工程情况而定。

⑦对整个井点系统应加强维护和检查，保证不间断进行抽水。

⑧应考虑水位降低区域的建筑物可能产生的附加沉降，做好沉降观测，必要时应采取防护措施。

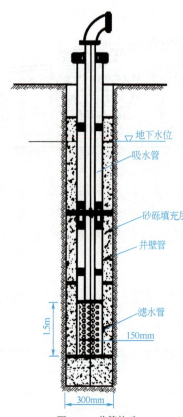

图 8-13 井管构造

基底检验与处理

1. 基底检验

基坑开挖至设计高程后,或采用特殊处理方法完毕后,应立即按照有关规定报请监理工程师及质检部门进行验收。质量合格后,方可进行基础结构施工。

基底检验的主要内容有:

(1) 检查基底的平面位置、尺寸、高程是否符合设计要求。基底高程容许误差应符合:土质 ±50mm;石质 +50mm,−200mm。

(2) 基底地质情况、承载力与设计资料是否相符。

(3) 基底的排水及基坑浸泡程度。

(4) 修建在山坡上的基础,检验山坡是否稳定,持力层是否稳定,岩石地基是否有倒坡虚悬现象。

(5) 开挖基坑和基底处理施工过程中有关施工记录和试验资料等。

检验基底可采用直观判断、静力触探、挖试坑或钻探等方法,以确定地基是否稳定,地基承载力是否满足设计要求。

2. 基底处理

为了使地基与基础接触良好、共同有效地工作,在基坑开挖至设计高程时,应针对不同的地质情况,对基底面进行处理。

(1) 未风化岩石基底

对未风化岩层开挖至岩石面后,应清除岩面松碎石块,凿出新鲜岩面,并用水冲洗干净,岩面不得存有淤泥、苔藓等表面附着物。岩面倾斜时,应将岩面凿成平面或凿成台阶。对基坑内岩面有部分破碎带时,应会同设计人员研究处理,采用混凝土封填或设混凝土拱等方法进行处理,以满足承载力的要求。

(2) 风化岩石基底

岩石的风化对其承载力影响很大。在开挖至风化岩层时,应会同设计人员认真观察其风化程度,检查基底是否符合设计承载力要求。按设计要求适当凿去风化表层,或清理到新鲜岩面,将基坑填满封闭,防止岩层继续风化。

(3) 碎石或砂类土层

将基底修理平整并夯实,砌筑基础圬工时,先铺一层 2cm 厚水泥砂浆。

(4) 黏性土基底

基坑开挖时,先留 20~30cm 深度不挖,以防地面、地下水渗流至基面,浸泡基面,降低强度。砌筑前,再用铁锹铲平。如基底原状土含水量较大或在施工中浸水泡软,可向基坑中夯入 10cm 以上厚度的碎石,但碎石顶面不得高于基底的设计高程。对于基底土质不均、部分软土层厚度不大时,可挖出后换填砂土,并分层夯实。

（5）湿陷性黄土

湿陷性黄土地基开挖时，必须保持基坑不受水浸泡，并尽量避免在雨季施工，否则应有专门的防洪排降水设施，并应按设计要求采用重锤夯实、换填或挤密桩法进行加固。

（6）软土层

软土地基应按设计要求进行加固，可采用换土、砂井、砂桩或其他软土地基处理方法。在软土地基上修建桥梁时，应按设计预留沉降量。采用砂井加固的软土地基，按设计要求进行预压。桥涵主体必须分期均匀施工。在砌筑墩台、填土和架梁工程中，随时观测软土地基的沉降量，用以控制施工进度，使软土地基缓慢平均受载，防止发生剧烈变化或不均匀下沉。

（7）冻土层

冻土基础开挖宜用天然或冻结法施工，并应保持基底冻土层不融化；基底设计高程以下，铺设一层 10~30cm 厚的粗砂或 10cm 厚的混凝土垫层，作为隔热层。

（8）泉眼

泉眼应用堵塞或导流的办法处理。泉眼水流较小时，可用木塞、速凝水泥砂浆、带螺帽钢管等堵塞泉眼。堵眼有困难时，采用竹管、塑料管或钢管引流，待基础圬工灌注完后，向管内压浆将其封闭。也可在基底以下设置暗沟或盲沟，将水引至基础施工以外的汇水井中抽出，施工完后用水泥砂浆封闭。

（9）溶洞

在地基下出现溶洞时，应会同设计部门研究处理，一般采用以下加固措施进行处理。

①首先勘测探明溶洞形态、深度和范围，以便采取相应的处理办法。

②当溶洞埋深较浅时，可用高压射水清除溶洞中的淤泥，灌注混凝土进行填充；当溶洞埋置较深而且狭窄、洞内土不易清除时，可在洞内打入混凝土桩。

③当岩溶处在基础底面，溶洞窄且深时，可用钢筋混凝土板盖在溶洞上面，跨越溶洞。

④对埋藏较深，溶洞内有部分软黏土时，可用钻机钻孔，从孔中灌入砂石混合料，并压灌水泥砂浆封闭。

⑤当溶洞很大很深，开挖和灌浆困难时，可根据情况采用钻孔桩基础或沉入桩穿越。

四 混凝土基础施工

浇筑基础混凝土之前，应对基础平面位置、尺寸、底面高程和基底地质条件等进行检查，检查模板、钢筋、预埋件，以及各种机具、设备等并形成记录。各项准备工作安排就绪后，才能浇筑混凝土。

1. 模板安装

必须确保模板有足够的强度、刚度和稳定性，能够承受浇筑混凝土的重力、侧压力及施工中可能存在的各项荷载。模板间的接缝应用双面胶带贴密实，不得产生漏浆。模板与混凝土的接触面必须平整光滑，并在模板表面涂刷脱模剂，模板上的重要拉杆采用螺纹钢杆并配以垫圈，伸出混凝土外露面的拉杆可以采用端部可拆卸的钢丝杆。

2. 混凝土浇筑

混凝土应在初凝前浇筑，如混凝土在浇筑前有离析现象，须重新拌合后才能浇筑。浇筑时，混凝土垂直入模的自由卸落高度不宜超过 2m；当超过 2m 时，应通过串桶等设备使混凝土垂直并缓慢的下落。为了使混凝土捣实密实，混凝土浇筑应分段、分层连续进行，每层浇筑厚度根据工程结构特点、配筋情况、浇灌及捣固方法等而定。为保证混凝土的整体性,浇筑工作应连续进行。混凝土浇筑完毕后,应及时对混凝土进行覆盖保湿养护。

任务三　水中基础施工

水中基础施工的首要任务是防水和堵水。对处于河道中的桥梁墩台基础,在开挖基坑前,必须首先确保待开挖的基坑处在无水或少水状态,才能保证基坑的开挖和基础圬工的砌筑。同时必须开通水上通道,才能做到施工人员出进方便,也才能使施工机具、材料源源不断供应进场,保证供给,才能实施基坑开挖和基础砌筑等后续工序。所以,水中基础施工应该做好三件事。

一 修建施工便桥

在水中尤其在较深的水中修筑基础,首先要修建水上通道,使施工用的机具、材料及施工人员到达基础位置,以保证正常施工,按期完工。水上通道的通常做法是修筑便桥。应根据水的流速、水深、河床覆盖层的情况,预计通过便桥的总荷载及经济合理的原则规划桥型,确定孔跨,选择材料,踏勘桥位,提前设计,及时修建,为水中基础施工做好准备。根据河水深浅,可供选择的便桥形式有:木便桥、钢木组合便桥、拼装军用梁便桥、贝雷梁便桥、万能杆件便桥、型钢便桥、缆索吊桥等。河宽水浅,流速较慢的可考虑修筑木便桥;较深者即可修建钢木组合便桥、拼装军用梁便桥、贝雷梁便桥、万能杆件便桥、型钢便桥;水深流急且河床较狭窄者则修建缆索吊桥较为划算,洪水期也比较安全。

对临时便桥工程,也应给予足够重视,做到精心设计,精心施工。尤其对施工期间便桥的安全,要考虑周全,做到万无一失。不能因重视不够,组织不力,设计考虑不周以致在施工的关键时刻,便桥被洪水冲毁或出现其他问题,从而影响施工,延误工期。

二 改河截流

要使基坑在施工期间处于无水或少水状态,应根据河流流量、流速和地形条件,确定恰当的堵水方式。在山间小溪、不通航的小河沟,当沟宽水浅、流量不大、地形有利时,可将改河截流方案与在水中的各个墩台分别修筑围堰的方案进行比较,当能减少工作量,节约抽水费用和其他材料消耗时,可根据实际情况进行局部改道或全部改道。即在基坑上游填筑拦河坝,引导水流改由其他河沟或河道流往下游,使基坑所处地段处于无水状况。如图8-14所示。

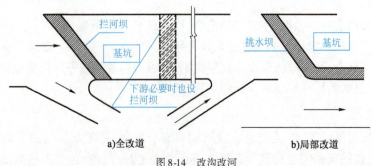

图8-14　改沟改河

当河宽水小,施工的基坑又靠岸滩时,可作半边围堰,导流引水。河道在基坑处为回头弯,采取裁弯取直,有利于基坑施工,工料少又无其他影响。也可以改河截流。附近地形有利时,可少量拦河筑围堰,蓄水归槽,然后用木槽、土沟引入下游。附近若有农田灌溉沟渠可资利用时,在枯水季节,可少量筑坝截流,水量可由灌溉沟排走。总之,在用少量工料,即可创造出合适的施工条件时,应首选用改沟改河截流。

三 防水围堰

当改沟改河截流与防水围堰相比已不经济时,用围堰堵水则是很好的实用方法。

在基坑外围设置一道封闭的临时性挡水结构物,阻断河水流向基坑,才能使基坑处于正常的、能够开挖的状态。这种临时性挡水结构物通常称为围堰。

(一) 修筑防水围堰的一般要求

围堰法与其他水中基础施工方法比较,具有很多优点,如施工简便、技术不复杂、工期较短、可以就地取材、造价低等。但它只适用于水不深,基础埋置较浅,并且地质条件不太复杂的情况。如水深超过6m(钢板桩围堰除外)或挖基深度超过8~10m,或地质条件复杂时,则应考虑采用其他施工方法。对围堰工程的一般要求如下。

1. 围堰的高度

一般情况下,围堰顶面应比施工期间出现的最高水位高出0.7m,以免淹没基坑。因此,施工前应了解和掌握水位变化情况及有关水文资料。

2. 围堰的布置

修建围堰的总体布置,应与河床的水流情况相适应,尽量减少压缩流水断面,必须考虑河流断面被围堰挤压缩小,因而使流速增大,引起河床的局部冲刷的可能性,故应分期分批的修建水中基础。除非确有把握,不可同时修筑几个围堰,也不要修筑大围堰把两个或两个以上基坑一起围起来,这样会大大减少流水断面,抬高水位,加剧河床的冲刷,更重要的是会给抽水带来严重困难。

因此,应按施工季节,各墩台基础工作量大小和难易程度,需用工期的长短,现有的机具设备、材料、劳动力等,确定先做深水基础,还是由浅水向深水推进,综合考虑,慎重选择。

3. 围堰内侧轮廓尺寸与基坑的关系

围堰内侧工作面的大小,应满足基坑开挖、排水、砌筑圬工等施工需要。同时为了确保围堰的稳定,其内侧坡脚至基坑边缘之间应保留不小于1.0m距离。如基坑较深、坑壁土质不良、渗水量大、坑壁容易坍塌,则这个距离还应增大。

4. 围堰的断面与稳定性

围堰的断面,应以能满足滑动和倾覆的要求为基本条件。重力式围堰依靠自重来抵抗外侧水压力对它造成的滑动与倾覆;板桩围堰则由板桩打入土中部分和支撑来抵抗外侧压力。而外侧压力的大小取决于水深,所以重力式围堰的断面尺寸应按水位高低决定,板桩的入土深度及是否使用支撑,需通过验算来确定。

5. 防渗漏

围堰的渗漏应尽量减少,否则增加抽水量。围堰漏水,主要是填料时夯填不密实,或是土中夹有杂质所造成,有时是围堰底部与河床覆盖层之间存在石块、树枝及其他杂物而不密贴,产生漏水,故应根据各种不同情况,拟定处理办法。一般是在确定漏水部位后,在围堰的外侧抛撒锯木屑、煤屑、泥土等,使其随水流入渗漏的孔隙,将其堵塞,达到不漏水或少漏水,也可采用注浆方式堵漏。

6. 防冲刷

筑堰后流水断面减小,形成上游壅水。为了减缓急流直冲围堰,围堰上游应做分水尖,同时采取措施增强围堰抵抗外侧水流的冲刷能力。如在填土围堰的外侧坡面铺苫草袋、树枝等,以减轻直接冲刷。又如流速加大,有可能掏空围堰坡脚,危害围堰的稳定,此时可在围堰外侧抛填大卵石或用竹笼卵石进行防护。若无效时,可在上游适当地点做导流堤,将急流引开。

(二) 土围堰

土围堰适用于水深不超过2m,流速不大于0.3m/s,施工中无冲刷或冲刷很小,河床稳定,且河底土壤透水性较小的情况。因此土围堰常用于河流两岸浅滩,河水较浅的地方。

土围堰的断面,根据使用的土质成分和渗水程度以及围堰本身在水压力作用下的稳定性而定。一般顶宽在1.5m以上,外侧边坡(靠水一面)不小于1:2,内侧(靠基坑一面)边坡不小于1:1,内侧坡脚至基坑顶边缘距离不小于1.0m。

土围堰宜用黏土填筑,填土出水面后应进行夯实。填土前应先将堰底河床上的树枝、杂草、石块等清除,然后从上游填筑堰体至下游合拢,注意不要直接向水中倾卸填土,而应顺已出水面的填土坡面往下倒。为减少因冲刷使填土流失,应及时拍实和修整坡面。

为防止水流对围堰外侧的冲刷,可在外坡面用草皮、树枝、片石或内填砂土的草袋加以防护。

(三) 草(麻)袋围堰

草(麻)袋围堰适用于水深小于3m,流速小于或等于1.5m/s,河床透水性较小或淤泥较浅。与土围堰相比,能抵抗较强的水流冲刷,有时与土围堰配合使用。

草(麻)袋围堰的断面,一般堰顶宽度1~2m。如水深在1m左右,用单层草(麻)袋做围堰,顶宽1m;水深在1.5m以上时,须用双层草(麻)袋围堰,则顶宽为2~2.5m。有时为了用堰顶做运输道路,则需适当加宽。在双层草(麻)袋之间,用黏土填心,外侧边坡1:0.5~1:1,内侧边坡1:0.5~1:0.2。围堰内侧边坡的坡脚至基坑顶边缘的距离也不小于1.0m。如图8-15所示。施工时应先清除堰址河床上的杂物,以减少渗漏;填筑围堰时,应自上游开始,然后两侧,最后在下游合拢。草(麻)袋内装松散的黏性土,不能使用土块,必须捣碎(必要时过筛)才能装袋。若将未捣碎的土块装入袋中,孔隙率大,不易堆码密实,很可能留下漏水的后患和不稳定因素。装填量以袋容量的60%为宜,袋口用麻线或铁丝缝合。堆码时应上下左右搭接错缝,搭接长度为1/2~1/3以增强围堰的整体性。水中堆码土袋时,应用一对带钩的杆子钩送就位,并按要求堆码,确保围堰的稳定性,提高抵抗外侧水压力的

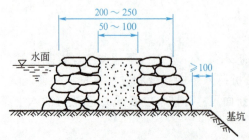

图8-15 双层草(麻)袋围堰(尺寸单位:cm)

能力。若围堰是双层草(麻)袋,中填黏土,则应先堆码内外圈草(麻)袋,再填筑黏土芯墙。当内外层草(麻)袋堆码一段后,即可填筑中间黏土。填土工作必须小心进行,不能任意倾填,并应注意填土坡脚至草(麻)袋堆码的前端保持一定距离(约2m),以免填土超越草(麻)袋前端,造成草(麻)袋码砌的困难。若将新码砌的草(麻)袋搁置在浮土上,不仅会降低围堰的稳定性,同时还将降低围堰抵抗水流冲刷的能力。黏土填芯填土时也不可填在草(麻)袋顶上,否则将会在两层草(麻)袋间加一层土,使围堰强度大受影响。填土出水面后应夯击密实。

因水面以下的填土无法进行夯实,故一般均采用黏土填筑。在围堰合拢,预计填土沉落密实,即可试抽水。抽水时不可过猛,应使围堰内的水位徐徐下降,以使堰体逐渐受力。并利用水位差所产生的水压力,将围堰挤压密实。若发现堰体局部开裂,应立即停止抽水,并采取措施进行抢救。最有效的办法是在内外两层草(麻)袋中插打木桩,然后用4mm铁丝将内外桩头联结绞紧,并用黏土把裂缝填补塞满,并且夯实。

(四) 钢板桩围堰

在河水较深或覆盖层较厚的情况下,应采用钢板桩围堰。钢板桩适用于砂类土、半干硬黏性土、碎石类土等土层。并可打入风化岩面。

1. 钢板桩构造

钢板桩的断面形式有多种,其中最常用的有槽形、工字形、直线形和Z字形,如图8-16所示。其中槽形钢板桩的截面模量较大,能抵抗较大的水、土压力,而且插打方便。槽形钢板桩的型号很多,常用的有槽形Ⅲ、槽形Ⅳ、槽形Ⅴ等几种。其规格及计算数据见表8-7。

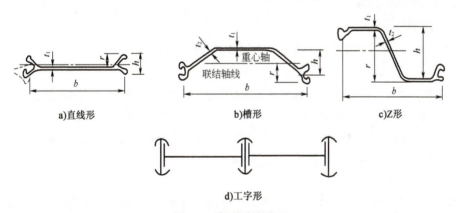

图8-16 常用钢板桩类型

常用槽形钢板桩技术规格及计算数据表 表8-7

型号	断面尺寸			重力		每米宽板桩截面模量 (cm^3)	每米宽板桩容许弯矩 ($kN·m$)
	$b(mm)$	$h(mm)$	$l(m)$	(N/m)	(N/m^2)		
槽形Ⅲ	400	145	13.0	620	1550	1600	216
槽形Ⅳ	400	180	14.8	740	1850	2200	297
槽形Ⅴ	400	180	20.5	1000	2380	3000	405

注:1. 表中截面没有考虑因钢板桩的锁口在中立轴处产生的减弱。
  2. 一般应根据出厂说明书所载的数据应用。

直线形钢板桩的截面模量小,不宜用于承受水平力的围堰,在承受拉力的圆形筑岛围堰中最适用,施工方便。

Z形钢板桩的特点同槽形,但必须两块或几块组成插打,施工较不方便。

工字形钢板桩截面模量大,但防水性能最差,施工程序最复杂。

为了能使钢板桩拼联为一体,每块钢板桩两侧都碾压有锁口。锁口的形式很多,主要有套形、环形及阴阳锁口等,如图8-17所示。套形锁口的防水性能较好,拉森型钢板桩都是用这种锁口。

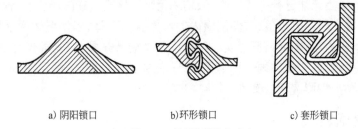

a) 阴阳锁口　　b) 环形锁口　　c) 套形锁口

图 8-17　钢板桩联结方式

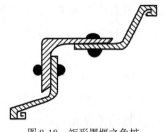

图 8-18　矩形围堰之角桩

钢板桩根据实际需要,可做成圆形或矩形。矩形围堰的角桩没有现成的角桩板桩,须把一块板桩截开,中间加一块角钢焊接或铆接形成角桩,如图8-18所示。钢板桩的出厂长度一般不超过20m,若需20m以上长度的钢板桩,可用同型号的钢板桩焊接接长。接头的强度不能低于钢板桩本身截面的强度。

2. 钢板桩施工

钢板桩的施工程序较复杂,一般情况下都要经过如下程序:

(1) 钢板桩的整理

新钢板桩验收时,应备有出厂合格证,机械性能和尺寸符合要求。旧钢板桩运到工地后,均应加以检查、登记、除锈、涂油,并用一块长约 1.5~2m 的锁口合乎标准的短板桩,用人工拉短桩对锁口进行检查。对锁口不合格和桩身有破损的给予整修。整修工作按具体情况分别用冷弯、热敲、焊补、铆补、割除、接长等。最后分类堆放。

(2) 钢板桩的组装

钢板桩一般用三个单根拼成一组。组装工作在工作平台上进行。组装的嵌缝用油灰和旧棉絮填塞,组装的外侧及单桩的两侧锁口均应在插打前涂以黄油或混合油糕(配合比为:黄油:沥青:干锯末:干黏土 =2:2:2:1)以加强防渗性能,减小插打时的摩擦阻力。

组装完成后,应每隔 4~5m 加一道夹板,使其固定,便于插打。为防止滑动,每组钢板桩上端连接锁口处均应用钢筋点焊。为使围堰合拢顺利,应使每组钢板桩上下口的宽度(锁口中心距)一致。其误差应小于 +15mm 及 -10mm。矩形围堰组装用木夹板,圆形围堰的夹板应为弧形。夹板在插打时,逐幅拆除。

(3) 围图导梁

钢板桩围堰内部采用围图作支撑。围图是在围堰内承受了较大土压力和水压力,根据计算,安设由多层木、钢木或型钢组成的支撑,即称为围图,如图8-19所示。与木板桩大致相似,简单的围图可以只用内导梁做成导框。在矩形围堰中，导框可用枋木或型钢制作，但应作成框架形式，使之能承受轴向压力，圆形导框可用钢轨或型钢弯制，或用木料拼制。矩形钢板桩围堰的围图导梁，可直接按设计尺寸下料。导梁接头一般均安排在横支撑点处，接头用夹板螺栓连接。圆形钢板桩围堰的围图导框，应在样台上套制样板后制作，做好后应在样台上复核。用钢轨或型钢弯制时，一般用热弯（800~1000℃）。弯制时应使用经过样板复核的胎型，复式钢导框的放样、下料及试拼工作应力求准确。如图8-20所示。

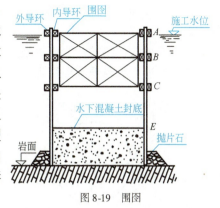

图8-19 围图

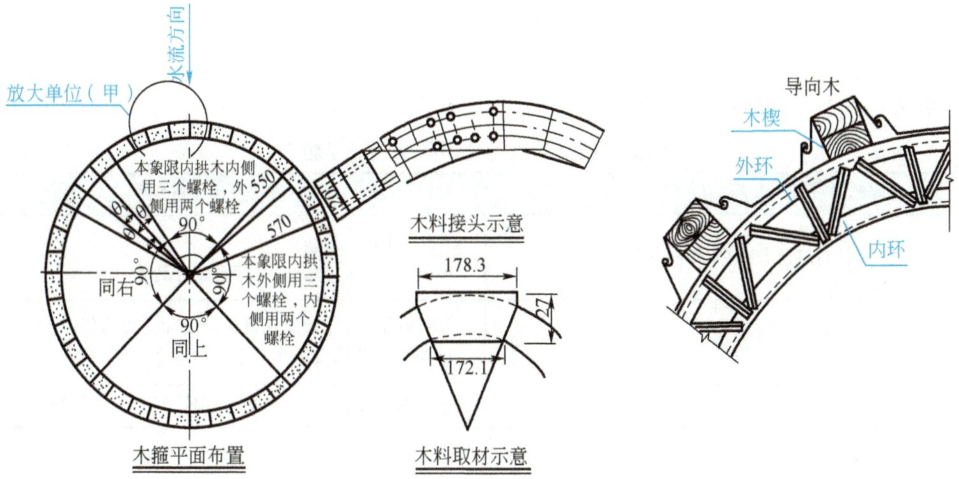

图8-20 钢板桩的圆形围图导框（尺寸单位：cm）

a) 木制 b) 槽钢制

安装围图时，应先测量定位找出定位桩的位置，打入定位桩，再在定位桩上挂装导框。平静水面也可用浮式围图，将导框在岸边组装，浮运到墩位用缆索锚定，开始插打板桩后，逐步将导框转挂在已打好的板桩上。矩形及多边形钢板桩围堰需在转角处使用角桩。角桩的制作方法如前述。

（4）插打钢板桩

插打钢板桩有两种方法：一是逐块（组）插打，二是全围图组插合拢后再逐步循环打沉。前者可用较矮的吊桩设备，桩架行走线路短，但合拢较困难。矩形围堰一般先插打上游边，在下游合拢。每边由一角插至另一角。圆形围堰有多种插打方式，具体施工时可由图8-21中根据实际情况选择一种。

插打钢板桩，从第一块开始，就应保持不歪，插打第一块或最先几块时，应插打稳定，与导框进行联系后，再插打其余桩。

插打钢板桩的操作要点如下：

①钢板桩插打时，单桩的锁口内均涂以黄油混合物，以减少插打时的摩阻力并加强防渗性能，插打钢板桩应从第一根就应保持平整，几根插好后保持稳定，然后继续插打。

②在插打过程中，应加强测量工作，发现倾斜应及时调整，为了确保钢板桩顺利合拢，应严格控制其垂直度，并应使整个钢板桩插打过程中合拢密实，以防漏水。

③插打过程中,控制下降速度,尽可能使桩保持竖直,以便锁口能顺利咬合,以提高止水能力。

④钢板桩应严格按放线位置施打,采用导向装置进行辅助插打,施打应整齐、垂直。

⑤插打过程中若遇到插打困难等异常情况,须查明原因并采取相应措施后方能继续施工。

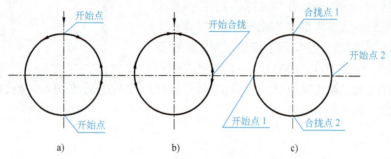

图 8-21 圆形围堰插打次序

钢板桩插打常见问题预防及纠正措施见表 8-8。

钢板桩插打常见问题预防及纠正措施   表 8-8

常见问题	预防及纠正措施
共连(施打时和已打入的邻桩一起下沉)	发生桩体倾斜及时纠正; 先预留 50cm,合拢后再打至设计高程
桩体扭转	安装好桩帽,尽量保证桩体全截面受力均匀; 将两块板桩锁口搭扣两边固定牢靠
水平伸长(沿打桩行进方向长度增加)	不可能避免;施打时提前考虑伸长值,在轴线修正时纠正

(5) 预防渗漏

钢板桩围堰的防渗能力较好,但遇到有锁口不严,个别桩入土不够及桩尖打裂打劈等情况,仍会发生渗漏。锁口不严发生的渗漏,在抽水后用板条、棉絮等在内侧嵌塞,同时在漏缝外侧水面撒细煤渣与木屑等,使其随水流自行堵塞。较深处的渗漏,可将煤渣装袋沉送到漏水处逐渐倒出。发生在桩角处的渗漏,则应查明位置和原因,然后采取相应的措施堵漏。

(6) 钢板桩监测

因钢板桩受水压作用,应对围护钢板桩的垂直度、水平位移进行监测,严格控制桩顶的沉降和位移,并在钢板桩的顶部设置长度为 30cm,$\phi 20mm$ 钢筋竖向焊接于桩顶作为监测控制点,在基坑开挖期间每 1 天观测 1 次,稳定后每 5 天观测 1 次,若遇到特殊情况应加密观测,及时将监测过程中观测的结果进行反馈,根据相关内容制定施工方案。

根据《建筑基坑工程监测技术标准》(GB 50497—2019)相关规定监测数据标准:

(1) 支护桩顶水平位移累计不大于 30mm,位移速度不大于 3mm/d。

(2) 周围道路水平移总量不大于 30mm。

【项目小结】

1. 桥梁墩台基础平面几何位置的控制测量方法、浅基坑开挖前的放线测量和开挖过程中的尺寸丈量。

2. 陆地浅基础施工:

(1) 基坑开挖方式,主要阐述垂直、放坡和坑壁维护开挖三种方式的适用条件和一般做法。

(2) 基础施工,主要阐述基坑的开挖方法、边坡维护方法。

3. 水中基础施工:

(1) 水上通道,主要阐述为方便水中基础的施工而修建的水上通行设施,如便桥等。

(2) 改河截流,主要阐述在水流量不大的情况下为开辟基础施工场地而使流水改变流向的方法。

(3) 防水围堰,主要阐述河水较深、流速较大的情况下,在水中筑岛从而开挖基坑的方法。

(4) 基坑排水,主要阐述基坑积水量计算和外排方法。

4. 钢板桩施工:

主要阐述钢板桩插打前的准备工作和插打施工工序。

5. 基底检验及处理:主要阐述基坑开挖到设计高程后的检验内容和处理方式。

【项目训练】

1. 根据具体的小桥资料,进行小桥的墩台定位测量。
2. 根据基坑土的渗透指标,进行基坑的涌水量计算。
3. 根据基坑土的地质资料,编写钢板桩施工技术交底。

【思考练习题】

8-1 基坑施工前的测量工作都包括哪些内容?如何做好这些工作?

8-2 陆地基础的开挖方式有哪些?怎样选择?

8-3 基坑开挖时有哪些支护形式?都适合在什么条件下采用?

8-4 水中基坑开挖时,在什么条件下适合改沟改河、引水截流?什么情况下适合用围堰?

8-5 防水围堰有几种形式?各自的适用条件和特点是什么?

8-6 怎样才能做好防水围堰设计?

8-7 施工时怎样保证围堰的质量?

8-8 基底检验的内容是什么?发现问题怎样处理?举例说明。

8-9 本项目学完后,你能描述一下水中明挖基础施工的步骤吗?

8-10 一水中矩形桥墩基础,长 8m,宽 5m。水深为 5m,流速 1.5m/s,地基土为砂加卵石层。试为此基础做双层草袋围堰设计。堰顶全宽 2.5m,双层草袋间填心黏土厚 1.0m,围堰外侧边坡 1:0.5,内侧边坡 1:0,堰高 3.0m。设计内容包括:

(1) 围堰平面布置;

(2) 围堰断面尺寸;

(3) 围堰工程数量计算(土填心及双层草袋方数,草袋数量须另加 10% 备用);

(4) 提出施工中的注意事项;

(5) 拟订保证围堰质量的具体措施;

(6) 安全措施。

项目九

深基础施工

【能力目标】
1. 能够识读桩基础、沉井基础施工图纸。
2. 具备现场指导桩基础和沉井基础施工的能力。
3. 具备钻孔灌注桩中泥浆三指标测定的能力。
4. 具备现场施工中常见钻进事故处理的能力。

【知识目标】
1. 了解桩基础的分类及构造。
2. 掌握钻孔灌注桩、预制打入桩的施工工艺过程。
3. 了解泥浆三指标测定的方法。
4. 掌握常见钻进事故的处理方法。
5. 了解沉井基础的类型和构造形式。
6. 掌握沉井基础的施工工艺过程。

【素质目标】
1. 在现场指导桩基础施工、沉井基础施工中,培养学生认真、严谨的工作作风,培养学生良好的语言沟通能力和表达能力。
2. 在编写桩基础、沉井基础施工技术交底的工作中,培养学生独立运用专业规范解决实际问题的能力。

【案例导入】

某高架桥为新增工程,增设高架桥是基于该桥址的地质情况,考虑原设计高路堤的稳定性,桥梁基础采用桩基础。桩基础施工方案的选择与实施是有效控制工期的关键。桩基础施工方案分三种:方案一,全部采用钻孔桩基础,采用8台冲击钻同时进场施工;方案二,全部采用钻孔桩基础,同时进行开挖施工;方案三,采用钻孔桩与挖孔桩相结合。下面将对以上三个方案进行分析:

(一)施工设备投入

方案一:进场8台冲击钻,配套4台发电机组供冲击钻用电,5000L洒水车4台运水供造护壁泥浆用,吊车2台供吊装钢筋笼及混凝土灌注用,JZMS00型混凝土搅拌机2台,HPD1200配料机2台等设备。以上设备在短时间内要进场,投资费用较大。

方案二:全部采用人工挖孔,全面挖孔,需进设备6M空压机3台,潜水泵1台,125kW发电机,风钻12台,葫芦架30台,22kW混凝土撮捣器4套,5000L水车1台。

方案三:综合方案一、二,设备按需要进场。

(二)施工条件

方案一:桥址应做大面积平整,以便钻机行进及安装。在0号台~7号墩路段原地表面以上为分层压实的强风化花岗岩及砂性土高填路堤,填筑面平整可不作平整,但8号墩~14号台路段地表承较为丰富,土状为亚黏土,下层为不规则的上表面有较大倾斜度的弱风化花岗岩。在其上面为分层压实的强风化花岗岩及砂性土,但其厚度不大,对护筒的设置以及起冲孔导向作用不大,易造成偏孔或扩孔。10号墩~14号台的部分桩基可能位于构造破裂带上,钻孔施工将难以判断鉴别。

方案二:采用人工挖孔,桥址仅作局部平整,确定挖孔桩混凝土护壁材料能同时供应即可开工,利用开挖出来的砂土补填周围的场地。采用高强度等级混凝土护壁,每孔两套护壁模板。在保证孔壁稳定的前提下,一天完成2m或两天完成3m,预计8天后第一批挖孔可以终孔,15天内0号台~7号墩的人工挖孔完成。在0号台~7号墩挖孔施工的同时,对8号墩~14号台的场地进行平整,为第二批挖孔桩的施工创造条件。人工挖孔受场地制约较小,且能直观地观察桩基的地质变化,桩基是否位于构造破裂带上,是否须采用适当的措施,有了直观、清楚的鉴定依据。

方案三:从施工安全的角度,人工挖孔与钻孔同时施工作业,构成了安全隐患。因钻机的冲击、振动极易导致邻近的正在挖孔孔壁坍塌造成人员伤亡,同时人工挖孔进入弱风化岩或微风化岩施工时,必须采用爆破施工,爆破时的振动及冲击波将对正在钻孔施工的人员安全构成威胁,同时也易引起钻孔孔壁坍塌,故原则上不采用挖孔与钻孔同时作业。

综上所述,从施工设备及施工条件考虑,确定选择方案二。

任务一 深基础的主要类型与构造认知

当地基土层的基本承载力较低或者河床的冲刷深度较大,持力层埋置较深时,若采用明挖扩大基础,则开挖量较大,施工有较大的难度,造价不经济,并且很难保证施工安全,这时宜采用深基础。

铁路桥梁深基础主要包括桩基础和沉井基础。

 **桩基础**

1. 桩基础的特点和适用条件

桩基础(简称桩基)是桥梁工程中常用的基础,如图 9-1 所示。桩基的形式很多,大致可分为两大类:一类是桥梁整体式墩台采用的桩基础,如图 9-1a) 所示;另一类是排架式墩台采用的单排或多排桩基础,如图 9-1b) 所示,排架式墩台多用于城市立交桥和柔性墩桥。桩基的传力方式为上部结构的荷载通过承台板和桩,再传递到地基中,桩基础的施工需要较复杂的机具和设备,但可以节省材料和减少浅基础的开挖土石方量,施工过程中不会遇到浅基础中的防水、防渗漏等复杂问题,并且承载力高,沉降量小且均匀,可以承受较大的垂直和水平荷载等。

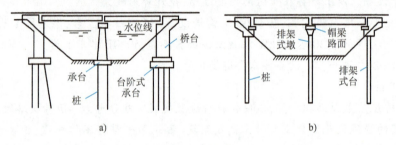

图 9-1 桩基础

桩基础的适用条件如下:
(1) 地基的上层土质太差而下层土质较好。
(2) 有较大的水平荷载及偏心荷载。
(3) 对不均匀沉降相当敏感的结构物。
(4) 有动力荷载和周期性荷载的结构物。
(5) 地下水位较高或者水中采用其他基础施工时排水有困难的结构物。
(6) 地基沉降对周围建筑物产生相互影响的状况。

2. 桩基础的分类

(1) 按桩身材料分类

桩基础有钢筋混凝土桩、预应力混凝土桩、木桩、钢桩、组合材料桩等几种类型。桥梁工程中的桩基础多采用钢筋混凝土和预应力混凝土桩。

(2) 按桩的承载性状分类

分为摩擦桩和柱桩(又称端承桩),如图 9-2 所示。摩擦桩是指桩端置于较软的土层中,其轴向荷载主要由桩侧摩擦阻力承担,桩底土的支承力起较小的作用;柱桩指桩底支承在坚硬土层(岩石)上,其轴向荷载可以认为是全部由桩底(或桩尖)地基来承担。

(3) 按施工方法分类

桩基础有打入(或振动下沉)桩、桩尖爆扩桩(图 9-3)、钻(挖)孔灌注桩和管柱等几种类型。打入(或振动下沉)桩一般采用预制桩(钢筋混凝土桩、预应力混凝土桩、木桩、钢桩),经锤击(或振动)将桩沉入土中;钻(挖)孔灌注桩是在现场就地钻(挖)孔,将钢筋笼放置于孔内,灌注混凝土成桩。

打入桩适用于中密、稍松砂土和可塑黏性土;振动下沉桩可用于砂土、黏性土和碎石土;桩尖爆扩桩可用于硬塑黏性土以及中密、密实的砂土;钻孔灌注桩适用于各类土层、岩层,但用于软土、淤泥和可能发生流沙的土层时,应先做施工工艺试验;挖孔灌注桩适用于无地下水或有少量地下水的不易坍塌土层。

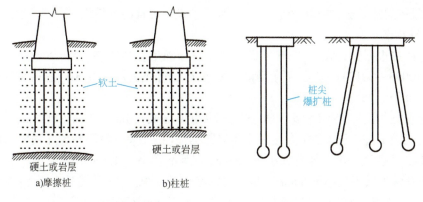

图 9-2 不同类型的桩基   图 9-3 桩尖爆扩桩

（4）按桩轴方向分类

分为竖直桩和斜桩（图 9-4）。当桩基承受较大水平外力时,可以采用斜桩,斜桩有单向和多向之分。钻（挖）孔灌注桩通常都设计为竖直桩。预制桩才可用斜桩,斜桩的斜度不宜过大,否则会给施工带来困难。

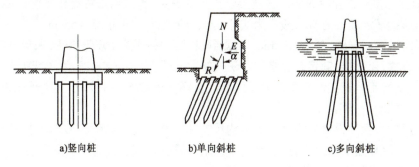

图 9-4 竖直桩和斜桩

（5）按承台底面所处的位置分类

桩基础有高桩式桩基础（图 9-5a）和低桩式桩基础（图 9-5b）之分。高桩式桩基础指承台底面（基桩的顶面）位于地面或局部冲刷线以上的桩基础,简称为高桩承台;反之称为低桩式桩基础,简称为低桩承台。

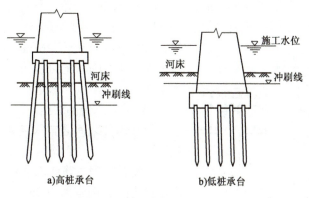

图 9-5 高桩承台和低桩承台

3. 桩基础构造

桩基础由承台与桩群构成,如图 9-5 所示,桩基中的桩通常称为基桩。承台用于连接桩顶,将外荷载传递给基桩,并用以校正墩台身和桩的设计位置因基桩施工误差产生的偏差。

(1) 基桩构造

桩的直径应根据受力大小、桩基形式和施工条件确定。根据《铁路桥涵地基和基础设计规范》(TB 10093—2017) 的规定,钻孔灌注桩的设计桩径不宜小于 0.8m;挖孔灌注桩的直径或边宽不宜小于 1.25m。

钻孔灌注桩的设计桩径(即钻头直径)一般采用 0.8m、1.0m、1.25m 和 1.5m,挖孔灌注桩的直径或边宽则不宜小于 1.25m。主筋采用光圆钢筋(挖孔灌注桩不考虑此项要求),必要时也可采用螺纹钢筋。主筋直径不宜小于 16mm,净距不宜小于 120mm,任何情况下不应小于 80mm,主筋净保护层不应小于 60mm。桩身主筋尽量不用束筋,在满足最小间距的情况下,尽可能采用单筋、小直径钢筋,以提高桩的抗裂性。为增大钢筋笼的刚度,顺钢筋笼长度每隔 2~2.5m 加一道直径为 16~22mm 的骨架钢筋。桩身主筋可按桩身内力分段配筋,若在施工中为了预防钢筋笼被混凝土顶起,最好还是将一部分主筋伸至桩底,且其下端做成弯钩状。

预制钢筋混凝土桩有普通钢筋混凝土管桩和预应力混凝土管桩两种,都是在工厂用离心旋转法制造的,普通钢筋混凝土管桩节端有法兰盘,可在工地用螺栓接长,一般可拼接到 16~30m,个别情况可接长到 40~50m。桩端接以预制的桩尖,也是用法兰盘和螺栓与管节连接。

预制普通钢筋混凝土方桩一般多为实心,方桩的边长一般为 25~55cm,工厂预制桩受到运输条件限制,桩长一般不超过 13.5m。若受到施工条件限制可分节制造,采用套筒、暗销或榫接等接头方式,用焊接、锁定或胶结的方法拼接。对于大尺寸的方桩,为了减轻自重,可采用空心桩,桩的下端带有桩尖。桩身混凝土强度等级不低于 C25,配筋率不宜小于 0.8%。

(2) 承台构造

承台的尺寸和钢筋设置应根据上部结构尺寸和荷载大小,除满足抗冲切、抗剪切、抗弯承载力外,尚应满足构造要求。根据设计经验,铁路桥梁桩基础承台的厚度不宜小于 1.5m,一般厚度为 1.5~3m,混凝土的强度等级不应低于 C30。

承台计算中一般按刚性结构处理,为此承台的厚度应满足承台底面处桩顶的外缘位于自承台顶面处墩台身外缘向下按 45°扩散的范围内。当承台过厚时可做成台阶式。

为了防止承台因桩顶荷载作用发生压碎和断裂等情况,在混凝土承台的底部应设置一层钢筋网(如有水下封底混凝土时,则在此封底混凝土之上),此项钢筋网在顺桥方向和垂直桥方向每 1m 宽度可采用 1500~2000mm² 的钢筋,如图 9-6 所示。承台桩基布置在满足刚性角的情况下,承台底部应布置一层钢筋网。设计时可按下述原则布置:当钻孔桩桩径为 1.0m 时,钢筋直径不应小于 16mm;当钻孔桩桩径为 1.25m 或 1.5m 时,钢筋直径不应小于 20mm。钢筋间距宜为 100mm。

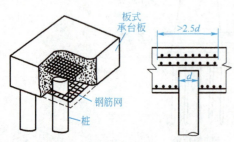

图 9-6 承台板钢筋网

(3) 桩与承台的联结

桩和承台之间通常采用刚性联结,其联结的方式有两种:

① 基桩桩顶主筋伸入承台内。一般桩的桩身伸入承台内的长度宜为 100mm,桩顶伸入承台内的主筋长度(算至弯钩切点),应根据桩基采用的钢筋种

类及混凝土等级选用适宜的钢筋锚固长度。箍筋的直径不应小于8mm,箍筋的间距可采用150～200mm。钢筋最小锚固长度应符合表9-1的规定。

钢筋最小锚固长度（mm） 表9-1

钢筋种类		HPB300			HRB400			HRB500		
混凝土等级		C25	C30、C35	≥C40	C25	C30、C35	≥C40	C25	C30、C35	≥C40
受压钢筋（直端）		30d	25d	20d	35d	30d	25d	40d	35d	30d
受拉钢筋	直端	—	—	—	45d	40d	35d	50d	45d	40d
	弯钩端	25d	20d	20d	30d	25d	20d	35d	30d	25d

注：1. 当带肋钢筋直径大于25mm时，其锚固长度应增加10%。
   2. 采用环氧树脂涂层钢筋时，受拉钢筋最小锚固长度应增加25%。
   3. 当混凝土在凝固过程中易受扰动时，锚固长度应增加10%。
   4. d为钢筋直径。

伸入承台的主筋可以做成喇叭形或竖直形,如图9-7所示。喇叭形受力较好,竖直形施工方便,特别是对于靠近承台边缘处的桩布置有利。这种联结方式比较牢固,多用于钻(挖)孔灌注桩。

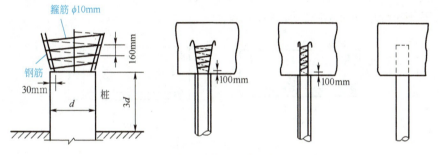

图9-7 桩与承台的联结

②基桩桩顶直接埋入承台内。这种联结方式比较简单,多用于打入预应力混凝土桩。为了保证联结可靠,其桩顶埋入的长度应满足以下规定：当桩径小于0.6m时,不得小于2倍的桩径；当桩径为0.6～1.2m时,不得小于1.2m；当桩径大于1.2m时,不得小于桩径。承受拉力的桩与承台的联结,应满足抗拉强度的要求。当桩顶直接埋入承台内,且桩顶作用于承台的受压应力超过承台混凝土的局部承压应力时,应在每一根桩的顶面以上设置1～2层直径不小于12mm的钢筋网,钢筋网的每边长度不应小于桩径的2.5倍,其网孔为100mm×100mm～150mm×150mm,如图9-6所示。

4. 桩的平面布置

桩基础中,基桩的平面布置形式有行列式和梅花式。钻孔灌注桩的设计桩径宜应根据技术、经济及施工设备综合确定(目前国内最大桩径已经达到3.5m)；挖孔灌注桩的直径或边宽不宜小于1.25m。桩在承台中的平面布置多采用行列式,以利于施工；如果承台底面积不大,需要排列的桩数较多,按行列式布置不下时,可采用梅花式排列,如图9-8所示。但桥台桩基础中基桩的布以行列式为好。

各类桩在承台底面处的中心距不应小于1.5倍的桩径。打入桩的桩尖中心距不应小于3倍桩径；振动下沉于砂类土的桩,其桩尖中心距不应小于4倍桩径；桩

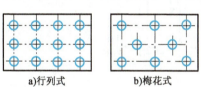

图9-8 桩的平面布置

尖爆扩桩的桩尖中心距应根据施工方法确定,桩尖的最大中心距离通常不大于 5~6 倍的桩径;钻(挖)孔灌注的摩擦桩中心距不应小于 2.5 倍设计桩径;钻(挖)孔灌注柱桩的中心距不应小于 2 倍设计桩径。

各类桩的承台边缘至最外一排桩的净距,当桩径不大于 1m 时,净距不应小于 $0.5d$,且不应小于 $0.25m$;当桩径大于 1m 时,净距不应小于 $0.3d$,且不应小于 $0.5m$。对于钻孔灌注桩,d 为设计桩径,对于矩形截面的桩,d 为桩的短边宽。

成孔桩径是指桩在成孔后的平均直径。对于钻孔桩来说,它按施工时钻头类型分别按设计桩径(通常指钻头直径)增大下列数值:旋转锥 3~5cm,冲击锥 5~10cm,冲抓锥 10~15cm,挖孔桩的成孔桩径等于设计桩径。对于钻孔桩,计算桩周摩擦力、桩身自重、桩的间距时采用成孔桩径;计算桩身内力、桩底支承力、桩身材料强度等时,采用设计桩径。

摩擦支承管柱的中心距采取管柱外径的 2.5~3 倍,嵌入岩层支承管柱的中心距取为管柱外径的 2 倍。

一般情况下,对于承台底面高于天然地面的桥台桩基础,应考虑天然地面以上桩身直接承受桥台后面路基的土压力。为了使桩基础受力有利,对于采用相同桩数的桩基础,应尽可能减少直接承受桥台后面路基土压力的基桩数目。一般来讲,桥台桩基最好布置成如图 9-9a)所示的形式,而不布置成如图 9-9b)所示的形式。

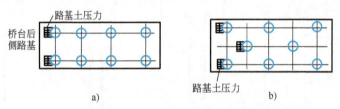

图 9-9 桥台桩基的布置

建于软土和软弱地基中的桥台桩基可能因路基(特别是高路基)的竖向压力引起路基下地基作用于基桩侧面的侧向土压力,致使桩基向桥梁中心方向移动,导致桥台前墙与梁之间预留的空隙减小或二者互相顶住,或致使台身倾斜。为了避免发生这些情况,应设置顺桥梁中心倾斜的斜桩(如预制打入桩),以抵抗由于路基竖向压力引起地基作用于桥台桩基础中基桩侧面的侧向土压力,导致桥台向桥梁中心移动。

三 沉井基础

1. 沉井的特点和适用条件

沉井基础是建造在墩、台位所在地面上或筑岛面上的井筒状结构物,一般由井壁、封底混凝土及钢筋混凝土顶盖等三部分组成,如图 9-10 所示。施工时从井孔中取土,借自重(也可采用泥浆润滑套、射水或空气带等措施)克服土对井壁的摩阻力而沉入土中,逐节接长、下沉至设计高程,经过封底、填充井孔、加井盖,成为墩台的基础。沉井基础的特点是刚度大,整体性强,抗震性能强,能够承受较大的竖直力、纵横向水平力。

沉井基础的适用条件:沉井基础与明挖基础的稳定性和永久性(除个别情况外),是没有差异的,一般情况下,沉井基础比明挖基础要

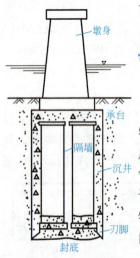

图 9-10 沉井基础

深一些。与桩基础相比,沉井基础有较大的横向抗力,可以下沉到 100~200m。沉井基础既适合于在岸滩及浅水条件下修建,也可采用浮运法在深水中修建;适合在不透水或透水性较小的土层中下沉。

2. 沉井基础的分类

(1) 按沉井的施工方法分类

沉井基础有就地制作沉井基础和浮式沉井基础之分。就地制作沉井就是直接在墩台位置的地面上制造沉井,并就地下沉;若在浅水区,可以先筑岛,在岛上制造沉井,然后下沉。浮式沉井就是当在深水区,无法筑岛时,采用在岸边制造井筒,浮运至桥墩设计位置后,取土下沉。有薄壁(钢筋混凝土、钢、钢丝网)浮式沉井和装有气筒的浮式沉井等。

(2) 按沉井的平面形状分类

沉井基础分为圆形沉井基础、矩形沉井基础和圆端形沉井基础。井孔的布置方式有单孔、双孔和多孔(图9-11)。圆形沉井受力均匀,当其四周承受相同的侧向压力时,井壁只受轴向压力;圆形沉井在下沉的过程中易于控制;圆形截面引起的河床局部冲刷深度较小;下沉过程中用机械挖土较方便,且有利于刃脚均匀地支承在土层上,沉井不易倾斜。缺点是与同面积的矩形沉井相比,圆形沉井基底压应力较大。圆形沉井一般适用于圆形或接近于方形的墩台基础,最适合于斜交桥梁和流向不稳定的河流。

矩形沉井结构简单,制作方便,对于基础受力和倾覆稳定有利。在外力和基底应力相同的情况下,矩形沉井的基底面积最小节省圬工。缺点是在井壁外土压力、水压力作用下,所受到的挠曲应力较大,需要布置较多的受力钢筋;矩形沉井引起的河床局部冲刷较大,四个角的土石对机械施工不利,下沉方向不易控制。因其与圆端形或矩形墩台身配合较好,宜在无流水或者流水较小的河流中采用。

圆端形沉井适用于圆端形的桥墩。它引起的河床局部冲刷量最小,但制作较麻烦,其优缺点介于矩形沉井和圆形沉井之间。

对于平面尺寸较大的沉井,可在沉井中设置隔墙,从而使沉井由单孔变成双孔或多孔。这样便于在井孔内均衡挖土,使沉井均匀下沉和在下沉过程中纠偏。

(3) 按沉井的立面形式分类

沉井基础有柱形沉井基础和阶梯形沉井基础,如图 9-12 所示。柱形沉井下沉时,井壁周围土体对井壁的摩阻力较大,下沉困难,适用于摩阻力较小的软弱土层。阶梯形沉井,适用于摩阻力较大的土层中。下沉时,由于逐节缩小,大大减少了井壁周围土层对井壁的摩阻力,利于沉井下沉。

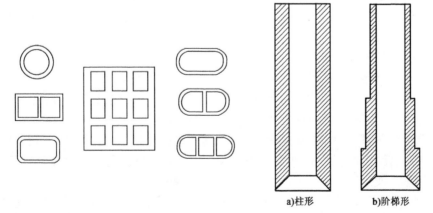

图 9-11 沉井的平面形状　　图 9-12 沉井的立面形式

(4) 按沉井所用的材料分类

沉井基础按其所用材料可分为无筋混凝土沉井基础、钢筋混凝土沉井基础、竹筋混凝土沉井基础和钢沉井基础。无筋混凝土沉井适用于下沉深度不大,一般为 4~7m 的松软土层,多做成圆形,当井壁足够厚时,亦可做成圆端形或矩形。钢筋混凝土沉井是最常用的沉井类型,是沉井能做成具有一定的刚度、材料得到合理利用的结构形式,当沉井平面尺寸较大时,可做成薄壁结构,采用压载、射水、泥浆润滑套、壁后压气等施工措施就地下沉或在水中浮运下沉,井壁、隔墙可分段(块)预制、工地拼装,做成装配式。钢筋混凝土沉井中的钢筋主要是在下沉过程中,承受井壁中的各种复杂荷载,一旦下沉到设计位置后,钢筋的作用就不太重要了;竹材是一种抗拉强度较高、耐久性较差、价格低廉的材料,我国南方各省盛产竹材,为了节约钢材,可以就地取材,用竹材代替钢材,即为竹筋混凝土沉井。钢沉井适用于空心浮运中所用的沉井,用钢量较大,一般较少采用。

3. 沉井基础构造

以常用的钢筋混凝土沉井为例,沉井通常由井壁、隔墙、刃脚、井孔、凹槽、封底、顶盖、射水管组和探测管、环墙等组成,如图 9-13 所示。

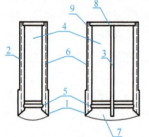

图 9-13 沉井的组成
1-刃脚;2-井壁;3-隔墙;4-井孔;5-凹槽;6-射水管组和探测管;7-封底混凝土;8-顶盖;9-环墙

(1) 沉井的轮廓尺寸

① 沉井的轮廓尺寸及形状,应根据墩台身底面的尺寸和形状及地基容许承载力来确定,并应考虑阻力较小、受力有利、简单对称、便于施工等因素。沉井棱角处一般宜采用圆角或钝角。沉井顶面襟边的宽度,应根据沉井施工容许误差和满足安装墩台身模板的需要而确定。

② 井孔的布置应与沉井中心线对称,以便均匀挖土和纠偏。井顶需设板式围堰者,井孔的布置尚应结合其围堰支撑结构统一考虑。井口是挖土的工作场所和排土的通道。井孔的大小一般应满足挖土机具所需要的净空和取土范围的要求。水下抓土时,各井孔的间距不应大于抓土机具所能及的范围。

③ 沉井高度。沉井顶面不宜高出最低水位,如地面高于最低水位且不受冲刷时,则不宜高出地面;沉井底面高程由冲刷深度(至少满足最小埋置深度要求)和地基容许承载力确定。较高的沉井,可分节制造和下沉,每节高度不宜大于 5~6m。

底节沉井不宜过高,一般为 4~6m。在松软土层中下沉的沉井,底节高度不应大于沉井短边宽度的 4/5。若底节沉井高度过大,沉井过重,会给模板的设置、岛面处理、抽垫和下沉(易发生倾斜)带来困难。

(2) 一般沉井的构造

① 井壁(也叫外墙)。它是沉井的主体部分,在下沉过程中起挡土、防水、压重等作用。施工结束后,井壁就成为沉井基础的主要承重部分。井壁的厚度应根据结构强度、下沉需要的荷重以及便于取土和清基确定,一般为 0.7~1.5m,厚者可达 2m 左右。

② 隔墙(也称内壁)。沉井隔墙将沉井分成两个或多个井孔,主要用以缩短井壁的跨度,减小井壁的挠弯矩,提高沉井的刚度,一般厚度为 0.8~1.2m。隔墙把沉井分成若干个取土井,可以均衡取土及纠正沉井在下沉过程中的倾斜和偏移。

隔墙底面距离刃脚底面的高度一般不小于 0.5m,必要时隔墙底部可设过人孔,以便各井孔内人员联络和排水。过人孔的大小一般为 1.0m×1.2m。当需要提高隔墙底面时,可在隔墙底部与刃脚联结处设置梗肋。采用土模制造底节沉井时,可将隔墙底面做成抛物线形或者梯形,这样不但起到了支承刃脚悬臂的作用,而且同时可以作为过人孔。在隔墙上,自顶部 2~3m 以下宜预设直径 200mm 的连通管或 0.2m×0.2m 的透水孔若干个,以便单孔抽水或吸泥下沉时,保持各个井孔水位一致。

③刃脚。井壁最下端的楔形部分称为沉井的刃脚,是沉井受力最集中的地方。在下沉过程中刃脚主要起切土下沉和支承作用。常用的刃脚有两种形式:带有踏面的钢筋混凝土刃脚和带有钢刃尖的钢筋混凝土刃脚,如图 9-14 所示。一般应根据沉井下沉所穿过土层的紧密程度和刃脚单位长度上土的竖直反力大小选用,以利切入土中。刃脚应具有一定的强度,以免在下沉中损坏。沉井在松软土层中下沉,宜采用带踏面的刃脚,踏面宽度不宜大于 150mm,并常以角钢或槽钢包护。对于不高的沉

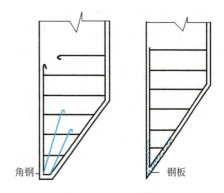

图 9-14 刃脚的形式

井且又在松软而无障碍物的土层中下沉,依据设计要求,刃脚内不需要设钢筋时,可以只设角钢和焊于其上的钢筋(间距 0.5~1.0m),如图 9-15a) 所示;沉井通过较紧密的土层,刃脚内需设置钢筋,如图 9-15b) 所示;沉井下沉较深,需沉入坚硬土层或岩层者,宜采用钢刃类的刃脚,如图 9-15c) 所示。沉井刃脚斜面与水平面的夹角不宜小于 45°,斜面高度视井壁厚度而定,并考虑便于抽除垫木和挖土。沉井需下至稍有倾斜的岩面时,在掌握岩面高低差变化后,可采用高低刃脚的沉井,使之与岩面相适应。

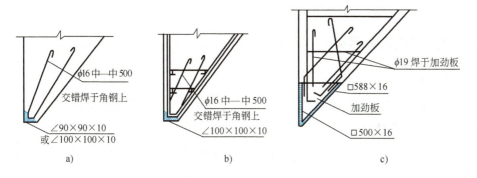

图 9-15 刃脚的构造

④凹槽。凹槽设置在井孔的下部,凹槽的主要作用是将封底混凝土下面基底反力传递至井壁上和增强封底混凝土与井壁的联结。下沉后不填实的沉井井孔,一般应设置凹槽;用混凝土或圬工填充的井孔可以不设凹槽。

在特殊情况下,沉井有可能改装为气压沉箱。这必须设置凹槽,其凹槽底面应距刃脚底面 5m 以上,高约 1.0m,深 0.15~0.25m,并预留连接铁件,以便设置气压沉箱工作室的顶板。

⑤环墙。沉井的顶部一般设置环墙,高度与井盖厚度相同,其壁厚根据受力情况决定。

⑥井顶围堰。当沉井顶面位于地面或筑岛面以下一定深度时,在环墙上需接筑井顶围堰,用于挡土或防水,井顶围堰可用木板或钢板桩等材料做成,视井顶在土面下的深度和是否要防水而定。井顶围堰的支撑布置,应结合井孔的布置统一考虑,尽量简化围堰支撑,不妨碍沉井取土。

⑦封底混凝土。沉井穿过无水或能将水抽尽的地层除采用干封底法外,一般封底采用导管法灌注混凝土。封底混凝土的厚度按力学条件计算,不宜小于井孔最小边的1.5倍。顶面应高出凹槽顶面0.5m。

⑧沉井填充物。井孔内可以保持中空、灌水或用土、砂石、混凝土(或片石混凝土)填充,井孔内填充混凝土的强度等级,一般不应低于C10。

⑨顶盖(又称封顶或井盖)。沉井顶盖的混凝土,必须在无水的情况下灌注。井孔若为实心时,井盖可用素混凝土或片石混凝土灌注;若为空心或灌水时,应设计为钢筋混凝土顶盖,可以采用预制的钢筋混凝土井孔盖板作为灌注沉井顶盖钢筋混凝土的底模板。钢筋混凝土顶盖的厚度一般为1.5~2.0m,钢筋的用量按照受力条件来确定。

⑩射水管组。沉井在砂土或黏砂土中下沉深度较大,预计沉井自重不足以克服下沉的摩阻力而采取压载措施又有困难时,可考虑在井壁内侧或外侧装设高压射水管组。它的主要作用是利用高压射水冲动井壁周围及刃脚下的土,以减小周围土层对井壁的摩阻力。射水管装设在井壁内,管口开在刃脚下端和井壁外侧,沿井壁均匀布置,并连成四个单独分离的管组,以便于控制射水部位,校正沉井的偏斜。

⑪探测管。在不排水下沉中,可在井壁内设置钢管或者预制管道作为探测管。其作用是探测井壁刃脚下和隔墙底面下的泥面高程,以便控制除土位置,并可探测基底高程,作为基底高程检验的依据;也可在探测管中安装射水管,起到射水管的功能;在封底后可以作为封底混凝土的质量检查孔。

任务二 钻孔灌注桩施工

一、施工方法及程序

1. 施工特点

钻孔桩的施工作业简单,水中、陆地均可施工,特别适合于复杂地层中的基础。

2. 钻孔机具的选择

钻孔桩施工时常用的钻机主要有冲击式钻机、旋转式钻机、冲抓式钻机等。各种钻机的适用情况见表9-2。

钻孔机具的适用范围 表9-2

钻机类型	适用范围
冲击式钻机	适用于各类土层及岩层、坡积岩、漂砾、卵石等地层,但在砂黏土、黏砂土地层钻进效率较低
旋转式钻机	适用于砂黏土、黏砂土及风化页岩等地层
冲抓式钻机	适用于黏砂土、砂黏土及砂夹卵(砾)石地层

3. 主要施工程序

在钻孔桩较多的大桥或者特大桥,宜先进行试钻及静载试验,以确定单桩承载力,选择机具和钻头,拟订施工工艺。旋转钻机钻孔时的主要施工程序见图9-16,冲击钻钻机钻进可省略泥浆拌制工序。

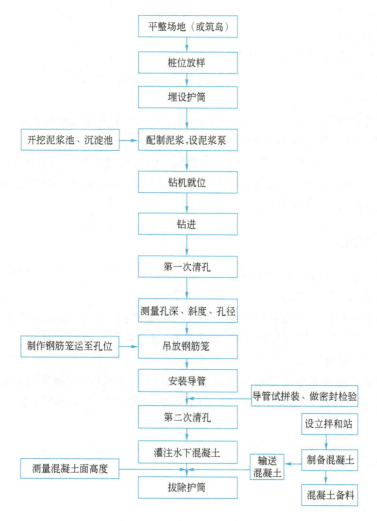

图 9-16 钻孔桩施工主要程序

施工准备

钻孔场地的施工准备事项如下：
(1) 在陆地上，应清除杂物，整平场地，如遇软土，适当处理。
(2) 在浅水中，宜用筑岛法施工，筑岛面积应按钻孔方法、钻机大小要求确定。
(3) 在深水中，可搭设工作平台。平台底宜在施工水位以上并应牢固稳定，能支承钻机和完成钻孔作业。如水流平稳，钻机可设在船上，但应锚固稳定。

制浆池、沉淀池和泥浆池，可设在桥的下游，也可设在船上或平台上。

设置护筒的几点注意事项如下：
(1) 钢护筒：在陆地或水中均可使用，筒壁厚度可根据钻孔桩孔径、埋深及护筒埋设方法选定，一般为 4~8mm，必要时可按钻孔桩孔径、埋设方法和深度通过计算确定。
(2) 护筒内径应大于钻头直径，护筒内径的取值应根据护筒的长度、允许的护筒斜率和施工工艺综合确定。

(3) 护筒顶宜高出施工水位或地下水位 2.0m，并高出施工地面 0.5m。其高度还应满足孔内泥浆面高度的要求。

(4) 护筒埋置深度应符合下列规定：

在岸滩上，黏性土、粉土不小于 1m，砂类土不小于 2m。当表面土层松软时，宜将护筒埋置在较坚硬密实的土层中至少 0.5m。

水中筑岛，护筒宜埋入河床面以下 1.0m 左右。在水中平台上设置护筒，可根据施工最高水位、流速、冲刷及地质条件等因素确定。必要时打入不透水层。

(5) 在岸滩上埋设护筒，应在护筒四周回填黏土，并分层夯实。可用锤击、加压、振动等方法下沉护筒。在水中平台上下沉护筒，应有足够高的导向设备，控制护筒位置。护筒允许偏差：顶面位置为 5cm，斜度为 1%。

三、钻机就位

安装钻机时，底架应垫平，保持稳定，不得产生位移和沉陷。钻头或者钻杆的中心与护筒顶面中心的偏差不得大于 5cm。

(1) 冲击钻机就位。冲击钻机一般都是利用钻机本身的动力与安设的地锚配合，将钻机移动大致就位，再用千斤顶将机架顶起，准确定位，使起重滑轮、钻头与护筒中心在同一垂直线上，以保证钻机的垂直度。

(2) 旋转钻机就位。当立好钻架并调整和安设好起吊系统，使起重滑轮和固定钻杆的卡孔与护筒中心在同一垂直线上后，将钻头吊起，徐徐放进护筒，开启卷扬机把转盘吊起，将钻头调平并对准钻孔。

四、泥浆制备

(一) 泥浆的作用

护壁泥浆是由高塑性黏性土或膨润土与水拌和的混合物，并根据需要掺入少量的其他物质，如增重剂、分散剂、增稠剂及堵漏剂等，以改善泥浆的品质。钻孔时，泥浆将钻孔内不同土层中的空隙渗填密实，使孔内漏水减少到最低程度，以保持护筒内较稳定的水压，泥浆的密度大于水的密度，在桩孔中的液面一定要高出地下水位 0.5~1m，由此产生的液柱压力可以平衡地下水压力，并对孔壁形成一定的侧压力，同时泥浆中胶质颗粒的分子，在泥浆的压力下渗入孔壁表层的孔隙中，形成一层泥皮，促使孔壁胶结，从而起到防止坍孔、保护孔壁的作用。除此之外，在泥浆循环排土时，还有携渣、润滑钻头、降低钻头发热、减少钻进阻力等作用。

在工程施工中，如果泥浆太稠，会增大钻头的阻力，影响钻进的速度，而且增加在孔壁或钢筋上的泥浆附着量，还会增加清孔工作的难度；反之，泥浆太稀，排渣能力将会降低，护壁的效果也会降低。所以应根据工程的具体情况，选择适当的泥浆指标。

(二) 泥浆指标要求

泥浆原料宜选用优质黏土，有条件时，可优先采用膨润土造浆。为了提高泥浆的黏度和胶体率，可在泥浆中投入适量的烧碱或碳酸钠，其掺量由试验决定。造浆后应检验全部性能指标。在钻进中,应随时检查泥浆相对密度和含砂率,并填写泥浆试验记录表。泥浆的性能根据不同的施工方法有不同的指标选择,规范规定如下。

(1) 泥浆相对密度:岩石不大于1.2,砂黏土不大于1.3,坚硬大漂石、卵石夹粗砂不宜大于1.4。

(2) 黏度:一般地层16~22s,松散易坍地层19~28s。

(3) 含砂率:新制泥浆不大于4%。

(4) 胶体率:不小于95%。

(5) pH值:大于6.5。

五 钻进

(一) 钻进前的准备工作

(1) 开钻前应检查钻机运转是否正常,钻机底架应保持水平,钻机顶端应用缆风绳对称拉紧。钻头或钻杆的中心与护筒顶面中心的偏差不得大于5cm。

(2) 对于孔径较大的桩基,冲击钻钻孔可以采用分径成孔的办法,但分径一般为两次。旋转钻钻孔,可分为一次成孔、先导钻后扩钻或先钻后扫等方法施工。

(3) 钻孔时,各个工序应紧密衔接,互不干扰,如采用多机作业时,应事先拟定钻孔顺序、钻机移动线路图。通常为了提高效益保证质量,把钻孔、安放钢筋笼、灌注水下混凝土三道工序连续完成后,再移动钻机。

(二) 钻进操作

钻机钻孔时,孔内水位宜高于护筒底脚0.5m以上或者地下水位以上1.5~2.0m;钻进时,起落钻头速度宜均匀,不得过猛或骤然变速,孔内出土,不得堆积在钻孔周围。因故停钻时,孔口应加护盖。钻孔应一次成孔,不得中途停顿,钻孔达到设计深度后,应对孔位、孔径、孔深和孔形等进行检查,并填写钻孔记录表,孔位偏差不应大于10cm。

1. 冲击钻机钻孔

冲击钻孔的程序,就是钻进→抽渣→投泥(泥浆)→钻进的反复循环以及辅助作业(检查孔径、钻具、修理机械设备、补焊接头等)的交错过程,关键问题是掌握冲程大小和抽渣时机。冲击钻机主要由桩架(包括卷扬机)、冲击钻头、掏渣筒、转向装置和打捞装置等组成。冲击钻机常用的型号有简易冲击钻(图9-17)、CZ型冲击钻(图9-18)及YKC型号,后两种钻机的主要技术指标见表9-3和表9-4。冲击钻钻头形式如图9-19所示。

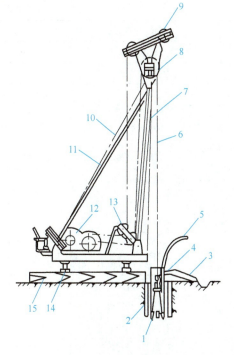

图9-17 简易冲击式钻机

1-钻头;2-护筒回填土;3-泥浆槽;4-溢流口;5-供浆管;6-前拉索;7-主杆;8-主滑轮;9-副滑轮;10-后拉索;11-斜撑;12-双筒卷扬机;13-导向轮;14-钢管;15-垫木

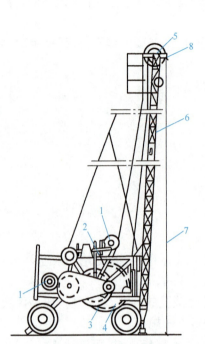

图 9-18 CZ-22 型冲击钻机
1-电动机；2-冲击机构；3-主轴；4-压轮；5-钻具滑轮；6-桅杆；7-钢丝绳；8-掏渣筒滑轮

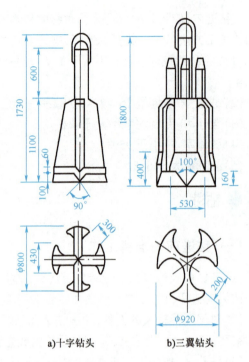

图 9-19 冲击钻钻头形式（尺寸单位：mm）
a) 十字钻头　　b) 三翼钻头

CZ 型冲击钻机技术性能

表 9-3

机型		CZ-30	CZ-22	CZ-20	简易冲击钻
钻孔最大深度(m)		500	300	300	
钻孔最大直径(mm)		763	559	508	
动力机		40WJQ93-9	22kWJQ73-6	20kWJQ2-72-6	
钻具最大重量(kN)		25	13	13	20~35
钻具冲程(mm)	最大	1000	1000	1000	4000
	最小	350	350	350	1000
冲击次数(次/min)		40、45、50	40、45、50		5~10
起重力(kN)	掏渣卷筒	30	20	20	30~50
	滑车卷筒	20	15	13	
提升速度(m/s)	钻具	1.24、1.47、1.56	1.18、1.32、1.47	0.52、0.58、0.65	
	掏渣筒	1.38、1.56、1.74	1.26、1.40、1.58	0.06、1.08、1.27	
	滑车钢绳	0.88、0.98、1.11	0.81、0.92、1.02		
钢丝绳直径(mm)	钻具卷筒	26	21.5	19.5	
	掏渣卷筒	21.5	15.5	13	
	滑车卷筒	17.5	15.5		
钻架高度(m)		16	12.5	12	
重量(kN)		130	74	61.8	50
生产厂家		沈阳矿山机械厂		洛阳、太原矿山机械厂	

YKC 型冲击钻机技术性能 表 9-4

型号		YKC-31	YKC-30	YKC-22	YKC-20
钻孔深度(m)			500、40~50	300	300
钻孔直径(mm)			400、800~1300	559	508
动力机功率(kW)		60	40	20	20
卷扬机	卷筒个数	2	3	3	2
	起重力(kN)	550、250	300、200	130、150、200	100、150
	提升速度(m/s)		1.24、1.41、1.56	1.18、1.32、1.45	0.52、0.58、0.65
冲击次数(次/min)		29、30、31	40、45、50	40、45、50	40、45、50
冲程(m)		1.0、0.8、0.6	1.0、0.8、0.7、0.5	0.35~1.0	0.45~1.0
钻机最大重量(kN)		30	十字形钻头 25	13	10
生产厂家			沈阳矿山机械厂	洛阳、太原矿山机械厂	北京探矿机械厂

开孔时，应在护筒中多加一些土块，如果地表土层疏松，还要混合加入一定数量的片石、卵石，然后注入泥浆或清水，借钻头的冲击把泥膏、石块挤入孔壁，以加固护筒脚。应采用小冲程慢冲开孔，使初成孔坚实、竖直、圆顺，能够起到导向作用，并防止孔口坍塌。钻进深度超过钻头全高加冲程后，方可进行正常的冲击成孔。坚硬漂、卵石和岩层应采用中、大冲程，松散地层应采用中、小冲程。钻进过程中，必须勤松绳、少量松绳，因为松多了可能减少冲程，松少了可能打空锤，损坏机具。在冲孔过程中要勤掏渣，使钻头经常冲击新鲜地层，勤保养机具，勤检查钢丝绳和钻头磨损情况，经常检查转向装置是否灵活，预防发生安全质量事故。每次松绳量，应根据地质情况、钻头形式、钻头质量决定应经常检查桩孔，钻进时应有备用钻头，轮换使用，钻头直径磨耗超过 1.5cm 时，应及时更换、修补钻头；更换新钻头前必须检查到孔底，方可放入新钻头。

吊钻的钢丝绳必须选用软性、优质、无死弯和无断丝者，安全系数不小于 1.2。钢丝绳和钻头的连接必须牢固，主绳与钻头的钢丝绳搭接时，两根绳径应相同，捻扭方向必须一致；为防止冲击振动使邻孔孔壁坍塌或影响邻孔已经浇筑混凝土的凝固，应等待邻孔混凝土浇筑完毕并达到 2.5MPa 抗压强度后方可开钻。

在碎石类土、岩层中宜用十字形钻头，在黏性土、砂类土层中宜用管形钻具。在砂类、卵石类、碎石类土层中，泥浆相对密度应大一些，可为 1.5 左右，冲程可以较大；在黏性土层中，冲程不宜过大。在钻到砂层或淤泥层时，应多投黏土并掺片石、卵石投入孔内，用小冲程将黏土和片石、卵石挤进孔壁加固。

在岩层中钻进，可用大冲程，在不损坏钻头的情况下，可以高提猛击，增加冲击能量，加快进度。冲程一般在 3m 以上，但不能过高，泥浆相对密度一般在 1.3 左右。如果岩层倾斜，可向孔内回填与岩层硬度相同的片石、卵石，必要时可回填高 0.3~0.5m 的混凝土，凝固后，用小冲程快打的方式，待冲平岩面后，方可加大冲程钻进，以免发生钻孔偏斜。

孔内遇到坚硬的大漂石时，可回填硬度与漂石相当的片石、卵石后，高提猛击，或用大小冲程交替冲击，能将大漂石破碎成钻渣或挤进孔壁，如不见效，则应考虑水下爆破的方式，破碎大漂石。

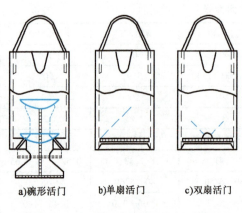

a) 碗形活门　b) 单扇活门　c) 双扇活门

图 9-20　掏渣筒

当采用分径成孔时,第一级成孔的钻头直径可为第二级(设计孔径)钻头直径的 40%~60%;第二级成孔,则用第二级钻头在已经成孔的第一级钻孔中扩钻。由于小孔造成了临空面,故扩孔较快,但也会产生较大粒径的土石填于孔底,造成难以钻进的情况。所以,可在第二级钻孔前,向第一级孔内填塞 1/3~1/2 孔深。

掏渣筒的主要作用是捞取被冲击钻头破碎的孔内钻渣。它主要由提梁、管体、阀门和管靴等组成。阀门有多种形式,常用的形式有碗形活门、单扇活门和双扇活门等,如图 9-20 所示。

2. 旋转钻机钻孔

正反循环旋转钻机适用于黏性土、砂类土及碎石类土,可根据地质条件、钻孔直径、钻进深度选用钻机和钻头。钻机的起重滑轮和固定钻杆的卡机,应在同一垂直线上,保证钻孔垂直。开钻时宜低挡慢速钻进,钻至护筒下 1m 后,再以正常速度钻进。在钻进过程中,应经常注意土层变化,对不同的土层采用不同的钻速、钻压、泥浆相对密度和泥浆量;在砂土、软土等容易坍孔的土层宜采用低挡慢速钻进,同时提高孔内水头,加大泥浆相对密度。

(1) 正循环旋转钻机钻孔,如图 9-21 所示。

正循环法是从地面向钻管内注入一定压力的泥浆,泥浆压送到孔底后,与钻孔产生的泥渣搅拌混合,然后经由钻管和孔壁之间的空腔上升并排出孔外,混有大量泥渣的泥浆可以重复使用。正循环钻机主要由动力机、泥浆泵、卷扬机、转盘、钻架、钻杆、水龙头和钻头等组成。正循环法的泥浆循环系统由泥浆池、沉淀池、循环槽、泥浆泵等设备组成,并有排水、清洗、排污等设施。

钻机安装就位后,经检查合格,就可在钻杆上端接装提引水龙头,然后在水龙头上端连接输浆胶管,并将提引水龙头的吊环挂到滑车吊钩上。取走转盘中心方形套,将吊起的钻杆放入转盘内,并将钻头连接在钻杆下端。

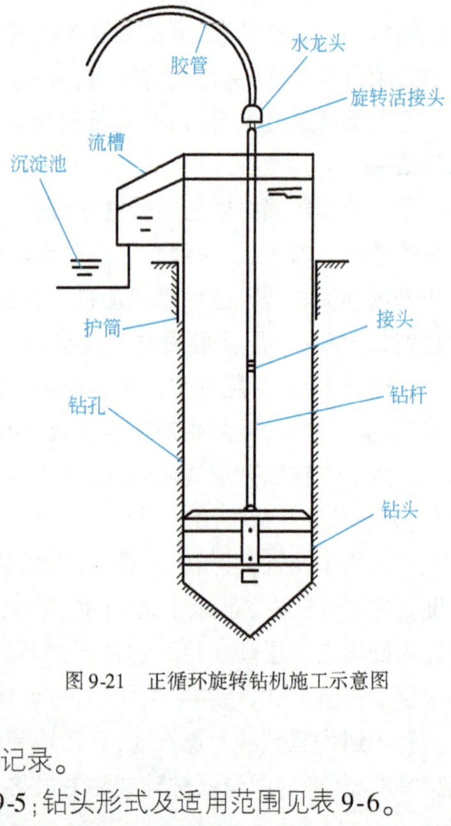

开始钻进前,应先启动泥浆泵,使泥浆进行循环,然后开动转盘,旋转正常后,即可进行钻进。初钻时,应稍提起钻杆,不可钻进太快,并要经常检查钻杆的垂直度,以保证钻孔竖直。在不同土层应根据具体情况控制调节钻进的速度。每钻进 2m 或地层变换处,均应捞取钻渣样品,查明土层类别,并做好记录。

常用正循环钻机的型号、规格和技术性能,见表 9-5;钻头形式及适用范围见表 9-6。

图 9-21　正循环旋转钻机施工示意图

常用正循环钻机的型号、规格和技术性能　　　　　　　表9-5

钻机型号	钻孔直径(mm)	钻孔深度(m)	转盘扭矩(kN·m)	提升能力(kN) 主卷扬机	提升能力(kN) 副卷扬机	驱动动力功率(kW)	钻机质量(kg)	生产厂
GPS-10	400~1200	50	8.0	29.4	19.6	37	8400	上海探机
SPJ-300	500	300	7.0	29.4	19.6	60	6500	上海探机
SPC-500	500	500	13.0	49.0	9.8	75	26000	上海探机
SPC-600	500	600	11.5			75	23900	天津探机
GQ-80	600~800	40	5.5	30.0		22	2500	重庆探机
XY-5G	800~1200	40	25.0	40.0		45	8000	张家口探机

钻头形式及适用范围　　　　　　　表9-6

钻头形式		适用范围
合金全面钻进钻头	双腰带翼状钻头	黏土层、砂土层、砾砂层、粒径小的卵石层和风化基岩
	鱼尾钻头	黏土层和砂土层
合金扩孔钻头		砂土层、卵石层和一般岩石地层
筒状肋骨合金取芯钻头		砂土层、卵石层和一般岩石地层
滚轮钻头		软岩、较硬的岩层和卵砾石层，也可用于一般地层
钢粒全面钻进钻头		适用于中硬以上的岩层，也可用于大漂砾或大孤石

(2)反循环旋转钻机钻孔，如图9-22所示。

反循环法是将钻孔时孔底混有大量泥渣的泥浆通过钻管的内孔抽吸到地面，新鲜的泥浆则由地面直接注入桩孔。反循环吸泥法有三种方式：空气提浆法、泵举反循环法和泵吸反循环法，前两种方法较常用。反循环钻机由钻头、加压装置、回转装置、扬水装置、接续装置和升降装置等组成。

空气提浆法是在钻管底端喷吹压缩空气，当吹口沉至地下6~7m时即可压气作业，气压一般控制在0.5MPa，由此产生相对密度较小的空气与泥浆的混合体，形成管内水流上升，即"空气升液"。当钻至设计高程后，钻机停止运转，压气出浆继续工作至泥浆密度至规定值为止。

泵举循环法为反循环排渣中最为先进的方法之一，施工时，砂石泵随主机一起潜入孔内，可迅速将切碎泥渣排出孔外，钻头不必切碎土成为浆状，钻进效率很高。它系将潜水砂石泵同主机连接：开钻时采用正循环开孔，当钻深超过砂石泵叶轮位置以后，即可启动砂石泵电机，开始反循环作业。当钻至设计高程后，停止钻进，砂石泵继续排泥，达到要求为止。

泵吸反循环是将钻管上端用软管与离心泵连接，并可连接真空泵，吸泥时是用真空将软管及钻杆中的空气排出，再启动离心泵排渣。

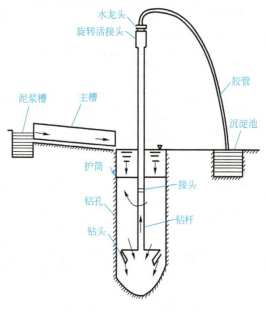

图9-22　反循环旋转钻机施工示意图

首先,启动主卷扬机,用吊钻杆销具把提引水龙头和第一节钻杆吊起并放进钻盘方孔中,在钻杆下端连接好钻头,在上端连接好提引水龙头。把钻头降入护筒中,在转盘内装好方形套架紧钻杆。将钻头提高距孔底约20cm,关紧出水控制阀和沉淀室放水阀,使管路封闭。打开真空管路阀门,使气水畅通,然后启动真空泵,抽出管路内的气体,把水引进泥石泵,然后按照程序启动泥石泵,达到规定压力后,打开出水控制阀,把管路中的泥水混合物排到沉淀池,待反循环流动形成后,启动钻机并选择适当挡位驱动钻杆顺时针旋转开始钻进。钻杆下入井孔后,先停止转盘转动,并使反循环延续1~2min,然后停止泥石泵接长钻杆。对于不同的土层,可以采用不同挡位的钻速钻进,在钻进过程中应做好钻进记录。

常用反循环钻机型号、规格及技术性能见表9-7,钻头形式及适用范围见表9-8。

常用反循环钻机型号、规格及技术性能 表9-7

钻机型号	钻孔直径(mm)	钻孔深度(m)	转盘扭矩(kN·m)	驱动动力功率(kW)	质量(kg)	生产厂
QJ250	2500	100	68.6	95	13000	郑州勘机厂
ZJ150-1	1500	70~100	3.5、4.9、7.2、19.6	55	10000	郑州勘机厂
红星-400	650	400	2.5、3.5、5.0、13.2	40	9700	郑州勘机厂
SPC-300H	500 700	200~300 80		118	15000	天津探机厂
GJC-4011F	1000~1500	40	14.0	118	15000	天津探机厂
GJC-4011	500~1500 700	300~400 80	98.0	118	15000	天津探机厂
GPS-15	800~1500	50	17.7	30	15000	上海探机厂
G-4	1000	50	20.0	20		无锡探机厂
BRM-08	1200	40~60	4.2~8.7	22	6000	武汉桥机厂
BRM-1	1250	40~60	3.3~12.1	22	9200	武汉桥机厂
BRM-2	1500	40~60	7.0~28.0	28	13000	武汉桥机厂
BRM-4	3000	40~100	15.0~80.0	75	32000	武汉桥机厂
BRM-4A	150~3000	40~80	15、20、30、40、55、80	75	61877	武汉桥机厂
GJD-1500	150~2000	50	39.2	63	20500	张家口探机厂

钻头形式及适用范围 表9-8

钻头形式	适用范围
多瓣式钻头(蒜头式钻头)	一般土质(黏土、粉土、砂和砂砾层),粒径比钻杆小10mm左右的卵石层
三翼式钻头	N值小于50的一般土质(黏土、粉土、砂和砂砾层)
四翼式钻头	硬土层,特别是坚硬的砂砾层(无侧限抗压强度小于1000kPa的硬土)
抓斗式钻头	用于粒径大于150mm的砾石层
圆锥形钻头	无侧限抗压强度为1000~3000kPa的软岩(页岩、泥岩、砂岩)
滚轮式钻头(牙轮式钻头)	特别硬的黏土和砂砾层及无侧限抗压强度大于2000kPa的硬岩
并用式钻头	土层和岩层混合存在的地层
扩孔钻头	专用于一般土层或专用于砂砾层

六、抽渣

被钻头冲碎的钻渣,一小部分和泥浆一起被挤进孔壁,大部分是悬浮在钻孔下部的泥浆中,需要依靠抽渣筒清除到孔外。在开孔阶段,为了使钻渣泥浆尽量挤入孔壁,应少抽渣,待钻进 4～5m 后应勤抽渣。孔底沉渣太厚,就会影响钻头冲击新鲜土层,同时会使泥浆变稠,吸收钻机钻进能量,影响钻进尺度。一般情况下,每进尺 0.5～1m 抽渣一次,也可以根据土层和钻进尺度确定抽渣次数。抽渣时应注意下列事项:

(1)及时向孔内增加泥浆或清水,以保证水头高度。如果是向孔内投放黏土自行造浆,应逐渐投放黏土,不宜一次倒进很多黏土,以免发生吸钻。

(2)在黏土来源困难的地方,应采取措施,将泥浆流回孔中重复利用,节省黏土。

(3)抽渣前后,钻头和抽渣筒应轻轻放置适当地方,不可猛落以免发生事故。

七、常见钻进事故的处理方法

(一)坍孔(孔壁坍落)

在不良地层(如软土、细砂、粉砂及松软堆积层)中钻孔,容易发生坍孔。在开钻阶段坍孔,会使护筒沉陷、歪斜,失去导向作用,造成偏孔;在正常钻进中坍孔,会造成扩孔及埋钻事故;在灌注混凝土时坍孔,则会造成断桩。当在钻进中发现孔内水位突然下降,水面冒细密水泡,钻具进尺很慢(或不进尺),有异常声响等现象时,表示可能发生了孔壁坍落现象,应立即停钻处理。钻孔中发生坍孔后,应查明原因和位置,进行分析和处理。坍孔不严重时,可加大泥浆比重继续钻进,严重者应回填重钻。

1. 坍孔原因

(1)护壁泥浆面高度不够或者泥浆密度和浓度不足,对孔壁的压力小,起不到可靠的护壁作用。

(2)护筒的埋置深度不够(埋设在砂或者粗砂层中)或者护筒周围未用黏土回填夯实。

(3)钻头、抽渣筒经常撞击孔壁。

(4)孔内水头高度不够或者向孔内加水时,流速过大并直接冲刷孔壁。

(5)射水(风)时压力太大,延续时间太长,引起孔壁(尤其是护筒底附近)坍孔。

(6)钻头转速过快或空转时间过久,易引起钻孔下部坍塌。

(7)安放钢筋笼时碰撞了孔壁。

(8)排除较大障碍物形成较大的空洞而漏水,使孔壁坍塌。

(9)清孔吸泥时风压、风量过大,工序衔接不紧,拖延时间等,也易引起坍孔。

2. 预防和处理方法

(1)坍孔主要是由于施工操作不当造成的,以下六句话可供预防坍孔时参考:"埋设护筒是关键,莫把孔内水位变,把好泥浆质量关,孔口周围水不见,吸泥射水掌握好,精心操作处处严"。

(2)将护筒的底部置入黏土中 0.5m 以上。

(3)在松散的粉砂土或流砂地层中钻进,应控制进尺,选用较大密度、黏度、胶体率的优质泥浆,在有地下水流动的流沙地层,选用相对密度大、黏度高的泥浆。

(4) 钻进中,井孔内保持足够的水头高度,埋设的护筒符合规定,终孔后仍保持一定的水头高度并及时灌注水下混凝土,向井孔内注水时,水管不直接射向孔壁。

(5) 成孔速度应根据地质情况选取。

(6) 坍塌严重者,须用黏土加片石回填至坍塌部位以上 0.5m 重钻;必要时,也可下钢套管护壁,在灌注水下混凝土时,随灌随将套管拔出。

(7) 发生孔口坍塌时,立即拆除护筒并回填钻孔,重新埋设护筒后再钻进。发生钻孔内坍塌时,根据地质情况,分析判断坍孔的位置。然后用砂黏土混合物回填钻孔到超出坍方位置以上为止,并暂停一段时间,使回填土沉积密实,水位稳定后,再继续钻进。

(二) 梅花孔(图 9-23)

1. 产生原因

(1) 钻进中没有适应地层情况,猛冲猛打,钻头转动失灵,以致不转动;总在一个方向上下冲击,泥浆太稠,妨碍钻头转动。

(2) 冲程太小,钻头刚提起又放下,得不到转动的充分时间,很少转向等;梅花孔在硬黏土或基岩中,在漂卵石、堆积层中钻孔都比较容易出现。

2. 预防和处理方法

(1) 根据地层情况,采用适当的冲程,同时加强钻头的旋转,采用大捻角的钢丝绳做大绳,并使用合金套活动接头连接钻头,保证转动灵活。

(2) 加大钻头的摩擦角,以减少钻头与孔壁的摩擦力,随时调整泥浆稠度。

(3) 一旦出现梅花孔,应回填片石至梅花孔顶部以上 0.5m,用小冲程重钻。

(三) 弯孔与斜孔(图 9-24)

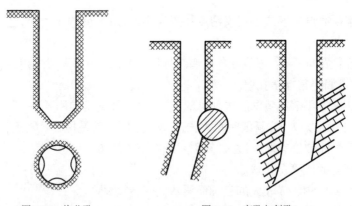

图 9-23 梅花孔　　图 9-24 弯孔与斜孔

1. 产生原因

(1) 产生偏斜的原因主要有地质条件、技术措施和操作方法等几方面造成。

(2) 在钻进过程中,由于缆风绳松紧不一致,钻机不稳,产生位移或不均匀沉陷,又未及时纠正。

(3) 遇到软硬不均地层或探头石、岩层倾斜不平等原因,造成成孔不直。

(4) 开孔时,钻头安放不平,使钻杆和钻头沿着一定偏斜方向钻进。

(5)机架底座支承不均,钻具连接后不垂直,都会发生钻孔偏斜。

2. 预防和处理方法

(1)安装钻机时,应使钻盘顶面完全水平,立轴中心同钻孔中心必须在同一铅垂线上。

(2)开钻时,钻杆不可过长,以免钻杆上部摇动过大,影响钻孔垂直度。

(3)钻进中要经常检查钻机位置有无变动,钻头弹跳、旋转是否正常。

(4)地层有无变化,预先探明地下障碍物情况并预先清除干净。

(5)钻杆、接头应逐个检查,弯曲和有缺陷的均不得使用。

(6)遇到有倾斜度的软硬变化的地层,特别在由软变硬地段,应控制进尺并低速钻进。

(7)加强技术管理,钻进时必须经常检查钻孔情况,发现偏斜,及时纠正。

(8)发现钻孔偏斜后,应先查清偏斜的位置和偏斜程度,然后进行处理。目前处理钻孔偏斜多采用扫孔法,即将钻头提到出现偏斜的位置,吊住钻头缓缓旋转扫孔,并上下反复进行,使钻孔逐渐正位。

(9)向钻孔回填黏土加卵石到偏斜的位置以上,待沉积密实后,提住钻头缓缓钻进。

(10)弯孔不严重时,可重新调整钻机继续钻进,发生严重弯孔、探头石时,应回填修孔,必要时应反复几次修孔,回填黏土加硬质带角棱的石块,填至不规则孔段以上0.5m,再用小冲程重新造壁;在基岩倾斜处发生弯孔时,应用混凝土回填至不规则孔段以上0.5m,待终凝后重新钻孔。

(11)在地质软硬不均情况下,应在钻杆上安装导向预防斜孔。

(四)卡钻

卡钻分为上卡和下卡两种,如图9-25所示。

1. 产生原因

(1)上卡多由于坍孔落石,使钻头卡在距孔底一定高度上,往上提不动,但可以向下活动。如果出现探头石,提钻过猛,会使钻刃挤入孔壁被卡住。这时,钻头既提不上来也放不下去。

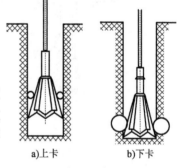

图9-25 卡钻

(2)下卡是钻头在孔底被卡住,上下都不能活动。产生下卡的主要原因,是由于钻头严重磨损未及时焊补,形成孔径上大下小,孔壁倾斜,此时如用焊补后的钻头(直径增大)钻孔,很可能被孔壁挤紧而卡住。另外,孔底形成较深的十字槽也会造成下卡。

2. 预防和处理方法

(1)要经常检查钻头直径,如磨损超过规定(小于直径3cm)时应及时焊补。

(2)发生卡钻后,应查清被卡的位置和性质,不可强提硬拉,以免造成断绳掉钻,或越卡越紧的不利情况。

(3)对于落石引起的上卡,可放松并摇动大绳使钻头慢动或转动再上拉;因探头石引起的上卡,可用小钻头把探头石冲碎或用重物冲动钻头使之下落,转动一定角度后再上提;如在孔底卡钻,则须下钢丝绳套住钻头,利用另立的小扒杆(或吊车)绞车与钻机上的大绳一起同时上提。

(4)钻头下卡时,先用吸泥机吸泥和清除钻渣,强提前必须加上保护绳,防止拉断大绳而掉钻,强提支撑使用枕木垛时,它的位置要离开孔口一定距离,以免孔口受压而坍塌。如钻机的起重能力不够，为了加大上拔力，可以采用滑车组、杠杆、滑车与杠杆联合使用、千斤顶等起重设备提钻，如图 9-26 ~ 图 9-29 所示。

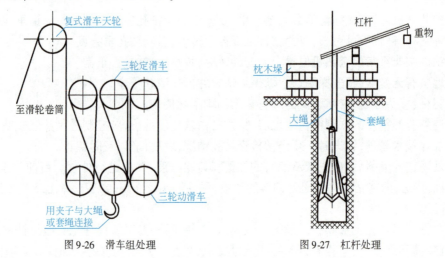

图 9-26 滑车组处理　　　　图 9-27 杠杆处理

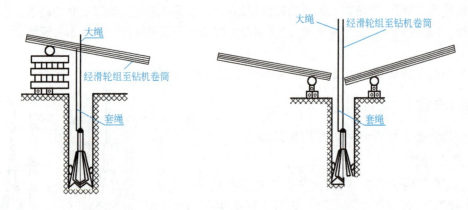

图 9-28 滑车与杠杆联合处理

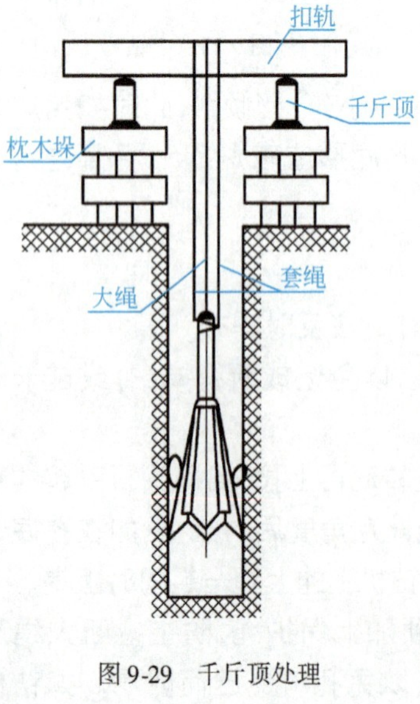

(5) 处理卡钻时为防止孔口受压发生坍塌，可用枕木在孔口两侧各搭枕木垛一个。搭枕木垛时，底层的枕木应垂直孔口安放，各枕木之间用扒钉钉牢，成为一个整体结构；两枕木垛之间应加支撑，保持两枕木垛的稳定，横梁所采用的型钢（或钢轨）规格，应根据跨度、工地存料情况确定。用千斤顶顶拔时，应慢慢进行，不可一直顶拔，以减少土的压力和摩阻力。

(五) 掉钻

1. 产生原因

(1) 卡钻时强提、强扭。

(2) 操作不当使钢丝绳或钻杆疲劳断裂。

(3) 钻杆接头不良或滑丝。

图 9-29 千斤顶处理

(4) 发电机接线错误,使不应反转的钻机反转,钻杆松脱。
(5) 冲击钻头合金套质量差,钢丝绳拔出。
(6) 转向环、转向套等焊接处断开。
(7) 钢丝绳与钻头连接钢丝夹子数量不足或松弛等。

2. 预防和处理方法

(1) 在钻进过程中,一定要遵守操作规程,并勤检查,发现问题应及时进行处理,并在接头处设钢丝绳保险,或在钻杆上端加焊角钢、钢筋环等。

(2) 在钻进中,如发现缓冲弹簧突然不伸缩,钢丝绳松弛,则表明钻头掉落。应立即停机检查,找出原因,测量掉钻部位,探明钻头在井中的情况,立即组织人力进行处理,以防时间过长,沉渣埋住钻头。

(3) 掉钻后,钻头可采用捞叉、捞钩、绳套、夹钳等工具捞取。

(六) 流沙

1. 产生原因

当钻头通过细砂或粉砂层时,由于孔外渗水量大,孔内水压低,容易发生流沙,使钻进很慢,甚至钻孔被流沙填高,严重者,钻孔会被流砂回填。

2. 预防和处理方法

发生流沙时,应增大泥浆相对密度,提高孔内水位,必要时可投入泥砖或黏土块,使其很快沉入孔底,堵住流沙;或利用钻头的冲击,将黏土挤入流沙层,以加固孔壁,堵住流沙。如流沙严重,可安装钢护筒防护。

(七) 缩孔

1. 产生原因

由于地层中夹有塑性土壤(俗称橡皮土)遇水膨胀或流塑性软土使孔径缩小。

2. 处理方法

可采用提高孔内泥浆面加大泥浆相对密度和上下反复扫孔,使之扩大和加强内壁。成孔后应尽量缩短从提钻到下导管的间歇时间。

(八) 钻孔漏水

1. 产生原因

(1) 在透水性强的砂砾或流沙中,特别在有地下水流动的地层中钻进时,过稀的泥浆向孔壁外的漏失较大。

(2) 埋设护筒时,回填土夯实不够,埋设太浅,护筒脚漏水。

(3) 护筒制作不良,接缝处不密合或焊缝有砂眼等,造成漏水。

2. 预防和处理方法

发现漏水时,首先应集中力量加水或泥浆,保持必要的水头,然后根据漏水原因决定处理方法。

(1) 属于护筒漏水的,可用黏土在护筒周围加固;如漏水严重,应挖出护筒,修理完善后重新埋没。

(2) 如因地层漏水性强而漏水,则可加入较稠的泥浆,经过一段时间循环流动,地层漏水可逐渐减少。

(九) 钻杆折断

钻杆折断的处理虽不是很困难,但如处理不及时,钻头或钻杆在孔底留置时间过长,也会发生埋钻或埋杆等更大事故。

1. 产生原因

(1) 由于钻杆的转速选用不当,使钻杆所受的扭转或弯曲等应力增大而折断。
(2) 钻具使用过久,各处的连接丝扣磨损过大,使钻杆接头的连接不牢固,发生折断。
(3) 使用弯曲的钻杆也易发生断钻杆事故。
(4) 在坚硬地层中,钻杆进尺快,使钻杆超负荷操作。

2. 预防和处理方法

(1) 不使用弯曲的钻杆,各节钻杆的连接和钻杆与钻头的连接丝扣完好。
(2) 接长后的钻杆必须在同一铅垂线上。
(3) 不使用接头处磨损过大的钻杆。
(4) 钻进过程中,应控制进尺,遇到复杂的地层,应由有经验的工人操作钻机。
(5) 钻进过程中要经常检查钻具各部分的磨损情况和接头强度是否足够,不符合要求者,应及时更换。

八 灌注水下混凝土

(一) 清孔

(1) 当钻孔达到设计高程,经检查孔径、孔形及钻孔深度,确已符合设计要求后,应立即进行清孔工作。

(2) 清孔可采用下列方法:
① 抽渣法,适用于冲击钻和冲抓钻机造孔。
② 吸泥法,适用于冲击钻机造孔,但土质松软孔壁容易坍塌时,不宜采用。
③ 换浆法,正、反循环旋转钻机宜使用换浆法清孔。抽渣或吸泥时,应及时向孔内注入清水或新鲜泥浆,保持孔内水位,避免坍孔。换浆法的清孔时间,以排出泥浆的含砂率与换入泥浆的含砂率接近为度。

(3) 清孔分为一次清孔和二次清孔。第一次清孔的目的是使孔底沉渣厚度、循环泥浆中含钻渣量和孔壁泥皮厚度符合质量和设计要求,也为灌注水下混凝土创造良好的条件。由于第一次清孔完成后,要安放钢筋笼及导管,准备浇筑水下混凝土,这段时间间隙较长,孔底又会产生新的沉渣。所以等钢筋笼和导管安放完成后,再利用导管进行第二次清孔,一般是将风管插入导管内,气举清孔,类似反循环取渣。清孔标准是孔深达到设计要求,复测沉渣在规定的范围之内,此时清孔工作就算完成,立即进行水下混凝土的浇筑工作。

(4) 不得用加深孔底深度的方法代替清孔。

(二) 钢筋笼制作与吊装

钢筋笼的制作,主筋与加强箍筋必须全部焊接且宜整体吊装入孔。当条件困难时,可分段入孔,上下两段必须保持顺直。接头应符合有关施工规范要求。下放时,要对准孔位徐徐下放,不得硬放,以防碰坏孔壁引起坍孔。如不易放下时,可能是孔壁某处有伸出之物卡住,此时可以转动一个方向或略加摇晃。钢筋笼就位前后,应牢固定位,并应检查有无坍孔现象,以便及时处理。

(三) 灌注混凝土

(1) 灌注水下混凝土采用竖向导管法。所谓导管法,是指在井孔内垂直放入钢制导管,管底距离桩孔底部 30~40cm,在导管的顶部接一有一定容量的漏斗,在漏斗颈部安放球塞,并用绳索系牢。漏斗内盛满坍落度较大的混凝土,当割断绳索,同时迅速不断地向漏斗内灌注混凝土,此时导管内的球塞、空气、水(泥浆)均受混凝土重力挤压由管底排出,瞬间,混凝土在管底周围堆筑成一圆锥体堆,将导管下端埋入混凝土堆内至少 1m 以上,使水(泥浆)不能流入管内,将以后再灌注的混凝土在无水的导管内源源不断地灌入混凝土堆内,随灌随向周围挤动、摊开及升高。

(2) 导管内壁应光滑圆顺,内径一致,直径可采用 20~30cm,中间节长宜为 2m,底节长 4m;导管所需长度,应根据孔深、操作平台高度等因素综合考虑决定,漏斗底至孔口距离应大于中间节导管长。

(3) 使用前应试拼、试压,不得漏水,并编号及自上而下标示尺度。导管轴线偏差依孔深、钢筋笼内径与法兰盘外径差值而定,不宜超过孔深的 0.5%,亦不宜大于 10cm,组装时,连接螺栓的螺母宜在上;试压的压力宜等于孔底静水压力的 1.5 倍。

(4) 导管接头法兰盘宜加锥形活套,底节导管下端不得有法兰盘。

(5) 有条件时可采用螺旋丝扣型接头,但必须有防止松脱的装置。

(6) 水下混凝土的坍落度应采用 18~22cm,并宜有一定的流动度,保持坍落度降低至 15cm 的时间,一般不宜小于 1h。

(7) 水下混凝土封底,必须有隔水栓,隔水栓应有良好的隔水性能,并能顺利排出。

(8) 混凝土的初存量应满足首批混凝土入孔后,导管埋入混凝土中的深度不得小于 1m,并不宜大于 3m。当桩身较长时,导管埋入混凝土中的深度可适当加大;水下混凝土应连续浇筑,不得中途停止。

混凝土初存量的最小容量可按下式进行计算:

$$V = [D^2(H+h+0.5t) + d^2(0.5L-H-h-0.5t)] \times \pi/4 \tag{9-1}$$

式中:V——混凝土的初存量(m^3);
d——导管内径(m);
D——成孔桩径(m);
L——桩孔深度(m);
H——导管埋入混凝土的深度(m);
h——浇筑前测得的导管下口距孔底的高度(m);
t——浇筑混凝土前孔底沉渣厚度(m)。

(9) 水下混凝土浇筑面宜高出桩顶设计高程 1.0m。

(10) 在混凝土浇筑过程中,应设专人经常测量导管埋入深度,并按有关规定做好记录。

(11) 在浇筑过程中,当因导管漏水或拔出混凝土面、机械故障、操作失误或其他原因,造成断桩事故时,应予重钻或会同有关单位研究补救措施。

(12) 注意事项如下:

①灌注水下混凝土的工作应迅速,防止坍孔和泥浆沉淀过厚。开始灌注前应再次核对钢筋笼高程、导管下端距离孔底尺寸、孔深、泥浆沉淀厚度、孔壁有无坍孔现象等,如果不符合要求,应经过处理后方可开始灌注。

②每根桩的灌注时间不应太长,以防止顶层混凝土失去流动性,提升导管困难,增加事故的可能性。灌注一经开始,应连续进行直至完成,中途任何原因中断灌注时间不能超过30min,否则应采取相关措施。

③灌注所需要的混凝土数量,一般较成孔桩径计算大,大约为设计桩径体积的1.3倍。

④测量水下混凝土面的位置所用测绳应吊着重锤进行,过重则陷入混凝土内,过轻则浮在泥浆中沉不下去。一般用锤底直径$13\sim15cm$、高度为$18\sim20cm$的钢板焊制的圆锥体,内灌砂配重,重度为$15\sim20kN/m^3$。

⑤导管埋入混凝土的深度取决于灌注速度和混凝土的性质,一般控制在$2\sim4m$。

⑥为防止钢筋笼被混凝土顶托上升,在灌注下段混凝土时应尽量加快,当孔内混凝土面接近钢筋笼时,应保持较深的埋管,放慢灌注速度;当混凝土面升入钢筋笼$1\sim2m$后,应减少导管埋入深度。

九 钻孔灌注桩质量检测

在钻孔桩施工中需要就地灌注水下混凝土,且施工中其他影响因素较多,稍有不慎,极易产生断桩、夹层、颈缩、孔洞等工程事故,所以桩的质量检测是必不可少的一个环节。

(1) 每根桩作混凝土检查试件至少一组。

(2) 结构重要或地质条件较差、桩长超50m的桩或设计有要求者,可预埋$3\sim4$根超声波检测管对水下混凝土质量做超声波检测。

(3) 大桥、特大桥、地质条件较差或有抗震要求者,应对部分钻孔桩进行低应变动测法检验桩身混凝土质量,并符合《铁路工程基桩检测技术规程》(TB 10218—2019)的规定。

(4) 对质量有疑问的桩,应钻取桩身混凝土进行检测。

(5) 大桥、特大桥或结构需要控制的柱桩的桩底沉渣厚度,按设计要求进行钻孔取样检测。

十 环境保护

为了保护环境,我国相继制定了一系列法律、法规,主要有《中华人民共和国环境保护法》《建设项目环境保护管理条例》等。在钻孔桩施工中,产生环境问题的主要为泥浆污染和噪声污染两大类。

(一) 废泥浆和钻渣的处理

钻孔桩施工时所产生的废弃物,有钻孔形成的弃土、变质后不能循环使用的护壁泥浆废液、施工时剩余的泥浆等,任何一种都会对周围环境造成污染。所以应该严格对废弃物按照环保要求进行处理,不能随意排放。

废泥浆和钻渣的处理,主要分为脱水处理和有害杂质处理两个方面。一是对可以再生利用的废泥浆清除杂质后重新利用,降低工程成本;二是把无法再生利用的废泥浆中所有的污染物进行全面处理,减少废泥浆长途运输的麻烦。

废泥浆的脱水处理,首先是通过振动筛等脱水工具对废泥浆的浓度进行调整,然后添加相适应的促凝剂,使其与泥浆产生凝结反应,使泥浆中的细颗粒形成絮凝物沉淀下来,再用脱水机将废泥浆分成水及固态泥土。水按照有关环保规定进行排放,固体物通常可直接回填在施工现场或者用普通的方法将其运走。

(二)噪声(振动)处理方法

钻孔桩施工中的噪声种类主要有机械噪声和空气动力性噪声两大类,施工中应根据当地的噪声(振动)管理规定,制定切实可行的控制噪声(振动)的方法,如改进设备结构,改变操作工艺等,将噪声声源与居民区采用隔声设施进行隔离,将噪声和振动控制在法律、法规限制的范围之内。

任务三 预制沉入桩施工

预制桩的构造

(一)钢筋混凝土桩

1. 钢筋混凝土管桩

钢筋混凝土管桩有普通钢筋混凝土管桩和预应力混凝土管桩两种,均为在工厂用离心旋转法制造,直径有400mm和500mm两种。管节长度:普通钢筋混凝土管桩为6m、8m、10m,壁厚为80mm;预应力混凝土管桩为8m、10m,壁厚为80mm、90mm、100mm。

普通钢筋混凝土管桩,节间用法兰盘和螺栓连接,可接长到40~50m,桩端接以预制的桩靴,也是用法兰盘和螺栓与管节连接。

预应力混凝土管桩在桩节端头采取加设钢板套箍和加密螺旋钢筋等措施来提高桩的耐打性,也提高了其耐久性,所以正在逐步取代普通钢筋混凝土管桩。

2. 普通钢筋混凝土方桩

普通钢筋混凝土方桩一般多为实心,长度在10m以内,断面尺寸不小于350mm×350mm;长于10m时,不小于400mm×400mm。对于较大尺寸的方桩,为减轻自重,可采用空心桩。

(二)钢桩

钢桩有钢管桩、H型钢桩、钢轨桩、螺旋钢桩等。由于钢桩用钢量多,且防锈措施较麻烦,故在我国铁路桥梁中很少采用。

 **预制桩施工**

沉入桩采用的桩径一般较小,在铁路桥梁工程中应用较少。

(一)沉桩设备

把桩沉入土中所需要的设备主要有打桩锤、打桩架、射水沉桩用的机具等。

1. 打桩锤

目前常用的打桩锤主要有坠锤、单动汽锤、双动汽锤、柴油锤和振动锤等。具体适用范围和构造可以参考有关的工程施工手册。

2. 打桩架

它是沉桩的主要设备之一,在沉桩施工中除起到导向作用外(控制桩锤沿着导杆的方向运动),还起到吊锤、吊桩、吊插射水管等作用。桩架可分为自动移动式和非自动移动式桩架,通常多采用自动移动式桩架。自动移动式桩架可分为导轨式、履带式和轮胎式三种。

3. 桩帽

打桩时,在桩锤与桩之间设置桩帽。桩帽既能起到减缓冲击力从而保护桩顶的作用,又能保证沉桩效率。在桩帽上方(锤与桩帽接触的一方)填塞硬质缓冲材料,如橡木、树脂、硬桦木、合成橡胶等,厚度为 $150\sim250mm$,在桩帽下方应垫以软质缓冲材料,如麻饼、草垫、废轮胎等,称为桩垫。

4. 送桩

遇到以下情况需要送桩:当桩顶设计高程在导杆以下,此时送桩长度为桩锤可能达到最低高程与设计桩顶沉入高程之差,再加上适当的富余量。送桩通常是用钢板焊成的钢送桩。

5. 射水设备

射水多作为沉桩辅助措施与锤击或振动沉桩相配合,当桩重锤轻,或遇到砂土、砂夹卵石层等锤击下沉困难时,可采取锤击与射水相配合的措施来沉桩。下沉空心桩时,一般采用内射水。射水设备包括水泵站、输水管路、射水管及射水嘴。射水效果取决于水压和水量。

(二)施工工序

施工工序主要有桩位放样、沉桩设备的架立和就位、将桩沉入土中、修筑承台座板等。

(三)沉桩方法

1. 锤击沉桩

开始时应做好桩位及方向的控制。打桩前应检查桩锤、桩帽和桩轴线是否一致及检查桩位和倾斜度。刚开始打桩时必须严格控制桩锤动能,目的是防止桩在入土初期沉入过快而造成桩位及方向偏差。在正常打桩阶段,原则上应采用重锤低击以充分发挥锤的打击效率,并避免将桩打坏。

2. 振动沉桩

振动下沉桩适用于钢筋混凝土管桩及钢板桩。振动沉桩一般在砂土中的效果最好,在砂夹卵石或黏性土中,则应与射水配合。要注意合理控制振动持续时间,不得过短,也不得过长。振动时间过短,则土的结构没有破坏;振动过长,则容易损坏电机及磨损振动锤部件。

3. 射水沉桩

射水通常和锤击或振动相配合。在砂夹卵石层或硬土中沉桩,一般采用射水为主、锤击为辅的方法。在砂黏土和黏土层中,不宜使用射水沉桩;如必须使用时,应以锤击或振动为主、射水为辅,并慎重控制射水时间和射水量,以免破坏土壤而影响桩的承载力。无论哪种情况,在桩下沉到设计高程以上 1~1.5m 时,应停止射水而仅用锤击或振动下沉至设计高程。

4. 静力压入法

静力压入法沉桩是通过静力压桩机,以压桩机自重和桩机上的配重作反力而将预制钢筋混凝土桩分节压入地基土层中成桩。桩机全部采用液压装置驱动(图9-30),自动化程度高,纵横移动方便,运转灵活;桩定位准确,不易产生偏心,可提高施工质量。

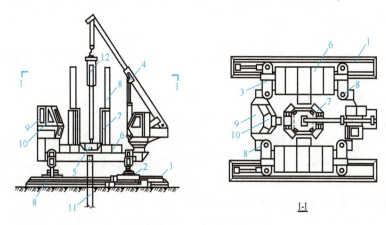

图 9-30　全液压式静力压桩机

1-长船行走机构;2-短船行走及回转机构;3-支腿式底盘结构;4-液压起重机;5-夹持与压板装置;6-配重铁块;7-导向架;8-液压系统;9-电控系统;10-操纵室;11-已压入下节桩;12-吊入上节桩

静力压入的特点是无噪声、无振动,适用于城市施工,沉桩时桩仅受静压力,从而减少了桩身、桩头的破损率。不足是由于加压设备能力的限制,仅能压入承载力不大的桩。

静压预制桩主要适用于软土、填土、一般黏性土层。在桩压入过程中,依靠桩机本身的重量(包括配重)作为反作用力,以克服压桩过程中的桩侧摩阻力和桩端阻力。当预制桩在竖向静压力作用下沉入土中时,桩周土体发生急速而激烈的挤压,土中空隙水压力急剧上升,土的抗剪强度大大降低,从而使桩身很快下沉。

静压预制桩的施工,一般都采取分段压入、逐段接长的方法。其施工程序为:测量定位→压桩机就位→吊桩、插桩→桩身对中调直→静压沉桩→送桩→终止压桩→切割桩头。静压预制桩施工前的准备工作、桩的制作、起吊、运输、堆放、施工流水、测量放线、定位等与锤击法相同。

(四) 沉桩过程中应注意的问题

沉桩过程中应随时注意防止偏移。遇到下列情况应停止沉桩,经分析研究,并采取措施后,方可继续施工。

(1) 贯入度发生急剧变化,或振动打桩机的振幅异常。

(2) 桩身突然倾斜移位或锤击时有严重回弹。

(3) 桩头破碎或桩身开裂。

(4) 附近地面有严重隆起现象。

(5)打桩架发生偏移或晃动。

同一基础上,因土质与设计不符,导致桩的入土深度相差很大时,应提请设计部门考虑,采取适当措施。

沉桩时,应逐根填写沉桩记录及沉桩记录整理表。

任务四 沉井施工

沉井基础的施工可分为就地制作沉井施工、浮式沉井施工和薄壁沉井加桩基施工等。以下主要介绍就地制作沉井和浮式沉井的施工工艺过程。

一、沉井施工准备

(1)掌握地质资料。沉井施工前,应根据沉井入土地层及基底持力层和岩面地质资料,绘制地质剖面图,为制订切实可行的施工方案提供可靠的技术依据。

(2)注意附近建筑物的影响。在堤防、建筑物附近,沉井下沉施工前,应按照设计文件的防护设计及所制定的安全措施施工,并注意观察,确保安全。

(3)针对施工季节、通航等情况制定相应的措施。沉井施工前,应对洪汛、凌汛、潮汐、河床冲刷、通航、漂流物、山洪及泥石流等情况作详细的调查研究,制定相应的安全措施。

(4)编制施工方案。根据工程结构特点、地质水文情况、施工设备条件及技术的可行性,编制切实可行的施工方案或施工技术措施,指导施工。

(5)平整场地。平整场地到设计高程,按施工要求拆迁沉井周围地上障碍物,如房屋、电线杆、树木及其他设施,清除地面下3m以内的埋设物,如上下水管道、电缆线路及基础、设备基础和人防设施等。

(6)修建临时设施。按施工总平面图布置,修建临时设施,修筑道路、排水沟、截水沟,安装临时水、电线路,安设施工设备,并试水、试电、试运转。

(7)布设测量控制网。按设计图和平面布置要求设置测量控制网和水准基点,进行测量定位放线,确定沉井中心轴线和基坑轮廓线,作为沉井制作和下沉定位的依据。在原有建筑物附近下沉的沉井,应在原建筑物上设置沉降观测点,定期进行沉降观测。

(8)技术交底。使施工人员了解并熟悉工程结构、地质和水文情况,了解沉井制作和下沉施工技术要点、安全措施、质量要求及可能遇到的各种问题和处理方法。

二、沉井施工的一般程序

沉井施工的一般程序如图9-31所示。

三、沉井施工

(一)就地制作沉井施工

在浅水或可能被水淹没的陆地,应筑岛制作沉井;在陆地,可在整平夯实的地面上制作沉井;当地下水位低、土质较好时,可先开挖基坑至地下水位以上适当高度制造沉井。

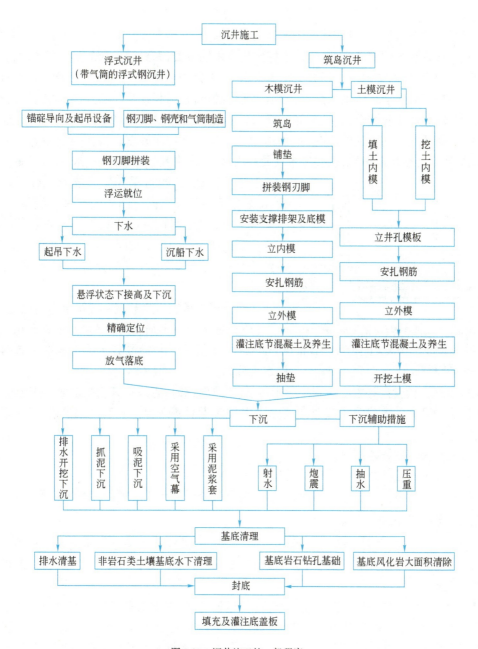

图 9-31 沉井施工的一般程序

筑岛尺寸应能满足沉井制作及抽垫等施工的要求。筑岛的类型可采用无围堰筑岛、草(麻)袋围堰筑岛、钢板桩围堰筑岛和双壁钢围堰等。

筑岛材料应选用透水性好、易于压实的土(砂类土、砾石、较小的卵石)且不应含有影响岛体受力及抽垫下沉的块体(包括冰块)。岛面应比施工水位高出 0.5m 以上,有流冰时应适当加高和防护。在斜坡上或靠近堤防两侧筑岛时,应采取防止滑移的措施。

1. 铺设支垫或采用木模

制造沉井,应先在刃脚位置下,铺设支垫,使沉井重量分布在较大的土层上,以防止沉井发生不均匀的沉陷。布置支垫,要求做到土层表面所受的压力不超过 100kPa,垫木宜用硬杂木或质量良好的枕木,其厚度应根据计算确定,一般为 20cm 见方的短方木。垫木的布置,既要考虑使沉井在制造过程中及在拆除垫木过程中均衡受力,也要考虑垫木分组拆除时的方便。

为此,布置垫木的要点为:首先确定好定位垫木的位置,即最后拆除的那几根垫木,其位置是以使沉井在支承点与跨中点的力矩相等为原则,在定位垫木之间,要分组对称地铺设垫木。垫木铺设的程序,应从定位垫木开始,分别朝两旁进行,在刃脚直线段部分,垫木应垂直此直线铺设。圆弧部分,应向圆心铺设,并做好楔形,也可间隔错开。如图 9-32 所示,以免在灌注混凝土时,沉降不均。支垫顶面应在同一水平面上。垫木下应用砂填实,其厚度不宜小于 0.3m,垫木间的空隙必须用砂填平,调整垫木顶面高程时,不得在其下垫塞木块、木片、石块等。

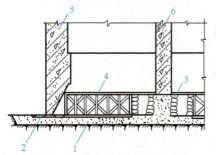

图 9-32 用排架支设沉井隔墙地模
1-砂垫层;2-承重木;3-草袋装砂;4-木排架;5-沉井井壁;6-沉井隔墙

制造沉井底节,也可采用土模支承制作。所谓土模,即是按沉井刃脚高度范围内的空腹形状和大小,用土做成胎模。用土模制造底节沉井可不需要铺设垫木,也不需要设置刃脚内模及支承。当沉井高度不大时,应尽量采取一次制作下沉,以简化施工程序,缩短作业时间。

采用土模支承制作底节沉井应符合下列规定:

(1) 根据土模下地质情况、沉井大小等选用。刃脚部分的外面应能承受井壁混凝土的重量在刃脚斜面上的水平分力。

(2) 填筑土模宜用黏性土。当地下水位低、土质较好时,可采取开挖基坑面形成土模。

(3) 土模顶面的高度及承载力,应根据土质及荷载计算确定。对有隔墙的沉井,可填筑至隔墙底部。

(4) 应有良好的防水措施。

(5) 土模表面应用水泥砂浆或油毛毡作保护层。

(6) 拆除土模及开始挖土下沉时,不得先挖沉井外围的土。土模的残留物应予拆除。

2. 制造底节沉井

制造底节沉井的主要工序:立内模板、绑扎钢筋、立外模板和灌注混凝土。外模板的内表面要刨光,使沉井外侧光滑以利于下沉;模板与支承应具有一定的刚度和稳定性,同时保证模板的位置正确。

灌注混凝土前,除必须先做好场地布置(如运输道路、大堆材料堆存地点、机具、管线路及施工设施的布置)、劳动力组合的安排、工具的配备以及备足大堆材料等项并进行清查落实外,尚应详细检查沉井模板、钢筋、尺寸、位置是否正确,支撑是否牢固可靠,脚手架、工作台是否捆扎稳当,模板内的污泥杂物是否清除干净等。由于沉井混凝土集中在井壁,为使地基或岛面均匀受力,保证混凝土质量,施工时,必须连续灌注,对称进行,分层均匀灌注,以免因偏载而产生不均匀下沉,因沉井每节高度一般都超过混凝土允许自由下落的高度,故必须沿井壁周长等距离挂设倾注管及漏斗,依次灌注。为了提高混凝土的密实度、整体性,必须分层加强捣固。分层厚度的选择,应考虑捣固机具的能力、工人的技术水平等。应尽量缩短层与层的间隔时间,在前层混凝土未凝结前,就灌入下一层,并将前后两层混凝土一并捣固。

刃脚部分断面狭小、钢筋密集,可以适当加大混凝土的坍落度,灌注速度不可太快,并应仔细捣固。在灌注混凝土的过程中,应经常检查沉井下沉的情况,若有不均匀沉降,应及时处理。灌注完毕后,应按照施工要求严格养护,以保证混凝土质量。

3. 拆除模板和垫木

当沉井混凝土强度达到设计强度的 25% 以上时,即可拆除侧面直立模板,而刃脚斜面和隔墙底面模板,当强度达到设计强度的 70% 以上时,才可以拆除。

拆除垫木是沉井下沉施工中关键性的工序之一。拆除垫木必须在沉井混凝土强度达到设计强度 100% 后方可拆除。在拆除垫木前,需对所有的垫木进行分组编号。分组的一般方法是:以沉井四角为第一组,跨中为第二组,然后应间隔对称进行分组,定位支垫木最后拆除。拆除垫木的顺序是:先拆内壁下垫木,再拆短边下垫木,最后拆长边下垫木。长边下的垫木是隔一拆一,然后以四个固定垫木为中心,由远而近对称拆除,最后拆除四个固定垫木。每拆除一根垫木,在刃脚处随即用砂土回填捣实,如图 9-33 所示,以免引起沉井开裂、移动和倾斜。

4. 沉井下沉

沉井下沉前应进行结构外观检查;检查混凝土强度及抗渗等级,并根据勘测报告计算其极限承载力,计算沉井下沉的分段摩阻力及分段下沉系数,作为判断每个阶段能否下沉、是否会出现突沉以及确定采取措施的依据。根据拟定的每节高度,验算其下沉系数,下沉系数通常 1.15~1.25 以上,以保证顺利下沉。

拆除完垫木后,可在井内挖土消除刃脚下的阻力,使沉井在自重作用下逐渐下沉。根据土层和地下水的情况,可采用排水下沉和不排水下沉。当土层渗水量

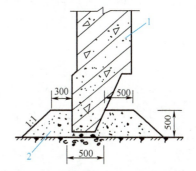

图 9-33 刃脚回填砂及砂卵石(尺寸单位:mm)
1—沉井刃脚;2—砂或砂卵石筑堤

较小,且不会因为抽水引起翻砂时,可采用排水下沉方法;在透水土层和松软土层中,常采用不排水挖土下沉的方法。不排水下沉时,可采用空气吸泥机、抓土斗、水力吸石筒、水力吸泥机等,通过黏土、胶结层下沉困难时,可采用高压射水、降低井内水位、压重等措施或采用泥浆润滑套和空气幕下沉沉井。

沉井下沉应符合下列规定:

(1) 沉井应连续下沉,减少中途停顿时间。在下沉过程中,应掌握土层情况,做好下沉记录,随时分析判断土层摩擦力与沉井重量的关系,选用最有利的下沉方法。

(2) 沉井下沉时,应防止内隔墙受到支承。井内除土应先从中间开始,均匀、对称地逐步向刃脚处挖土。对排水下沉的底节沉井,支承位置处的土,应在分层除土中最后同时挖除。

(3) 沉井下沉初期,应随时调整倾斜和位移。应根据土质、沉井大小和入土深度等,控制井孔内除土深度和井孔间的土面高差。

(4) 弃土不应靠近沉井。在水中下沉时,应检查河床因冲刷、淤积引起的土面高差,必要时应对河床面采取防护措施,或利用出土调整。

(5) 在不稳定的土层或砂土中下沉时,应保持井内外水位一定的高差,不得翻砂,必要时可向井内补水。

5. 沉井的施工测量

沉井的施工测量是施工人员为了掌握沉井的正确位置,保证所发生的误差不超过规范规定的手段。不同的沉井作业,应根据具体情况设计本工程的测量方法,以保证施工质量和工程控制。

(1) 下沉时要建立一个临时高程基准面,作为沉井下沉的高程控制面。

(2) 预设沉井的纵横轴线护桩,用测量仪器确定沉井的中心位置和纵横轴线位置,以测量沉井下沉的偏斜量。

(3) 沉井制作尺寸的容许偏差:

①长、宽:±0.5%,且不大于12cm;②曲线半径:±0.5%,且不大于6cm;③对角线:±1%;④井壁厚:混凝土、片石混凝土为±4cm,钢筋混凝土为±1.5cm;⑤每节沉井平面尺寸不应大于刃脚处的平面尺寸,井壁表面不应向外凸出或向外倾斜。

(4) 沉井清基后位置的允许偏差应符合下列规定:

①沉井底面平均高程应符合设计要求;②沉井的最大倾斜度不得大于沉井高度的1/50;③沉井顶、底面中心与设计中心在平面纵横向的位移(包括因倾斜而产生的位移)均不得大于沉井高度的1/50,浮式沉井允许位移值可另加25cm;④矩形、圆端形沉井平面扭角允许偏差:就地制作沉井为1°,浮式沉井为2°。

6. 接筑沉井

当第一节沉井顶面沉至离地面只有0.5~1.5m时,应停止挖土下沉,接筑上一节沉井。接筑上节沉井模板时,不得直接支撑于地面上,并应考虑沉井因接高加重而下沉时,模板支撑不至于接触地面。为防止沉井在接高时突然下沉或倾斜,必要时可在刃脚下回填或支垫。接高后的各节沉井中轴线应为一直线。混凝土施工接缝应按设计要求布置接缝钢筋,清除浮浆并凿毛。

沉井壁中有时预留有与地下廊道、地沟、管道等连接的孔洞,为避免下沉时泥土和地下水大量涌入井内,影响施工操作,对较大孔洞,还会造成沉井每边重量不等,影响重心偏移,使沉井产生偏斜,在下沉前必须进行处理。对较大孔洞,在制作时,可在孔洞口预埋钢框、螺栓,用钢板、方木封闭,中填与孔洞混凝土重量相等的砂石或铁块配重。沉井封底后,拆除封闭钢板、挡木等。

7. 接筑井顶围堰

沉井顶面通常置于常水位或土面以下,当沉井下沉至其顶面,在施工水位或地面以上0.5m时,需要在井顶设置防水(土)的围堰,以便使沉井继续下沉至设计高程时,其各工序能在围堰围护下顺利进行。可根据施工水位抽水高度、入土深度、沉井类型及井孔布置等,采用钢板围堰、混凝土围堰或砌砖围堰。

围堰的平面尺寸和高度应满足沉井发生允许偏差后在井顶安装墩台身模板和布置围堰结构的需要,并能防止施工水位(含波浪高、壅水高和冲高等)时水流从上游侧倒灌入围堰;防水(土)围堰的各部分构件除应满足抽水或入土时的受力要求外,尚应便于浇筑沉井顶盖及墩台身混凝土过程中分批拆除,并在墩台身完成后能全部清除;井顶防水(土)围堰底部与井顶连接应牢固,防止沉井下沉时,围堰与土层摩擦力或因冬季受冻,而导致围堰与井顶脱离。井顶围堰是一种临时结构,当墩台身修筑出地面或水面后,围堰就可以拆除。

8. 下沉过程中遇到的问题及其处理方法

沉井在下沉过程中,经常会发生各种各样的问题,应该做到事先预防;发生问题时,应及时进行处理。

(1) 沉井发生偏差的原因及预防措施如表9-9所示。

沉井发生偏差的原因及预防措施　　　　　表9-9

序号	产生原因	预防措施
1	筑岛被水流冲坏或沉井一侧的土被水流冲空	事先加强对筑岛的防护,对受水流冲刷的一侧,可抛卵石或片石防护
2	沉井刃脚下土层软硬不均	随时掌握地质情况,多挖土层较硬地段,对土质较软地段应少挖,多留台阶或回填和支垫
3	没有对称地抽出垫木或未及时回填夯实	认真制定和执行抽垫操作细则,注意及时回填夯实
4	除土不均匀,使井内土面高低相差过大	除土时严格控制井内土面高差
5	刃脚下掏空过多,沉井突然下沉	严格控制刃脚下除土量
6	刃脚一角或一侧被障碍物搁住,没有及时发现或处理	及时发现和处理障碍物,对未被障碍物搁住的地段,应适当回填或支垫
7	井外弃土或河床高低相差过大,土压对沉井产生的水平推移	弃土应尽量远弃或弃于水流冲刷作用较大的一侧,对河床较低的一侧可抛土(石)回填
8	排水开挖时井内大量翻砂	刃脚处应适当留土台,不宜挖通,以免在刃脚下形成翻砂、涌水通道,引起沉井偏斜
9	土层或岩面倾斜较大,沉井沿倾斜面滑动	在倾斜面低的一侧提前填土,刃脚到达倾斜岩面后,应尽快使刃脚嵌入岩层一定深度或对岩层钻孔以桩(柱)锚固
10	在软塑到流动状态的淤泥中,沉井易于偏斜	可采用轻型沉井,踏面宽度宜适当加宽,以免沉井下沉过快而失去控制

(2) 沉井的倾斜与偏移。

沉井下沉过程中,常常由于井壁受力不均匀,筑岛时填料不当或夯实不均匀,拆除垫木后未能及时回填,挖土不均、井内土面高差过大,刃脚下掏空过多引起猛烈下沉,抽水引起涌砂,造成井外坍塌,井外弃土产生偏压,刃脚下土层硬度不一致或地层偏斜等,造成沉井偏斜、位移、扭转等事故。事故发生后应及时查明原因,进行处理。

沉井发生倾斜时,若为不排水下沉,可在刃脚较高的一侧吸泥或挖土;若为排水下沉,除偏挖外,可在刃脚较低的一侧回填砂卵石或加支撑垫木。如果还不能纠正,还可以在井外采取措施,如井外偏填偏挖、在井顶施加水平力等。

如沉井入土量不大,位移较大时,可采用落位的方法进行纠偏。即可先偏挖土使沉井倾斜,然后均匀挖土,使沉井沿倾斜方向下沉至井底面中心线接近设计中心位置时,在对侧偏除土,使沉井恢复垂直。如此反复进行,使沉井逐步移近设计中心。

纠正沉井扭转的方法是可以采用填挖土的方法进行纠正。在远离点处填土,在偏近点处挖土,使沉井逐步达到正常位置。

(3) 刃脚下遇到障碍物。

沉井在刃脚下遇到障碍物主要是指大树根、大孤石以及土中的钢料铁件等,在沉井排水下沉过程中,阻碍下沉的障碍物是易于发现和处理的。当不排水用机械开挖,沉井挖而不沉,或沉井忽然发生倾斜,或沉井外侧突然发生坍方,这些都可能是刃脚下有障碍物的原因,应由潜水员下水查明,不可盲目继续下挖。若刃脚下孤石不大,可由潜水员掏挖,或用高压水、高压风冲射,将孤石下土壤掏空,使孤石翻入井内,再由吊车吊出,或在孤石下射水掏洞装药爆破,亦可使孤石破碎翻入井内。若孤石较大,可由潜水员水下打眼爆破,爆破前应将刃脚掩盖,以防爆破伤及刃脚及井壁。

(4) 沉井外壁的摩擦阻力过大。

当井底已经挖深,且已经探明刃脚下无障碍物而沉井仍不下沉时,可能是由于沉井外壁与土壤间的摩擦阻力过大所致。解决这一问题主要有以下几种办法。

①抽水。抽水是使沉井下沉的有效方法,作用是使沉井内水位降低减少浮力,相当于增加沉井重量。当井内水位降低时,井外水将由刃脚下进入井内,冲动刃脚下土体,可以减少刃脚下阻力。

②增加压重。增加压重主要指:提早接筑另一节沉井,增加沉井的自重;在井顶加压砂袋、钢轨等迫使沉井下沉。

③减少沉井外壁土的摩擦力。在井壁外,均衡对称地将土挖走,以减少井壁与土壤间的摩擦力;若能估计到下沉的困难,可以预先在井壁内埋设射水管组,用高压射水冲松沉井四周的土体,以减少摩擦阻力;也可采用空气幕和泥浆套法。如图9-34所示。

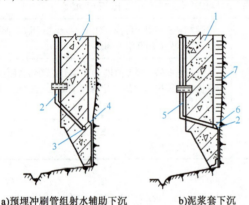

图 9-34 沉井辅助下沉方法
a)预埋冲刷管组射水辅助下沉 b)泥浆套下沉
1-井壁;2-高压水管;3-环形水管;4-出口;5-压浆管;6-压浆孔;7-泥浆套

9. 地基检验与处理

当沉井沉至设计高程后,要检验基底土质,看其是否与设计相符。当检验符合要求后,便可清理和处理沉井井底地基,以保证沉井封底混凝土底面与地基面有良好的接触,中间无软弱夹层。

排水下沉与明挖基础检查基底的情况相同。

当为不排水清理基底时,应填写检查记录,并符合下列规定:

(1) 清理后的基底面距离隔墙底面的高度及刃脚斜面露出的高度,应满足设计要求的最小高度。

(2) 基底浮泥或岩面残存物(风化岩碎块、卵石、砂等)均应清除,封底混凝土与基底间不得产生有害夹层。清理后的有效面积(即沉井底面积扣除在刃脚斜面下一定宽度内不可能完全清除干净的面积)不得小于设计要求。

(3) 隔墙底部及封底混凝土高度范围内井壁上的泥污应清除。

10. 封底、填充井孔和砌筑井顶顶盖

基底处理完毕后,即可填充井内圬工。如井孔内的水无法抽干,则应先在井底浇筑一层水下混凝土,当混凝土的强度达到设计要求后,再把井孔中的水抽干,填充井内圬工。若井孔不填或仅填以砂石,则应在井顶浇筑钢筋混凝土顶盖,以支承墩台。然后就可以砌筑墩台身,当墩台身砌出水面或土面后即可拆除井顶围堰。

(二) 浮运沉井施工

在深水中,当人工筑岛有困难时,常常采用浮运法下沉沉井。

浮运沉井的类型有:双壁浮运(空体自浮式)沉井、带钢气筒的浮运沉井和带临时性井底的沉井。

浮式沉井的施工应符合下列规定：

(1) 沉井的底节应做水压试验，其余各节应经水密性检查，合格后方可入水；沉井的气筒应按受压容器的有关规定经检验合格后，方可使用；沉井的临时井底，除水密性检查合格外，尚应满足在水下拆除方便的要求。

(2) 浮运沉井在进行浮运或下水前，应掌握河床、水文、气象及航运等情况，并检查锚碇工作及有关施工设备(如定位船、导向船等)。在汛期必须经常检查锚碇设备，特别是导向船和沉井的边锚绳的受力情况。

(3) 浮式沉井的底节，可采用滑道、起重机具、沉船等方式入水，如采用沉船方式，应有在船顶面即将淹没时使沉船体系平稳下沉的措施。

(4) 浮式沉井底节入水后的初步定位位置，应根据水深、流速、河床面土质及高低情况、沉井尺寸及形状等因素，并考虑沉井在悬浮状态下接高和下沉中，墩位处的河床面受冲淤的影响，综合分析确定，宜设在墩位上游的适当位置。

(5) 沉井悬浮于水中，施工各个阶段应随时验算沉井的稳定性和出水高度。在接高和下沉中，当实际情况与设计条件不符时，应通过计算进行调整。

(6) 沉井接高时，必须均匀对称地加载，沉井顶面宜高出水面1.5m以上。

(7) 应随时测量墩位处河床冲刷情况，必要时采取防护措施。

(8) 带气筒的浮式沉井，气筒应加以防护；带临时性井底的浮式沉井及浮式双壁沉井，应控制各灌水隔离舱间的水头差不得超过设计要求。

(9) 沉井落河床宜安排在枯水时期、低潮水位和流速平稳时进行；落河床前应对所有锚碇设备进行全面检查和调整，使沉井落河床时位置正确，并注意潮水涨时对锚碇的影响；落河床前应详细探明墩台位处河床面的情况；落河床的位置，应根据河床面高差、冲淤情况、地层及沉井入土深度等因素研究确定，宜向河床面较高一侧偏移适当尺寸；落河床后应采取措施尽快下沉，使沉井保持稳定，并随时观测沉井的倾斜、位移及河床冲刷情况，必要时采取调整措施。

(10) 沉井就位后，在浮运状态下，逐步用混凝土或水灌入井体中，使沉井徐徐下沉，直达河底。当沉井较高时，则需分节制造，在悬浮状态下逐节接高，直至沉入河底。当沉井刃脚切入河床底一定深度后，即可按照一般的方法进行施工。

【项目小结】

本项目主要介绍了常见深基础的结构类型和构造形式。

1. 桩基础的类型和构造，桩基础承台的构造，桩与承台的连接形式，桩的平面布置形式。
2. 沉井基础的类型和构造形式、沉井的外轮廓尺寸、井孔的布置和大小、沉井的结构形式。
3. 桩基础的施工调查、施工组织、施工准备(施工测量)、施工程序、施工方法和机具的选择。
4. 钻孔灌注桩的施工方法和施工程序，钻机类型的选择和钻进注意事项。正反循环钻机的施工作业方法，水下混凝土的灌注方法及质量检查和补救措施。
5. 常见钻进事故的处理方法及施工过程中的环境保护。
6. 预制桩的构造和施工特点。
7. 沉井基础的施工调查、施工组织、施工准备(施工测量)、施工程序、施工方法和机具的选择。

8. 就地制作沉井的施工方法、步骤以及下沉过程中问题的处理。

【项目训练】

1. 根据学校已有的测设基点,进行桥梁桩基础的基桩测量放线训练。

2. 根据给定的地质资料,编写钻孔灌注桩施工技术交底,并对钻进过程中常见故障提出自己的解决方案。

3. 某钻孔桩基础:桩的设计直径为 1.5m;成孔桩径为 1.55m;清孔稍差;桩周及桩底为重度 $20kN/m^3$ 的密实中砂。桩底在局部冲刷线以下 30m;常水位在局部冲刷线以上 8m;一般冲刷线在局部冲刷线以上 3m;假设桩长为 50m;导管顶部距离桩顶设计高程为 3.5m;护筒埋深 5m;护筒直径为 1.8m。

(1) 试确定初次灌注混凝土的最少需求量;并画出计算详图。

(2) 试计算灌注该桩所需要的混凝土量;混凝土损耗按 2% 考虑。

【思考练习题】

9-1 桩基础的类型有哪些?请说明桩基础的适用范围。

9-2 沉井基础由哪几部分组成?各部分的作用是什么?

9-3 沉井基础与明挖扩大基础相比,各有何特点?试述沉井的适用范围。

9-4 钻孔桩施工准备中应注意哪些主要问题?

9-5 钻孔桩钻进过程中要注意什么问题?

9-6 如何注意钻孔桩施工中的环境保护?

9-7 试述正循环、反循环钻机施工的区别。

9-8 如何检查已成桩孔的垂直度、成孔尺寸?

9-9 灌注柱身水下混凝土时,如何防止钢筋笼上浮?

9-10 试述灌注柱身水下混凝土过程中的注意事项。

9-11 底节沉井制作时,铺设垫架的基本要求是什么?

9-12 简述就地制作沉井的施工步骤。

9-13 沉井下沉中偏差产生的原因及其预防措施是什么?

9-14 沉井下沉遇到摩阻力过大如何处理?

9-15 沉井下沉遇到流沙如何处理?

9-16 辅助沉井下沉的方法有哪些?试述其基本原理。

项目十

地基处理

【能力目标】

1. 能对工程中常遇到的区域性特殊土地基,提出合理的处理方法。

2. 能够计算湿陷性黄土的湿陷系数,并根据计算结果判定黄土的湿陷性。

3. 能够计算膨胀土的自由膨胀率,并能根据现场的工程地质特征进行膨胀土场地判定。

4. 能够根据多年冻土的工程特点,并根据桥涵地基实际情况,提出可行的防冻胀、防融沉措施。

5. 能够根据具体工程地质特点,选择合适的地基处理方法,并能够编写地基处理施工方案。

【知识目标】

1. 了解工程上常见的区域性地基类型,包括湿陷性黄土地基、膨胀土地基、冻土地基、软土地基和岩溶地区地基。

2. 了解特殊土地基的工程性质,掌握特殊土地基的工程处理措施和施工工艺过程。

3. 了解换土垫层法基本原理,掌握垫层的设计要点和施工工艺流程。

4. 了解预压法的概念,掌握砂井加载预压法的设计内容,掌握砂井地基平均固结度的计算方法。

5. 了解复合地基的概念、分类与作用机理,了解复合地基承载力确定方法,掌握振动挤密砂石桩复合地基的施工工艺过程。

【素质目标】

1. 通过进行湿陷性黄土的湿陷系数、膨胀土的自由膨胀率等指标的计算,培养学生认真、细致、严谨的工作作风。

2. 通过编写地基处理方案,培养学生严谨、务实的工作作风和吃苦耐劳、质量第一的职业素质。

【案例导入】

某铁路 GKQHZHQ-2 标正线全长 21.13km,路线起讫桩号为 DK39+511~DK64+000。所辖施工范围内均为软土地基,分布范围为 DK39+7511~DK41+272、DK43+091~DK44+860、DK46+130~DK57+850、DK58+500~DK59+300 段路基地基加固。设计采用的地基加固方式为水机搅拌桩加固,桩间距为 1.4m 及 1.3m,设计桩径 0.5m,正方形布置,深 6~8m,桩顶铺设 0.4m 碎石垫层。其余部分为地基处理换填 0.5m 厚 A、B 料。

本段路基起讫里程为 DK39+511~DK64+000,基本为软土区段,需经地基加固处理后方能进行土石方填筑。具体处理地段及方式见表 10-1。

软土路基分布表　　　　　表 10-1

序号	起讫里程	长度(m)	处理方法	备注
1	DK39+511~DK41+272		水泥搅拌桩	桩长 6m
2	DK41+388~DK43+055		地基换填	换填 0.5m
3	DK43+091~DK44+860		水泥搅拌桩	桩长 6m
4	DK44+860~DK46+130		地基换填	换填 0.5m
5	DK46+130~DK48+000		水泥搅拌桩	桩长 6m
6	DK48+000~DK49+130		水泥搅拌桩	桩长 8m
7	DK49+130~DK57+860		水泥搅拌桩	桩长 6m
8	DK57+860~DK58+500		地基换填	换填 0.5m
9	DK58+500~DK59+300		水泥搅拌桩	桩长 6m
10	DK59+300~DK59+700	149.00	地基换填	换填 0.5m
11	DK59+700~DK60+050	140.00	设草袋围堰,地基换填	换填 1m
12	DK60+050~DK64+000	80.00	地基换填	换填 0.5m

换填 A、B 组料施工时:先将软土或淤泥挖除干净,并将底部平整。若软土底部起伏较大,可设置台阶或缓坡。软土底部的开挖宽度不得小于路堤宽度和放坡宽度;地基基地处于平坦地带,如低洼田等,施工前应防护抽水,保证在软土淤泥能清除干净和基地无水状态下填土。绝不允许回填中有软土掺杂或有水碾压造成弹簧或缺陷地基。

水泥搅拌桩施工时:

(1)水泥搅拌桩开钻前首先用水清洗整个管道并检查管道中有无堵塞现象,待水排尽后方可下钻。预搅下沉速度由电流监测表控制,工作电流不应大于额定电流。当钻机进入淤泥质土层,电流明显增大时,开始慢慢提钻喷浆。由于深度大、土质黏造成堵管时应予以疏通。疏通管道后,在上下各 1m 的范围内复喷复搅,以防断柱。为了加强桩顶强度,所有桩都要在设计桩顶以下 3m 范围内复搅,在桩底喷浆时间不少于 30s,使浆液完全到达桩顶,然后喷浆搅拌提升。成桩过程中,若因故停止,则将搅拌头下沉至停浆点以下 0.5m 处,待恢复供浆时再喷浆搅拌提升。若因故停机超过 3h,应拆卸管道清洗。

(2)搅拌机预搅下沉时不宜冲水。当遇上较硬土层下沉太慢时可适量加水下沉,在将要穿过表层硬土时立即停止冲水。凡是经输浆管冲水下沉的桩,喷浆提升前必须将管内的水排干净。

碎石垫层、土工格栅施工先于桩间铺设 10cm 厚碎石并夯实,然后于桩顶以上 10cm 内铺设碎石垫层,碾压合格后铺设一层土工格栅,然后再铺设 0.2m 厚碎石垫层。土工格栅必须拉平拉直,幅与幅间密贴排放。土工格栅铺设前先按幅宽在铺筑层用白线定位,而后固定格栅端部,固定好后缓缓向前拉铺,每 10m 进行人工拉紧和调直,格栅间搭接长度为不小于 50cm,用铁钉固定。

我国幅员辽阔,各地气候条件、地理环境、地形高差千差万别,加上组成土的物质成分以及土发生的次生变化各不相同,形成了若干性质特殊的土类,主要包括湿陷性黄土、膨胀土、红黏土以及冻土等。

这些天然形成的特殊性土的地理环境分布有一定的规律性和区域性,因此也称为区域性土。这些土各有其特殊性质,作为建筑物地基都有其不利的方面。因此必须采取有效措施进行处理,以防止工程事故的发生。

任务一　特殊土地基工程性质认知

湿陷性黄土

黄土在一定压力下受水浸湿后,结构迅速破坏,并产生显著的附加沉陷,这种现象称为黄土的湿陷性。湿陷性黄土是第四纪堆积物,以粉土颗粒为主,富含碳酸盐,具有大孔隙的黄色松软堆积物。天然剖面上铅直节理发育,肉眼可见大孔隙。黄土在我国分布较广,面积约为 45 万 km^2。主要分布在陇西地区、陇东陕北地区、关中地区、山西地区、河南地区、冀鲁地区以及北部边缘地区,包括晋陕宁区与河西走廊区。

湿陷性黄土可分为自重湿陷性和非自重湿陷性黄土两种,前者是指在上覆土自重压力下发生湿陷的湿陷性黄土;后者是指在上覆土自重压力和附加压力共同作用下后才会发生湿陷的湿陷性黄土。

一般说来,自重湿陷性黄土浸水后,湿陷现象迅速而强烈,危害严重,发生的工程事故较多,如路堑边坡浸水后发生坍塌等。非自重湿陷性黄土对铁路工程的实际意义也很大,如桥涵基础及黄土路堤,在上部荷载作用下,浸水后地基湿陷,造成上部结构物的开裂或倒塌。

湿陷性黄土的固体颗粒以粉土为主,粉粒含量一般大于 60%;土中含水率较低,一般 w 为 10% ~ 20%;天然密度较小,ρ 为 1.40 ~ 1.65 g/cm^3;孔隙比较大,e 大于 1.0。塑性指数 I_p 为 7 ~ 13,属于粉土或粉质黏土;压缩系数 α 为 0.2 ~ 0.6 MPa^{-1},属中、高压缩性土。

(一) 湿陷性黄土的工程特性指标

黄土由于生成年代、环境以及成岩作用的原因和程度的不同,颗粒矿物成分、结构的差异,有湿陷性和非湿陷性之别。不同地区的自重或非自重湿陷性黄土也因上述原因,湿陷性、湿陷敏感程度等都有明显不同。因此,对黄土是否属湿陷性应有统一的判定方法和标准,通过确定黄土的湿陷性,可进一步判定黄土地基的湿陷类型和湿陷等级,从而为合理进行地基处理提供依据。

1. 湿陷系数 δ_s

黄土湿陷性的判定,现在国内外都采用湿陷系数 δ_s 值来判定,δ_s 可通过室内浸水压缩试验测定。把保持天然含水率和结构的黄土土样,分级加荷至规定压力,土样压缩稳定后,进行浸水,至湿陷稳定为止。浸水宜用纯水,湿陷稳定标准为下沉量不大于0.01mm/h。得到浸水后土样高度 h_p'。根据室内浸水压缩试验结果,按下式计算:

$$\delta_s = \frac{h_p - h_p'}{h_0} \tag{10-1}$$

式中:h_p——保持天然湿度和天然结构的土样,加压至规定压力时,下沉稳定后的高度(cm);

h_p'——上述加压稳定后的土样,在浸水作用下,下沉稳定后的高度(cm);

h_0——土样的原始高度(cm)。

根据湿陷系数 δ_s 的测定结果,对黄土湿陷性判别如下:

$\delta_s < 0.015$　　　　　非湿陷性黄土

$\delta_s \geqslant 0.015$　　　　　湿陷性黄土

2. 自重湿陷量 Δ_{zs}

由湿陷性黄土构成的建筑场地,其湿陷类型判别,应按实测自重湿陷量 Δ_{zs}' 或按室内压缩试验累计的计算自重湿陷量 Δ_{zs} 予以判定。

实测自重湿陷量 Δ_{zs}' 是根据现场基坑浸水试验确定;计算自重湿陷量 Δ_{zs} 是根据室内浸水压缩试验,测定不同深度的土样在饱和自重压力下的自重湿陷系数 δ_{zs},δ_{zs} 按下式计算:

$$\delta_{zs} = \frac{h_z - h_z'}{h_0} \tag{10-2}$$

式中:h_z——保持天然湿度和天然结构的土样,加压至土的饱和自重压力时,下沉稳定后的高度(cm);

h_z'——上述加压稳定后的土样,在浸水作用下,下沉稳定后的高度(cm);

h_0——土样的原始高度(cm)。

自重湿陷量 Δ_{zs} 按下式计算如下:

$$\Delta_{zs} = \beta_0 \sum_{i=1}^{n} \delta_{zsi} h_i \tag{10-3}$$

式中:Δ_{zs}——自重湿陷量(cm);

δ_{zsi}——第 i 层土在上覆土的饱和($S_r \geqslant 0.85$)自重压力下的自重湿陷系数;

h_i——第 i 层土的厚度(cm);

β_0——因地区土质而异的修正系数,对陇西地区取1.5,陇东、陕北、西地区取1.2,关中地区取0.7,其他地区取0.5。

自重湿陷量 Δ_{zs} 的累计自天然地面算起(当挖、填方的厚度和面积较大时,自设计地面算起),至其下非湿陷性黄土层的顶面止,其中自重湿陷系数 δ_{zs} 小于0.015的土层可不计。

当实测或计算自重湿陷量 Δ_{zs}'(或 Δ_{zs})≤70mm 时,应定为非自重湿陷性黄土场地;Δ_{zs}'(或 Δ_{zs})>70mm 时,应定为自重湿陷性黄土场地。

(二)湿陷等级判定

湿陷性黄土地基,受水浸湿饱和至下沉稳定后的总沉降量 Δ_s,按下式计算:

$$\Delta_s = \sum_{i=1}^{n} \beta \cdot \delta_{si} \cdot h_i \tag{10-4}$$

式中:δ_{si}——自基底算起第 i 层土的湿陷系数,见式(10-1);

h_i——基底以下第 i 层土的厚度(cm);

β——考虑地基土侧向挤出条件、浸水概率等因素的修正系数,基底下 5m 深度内取 1.5;5~10m 深度内取 1.0;10m 以下至非湿陷性黄土层顶面,非自重湿陷性黄土取 0,自重湿陷性黄土场地,可按工程所在地区的 β_0 取值。

基底以下地基的湿陷量 Δ_s 应自基础底面(如基底高程不确定时,自地面下 1.5m)算起,对于非自重湿陷性黄土,累计至基底以下 10m(或地基压缩层)深度为止;对于自重湿陷性黄土,累计至非湿陷性土层顶面为止。

湿陷性黄土地基的湿陷等级,应根据自重湿陷量 Δ_{zs} 和基底以下地基湿陷量 Δ_s 的大小按表 10-2 判定。

湿陷性黄土地基的湿陷等级 表 10-2

湿陷性类型		非自重湿陷性场地	自重湿陷性场地	
自重湿陷量 Δ_{zs}(mm)		$\Delta_{zs} \leq 70$	$70 < \Delta_{zs} \leq 350$	$\Delta_{zs} > 350$
基底以下地基的湿陷量 Δ_s(mm)	$\Delta_s \leq 300$	Ⅰ(轻微)	Ⅱ(中等)	—
	$300 < \Delta_s \leq 700$	Ⅱ(中等)	Ⅱ(中等)或Ⅲ(严重)	Ⅲ(严重)
	$\Delta_s > 700$	Ⅱ(中等)	Ⅲ(严重)	Ⅳ(很严重)

注:当 Δ_s 计算值大于 600mm、Δ_{zs} 计算值大于 300mm 时,可判为Ⅲ级,其他情况可判定为Ⅱ级。

(三)湿陷性黄土地基处理措施及质量控制要点

对黄土地基的处理,就是改变黄土的大孔结构和物理力学性质,减少其透水性和压缩性。从而消除地基的湿陷性,提高地基的容许承载力。

湿陷性黄土地区的桥涵根据其重要性、结构特点和受水浸湿后的危害程度和修复难易程度分为 A、B、C、D 四类。

A 类为 20m 及以上高墩台和超静定桥梁;B 类为一般桥梁基础,拱涵;C 类为涵洞和倒虹吸;桥涵附属工程属于 D 类。

1. 湿陷性黄土地基处理措施

湿陷性黄土地区桥涵建筑物应根据湿陷性黄土的等级、结构物分类和水流特征,采用相应的设计措施和处理方案以满足基础沉降控制的要求。常用地基处理措施可参考表 10-3 采用。

湿陷性黄土地区地基处理的措施 表 10-3

水流特征及湿陷等级		经常性流水(或浸湿可能性较大)				季节性流水(或浸湿可能性较小)			
类型及措施		Ⅰ	Ⅱ	Ⅲ	Ⅳ	Ⅰ	Ⅱ	Ⅲ	Ⅳ
A	措施	①				①			
B	措施	②、③	②、③	①、②	①、②	③	③	②、③	②
	处理深度(m)	2.0~3.0	3.0~5.0	4.0~6.0	6.0	0.8~1.0	1.0~2.0	2.0~3.0	5.0
C	措施	③		②		③			
	处理深度(m)	0.8~1.0	1.0~1.5	1.5~2.0	3.0	0.5~0.8	0.8~1.2	1.2~2.0	2.0
D	措施	④				④			

注:表中各编号所代表的处理措施:①墩台基础采用明挖、沉井或桩基,置于非湿陷性土层中;②采用强夯法或挤密桩法,并采取防水和结构措施;③采用重锤夯实或换填灰土(垫层)夯实,并采取防水和结构措施;④地基表层夯实。

2. 质量控制要点

采用强夯法、重锤夯实、桩孔挤密和换填灰土(灰土垫层)措施后,土的干重度不得小于

$16kN/m^3$。

重锤夯实和桩孔挤密地基处理的宽度应超出基础边缘不得小于0.5m。

强夯法处理湿陷性黄土地基时,宽度应超出基础边缘的尺寸为:圆形夯锤底面的直径或方形夯锤底面的边长。

换填灰土处理的宽度应超出基础边缘不得小于厚度的30%。

(四)湿陷性黄土地基的防水措施

湿陷性黄土在天然状态下,如果未受水浸湿,一般强度较高、压缩性小。因此,在进行工程设计时,采取一定的防水措施是十分必要的。桥涵地基常采取以下防水措施:

(1)对可能被水浸湿的桥涵地基,其沟床应采取可靠的防水措施。铺砌范围应比非湿陷性地区同类的桥涵适当加大,垂裙适当加深,涵洞嵌缝宜用柔性材料,严禁漏水。

(2)桥涵附近的陷穴、溶洞、古墓、古井、掏沙坑等应予以填平夯实,并防止湿陷。桥涵上游不允许积水,平坦地区对25m以内的池塘和水渠应采取防止渗水的措施或填平处理。山区及丘陵地区应加强疏导,避免潜蚀或严重冲刷影响桥涵基础稳定。

(3)湿陷性黄土地区的桥涵基础,宜设置在原有沟床上,并宜采用适应较大沉降的结构。涵洞不应采用分离式基础。

(4)湿陷性黄土地区的桥涵基础应避免雨季施工。如必须在雨季施工时,应有专门的防洪、排水设施,保证基坑不受水浸泡。

混凝土养生水不得浸泡基坑。

(5)基坑开挖时,应在基坑底面以上预留50~100mm的土层,进行夯实至设计高程。基础筑出地面后,基坑应及时用不透水土或原土分层回填夯实至稍高于附近地面,以利排水。

换填土和桩孔填土不应采用渗水土。

膨胀土地基

(一)膨胀土的特性及其危害

膨胀土是土中黏粒成分主要由亲水矿物组成,同时具有显著的吸水膨胀和失水收缩两种变形特性的黏土。

膨胀土通常强度较高、压缩性较低,易被误认为是良好地基。但由于具有胀缩的特性,当用这种土做地基时,如果对它的特性缺乏足够的认识,或在设计和施工中没有采取必要的措施,往往会给建筑造成严重危害,使建筑物墙体开裂、基础外转、砖柱水平断裂同时水平位移、地坪隆起、开裂等事故。

膨胀土在地球上分布很广,我国膨胀土主要分布在云南、广西、湖北、安徽、河北、河南等省区的山前丘陵和盆地边缘等地。

膨胀土的矿物成分主要是次生黏土矿物蒙脱土和伊利土。蒙脱土亲水性强,浸湿后强烈膨胀。伊利土亲水性也较强。地基中含亲水性强的矿物较多时,遇水膨胀隆起,失水收缩下沉。

(二)膨胀土的自由膨胀率 δ_{ef}

将人工制备的烘干土样浸泡于水中,经充分吸水膨胀稳定后,测量其体积。增加的体积与

原体积之比,称为自由膨胀率 δ_{ef},按下式计算:

$$\delta_{ef} = \frac{V_w - V_0}{V_0} \times 100\%　\qquad(10-5)$$

式中:V_w——土样在水中膨胀稳定后体积(mL);

V_0——土样原有的体积(mL)。

自由膨胀率 δ_{ef} 是干土在无结构力及压力作用下的膨胀特性,它反映了土中矿物成分(主要是蒙脱土)的含量。实际工程中,当自由膨胀率 δ_{ef}<40% 时应视为非膨胀土。

(三)膨胀土场地判别

膨胀土判别是解决膨胀土地基勘查、设计的首要问题。我国目前对膨胀土采用综合判别法,即根据现场的工程地质特征、自由膨胀率及建筑物的破坏特征来综合判定。

《膨胀土地区建筑技术规范》(GB 50112—2013)规定,场地具有下列工程地质特征及建筑物破坏形态,且自由膨胀率≥40%的土应判定为膨胀土:

(1)裂隙发育,常有光滑面和擦痕,有的裂隙中充填着灰白、灰绿等杂色黏土,在自然条件下呈坚硬或硬塑状态。

(2)多出露于二级或二级以上阶地、山前和盆地边缘丘陵地带。地形平缓,无明显自然陡坎。

(3)常见浅层塑性滑坡、地裂,新开挖坑(槽)壁易发生坍塌等。

(4)建筑物多呈"倒八字""X"或水平裂缝,裂缝随气候变化而张开和闭合。

(四)膨胀土地区桥涵基础工程问题及处理措施

1.膨胀土地基桥涵工程问题

桥梁主体工程的变形损害,在膨胀土地区很少见到。然而在膨胀土地基上的桥梁附属工程,如桥台、护坡、桥的两端与填土路堤之间的结合部位等,各种工程问题存在比较普遍,变形病害也较严重。桥台不均匀下沉,护坡开裂破坏,桥台与路堤之间结合带不均匀下沉等等。有的普通公路桥受地基膨胀土胀缩变形影响严重者,不仅桥台与护坡严重变形、开裂、位移,甚至桥面也遭破坏,导致整座桥梁废弃,公路行车中断。

涵洞因基础埋置深度较浅,自重荷载又较小,一方面直接受地基土胀缩变形影响,另一方面还受洞顶回填膨胀土不均匀沉降与膨胀压力的影响,故变形破坏比较普遍。

2.处理措施

(1)换土垫层

在较强或强膨胀性土层出露较浅的建筑场地,可采用非膨胀性的黏性土、砂石、灰土等置换膨胀土,以减少可膨胀的土层,达到减少地基胀缩变形量的目的。

(2)石灰灌浆加固

在膨胀土中掺入一定量的石灰能有效提高土的强度,增加土中湿度的稳定性,减少膨胀势。工程上可采用压力灌浆的办法将石灰浆液灌注入膨胀土的裂隙中起加固作用。

(3)合理选择基础埋置深度

桥涵基础埋置深度应根据膨胀土地区的气候特征,大气风化作用的影响深度,并结合膨胀土的胀缩特性确定。一般情况下,基础应埋置在大气风化作用影响深度以下。

（4）合理选用基础类型

桥涵设计应合理选择有利于克服膨胀土胀缩变形的基础类型。当大气影响深度较深,膨胀土层厚,选用地基加固或墩式基础施工有困难或不经济时,可选用桩基。这种情况下,桩尖应锚固在非膨胀土层或伸入大气影响急剧层以下的土层中。具体桩基设计应满足《膨胀土地区建筑技术规范》(GB 50112—2013)的要求。

（5）合理选择施工方法

在膨胀土地基上进行基础施工时,宜采用分段快速作业法,特别应防止基坑暴晒开裂与基坑浸水膨胀软化。因此,雨季应采取防水措施,最好在旱季施工,基坑随挖随砌基础,同时做好地表排水等。基础施工完毕,基槽应及时分层回填完毕,填土可用非膨胀土、弱膨胀土或掺有石灰的膨胀土。

 冻土地基

1. 冻土的概念

温度为 0℃ 或负温,含有冰且与土颗粒呈胶结状态的土称为冻土。根据冻土冻结延续时间可分为季节性冻土和多年冻土两大类。

土层冬季冻结,夏季全部融化,冻结延续时间一般不超过一个季节,称为季节性冻土层。其下边界线称为冻深线或冻结线。土层冻结延续时间在两年或两年以上称为多年冻土。即使在温度偏高的年份,只是表面一小层土壤融化,深层仍然是坚硬的冻土。

季节性冻土在我国分布很广,东北、华北、西北是季节性冻结层厚 0.5m 以上的主要分布地区;多年冻土主要分布在严寒地区,集中在黑龙江的大小兴安岭一带、内蒙古纬度较大地区、青藏高原部分地区与甘肃、新疆的高山区,其厚度从不足 1m 到几十米。

2. 多年冻土的融沉性分类

冻土是由土颗粒、水、冰、气体等组成的多相成分的复杂体系。评价冻土的工程性质,除了采用常规物理性质指标,还要考虑冻土的冻胀性与融沉性。由于多年冻土地区大量的工程破坏主要表现在融沉方面,因此分类时以考虑冻土的融沉性为主,并考虑其冻胀性和强度。

在无外荷载条件下,冻土融化过程中所产生的沉降称为融沉。冻土的融沉性是评价冻土工程性质的重要指标。融沉性应由试验测定,用融沉系数 δ_0 表示。

$$\delta_0 = \frac{h_1 - h_2}{h_1} = \frac{e_1 - e_2}{1 + e_1} \times 100\% \tag{10-6}$$

式中:h_1、e_1——冻土试样融化前的厚度和孔隙比;

h_2、e_2——冻土试样融化后的厚度和孔隙比。

多年冻土的工程分类,应以冻土的冻融作用对工程建筑物稳定性的影响程度为原则,并结合工程实践及历年来大量室内外物理力学试验的资料进行综合分析后确定。多年冻土地基引起工程建筑物破坏的主要原因是融沉作用。《冻土地区建筑地基基础设计规范》(JGJ 118—2011)采用融化下沉系数 δ_0 作为融沉评价控制指标,将其划分为五类,如表 10-4 所示。

Ⅰ类土为不融沉土(少冰冻土),是除基岩之外的最好地基土。一般建筑物可不考虑冻融问题。

Ⅱ类土为弱融沉土(多冰冻土),为多年冻土较好的地基土,融化下沉量不大。

Ⅲ类土为融沉土(富冰冻土),作为建筑物地基时,应采取专门措施,如深基、保温、防止基

底融化等。

Ⅳ类土为强融沉土(饱冰冻土),往往会造成建筑物的破坏,宜采用保持冻土的原则设计或采用桩基等。

Ⅴ类土为融陷土(含土冰层),因含有大量的冰,所以不但不允许基底融化,还应考虑它的长期流变作用,需进行专门处理,如砂垫层等。

多年冻土地基的融沉性分级 表10-4

级别	Ⅰ	Ⅱ	Ⅲ	Ⅳ	Ⅴ
融化下沉系数 δ_0	$\delta_0 \leq 1$	$1 < \delta_0 \leq 3$	$3 < \delta_0 \leq 10$	$10 < \delta_0 \leq 25$	$\delta_0 > 25$
融沉性分级	不融沉	弱融沉	融沉	强融沉	融陷
名称	少冰冻土	多冰冻土	富冰冻土	饱冰冻土	含土冰层

3.多年冻土地基设计原则

多年冻土地区桥涵地基应根据多年冻土的工程地质条件(如多年冻土发展趋势、类型、厚度、地温和物理力学性质等)、地下水活动情况、不良地质现象、桥涵建筑物的结构类型和施工方法,并考虑桥涵修建后地基冻土的变化(如上限的升降、地温的变化、物理力学性质的改变等),选择经济合理的设计原则。

(1)保持冻结原则设计

年平均地温低于 -1.0 ℃ 的场地和最大融化深度范围内存在融沉、强融沉、融陷性土及其夹层的地基,宜按保持冻结原则设计,基础形式可采用桩基础。国内外的工程实践证明,桩基础施工中不暴露地基冻土,且横截面小,对热流入渗、上限下移、保持地基土的冻结状态都很有利,且克服冻胀的性能好,能增强基础的稳定性。

钻孔插入桩是将预制桩插入孔径大于桩径(孔径大于桩径 50~10mm)的钻孔内,并在桩与钻孔的空隙间填入黏土砂浆或饱和砂浆而成。此法宜用于沿桩长月最高平均地温低于 -0.5 ℃ 的各类多年冻土地基。钻孔打入桩是将预制桩打入孔径小于桩径(孔桩小于桩径 30~50mm)的钻孔内而成,宜用于黏性土和砂土的多年冻土。

钻孔灌注桩是采用低温早强或负温混凝土灌注而成,宜用于沿桩长月最高平均地温低于 -1.0 ℃ 的各类多年冻土地基,以便能达到回冻的目的。

施工时上述三种桩均应严防孔壁坍塌,尤其是对冻结层上水发育,并由松软土和粉细砂组成的季节融化层,必须采取措施,防止流沙和坍孔。

明挖基础施工时基坑暴露于大气中,且圬工与地基接触面大,热流入渗较多,对保持地基土的冻结状态是不利的,但具有施工方法简便的优点,当桥涵基础埋置深度不大时仍可采用,但应在冬季施工,以减少地基的融化。若基础埋置深度较大时,以采用挖孔桩基础为宜。

(2)容许融化原则设计

年平均地温不低于 -0.5 ℃ 的场地,宜按容许融化原则设计。设计时应加大基础埋深,宜用粗颗粒土换填,埋设保温隔热材料等措施减少地基变形,必要时采取结构措施适应变形要求,当冻土层有可能全部融化时,应按季节冻土地基进行设计。

由于下沉量较大,桥涵结构形式应能适应地基的较大不均匀变形。宜采用静定结构桥梁,以避免因不均匀变形而引起圬工开裂;小桥涵基础应采用整体性较好的形式,如小桥可采用联合基础;矩形涵及圆涵的基础可采用钢筋混凝土地基梁等。

4. 冻土地基防融沉措施

一般涵洞设计均采用明挖基础。当采取容许融化原则设计时，地基的融沉是产生"塌腰""错牙"等病害的主要原因。病害严重时，涵洞将失去排洪能力，危及行车安全。所以，在多年冻土地基上的涵洞设计，需加强防止融沉措施，以减小或消除地基的沉降量。对弱融沉、融沉、强融沉地基，可结合具体情况，采取分层换填、加深基础或预融夯实等办法进行处理，把融沉值控制在容许范围内。融沉的容许值可根据各地的经验确定，具体措施如下：

（1）换填基底土。对采用融化原则的基底土可换填碎、卵、砾石或粗砂等，换填深度可到季节融化深度或到受压层深度。

（2）选择好施工季节。采用保持冻结原则时基础宜在冬季施工，采用融化原则时，最好在夏季施工。

（3）选择好基础形式。对融沉、强融沉土宜用轻型墩台，适当增大基底面积，减少压应力；或结合具体情况，加深基础埋置深度。

（4）注意隔热措施。采取保持冻结原则时，施工中注意保护地表上覆植被，或以保温性能较好的材料铺盖地表，减少热渗入量。施工和养护中，保证建筑物周围排水通畅，防止地表水灌入基坑内。

四 岩溶地区地基

岩溶地貌是地下水与地表水对可溶性岩石溶蚀与沉淀、侵蚀与沉积，以及重力崩塌、坍塌、堆积等作用形成的地貌，岩溶地貌又称喀斯特（Karst）地貌，为中国五大造型地貌之一。

岩溶地貌分地表和地下两大类，地表有石芽与溶沟，喀斯特漏斗，落水洞，溶蚀洼地，喀斯特盆地与喀斯特平原，峰丛、峰林与孤峰；地下有溶洞与地下河，暗湖等。因此在岩溶地区修筑道路和桥梁时要注意地基的塌陷问题。

岩溶地貌在中国分布最广，其集中分布于广西、贵州、云南等省区，四川、重庆、湖南、山西、甘肃、西藏等省区部分地区亦有分布。

1. 岩溶分类

根据岩溶埋藏条件可分为裸露型岩溶、覆盖型岩溶和埋藏型岩溶；根据岩溶发育强度可分为强烈发育、中等发育、弱发育和微弱发育的岩溶。

2. 岩溶地区桥涵基础处理原则

岩溶地区不良地质构成的岩溶地基常常引起地基承载力不足、不均匀沉降、地基滑动和塌陷等地基变形破坏。随着越来越多的铁路工程兴建在岩溶地区，岩溶地基问题就成为工程建设中的突出问题，特别高铁、客运专线铁路中桥梁所占比例的提高，加强岩溶地基稳定性分析评价，合理确定桥涵基础形式及基础处理措施，有着重大的技术价值和经济意义。根据《铁路桥涵地基和基础设计规范》(TB 10093—2017)规定，岩溶地区桥涵基础应按照以下原则进行处理。

（1）桥涵结构宜避开岩溶强发育地段。在碳酸盐岩为主的可溶性岩石地区，当存在岩溶（溶洞、溶蚀裂隙等）、土洞等现象时，应考虑其对桥涵地基承载力、基础稳定的影响。

（2）对于完整的、较完整的硬质岩地基，当符合下列条件之一时，可不考虑岩溶对地基稳定性的影响：

①洞体较小，基础（承台）底面尺寸大于洞的平面尺寸，并有足够的支承长度。

②顶板岩石厚度大于或等于洞的跨度。

③岩溶地区明挖基础的溶洞可采用混凝土换填和压浆处理。岩溶埋藏较浅,局部有溶沟、溶槽,其下部已探明无溶洞时,可对基底以下溶沟、溶槽采用混凝土换填方式处理;当基底以下存在溶洞时,可通过压浆对岩溶空洞进行填充封闭处理。

④溶洞、塌陷漏斗较大或岩溶多层发育地段宜采用桩基础。岩溶地区桩基穿越溶洞时,可采取以下处理措施:

a. 桩身穿越小溶洞或填充性较差的溶洞,以及桩身处溶洞埋深大于 40m 时,可采用填充压实(抛填片石、黄泥挤压)的方式处理。

b. 桩身穿越较大空溶洞、半填充溶洞,以及桩身穿越串珠状溶洞时,可采用钢护筒跟进防护处理。

c. 邻近既有建筑物或地表易发生塌陷的桩基础穿过岩溶时,溶洞内为半填充,无填充物或裂隙贯通时,可提前对溶洞进行注浆处理。

五 软土地基

软土是指水下沉积的淤泥或饱和软黏土为主的地层。软土地区近代地貌多为宽阔的平原,已不再为地表水所浸漫,表面常具有可塑硬壳,地下水位接近地表,下部为流动性淤泥,沉积厚度一般较深。

1. 软土的工程特点

软土的工程地质特点主要有以下几点:

(1)软土属于高压缩土,压缩系数大($0.5 \sim 2.0 \text{MPa}^{-1}$),沉降量大,影响结构物的正常使用。若不加控制,不均匀沉降也较大,往往发生地基变形引起基础下沉和开裂,直至结构物不能使用。

(2)软土含水率高($34\% \sim 72\%$),孔隙比大($1.0 \sim 1.9$),但透水性差(其渗透系数为 $10^{-8} \sim 10^{-7} \text{cm/s}$),对路基基底的固结排水不利,导致沉降延续时间长,强度增长缓慢。

(3)软土的抗剪强度低,其快剪黏聚力在 10kPa 左右,快剪内摩擦角在 0°~5°之间,在荷载作用下往往由于地基丧失强度而产生局部或整体剪切破坏。

(4)软土具有触变性,一旦受到扰动,土的强度明显下降,甚至呈流动状态。

总之,软土地基的主要特点是承载力低,受载后变形大。在建设中稍有不慎,极易导致建筑物开裂,甚至损坏和失稳。故在修建桥梁和其他建筑物遇到软弱地基时,必须进行科学试验,在大量科研经验积累的基础上,对软弱地基进行加固处理才能满足使用要求。

2. 软土地基处理方法

软土地基处理,按加固机理可分为置换、排水固结、灌入固化物、振密或挤密、加筋、冷热处理、托换等,用以改善地基土的抗剪性能,增大地基承载力,防止剪切破坏或减轻土压力;改善土的压缩性能,减少沉降和不均匀沉降;改善土的渗透性能,加速固结沉降过程。具体加固方法及适用范围见表 10-5。

地基处理方法分类表 表 10-5

分 类	处 理 方 法	适用地基土范围
换土垫层法	浅层挖除软弱土层,换填中粗砂、砾砂、碎石、石灰土或二灰土等	浅层处理无冲刷的地基土

续上表

分　类	处 理 方 法	适用地基土范围
挤密压实法	(1)表层压实夯实及振动密实法； (2)重锤夯实法； (3)强夯法； (4)砂桩(碎石、石灰、二灰土)挤密法； (5)振冲法	浅层处理砂类土、非饱和黏性土和湿陷性黄土、人工填土； 深层处理以上土质，对饱和黏性土应慎重； 深层处理各种土质，对饱和软黏土应慎重； 深层处理各种砂类土及部分黏性土
排水固结法	(1)砂井(普通砂井、带装砂井塑料排水板)预压法； (2)加载预压法(天然地基)； (3)真空预压法； (4)降低水位法； (5)电渗法	深层处理饱和黏性土； 渗透性较好的软黏土(如有薄砂夹层)； 同砂井预压法； 砂质地基土； 黏土质地基土
搅拌桩法 (深层搅拌法)	(1)粉体喷射搅拌法； (2)水泥浆搅拌法； (3)高压喷射注浆法	深层处理接近饱和的软土及各种软弱土层； 深层处理接近饱和的软土及各种软弱土层； 深层处理接近饱和的软土及各种软弱土层
灌浆胶结法	(1)硅化法； (2)水泥灌注法	松散砂类土、饱和软黏土、湿陷性黄土； 松散砂类土、碎石类土
其他方法	(1)加筋法； (2)热加固法、冻结法	加筋土用于路堤、挡墙、土工织物适用于稳定软土、反滤层；树根状适用于基础托换、边坡支挡；热加固法用于湿陷性黄土；冻结法用于各类土的施工

选用这些处理方法的原则是：技术先进、经济合理、安全适用、确保质量。对具体工程，应从地基条件、处理要求、工程费用及材料、机具来源等各方面进行综合考虑，因地制宜地选定适合的地基处理方法。必须指出，地基处理方法很多，每种方法都有一定的适用范围、局限性和优缺点。而很多地基处理方法又具有多种处理效果，如碎石桩具有置换、挤密、排水和加筋等多重作用；石灰既挤密又吸水，吸水后又进一步挤密。所以，地基处理一定要抓住方法选择和具体处理两个关键步骤。

在选择地基处理方案前，应进行以下工作：

(1)收集详细的工程地质、水文及地基基础资料。

(2)根据工程的设计要求和采用天然地基存在的主要问题，确定地基处理的目的、处理范围和处理后要求达到的各项技术经济指标等。

(3)结合工程情况，了解本地区地基处理经验及施工条件、其他地区相似场地上同类工程的地基处理经验和使用情况等。

在考虑地基处理方案时，应同时考虑上部结构、基础和地基的协同作用，决定选用地基处理方案或选用加强上部结构和处理地基相结合的方案。

一般按下述步骤选择和确定地基处理方案：

(1)根据结构类型、荷载大小及使用要求，结合地形地貌、地层结构、土质条件、地下水特征、环境情况和对邻近建筑物的影响等因素，初步选定几种可供考虑的地基处理方法。

(2)对上述选定的几种地基加固处理方法，分别从加固原理、适用范围、预期效果、材料来源及消耗、机具条件、施工进度和对环境的影响等方面进行技术经济分析对比,选择最佳地基处理方法。必要时也可选择两种或多种地基处理措施组成的综合处理方法。

(3)对选定的地基加固处理方法,必须按建筑物安全等级和场地的复杂程度,在有代表性的场地上进行相应的现场试验和试验性施工,以检验设计参数和处理效果。达不到设计要求时,应找出原因采取措施并修改设计。

地基加固处理的施工,是实现地基处理的重要环节。应按设计要求和质量标准,保质保量进行施工。施工中应有专人或专门机构负责质量管理、控制和检测,结束后应按国家规定进行工程质量检验和验收。

经地基加固处理的建筑应在施工期间进行观测(包括水平位移、孔隙水压力观测等);对于重要的或对沉降有严格限制的建筑物,还应进行沉降观测。

任务二　换土垫层法施工

一　换土垫层法基本原理

在冲刷较小的软弱地基土上,修建中小桥梁的基础或一般结构物时,若地基承载力不够或沉降量过大,比较经济、简便的地基处理方法是将基础底面以下处理范围内的软弱土层部分或全部挖去,然后分层换填强度较高、稳定性好的中砂、粗砂、砂砾(换填砂砾材料的黏粒含量应小于3%~5%,粉粒含量小于25%,粒料粒径宜小于50mm),夯实到中密。也可换以力学性质较好的黏性土,要求夯实密度达到最佳密度的90%以上。这样,基底以下地基便由砂垫层和软弱下卧层组成,如图10-1所示。足够厚度的垫层置换可能被剪坏的软弱土层,以达到加固地基的目的。

换土垫层法适用于淤泥、淤泥质土、湿陷性黄土、素填土、杂填土地基及暗沟、暗塘等不良地基的浅层处理。

二　垫层的主要作用

(一)提高地基承载力

地基中的剪切破坏是从基础底面开始,随着基底压力的增大,逐渐向纵深发展。故用强度较大的砂石等材料代替可能被剪切破坏的软弱土,就可避免地基的破坏。

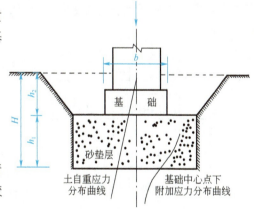

图10-1　砂垫层及应力分布

(二)减少地基沉降量

一般基础下浅层部分的沉降量在总沉降量中所占的比例较大,若以密实的砂石替代上部软弱土层,就可以减少这部分沉降量。同时砂石垫层对基底压力的扩散作用,使作用在软弱下卧层上的压力减小,也能减小软弱下卧层的沉降量。

(三)加速软弱土层的排水固结

用透水材料垫层,为基底下软土提供了良好的排水面,不仅可使基底下面的孔隙水迅速消散,避免地基土的塑性破坏,还可加速垫层下的软土层的固结及强度提高。但固结效果仅限于表层,对深部的影响并不显著。

(四)防止冻胀

粗颗粒的垫层材料缝隙大,不易产生毛细现象,因此可以防止寒冷地区中结冰所造成的冻胀。

(五)消除膨胀土的胀缩作用

三 垫层的设计要点

垫层是作为基础的持力层处理地基的,它是地基的主要受力部分。因此,垫层的设计不但要满足建筑物对地基变形及稳定的要求,而且应符合经济合理的原则。垫层设计时,既要求有足够的厚度来置换可能被剪切破坏的软弱土层,又要求有足够的宽度以防止垫层向两侧挤出。对于有排水要求的垫层来说,除要求有一定的厚度和宽度满足上述要求外,还需形成一个排水面,促进软弱土层的固结,提高其强度,以满足上部荷载的要求。所以,垫层的设计内容主要是确定其断面的合理厚度和宽度。

(一)垫层厚度确定

垫层厚度一般是根据垫层底部下卧土层的承载力确定,即作用在垫层底面处土的自重应力与附加应力之和不大于垫层底面下土层的容许承载力。如图 10-2 所示。

$$\sigma_z + \sigma_{cz} \leq f_{az} \quad (10\text{-}7)$$

式中:σ_z——垫层底面处土的附加压力值(kPa);
σ_{cz}——垫层底面处土的自重应力值(kPa);
f_{az}——垫层底面处软弱土层经深度修正后的地基承载力特征值(kPa)。

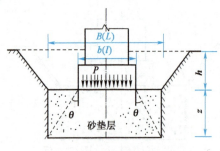

图 10-2 砂垫层应力扩散图

垫层底面处土的附加压力值可按简化的压力扩散角法计算,即假定压力按某一扩散角向下扩散,在作用范围内假定为均匀分布,则可按下式计算。

条形基础时:
$$\sigma_z = \frac{b(p_k - \sigma_c)}{b + 2z\tan\theta} \quad (10\text{-}8)$$

矩形基础时:
$$\sigma_z = \frac{b(p_k - \sigma_c)}{(b + 2z\tan\theta)(l + 2z\tan\theta)} \quad (10\text{-}9)$$

式中:b——矩形基础或条形基础底面的宽度(m);
l——矩形基础底面的长度(m);
p_k——相应于荷载效应的标准组合时,基础底面处的平均压力值(kPa);

σ_c——基础底面处土的自重应力值(kPa);

z——基础底面下垫层的厚度(m);

θ——垫层的压力扩散角,宜通过试验确定,当无试验资料时,可按表 10-6 采用。

压力扩散角　　　　　　　　　　表 10-6

z/b	换填材料		
	中砂、粗砂、砾砂、圆砾、角砾、石屑、卵石、碎石、矿渣	粉质黏土、粉煤灰	灰土
0.25	20	6	28
≥0.50	30	23	

注:1. 当 $z/b<0.25$,除灰土取 $\theta=28°$ 外,其余材料均取 $\theta=0°$,必要时,宜由试验确定。

2. 当 $0.25<z/b<0.5$ 时,θ 值可内插求得。

计算时,一般先初步拟定一个垫层厚度,再用式(10-7)验算。如不能满足要求,则重新假定一个厚度进行验算,直至满足要求为止。垫层厚度不宜大于 3m,太厚工程量大、不经济、施工较困难,而太薄(<0.5m)则换土垫层的作用不显著、效果差。一般垫层厚度为 1~2m。

(二)垫层宽度确定

垫层底平面尺寸的确定,应从两方面考虑:一方面要满足应力扩散的要求;另一方面要防止基础受力时,因垫层两侧土质较软出现砂垫层向两侧挤出,使基础沉降增大。垫层宽度的计算,常用的方法是扩散角法,计算公式如下:

$$b' \geq b + 2z\tan\theta \qquad (10\text{-}10)$$

式中:b'——垫层地面宽度(m);

θ——压力扩散角,可按表 10-6 采用,当 $z/b<0.25$ 时,仍按表中 $z/b=0.25$ 取值。

整片垫层底面的宽度可根据施工的要求适当加宽。垫层顶面宽度可从垫层底面两侧向上,按基坑开挖期间保持边坡稳定的当地经验放坡确定。垫层顶面每边超出基础底边不宜小于 300mm。

四　垫层材料选择

砂石垫层宜选用碎石、卵石、角砾、圆砾、砾砂、粗砂、中砂或石屑(粒径小于 2mm 的部分不应超过总重的 45%),应级配良好,不含植物残体、垃圾等杂质。当使用粉细砂或石粉(粒径小于 0.075m 的部分不超过总重的 9%)时,应掺入不少于总重 30% 的碎石或卵石。砂石的最大粒径不宜大于 50mm。对湿陷性黄土地基,不得选用砂石等透水材料。

粉质黏土垫层,土料中有机质含量不得超过 5%,亦不得含有冻土或膨胀土。当含有碎石时,其粒径不宜大于 50mm。用于湿陷性黄土或膨胀土地基的粉质黏土垫层,土料中不得夹有砖、瓦和石块。

五　垫层施工

1. 施工机械选择

垫层施工应根据不同的换填材料选择施工机械。粉质黏土、灰土宜采用平碾、振动碾或羊足碾,中小型工程也可采用蛙式夯、柴油夯。砂石等宜用振动碾。粉煤灰宜采用平碾、振动碾、平板振动器、蛙式夯。矿渣宜采用平板振动器或平碾,也可采用振动碾。

2. 施工质量控制要点

垫层的施工方法、分层铺填厚度、每层压实遍数等宜通过试验确定。除接触下卧软土层的垫层底部应根据施工机械设备及下卧层土质条件确定厚度外,一般情况下,垫层的分层铺填厚度可取 200~300mm。为保证分层压实质量,应控制机械碾压速度。

粉质黏土和灰土垫层土料的施工含水率宜控制在最优含水率 $w_{op} \pm 2\%$ 的范围内,粉煤灰垫层的施工含水率宜控制在 $w_{op} \pm 4\%$ 的范围内。最优含水率可通过击实试验确定,也可按当地经验取用。

当垫层底部存在古井、古墓、洞穴、旧基础、暗塘等软硬不均的部位时,应根据建筑对不均匀沉降的要求予以处理,并经检验合格后,方可铺填垫层。

基坑开挖时应避免坑底土层受扰动,可保留约 200mm 厚的土层暂不挖去,待铺填垫层前再挖至设计高程。严禁扰动垫层下的软弱土层,防止其被践踏、受冻或受水浸泡。在碎石或卵石垫层底部宜设置 150~300mm 厚的砂垫层或铺一层土工织物,以防止软弱土层表面的局部破坏,同时必须防止基坑边坡坍土混入垫层。

换填垫层施工应注意基坑排水,除采用水撼法施工砂垫层外,不得在浸水条件下施工,必要时应采用降低地下水位的措施。

垫层底面宜设在同一高程上,如深度不同,基坑底土面应挖成阶梯或斜坡搭接,并按先深后浅的顺序进行垫层施工,搭接处应夯压密实。

粉质黏土及灰土垫层分段施工时,不得在柱基、墙角及承重窗间墙下接缝。上下两层的缝距不得小于 500mm。接缝处应夯压密实。灰土应拌和均匀并应当日铺填压。灰土夯压密实后 3d 内不得受水浸泡。粉煤灰垫层铺填后宜当天压实,每层验收后应及时铺填上层或封层,防止干燥后松散起尘污染,同时应禁止车辆碾压通行。垫层竣工验收合格后,应及时进行基础施工与基坑回填。

铺设土工合成材料时,下铺地基土层顶面应平整,防止土工合成材料被刺穿、顶破。铺设时应把土工合成材料张拉平直、绷紧,严禁有折皱;端头应固定或回折锚固;切忌曝晒或裸露;连接宜用搭接法、缝接法和胶结法,并均应保证主要受力方向的连接强度不低于所采用材料的抗拉强度。

六、垫层施工质量检验

对粉质黏土、灰土、粉煤灰和砂石垫层,施工质量检验可用环刀法、贯入仪、静力触探、轻型动力触探或标准贯入试验检验;对砂石、矿渣垫层可用重型动力触探检验。并均应通过现场试验以设计压实系数所对应的贯入度为标准检验垫层的施工质量。压实系数也可采用环刀法、灌砂法、灌水法或其他方法检验。各种垫层的压实标准如表 10-7 所示。

各种垫层的压实标准　　　　表 10-7

施工方法	换填材料类别	压实系数 λ_c
碾压、振密或夯实	碎石、卵石	0.94~0.97
	砂夹石(其中碎石、卵石占全重的 30%~50%)	
	土夹石(其中碎石、卵石占全重的 30%~50%)	

续上表

施工方法	换填材料类别	压实系数 λ_c
碾压、振密或夯实	中砂、粗砂、砾砂、角砾、圆砾、石屑	0.94~0.97
	粉质黏土	
	灰土	0.95
	粉煤灰	0.90~0.95

注：1. 压实系数 λ_c 为土的控制干密度 ρ_d 与最大干密度 ρ_{dmax} 的比值；土的最大干密度宜采用击实试验确定，碎石或卵石的最大干密度可取 $2.0 \sim 2.2 t/m^3$。
2. 当采用轻型击实试验时，压实系数 λ_c 宜取高值，采用重型击实试验时，压实系数 λ_c 可取低值。
3. 矿渣垫层的压实指标为最后二遍压实的压陷差小于 2mm。

垫层的施工质量检验必须分层进行。应在每层的压实系数符合设计要求后铺填上层土。

采用环刀法检验垫层的施工质量时，取样点应位于每层厚度的 2/3 深度处。检验点数量，对大基坑每 50~100m² 不应少于 1 个检验点；对基槽每 10~20m 不应少于 1 个点；每个独立柱基不应少于 1 个点。采用贯入仪或动力触探检验垫层的施工质量时，每分层检验点的间距应小于 4m。

任务三 预压法施工

我国东南沿海及内陆广泛分布着饱和软黏土，其特点是含水量大、孔隙比大、颗粒细，因而压缩性高、强度低、透水性差。作为地基，在其上修筑建筑物时，在荷载作用下会产生很大的固结沉降和沉降差，且地基土强度不高，承载力和稳定性往往不能满足工程要求，因此在工程实际中常采用预压法对软土地基进行处理。

预压法概述

预压法是在建筑物建造之前，利用软弱土地基排水固结的特性在地基土中采取各种排水技术措施（如设置竖向排水体和水平排水体），再分级加载预压，使地基土加速排水固结和沉降，当地基土的固结度或土的强度达到规定要求后，卸去预压荷载，然后建造建筑物的一种地基处理方法。

预压法有加载预压法、真空预压法或真空和加载联合预压法，预压法是一种比较成熟、应用广泛的软土地基加固方法，它常用于解决各类淤泥、淤泥质土及冲填土等饱和黏性土地基的沉降及稳定问题，可使地基沉降在预压期内基本完成或大部分完成，以减少建筑物后期的沉降，提高地基的强度和稳定性。

预压法施工之前，应查明：土层在水平和竖直方向的分布和变化，透水层的位置和水源补给条件等。应通过土工试验确定土的固结系数、孔隙比和固结压力的关系曲线、三轴和原位十字板的抗剪强度指标等。

重要工程应预先在现场进行预压试验，并获得试验区的沉降、侧向位移和孔隙水压力等项目的监测数据，对设计进行比较、分析，以修正设计和指导施工。

对主要以沉降控制的建筑物，当地基经预压消除的变形量已满足设计要求，且受压土层的平均固结度符合设计要求时方可卸载；对主要以地基承载力或抗滑稳定性控制的建筑物，在地基上经预压增长的强度满足设计要求后方可卸载。

二、砂井加载预压法

软黏土渗透系数很低,为了缩短加载预压后排水固结的时间,对深厚的软黏土地基中设置一系列的竖向排水通道(砂井、袋装砂井或塑料排水板),在软土顶层设置横向排水砂垫层(图10-3),以缩短排水路径,增加排水通道,改善地基排水渗透性能。

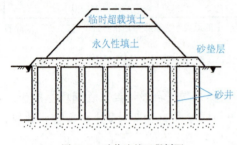

图10-3 砂井地基工程剖面

砂井加载预压法已经广泛应用于水利工程及铁路和公路工程,近年来在工业和民用建筑工程中也开始得到应用,并取得了良好的效果。砂井加载预压法适用于厚度较大及渗透系数很低的饱和软黏土,但对于泥炭土、有机质黏土和高塑性土等土层,由于其次固结沉降占有相当大的比重,采用该方法则效果不明显。

砂井加载预压法设计计算,其实质是合理安排排水系统与预压荷载之间的关系,使地基通过该排水系统在逐级加载过程中较快排水固结,地基强度逐渐增长,以满足每级加载条件下地基的稳定性要求,并加速地基固结沉降,在尽可能短的时间内,使地基承载力达到设计要求。

(一)砂井加载预压法设计

砂井加载预压法设计计算内容包括:
(1)初步确定砂井布置方案;
(2)初步拟订加载计划,即每级加载增量、范围及加载延续时间;
(3)计算每级荷载作用下地基的固结度、强度增长量;
(4)验算每一级荷载下地基的抗滑稳定性;
(5)验算地基沉降量是否满足要求。
若上述计算不能满足要求,则需调整加载计划。

1. 砂井布置

砂井布置包括砂井直径、间距和深度的选择,确定砂井的排列及排水砂垫层的材料和厚度等。通常砂井直径、间距和深度的选择,应满足在预压过程中,在不太长的时间内,地基能达到 70%~80% 以上的固结度。

(1)砂井的平面布置与间距

砂井可采用等边三角形或正方形排列。

砂井直径和间距,主要取决于软黏土层的固结特性和施工期限的要求。就地灌注砂井的直径 d_w 一般为 300~500mm。袋装砂井直径常采用 70~120mm。塑料排水带的当量换算直径可按下式计算:

$$d_p = \frac{2(b + \delta)}{\pi} \tag{10-11}$$

式中:d_p——塑料排水带当量换算直径(mm);
b——塑料排水带宽度(mm);
δ——塑料排水带厚度(mm)。

如果砂井间距过密,则对周围土体的扰动回答以下较大,会降低土的强度和渗透性,影响加固效果。因此砂井间距 l_s 一般不应小于 1.5m。砂井间距 l_s 可按下式计算。

等边三角形布置:

$$l_s = \frac{d_e}{1.05} \quad (10\text{-}12)$$

正方形布置:

$$l_s = \frac{d_e}{1.13} \quad (10\text{-}13)$$

式中:d_e——单根砂井的有效排水圆柱体直径(m),$d_e = nd_w$;

d_w——砂井直径(m);

n——井经比,普通砂井 $n = 6 \sim 8$;袋装砂井或塑料排水板 $n = 15 \sim 20$。

(2)砂井深度确定

砂井深度的选择与土层分布、地基中的附加应力大小、工期等因素有关,大多深度为 10～20m。对以地基抗滑稳定性控制的工程,竖井深度至少应超过最危险滑动面 2.0m;对以变形控制的建筑,竖井深度应根据在限定的预压时间内需完成的变形量确定。竖井宜穿透受压土层。

(3)排水砂垫层和砂沟

在砂井顶面应铺设排水砂垫层或砂沟,以连通砂井,引出从软土层排入砂井的渗流水,砂垫层的厚度一般大于 400mm(水下砂垫层厚为 1000mm 左右)。平面上每边伸出砂井区外边线的宽度一般应不小于 $2d_w$,如砂料缺乏,可采用砂沟,一般在纵向或横向每排砂井设置一条砂沟,在另一方向按中间密两侧疏的原则设置砂沟,并使之连通。砂沟的高度可参照砂垫层的厚度确定,其宽度应大于砂井直径。

2. 制订预加荷载计划

由于软黏土地基抗剪强度低,无论直接建造建筑物还是进行加载预压往往都不可能快速加载,必须分级逐渐加载,待前期荷载下地基强度增加到足以加下一级荷载时方可加下一级荷载。其计算步骤是,首先用简便的方法确定一个初步的加载计划,然后校核这一加载计划下的地基稳定性和沉降,具体步骤如下。

(1)利用地基的天然地基土抗剪强度计算第一级容许施加的荷载 p_1,一般根据斯开普敦极限荷载的半经验公式作为初步估算,即:

$$p_1 = \frac{1}{k} 5 c_u \left(1 + \frac{0.2B}{A}\right)\left(1 + \frac{0.2D}{B}\right) + \gamma D \quad (10\text{-}14)$$

式中:k——安全系数,通常采用 1.1～1.5;

c_u——天然地基土的不排水抗剪强度(kPa),由无侧限、三轴不排水试验或原位十字板剪切试验确定;

D——基础埋置深度(m);

A、B——分别为基础的长边和短边(m);

γ——基顶高程以上土的重度(kN/m³)。

对饱和软黏土也可采用下式估算:

$$p_1 = \frac{5.14 c_u}{k} + \gamma D \quad (10\text{-}15)$$

(2) 计算第一级荷载下地基强度增长值。在荷载 P_1 作用下经过一段时间预压,地基强度会提高,提高以后的地基强度为 c_{u1}。

$$c_{u1} = \eta(c_u + \Delta c_u) \tag{10-16}$$

式中:c_{u1}——P_1 作用下地基因固结而增长的强度,它与土层的固结度有关,一般可先假定一固结度,通常假定为 70%,然后求出强度增量 Δc_u;

η——考虑剪切蠕动的强度折减系数。

(3) 计算 P_1 作用下达到所确定固结度所需要的时间。达到某一固结度所需要的时间可根据土力学中固结度与时间的关系求得。这一步计算的目的在于:第一级荷载停歇的时间,亦即第二级荷载施加的时间。

(4) 根据第二步所得的地基强度 c_{u1} 计算第二级应施加的荷载 P_2。同样求出此作用下地基固结度达到 70% 时的强度所需要的时间,然后计算第三级应施加的荷载,依次计算出以后几级荷载和停歇时间。这样初步的加载计划得以确定。

(5) 按以上方法确定的加载计划进行每一级荷载下地基的稳定性检算。如稳定性不满足要求,则应调整加载计划。

(6) 计算预压荷载下地基的最终沉降量和预压期间的沉降量。通常按常规方法求算。这一步计算的目的在于确定预压荷载卸除的时间,这时地基在预压荷载下所完成的沉降量已达设计要求,所剩留的沉降是建筑物所允许的。

对沉降有严格限制的建筑物应采用超载预压法处理地基。经超载预压后,如受压土层各点的竖向应力大于建筑物荷载引起的相应点的附加总应力,则今后在建筑物荷载作用下地基将不会再发生主固结变形,并将减少次固结变形,且能推迟次固结变形的发生。

3. 砂井地基平均固结度的计算

砂井地基的固结度按土力学中的渗透固结理论计算。渗透固结理论假设荷载是瞬时加上去的,而实际加载则需要一个过程,所以先按瞬时加载条件计算固结度,然后再按实际加载过程对固结度进行修正。

4. 地基强度增长值的推算和稳定分析

在预压荷载作用下,随着排水固结的进程,地基土的抗剪强度随时间而增长;剪应力则随荷载的增大而加大,而且在某种条件(剪切蠕动)下,剪应力还能导致强度的衰减。如果适当地控制加载速率,使由于固结而增长的地基强度与剪应力的增长相适应,则地基就稳定;反之,如果加载速率控制不当,使地基中剪应力的增大超过了由于固结而引起的强度增长,地基就会发生局部剪切破坏,甚至产生整体破坏而滑动。地基中某一点在某一时刻的抗剪强度可表示为:

$$\tau_f = \tau_{f0} + \Delta \tau_{fc} - \Delta \tau_{fr} \tag{10-17}$$

式中:τ_{f0}——地基中某点在加载之前的天然地基抗剪强度(kPa),用十字板或无侧限抗压强度试验、三轴不排水剪切试验测定;

$\Delta \tau_{fc}$——由于固结而增长的抗剪强度增量(kPa);

$\Delta \tau_{fr}$——由于剪切蠕动而引起的抗剪强度衰减量(kPa)。

如果加载速率控制得当,有充分时间让孔隙水压力消散,一方面可使一项增长,另一方面也减少了 $\Delta \tau_{fr}$,即可使($\Delta \tau_{fc} - \Delta \tau_{fr}$)成为正值;反之,加载过快,则有可能使($\Delta \tau_{fc} - \Delta \tau_{fr}$)成为负值。目前常用的方法为有效应力法、有效固结应力法、天然地基十字板强度推算法、含水量法、单轴无侧限抗压强度或不排水抗剪强度法、规范法和经验公式法等。

稳定分析是路堤、岸坡、土坝等以稳定为控制条件的工程设计中的一项重要内容。对预压工程,在加载预压过程中,对每级荷载作用下地基的稳定性也必须进行检算,以保证工程安全、经济、合理,并达到预期的效果。通过稳定性分析可以解决以下问题:

(1) 地基在天然抗剪强度条件下的最大加载;
(2) 预压过程中各级荷载条件下地基的稳定性;
(3) 最大容许预压荷载;
(4) 理想的加载计划。

在软黏土地基上筑坝、堆堤或进行加载预压,其破坏往往是由于地基不稳定引起的。当软土层较厚时,滑裂面近似为一圆筒面,而且切入地面以下一定深度。对于砂井地基或含有较多薄粉砂夹层的黏土地基,由于具有良好的排水条件,在进行稳定性分析时应考虑地基在填土等荷载作用下会产生固结而使土的强度提高。

(二) 砂井加载预压施工

从施工角度看,砂井加载预压法加固地基的效果如何,主要取决于以下三项:铺设水平排水垫层,设置竖向排水体和施加固结压力。

1. 水平排水垫层的施工

排水垫层的作用是使预压过程中,从土体进入垫层的渗流水迅速地排出,使土体的固结能正常进行,防止土颗粒堵塞排水系统。因而垫层的质量将直接关系到加固效果和预压时间的长短。

(1) 用材

垫层材料应采用透水性好的砂料,其渗透系数一般不低 10^{-3} cm/s,同时能起到一定的反滤作用。通常采用级配良好的中粗砂,含泥量不大于 3%,不宜采用粉、细砂,也可采用连通砂井的砂沟来代替整片砂垫层。排水盲沟的材料一般采用粒径为 3~5cm 的碎石或砾石。

(2) 尺寸

①一般情况下,陆上排水垫层的厚度为 0.5m 左右,水下垫层为 1.0m 左右。对新吹填不久的或无硬壳层的软黏土及水下施工的特殊条件,应采用厚的或混合粒排水垫层。

②若排水层兼作持力层,则还应满足承载力的要求。对于天然地面承载力较低而不能满足正常施工的地基,可适当加大砂垫层的厚度。

③排水砂垫层宽度等于铺设场地宽度,砂料不足时,可用砂沟代替砂垫层。

④砂沟的宽度为 2~3 倍砂井直径,一般深度为 40~60cm。

2. 竖向排水体施工

竖向排水体在工程中的应用有普通砂井、袋装砂井、塑料排水带。

(1) 普通砂井施工

砂井施工要求:①保持砂井连续和密实,并且不出现缩颈现象;②尽量减少对周围土的扰动。砂井施工一般先在地基中成孔,再在孔内灌砂形成砂井。表 10-8 为砂井成孔和灌砂的方法。选用时,应尽量选用对周围土体扰动小且施工效率高的方法。

砂井成孔和灌砂方法　　　　　表 10-8

类　型	成孔方法		灌砂方法
使用套管	管端封闭	冲击打入振动打入	用压缩空气	静力提拔套管振动提拔套管
		静力压入	用饱和砂	静力提拔套管
	管端敞口	射水排土螺旋钻排土	浸水自然下沉	静力提拔套管
不使用套管	旋转、射水冲击、射水		用饱和砂	

砂井的灌砂量,应按砂在中密状态时的干重度和井管外径所形成的体积计算,其实际灌砂量按质量控制要求,不得小于计算值的 95%。

为了避免砂井断颈或缩颈,可用灌砂的密实度来控制灌砂量。灌砂时可适当灌水,以利密实。砂井位置的偏差为该井的直径,垂直度的允许偏差为 1.5%。

(2) 袋装砂井施工

对含水量很高的软土,用普通砂井容易产生缩颈、断颈或错位现象。即使在施工时能形成完整的砂井,但当地面荷载较大时,软土层便产生侧向变形,也有可能使砂井错位。

袋装砂井使用具有一定伸缩性和抗拉强度很高的聚丙烯或聚乙烯编织袋装满砂子,可基本上解决大直径砂井中所存在的问题,使砂井的设计和施工更加科学化,保证了砂井的连续性,施工设备实现了轻型化,比较适应在软弱地基上施工;用砂量大为减少;施工速度加快、工程造价降低,是一种比较理想的竖向排水体。

①袋装砂井成孔方法

袋装砂井成孔的方法有锤击打入法、水冲法、静力压入法、钻孔法和振动贯入法五种。

②砂袋材料的选择

砂袋材料必须选用抗拉力强、抗腐蚀和抗紫外线能力强、透水性能好、韧性和柔性好、透气,并且在水中能起滤网作用和不外露砂料的材料。国内采用的砂袋材料有麻布袋和聚丙烯编织袋。袋装砂井施工时,所用钢管的内径宜略大于砂井直径,但不宜过大,以减少施工过程中对地基的扰动。应特别注意拔除钢管时带出的砂袋长度不能超过 50cm。

③施工要求

灌入砂袋的砂应采用干砂,并灌制密实。砂袋长度应比井孔长度长 50cm,使其放入井孔内后能露出地面,以能埋入排水砂垫层中。

袋装砂井施工时,所用钢管的内径宜略大于砂井直径,但不宜过大,以减少施工过程中对地基的扰动。

(3) 塑料带排水施工

塑料带排水法是将带状塑料排水带用插带机将其插入软土中,然后在地基面上加载预压(或采用真空预压),土中水沿塑料带的通道逸出,从而使地基土得到加固的方法。

塑料排水带由于所用材料不同,断面结构形式各异,塑料排水带通常分为两大类,即多孔质单一结构型和复合结构型。

多孔质单一结构型排水带具有很好的多孔性,本身形成连通的孔隙,透水性极好;耐酸及耐碱性极好,在土中不会产生膨胀及变质,具有半永久性的排水效果。这种材料的孔眼在地基土中也基本不会被堵塞,是一种非常适用的排水材料。

复合结构型排水带是一种由塑料芯带外套透水挡泥滤膜所组成的复合型制品,如图 10-4 所示。这种制品的芯带材料采用特殊的硬质聚氯乙烯和聚丙烯,并加工成回字形、十字形或中波形等形式,使之具有纵向透水能力。透水挡泥的滤膜,由涤纶类或丙烯类合成纤维制成,透水性好,其渗透阻力可忽略不计。

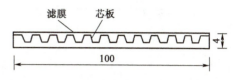

塑料排水板可采用砂井加固地基的固结理论和设计方法。目前使用的塑料排水板产品都是成卷包装,每卷长约数百米,需用专门的插板机将其插入软土地基中(图 10-5),具体施工步骤是:先在空心套管内装入塑料排水板,并将其一

图 10-4 复合结构型塑料排水材料(尺寸单位:mm)

端与预制的专用钢靴连接,插入地基下预定的高程处,然后拔出空心套管,由于土对钢靴的阻力。使塑料带留在软土中,在地面将塑料带切断,再移动插带机进行下一循环的作业,图 10-6 为塑料排水带施工图。

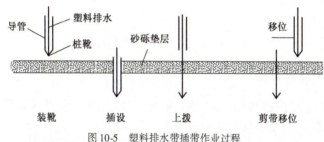

图 10-5 塑料排水带插带作业过程

图 10-6 塑料排水带施工图

三、真空预压法

真空预压法于 1952 年由瑞典皇家地质学院提出,1980 年由我国研究取得重大进展。施工时先在地面铺设一层透水的砂及砾石,并在其上覆盖不透气的薄膜材料,如橡皮布、塑料布、黏土膏或沥青等,然后用射流泵抽气使透水材料保持较高的真空度,使土体排水固结,如图 10-7a)所示。为了提高地基加固效率,应先在地基中设置砂井或塑料排水带,在其上铺设砂石垫层及密封材料,将抽气管伸入砂垫层砂井内,然后抽气,如图 10-7b)所示。

真空预压法加固原理:当在膜下抽气时,膜下气压减小,与膜上大气压形成压力差,此压力差值相当于在膜上作用了一个预压荷载。如果此压力长期作用在内膜上以及地基中,即可对地基进行预压加固;同时,抽气时,地下水位降低,土的有效应力增加,从而使土体压密固结。

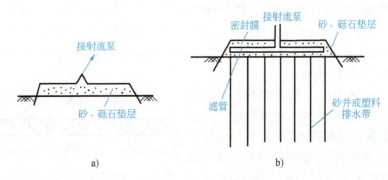

图 10-7 真空预压示意图

真空预压法和加载预压法相比,具有如下优点:
(1) 不需加载材料,造价较低。
(2) 场地清洁,噪声小。
(3) 不需分期加载,工期短。
(4) 由于真空预压不会引起剪切破坏,故可以在很软的地基上采用。

(一) 真空预压设计要点

真空预压设计的主要内容包括:密封膜内的真空度、加固土层要求达到的平均固结度、竖向排水体的尺寸、加固后的沉降和工艺设计等。

1. 膜内真空度

真空预压效果与密封膜内所能达到的真空度的大小关系极大。根据实践总结,采用合理的工艺和设备,膜内真空一般可维持在 650mmHg 左右。

2. 加固区要求达到的平均固结度

一般采用 90% 的固结度,如工期许可,也可采用更大一些的固结度作为设计要求达到的固结度。

3. 竖向排水体

真空预压处理地基时,必须设置竖向排水体,一般采用袋装砂井或塑料排水带。由于袋装砂井或塑料排水带能将真空从砂垫层中传至土体,并将土体中的水抽至砂垫层然后排出,从而达到加固目的。排水体设计与加载预压法基本相同。

真空预压的关键在于具有良好的气密性,使预压区与大气层隔绝。当加固区发现有透气层和透水层时,一般在塑料薄膜周边采用另加水泥土搅拌桩的壁式密封措施。

真空预压的面积不得小于基础外缘所包围的面积,一般真空的边缘应比建筑基础外缘超 3m 以上,同时应注意每块预压面积应尽可能大,根据加固要求彼此间可搭接或有一定间距。加固面积越大,加固面积与周边长度之比也越大,气密性就越好,真空度就越高。

(二) 真空预压施工

1. 真空预压加固区划分

加固区划分是真空预压施工的重要环节。如果受施工能力和场地限制,需要把场地划分成几个加固区域,分期进行加固,此时则应考虑以下几个因素:

①按建筑物分布条件,应确保每个建筑物位于同一块加固区内,建筑边线距加固区有效边线根据地基加固厚度可取 2~4m 或更大。应绝对避免同一建筑物跨越不同加固区,以免出现因地基加固效果差异而导致建筑物发生不均匀沉降。

②应考虑竖向排水体的打设能力、加工大面积密封膜的能力、大面积铺膜的能力和经验、射流装置和滤管的数量等方面的综合指数。分区面积宜为 20000~40000m²。

2. 工艺设备

真空预压所需抽真空设备的数量,可按加固面积的大小和形状、土层结构特点,以一套设备可抽真空的面积为 1000~1500m² 确定。抽真空设备包括真空源和一套膜内、膜外管路。

3. 密封系统

密封系统由密封膜、密封沟和辅助密封措施组成,一般选用聚乙烯或聚氯乙烯薄膜。

加工好的密封膜面积要大于加固场地面积,要求每边大于加固区相应边 2~4m。为了保证整个预压过程中具备良好的密封性能,塑料膜应铺设 2~3 层,每层铺设后均应检查和粘补破漏处。

4. 抽气阶段施工的有关要求

(1) 膜上覆水应在抽气后,膜内真空度达到 650mmHg,确定密封系统不存在问题方可进行,这段时间一般为 7~10d。

(2) 下料时,应根据不同季节预留塑料膜伸缩量;热合时,每幅塑料膜的拉力应基本相同,防止密封膜形状不规则,不符合设计要求。

(3) 铺设滤水管时,管的接头要连接牢固,选用合适滤水层且包裹严实,避免抽气后杂物进入射流装置。

(4) 铺膜前应用砂料把砂井孔填充密实;密封膜破裂后,可用砂料把井孔填充密实至砂垫层顶面,然后分层把密封膜粘牢,防止砂井孔处下沉密封膜破裂。

(5) 抽气阶段质量要求达到膜内真空大于 650mmHg;停止预压时地基固结度要求大于 90%;预压的沉降稳定标准为连续 5d,实测沉降速率不大于 2mm/d。

四 真空联合加载预压

当设计荷载超过 80kPa,真空预压可与加载预压联合使用,其加固效果可以叠加。真空联合加载预压既能加固超软土地基,还能提高地基土的承载力,其工艺流程为:铺砂垫层→打设竖向排水通道→铺膜→抽气→加载→结束。

真空联合加载预压施工时,除了要按真空预压和加载预压的要求进行外,还应注意以下几点:

(1) 加载前要采取可靠措施保护密封膜,以防再加载时刺破密封膜。

(2) 加载底层部分应选颗粒较细且不含硬块状的加载物,如砂料等。

(3) 选择合适的加载时间和荷载。

加载部分的荷载为设计荷载与真空等效荷载之差,如果加载部分荷载较小,可一次施加,荷载较大时,应根据计算分级施加。

加载时间应根据理论计算确定,现场可根据实测孔隙水压力资料计算当时地基强度值来确定加载时间和荷载。一般可在膜内真空度达到 650mmHg 后 10 天左右开始加载;若高含水量的淤泥质土,可在膜内真空度达到 650mmHg 后 20~30 天开始加载。

任务四 复合地基施工

复合地基是指天然地基在处理过程中部分土体得到增强,或被置换,或在天然地基中设置加筋材料,加固区是由被改良的天然地基土体和增强体组成,共同承担上部荷载并协调变形的人工地基。

复合地基与天然地基同属地基范畴,但由于复合地基中人工增强体的存在,使其有别于天然地基,而增强体与周围土体共同工作,协同受力的特性,又使其不同于桩基础;同时也产生了与天然地基和桩基础截然不同的施工方法。

 复合地基分类

(一) 按增强体设置方向分类

根据地基中增强体的方向可分为水平向增强体复合地基和竖向增强体复合地基,如图 10-8 所示。

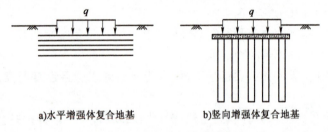

图 10-8 复合地基增强体示意图

水平向增强体复合地基就是在地基中水平向铺设各种加筋材料,如土工织物、金属材料、土工格栅、竹筋等形成的复合地基。加筋材料的作用是约束地基土侧向位移,增强土的抗剪能力,防止地基土侧向挤出。

竖向增强体复合地基中的竖向增强体习惯上称之为桩,因此又称为桩体复合地基。

桩体由碎石、砂、矿渣等散体材料构成的复合地基称为散体材料桩复合地基;它的特点是桩身材料无黏聚力,单独不能成桩,需依靠周围土体的围箍作用才能形成桩体。

桩体由灰土、水泥土等黏结材料构成的复合地基称为黏结材料桩复合地基,其中灰土桩、石灰桩、水泥土搅拌桩、旋喷桩等桩体有较强黏聚力,但模量和刚度远比混凝土小,属于柔性桩,在大荷载作用下会变形过量甚至断桩。水泥粉煤灰碎石桩(CFG 桩)刚度比一般柔性桩大,但明显小于一般混凝土桩,是(半)刚性桩。

(二) 按基础刚度和垫层设置分类

建筑工程中,桩体复合地基承担的荷载一般通过钢筋混凝土基础传递,钢筋混凝土基础刚度大于桩体复合地基;而路堤工程中,荷载是由填土路堤直接传递给桩体复合地基的,路堤刚度小于桩体复合地基。工程实践表明,柔性基础下复合地基的沉降量要比刚性基础下复合地基的沉降量大,为了减小柔性基础下复合地基的沉降,应在桩体复合地基加固区上面设置一层刚度较大的"垫层",防止桩体刺入上层土体。对刚性基础下的桩体复合地基,有时需设置一层柔性垫层以改善复合地基的受力状态。故可将复合地基分类为:刚性基础,设垫层(柔性);刚性基础,不设垫层;柔性基础,设垫层(刚性);柔性基础,不设垫层。

二 复合地基作用机理与破坏形式

(一)复合地基作用机理

复合地基在施工阶段的作用机理主要表现为挤密效应和排水固结效应,工作阶段的作用机理主要表现为桩体效应、垫层效应和加筋效应。

(1)挤密效应:竖向增强体复合地基在施工过程中将桩位处的土部分或全部的挤压到桩侧,使桩间土体挤压密实。

(2)排水固结效应:增强体透水性强,是良好的排水通道,能有效地缩短排水距离,加速桩间饱和软黏土的排水固结。

(3)桩体效应:复合地基中桩体刚度大,强度高,承担的荷载大,能将荷载传到地基深处,从而使复合地基承载力提高,地基沉降量减小。

(4)垫层效应:复合地基的复合土层宏观上可视为一个深厚的复合垫层,具有应力扩散效应。

(5)加筋效应:水平向增强体复合地基,在荷载的作用下,发生竖向压缩变形,同时产生侧向位移。复合地基中的加筋材料,将阻碍地基土侧向位移,防止地基土侧向挤出,提高复合地基中水平向的应力水平,改善应力条件,增强土的抗剪强度。

(6)协作效应:增强体与周围土体协调变形、共同工作、相得益彰。如竖向增强体复合地基,桩体强度高,刚度大,约束土体侧向变形,改善土体的应力状态,使土体在较高应力状态下不致发生剪切破坏。同时,土体也约束桩体的侧向变形,保持桩体的形状,提高桩的强度和稳定性。

(二)复合地基的破坏模式

复合地基有多种破坏模式,它与复合地基的类型,增强体的材料性质,增强体的布置形式、长度、地基土的性质等因素有关。复合地基的破坏模式是建立复合地基承载力和沉降计算理论的依据。

竖向增强体复合地基的破坏主要有:刺入破坏、膨胀破坏、整体剪切破坏和滑动破坏四种形式。如图10-9所示。

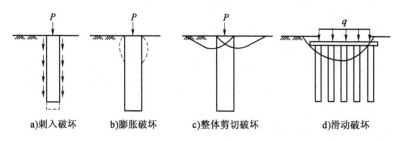

图10-9 竖向增强体复合地基的破坏形式

(1)刺入破坏。桩体刚度较大,地基土强度较低的情况下较易发生桩体刺入破坏。桩体发生刺入破坏后,不能承担荷载,进而引起桩间土发生破坏,导致复合地基全面破坏。刚性桩复合地基较易发生此类破坏。

（2）鼓胀破坏。在荷载作用下，桩间土不能提供足够的围压来阻止桩体发生过大的侧向变形，从而产生桩体鼓胀破坏，并引起复合地基全面破坏。散体材料桩复合地基往往发生鼓胀破坏，在一定的条件下，柔性桩复合地基也可能产生此类形式的破坏。

（3）整体剪切破坏。在荷载作用下，复合地基将出现图 10-10 所示的塑性区，在滑动面上桩和土体均发生剪切破坏。散体材料桩复合地基较易发生整体剪切破坏，柔性桩复合地基在一定条件下也可能发生此类破坏。

（4）滑动破坏。在荷载作用下复合地基沿某一滑动面产生滑动破坏。在滑动面上，桩体和桩间土均发生剪切破坏。各种复合地基都可能发生这类型式的破坏。

三 复合地基承载力确定和沉降验算

（一）复合地基承载力确定

复合地基的形式非常多，工程实践中，复合地基承载力特征值应通过现场复合地基载荷试验确定，或采用增强体的载荷试验结果和周边土的承载力特征值根据经验确定。

复合地基承载力的理论计算模式是：先分别确定桩柱体及桩间土的承载力，然后按一定的规律叠加得到复合地基承载力，其方法有应力比法和面积比法。

（二）复合地基沉降验算

不少工程之所以采用复合地基主要是为了减少沉降，因此复合地基的沉降验算在复合地基设计中占有重要地位。但目前对复合地基沉降验算的水平远不如对复合地基承载力的计算水平，也不够较好地满足复合地基工程实践的需要。计算方法门类虽多，但都不同程度地存在缺陷，不够成熟。

在各类计算方法中，通常把复合地基的沉降分为两部分：复合地基加固区压缩量和下卧层压缩量。当桩柱体较短，加固区小于压缩层深度时，用单向压缩分层总和法简化计算复合地基沉降量，即：

$$s = m \sum_0^L \frac{\alpha_i p}{E_{sp}} \Delta h_i + m_s \sum_L^{z_h} \frac{\alpha_i p}{E_{si}} \Delta h_i \tag{10-18}$$

式中：E_{sp}——复合地基压缩模量（kPa），由桩柱体压缩模量 E_p 和桩间土压缩模量 E_s 组成，由加权平均法确定，$E_{sp} = (E_p A_p + E_s A_s)/A$；

E_{si}——复合地基下卧层（天然地基）压缩模量（kPa）；

α_i——各分层中点的附加应力系数；

p——基底附加应力（kPa）；

m、m_s——复合地基和下卧层天然地基的沉降经验修正系数。m 应按实际统计资料取得，暂可取 1；m_s 按《铁路桥涵地基和基础设计规范》（TB 10093—2017）中表 3.2.3-2 采用；

Δh_i——计算分层厚度（m），取 0.5~1.0m；

L——桩柱体长度（m）；

z_h——地基压缩层厚度（m）。

当加固桩柱体已穿越压缩层或达到不可压缩层时，按式（10-18）右第一项计算即可。

四 振动挤密砂石桩复合地基

(一) 加固原理

利用砂石桩加固砂性土地基的主要目的是提高地基土的承载力,减少变形和增强抗液化性。挤密砂石桩加固砂土的作用有三个:

(1) 挤密作用

依靠在成桩过程中桩管对周围砂层产生很大的横向挤压力所形成的挤密作用。

(2) 排水降压作用

即在桩孔内填充砂石等反滤性好的粗粒粒料,在地基中形成渗透性良好的人工竖向排水减压通道,有效地消散和防止超孔隙水压力的增高和砂土液化,加速地基的排水固结。

(3) 砂基预振效应

成桩过程中高速高频的振动,使填土料和地基土在挤密的同时获得了强烈的预振,提高了砂土的抗液化能力。

对于黏性土地基(特别是饱和软土),砂石桩的作用不是使地基挤密,而是通过下述四个方面实现对软土的加固。

(1) 置换作用

碎石桩是一种换土置换,即以性能良好的碎石来替换不良地基土;排土法则是一种强制置换,通过成桩机械将不良地基土强制排开并置换,而对桩间土的挤密作用并不明显,主要依靠在地基土中形成密度大、直径大的桩体与周围黏性土构成复合地基共同工作。

(2) 排水作用 砂石桩在黏土地基中形成一个良好的排水通道,起到排水砂井的作用,且缩短了孔隙水的水平渗透路径,加速了软土的排水固结,使沉降稳定,地基得以加固。

(3) 加筋作用

对浅层软土层,砂石挤密桩可穿透整个软弱土层,伸到相对硬层,此时桩体在荷载作用下起应力集中作用,从而使软土负担的压力相对减少,与原天然地基相比,复合地基的承载力提高,压缩性减小。

(4) 垫层作用

当软弱土层较厚,砂石挤密桩设计通常又不穿透软弱土层,此时形成的加固复合土层起垫层作用,垫层将荷载扩散,使应力分布趋于均匀,达到了提高地基整体承载力和减少沉降的目的。

(二) 加固范围

加固范围应根据建筑物的重要性、基础形式和场地条件确定,一般都应大于基底面积,这是基于基础压力向外扩散的需要。由于外围的桩挤密效果较差,所以基础每边加宽不少于 1~3 排桩。当用于消除液化沉陷时,则每边放宽不小于深度的 1/2,并不小于 5m。当可液化层上附有厚度大于 3m 的非液化层时,每边放宽不小于液化层厚度的 1/2,并不小于 3m。

(三) 加固深度

加固深度应根据软弱土层的性能、厚度和工程的具体要求按下列原则确定:

(1) 当相对硬层的埋藏深度不大时,应按相对硬层的埋藏深度确定。

(2) 当相对硬层的埋藏深度较大时,对按变形控制的工程,加固深度应满足碎石桩或砂桩复合地基变形不超过建筑物地基容许变形值的要求。

(3) 对按稳定性控制的工程,加固深度应不小于最危险滑动面的深度。

(4) 在可液化地基中,加固深度应按要求的抗震处理深度确定。

(5) 桩长不宜短于4m。

(四) 桩位布置

桩的平面布置形式要根据建筑物基础形状来确定,一般采用等边三角形或正方形布置,也可采用等腰三角形或矩形布置。对于砂土地基,因靠砂石桩的挤密来提高桩周土的密度,所以采用等边三角形更为有利,它使地基挤密较为均匀。对于软黏土地基,主要靠置换作用,因而选用任何一种布置形式都可以。

(五) 桩径

砂石桩的桩径要根据地基处理的目的、地基土的性质、成桩方法和机械设备的能力来确定。饱和黏性土地基宜采用较大直径。采用沉管法施工的砂石桩,其直径受桩管大小控制,小直径桩管挤密质量较均匀,但施工效率较低。大直径桩管投料多却不易使桩周土挤密均匀。对于软黏土,宜选用大直径桩管以减小对原地基土的扰动程度。采用振冲法成桩时,砂石桩的桩径一般为 $0.8 \sim 1.2 \mathrm{m}$;采用振动沉管法成桩时,则应取 $0.30 \sim 0.60 \mathrm{m}$。对于饱和黏土,则应选用较大的桩径。

(六) 桩间距

振动挤密砂石桩的间距应通过现场试验确定,并应符合下列规定:

(1) 振冲桩的间距应根据上部结构荷载大小和场地土层情况,并结合所采用的振冲器功率大小综合考虑。30kW 振冲器布桩间距可采用 $1.3 \sim 2.0 \mathrm{m}$;55kW 振冲器布桩间距可采用 $1.4 \sim 2.5 \mathrm{m}$;75kW 振冲器布桩间距可采用 $1.5 \sim 3.0 \mathrm{m}$。荷载大或对黏性土宜采用较小的间距,荷载小或对砂土宜采用较大的间距。

(2) 振动沉管桩的间距,对粉土和砂土地基,不宜大于桩直径的 4.5 倍;对黏性土地基不宜大于桩直径的 3 倍。

初步设计时,桩的间距也可按下列公式估算:

等边三角形布置时:

$$S = 0.95 \xi d \sqrt{\frac{1 + e_0}{e_0 - e_1}} \tag{10-19a}$$

正方形布置时:

$$S = 0.89 \xi d \sqrt{\frac{1 + e_0}{e_0 - e_1}} \tag{10-19b}$$

$$e_1 = e_{\max} - D_r (e_{\max} - e_{\min}) \tag{10-19c}$$

式中: S ——砂石挤密桩间距(m);

d ——砂石挤密桩直径(m);

ξ ——修正系数,当考虑振动下沉密实作用时,可取 $1.1 \sim 1.2$;不考虑振动下沉密实作用时,可取 1.0;

e_0——地基处理前砂土的孔隙比,按原状土样试验确定,也可根据动力或静力触探对比试验确定;

e_1——地基挤密后工程要求达到的孔隙比;

$e_{\max}$、$e_{\min}$——分别为砂土的最大、最小孔隙比,可按国家标准《土工试验方法标准》(GB/T 50123—2019)的规定,通过室内试验求得;

D_r——地基挤密后要求砂土达到的相对密实度,可取 0.70~0.85。

(七)桩体材料

桩体材料可以就地取材,一般是用中粗混合砂、碎石、卵石、砂砾石等,含泥量不大于5%碎石桩桩体材料的容许最大粒径与振冲器的外径和功率有关,一般不大于8cm,通常选用的粒径为2~5cm。

(八)垫层

砂石桩施工之后,桩顶部分的桩体是比较松散的,密实度较小,应当碾压或夯实压密,然后铺设垫层。垫层厚度30~50cm,材料用砂、碎石或砂石混合料。施工时应分层铺设,用平板振动器振实。必要时,可在垫层中加设加筋织物,加大地基的抗剪强度。

(九)施工方法

砂石挤密桩施工可采用振动成桩法(简称振动法)和锤击成桩法(简称锤击法)两种施工方法。施工程序一般如下:

1. 施工前准备工作

(1)技术准备

认真阅读设计文件,进行深入调查研究,不仅做到按图施工,而且要能发现问题,提出解决问题的办法,拟订相应的措施。

做好复测和控制测量。对设计单位移交的工程桩进行复测,并根据需要进行加密。按规定的精度进行控制测量,确定建筑物平面位置和高程。在施工前要根据试验或经验预估地基加固后的可能变形量,据此确定施工前场地的高程,使其处理后场地高程接近规定值。

应根据设计要求,结合工程特点编制施工组织设计,有针对性地制订相应的质量管理措施。选择施工方法,明确施工顺序,计算出在允许的施工期内需配备的机具设备,需要用的水、电、料等。排出施工进度计划表并绘出施工平面布置图。

(2)施工准备

施工场地三通一平,即路通、水通、电通和场地平整。根据地质情况,选择成桩方法和施工设备,对砂性土,一般选用振动法;对黏性土,选用锤击法或振动法。当确定了成桩方法后,便可根据砂石桩设计方案,选定机械设备进场。

(3)成桩试验

施工前应进行成桩试验,选择正式施工场地或与施工场地地质条件相同的附近地块作为试验用地,试验桩数一般为7~9根。等边三角形布置的要7根(即中间1根,周围6根),正方形布置的要9根(即3排3列,每排每列3根)。试桩的施工应严格按工程设计要求进行,所用机具设备、砂石材料、设计参数、施工工艺、质量控制和检测手段等均应与实际施工相同。如发现质量不能满足设计要求,就要调整桩径、桩间距和桩长。同时改进施工工艺,调整施工参数或更换机具,直到满足设计要求。

2. 振动成桩法施工工艺

振动成桩法的主要施工设备是振动沉拔桩机,由桩架、振动桩锤组成。

振动沉桩法按沉拔桩管的次数可分为一次拔管法、逐步拔管法和重复压拔管法三种。振动沉管法施工砂石桩工艺流程如图 10-10 所示。

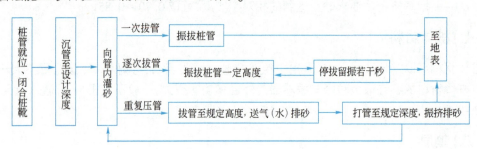

图 10-10 振动沉管施工砂石桩工艺流程

振动成桩法质量控制措施如下:

(1) 对桩的平面位置、垂直度和深度进行控制。砂石桩的纵向偏差不应大于桩管直径,垂直度偏差不应大于 1.5%,深度应达到设计要求。

(2) 控制每段桩径,亦即确保砂石的贯入量,实际用料量不得少于计算值的 95%,所灌砂石量达不到设计要求时,要在原位再沉管投料一次,或在旁边补打一根。

(3) 对桩体连续性和密实度的控制,是通过对拔管速度、桩管挤压次数、电机工作电流的控制来实现的。桩管起拔速度不能过快,速度过快可能造成断桩或缩颈,具体应通过试验来确定,一般情况下拔管速度为 $1 \sim 2 \text{m/min}$。慢速拔管可使砂石料有充分的时间振密,从而保证桩身的密实度。

(4) 在软黏土中施工,桩管未入土前先向管内灌 $1 \sim 1.3 \text{m}^3$ 的砂石,达到预定深度后,复打 $2 \sim 3$ 次,可使桩底成孔更好。

(5) 当管内投料不畅时,可向管内通水或高压空气疏通。

(6) 应适当控制拔管速度,太快则可能造成断桩或缩颈,而慢速拔管能使砂石料有充分的时间振密。

3. 锤击成桩法施工工艺

锤击成桩法施工的主要设备是蒸汽打桩机或柴油打桩机;由可移动式的桩架与蒸汽桩锤或柴油桩锤组成,起重机为 $150 \sim 400 \text{kN}$ 起重能力的履带式起重机。桩锤采用电动落锤、柴油机落锤和蒸汽锤三种方式。不同型号的柴油锤,适用于不同类型锤击沉管打桩机。桩锤质量一般为 $1.2 \sim 2.5 \text{t}$,且锤的质量不小于桩管质量的 2 倍,可根据具体情况进行选择。

锤击成桩法可分为单管法和双管法,其工艺方法差异较大,其中单管法的施工工艺是:

(1) 桩靴闭合,桩管垂直就位。

(2) 将桩管沉入土中至设计深度。

(3) 用料斗向桩管灌砂石,当灌入砂石量较大时,可分成两次灌入,第一次灌入 2/3,待桩管从土层中提升一段长度后,再灌入剩余的 1/3。

(4) 按规定的提升桩管速度从土层中提升出桩管。

锤击成桩法质量控制措施：

（1）桩身的连续性在于控制拔管速度，拔管速度根据设计或试验确定，一般情况下，应控制在 1.5~3.0m/min。没有发现拔空管现象，即可避免断桩；如有此现象，即应复打和再投料。

（2）桩的直径和桩身密实度，常以锤击桩管的贯入度和砂石料的用量来控制。对于以提高承载力为主的非液化土，以贯入度控制为主，填料量为辅；若以消除液化为主要目的，则应以控制填料为主，贯入度为辅。

五、水泥粉煤灰碎石（CFG）桩复合地基

CFG 桩是由水泥与土结合而成的桩与天然地基复合，适用于软土地基处理且是一种较为经济合理的方法。

水泥粉煤灰碎石（Cement Flying-ash Gravel，CFG）桩，其桩身材料是在素混凝土桩的基础上发展而来的，主要由碎石、粉煤灰掺适量水泥和水拌和，用各种成桩机械制成的一种高黏结强度桩体的简称。碎石是该桩体的粗集料，石屑是填充碎石孔隙、改善集料级配的次骨架材料。粉煤灰具有细集料和低强度等级水泥的作用。CFG 桩和桩间土一起通过碎石或石屑组成的褥垫层形成 CFG 复合地基，如图 10-11 所示。CFG 桩弥补了砂石桩和桩基础的不足，与二者相比，CFG 桩复合地基具有以下优点：

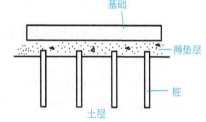

图 10-11　CFG 复合地基示意图

（1）CFG 桩同时具有砂石桩对地基的挤密加固和置换作用。由于其桩体强度较高，在黏性土地基上挤密效果不佳时，CFG 桩可有效地将荷载传递到地基的深处土层，确保桩对地基的置换加固作用。

（2）由于在桩和基础之间设置了褥垫层，故 CFG 桩使调整桩土相对变形的问题从根本上得到解决。

（3）CFG 桩复合地基的强度和模量比较均匀，对上部结构、受力结构抗震等极为有利。

（4）褥垫层使桩间土的有效接触应力增加，提高了桩周土的抗剪强度，桩体承载力有所提高。

（5）褥垫层对地基的不均匀沉降也有一定的补偿作用。

六、加筋土复合地基

用稻草改善土砖的性能以及黏土掺进毛发加固火炉的膛壁，这是早期人们用加筋对土体进行加固的雏形。即在土中混入植物茎条或动物毛发即可改善土的抗拉和抗裂性能，减小温度变化的影响，从而提高承载力、延长使用寿命。

现代人们用玻璃纤维和塑料纤维及以它们为原料制成的土工织物、土工格栅作为主要材料，对土体进行加筋处理。具体做法是将筋材置于在受到荷载作用后即将发生变形的土层中，例如用于铁路、公路路堤的地基加筋，公路路面下路堤土层的加筋，条形地基下的地基加筋等，利用筋材较高的抗拉强度和耐腐蚀性能，以提高地基土体的抗剪强度和承载力。

任务五　注浆加固法施工

一、注浆加固法原理及灌浆工艺分类

注浆法加固地基是利用液压、气压或电化学原理,通过注浆管把能凝固的水泥浆液、硅化浆液或碱液均匀地注入有缝隙的岩土介质或物体中,浆液以填充、渗透和挤密等方式,排走土粒间或岩石缝隙中的水分和空气,占据其空间并经胶凝等化学作用将原来松散的土粒或岩体裂隙胶结成一个整体,形成一个结构新、强度大、防水性能好和化学稳定性好的"结石体",用于改善灌浆对象的物理力学性质,达到提高岩土的力学强度和变形模量,增强基础与周围岩土介质之间的结合,提高地基承载力,加固地基和保证土体稳定性的目的;或达到堵塞岩体缝隙,阻断渗流路径,减少渗流量,提高岩土抗渗能力的防渗堵漏目的;或用来减小局部软土的压缩性,均衡地基的不均匀沉降,达到使已建建筑物恢复正常状态的纠偏目的。

应用注浆加固法进行地基处理时,可供选择的注浆工艺有四种。

1. 渗入性注浆

渗入性灌注,即在灌浆压力作用下,被灌入的浆液在不扰动和不破坏土层结构的情况下渗入岩土缝隙中。灌浆压力相对较小,浆液的渗入近似于水在土中的渗流。

2. 劈裂注浆

劈裂灌注,即利用水力劈裂原理,用较大的灌浆压力,使浆液克服地层初始应力和抗拉强度,沿小主应力作用平面发生劈裂,人为地制造或扩大岩土裂隙,以提高低透水性地基土的可灌性和注浆量,以求获得较为理想的灌浆效果。

劈裂灌注可应用于低透水性的岩土地层,当遇到有流动的地下水或不均匀地质构造等不利地质条件时,应先用低强度、早胶凝的浆液灌浆,使地层的不利情况得到改善后再用劈裂灌浆技术达到灌浆加固目的。

3. 压密注浆

先按照灌浆设计钻孔,后用高压泵将稠度较大的水泥浆或水泥砂浆压入钻好的孔内,浆液在高压下向四周渗流扩散,挤压致密周围土体,形成球状或圆柱状浆泡。

压密灌浆适用于对已建结构物的地基不均匀沉降进行调整。压密灌浆用于加固密度较小的软弱土层效果较好,但不适宜用于加固会进一步分解的有机质土。对于挤压后会出现较高孔隙水压力的饱和黏土,使用该方法要慎重。

4. 电化学注浆

当地基土的渗透系数 $K < 10^{-4}$ cm/s 时,仅靠静压力很难使浆液注入土的孔隙,此时需用电渗的作用使浆液进入土中。将带孔的注浆管作为阳极,滤水管作为阴极,将溶液由阳极压入土中,并通以直流电,在电渗作用下,孔隙水由阳极流向阴极,促使带电区域中土的含水量降低,并形成溶液的渗流通路,使化学浆液也随之流入土的孔隙中,并在土中硬结。因此电化学灌浆是在电渗排水和灌浆法的基础上发展起来的一种新的加固方法。

化学浆液加固法

化学浆液加固法是指利用化学浆液注入土中凝固成为具有抗渗和高强度的结石体以加固地基,按使用浆液可分为硅化法和碱液法。

1. 硅化法

硅化法有单液法和双液法之分,单液法使用单一的水玻璃溶液,适用于加固地下水位以上渗透系数为 $0.01\sim0.02\mathrm{m/d}$ 的湿陷性黄土地基,此时水玻璃较易渗入土中孔隙,与土中钙质相互作用形成胶凝物,而使土颗粒胶结成整体,增加其抗剪强度。对自重湿陷性黄土,则应采用无压力单液硅化法。对拟建地基基础、沉降不均匀的既有建筑物基础或地基受水浸湿湿陷需要立即阻止其继续发展的建筑物基础,均可采用此法进行加固。

2. 碱液法

碱液法也分为单液法和双液法。当 100g 干土中可溶性和交换性钙镁离子含量大于 $10\mathrm{mg\cdot eq}$(eq 即当量)时可采用单液法;否则,应采用双液法,即应采用氢氧化钠溶液和氯化钙溶液轮番灌注加固。

碱液法加固深度可为基础宽度的 1.0~1.5 倍,达 2~5m。对于自重湿陷量较小的黄土地基,加固深度可为基础宽度的 2~3 倍。

深层搅拌加固法

深层搅拌法是加固饱和黏性土地基的一种新方法。它利用水泥、石灰等材料作为固化剂,用深层搅拌机械对原位软土进行强制搅拌,利用软土与固化剂之间的一系列物理化学反应,在土中形成竖向加固体,使软土凝结成具有整体性、水稳定性和一定强度的桩体,与桩间土组成复合地基,对提高软土地基的承载力,减小地基沉降量具有明显效果。

根据施工方法和使用固化剂的不同,深层搅拌法分为水泥浆搅拌和粉体喷射搅拌两种。

1. 粉体喷射搅拌法(粉喷桩法)

粉体喷射搅拌法是通过专用的施工机械,将搅拌钻头下沉到预计孔底后,用压缩空气将固化剂(生石灰或水泥粉体材料)以雾状喷入加固部位的地基土中,凭借钻头和叶片旋转使粉体加固料与原位软土搅拌混合,自下而上边搅拌边喷粉,直到设计高程。

由于粉体喷射搅拌法采用粉体作为固化剂,不再向地基中注入附加水分,反而能充分吸收软土中的水分,因此加固后地基土初期强度高,可根据不同土的特性、含水量、设计要求等合理选择加固材料及配合比,加固效果将更为显著。施工时不需高压设备,安全可靠,如能严格遵守操作规程,可避免对周围环境造成污染、振动等不良影响。其缺点是由于目前施工工艺限制,加固深度不能过深,一般为 8~15m。

我国粉体材料资源丰富,粉体喷射搅拌法常用于铁路、公路、水利、市政和港口等工程软土地基的加固,较多用于边坡稳定及筑成地下连续墙或深基坑支护加固结构。

2. 水泥浆搅拌法(深层搅拌桩法)

水泥浆搅拌法又称就地搅拌桩。利用回转的搅拌叶片将压入软土中的水泥浆与周围软土强制拌和形成水泥加固体。搅拌机由电动机、中心管、输浆管、搅拌轴和搅拌头组成,并有灰浆搅拌机、灰浆泵等配套设备。我国生产的搅拌机现有单搅头和双搅头两种,加固深度达 30m,

形成的桩柱体直径达 60~80cm,常在铁路、公路高填方路堤的深厚软土地基加固工程、港口建筑中的防波堤和码头岸壁等加固工程中应用。

水泥浆搅拌法对地基的加固原理与水泥粉体喷射搅拌法基本相同,相比较而言又具有其独特的优点:一是加固深度加深;二是由于将固化剂和地基软土就地搅拌,因而最大限度地利用了原土;三是搅拌时不会侧向挤土,环境效应较小。

水泥浆搅拌法是目前铁路、公路厚层软土地基常用的加固方式。由于水泥浆与原地基软土搅拌结合对周围建筑物影响很小,施工无振动、无噪声,对环境无污染,更适用于市政工程,但不适用于含有树根、石块等的软土层。

四 高压旋喷注浆加固法

所谓高压旋喷注浆,就是利用钻机将带有喷嘴的注浆管钻至土层的设计位置,用高压设备使浆液(一般为水泥浆)以 20MPa 左右的高压从喷嘴中喷射出来冲击土体,土体在喷射流的冲击力、离心力和重力等作用下,与浆液搅拌混合,并按一定的浆土比例和质量大小有序地重新排列。浆液凝固后,便在土中形成固结体,并以此对地基形成加固。

高压旋喷注浆加固通常用于基础防渗,改善地基土的渗流性质和稳定边坡等工程。

【项目小结】

1. 湿陷性黄土地基

(1)湿陷性黄土含有大量的碳酸盐类,是在干旱或半干旱条件下形成的。在天然状态下,其强度高,压缩性较低。在一定压力作用下受水浸湿,其结构迅速破坏而发生显著附加沉陷,导致建筑物破坏。

(2)湿陷性黄土地基的湿陷等级分为轻微、中等、严重、很严重四级。

(3)湿陷性黄土地基的设计和工程措施分为地基处理和地基防水措施。

2. 膨胀土地基

(1)膨胀土一般指土中黏粒成分主要由强亲水性的矿物组成,同时具有吸水膨胀、失水收缩的特性,具有较大反复胀缩变形的高塑性黏土。

(2)膨胀土的胀缩性由自由膨胀率 δ_{ef}、膨胀率 δ_{ep}、膨胀力 P_e、线缩率 δ_s 和收缩系数 λ_s 等胀缩性指标反映。

(3)膨胀土地基上桥涵基础工程设计与施工要采取相应措施。

3. 冻土地基

(1)温度为 0℃ 或负温,含有冰且与土颗粒呈胶结状态的土称为冻土。根据冻土冻结延续时间可分为季节性冻土和多年冻土两大类。

(2)冻土的工程性质由冻土的未冻水含量、融沉系数 δ_0、含冰量、平均冻胀率 η、冻土的抗压强度与抗剪强度、冻土地基的融沉变形等指标反映。

(3)多年冻土地基采用融化下沉系数作为分类控制指标,分为不融沉土、弱融沉土、融沉土、强融沉土、融陷五类。

(4)多年冻土地区的地基,可按保持冻结原则或容许融化原则进行设计。

(5)防止铁路桥涵地基冻胀、融沉的措施。

4. 岩溶地区地基

(1)岩溶地貌是地下水与地表水对可溶性岩石溶蚀与沉淀,侵蚀与沉积,以及重力崩塌、坍塌、堆积等作用形成的地貌。

（2）根据岩溶埋藏条件可分为裸露型岩溶、覆盖型岩溶和埋藏型岩溶；根据岩溶发育强度可分为强烈发育、中等发育、弱发育和微弱发育的岩溶。

（3）岩溶地区桥涵基础处理原则。

5. 软土地基

（1）软土是指水下沉积的淤泥或饱和软黏土为主的地层。

（2）软土的工程特点：

①属于高压缩土；②含水率高，孔隙比大，但透水性差；③抗剪强度低；④具有触变性，一旦受到扰动，土的强度明显下降，甚至呈流动状态。

（3）软土地基处理，按加固机理可分为置换、排水固结、灌入固化物、振密或挤密、加筋、托换等。

6. 换填垫层法

（1）主要作用：提高地基承载力、减少沉降和加速软土层排水固结。

（2）垫层设计：确定垫层的厚度、底平面尺寸的方法。

（3）垫层施工：碾压法、重锤夯实法、振动压实法等垫层施工方法。

（4）质量控制：砂和砂石垫层、素土和灰土垫层及机械碾压法、重锤夯实法施工时质量监控方法和手段。

7. 预压法

（1）预压法原理与适用范围。

（2）砂井加载预压法。

（3）真空预压法：主要阐述真空预压法的原理、优缺点和施工方法。

8. 复合地基

（1）复合地基分类。

（2）复合地基承载力计算。

（3）桩柱体及桩间土极限承载力计算。

（4）复合地基变形验算。

（5）振动挤密砂石桩复合地基工艺。

【项目训练】

1. 设计某换土垫层法的垫层厚度和平面尺寸。
2. 根据具体的砂垫层施工案例工程资料，编写砂垫层施工方案。
3. 根据预压法施工案例的具体工程资料，编写砂井真空预压法施工方案。
4. 根据工程地质资料和处理要求，进行地基处理方案比选，并根据比选结果，编写可实施的施工方案。

【思考练习题】

10-1　什么是自重和非自重湿陷性黄土？怎样区分？如何划分地基的湿陷等级？

10-2　对湿陷性黄土地基而言，可采用哪些地基处理方法？防水可采取哪些措施？

10-3 试述膨胀土的特征。影响膨胀土胀缩变形的主要因素是什么?

10-4 膨胀土地基常见的工程问题有哪些?应采取哪些处理措施?

10-5 何谓季节性冻土和多年冻土地基?工程上如何评价和处理?

10-6 什么是冻土的融沉系数 δ_0 和平均冻胀率 η?

10-7 铁路桥涵地基为防止地基冻胀、融沉,可采取哪些措施?

10-8 软土地区的建筑物基础工程,在设计和施工中应注意哪些问题?

10-9 软土地区的建筑物基础必须进行沉降计算吗?确需计算时应考虑哪些因素?

10-10 什么是地基处理?常用的方法有几种?简述它们的特点、适用条件和优缺点。

10-11 换填法的基本原理是什么?可通过什么作用达到加固地基的目的?

10-12 说明加载预压法和真空预压法有何不同?施工时各自的关键工序是什么?

10-13 什么是复合地基?对铁路工程的实用意义何在?

10-14 加筋法加固地基的原理是什么?简述其施工要点。

10-15 注浆法和搅拌法从工艺上说有何异同?怎样控制各自的工艺程序使加固质量达到要求?

10-16 高压喷射注浆法和深层搅拌法加固各有哪些不同特点?

10-17 某黄土试样,原始高度为 20mm,加压至 200kPa,下沉稳定后的土样高度为 19.86mm;然后浸水,下沉稳定后的高度为 19.53mm。试判断该土是否为湿陷性黄土。

10-18 已知山西某自重湿陷性黄土场地,其地基初勘结果为:第一层黄土的湿陷系数 $\delta_{s1}=0.013$,厚度为 3m;第二层黄土的湿陷系数 $\delta_{s2}=0.015$,厚度为 1.5m;第三层黄土的湿陷系数 $\delta_{s3}=0.09$,厚度为 4m;第四层填土湿陷系数 $\delta_{s4}=0.04$,厚 9.5m。已知计算自重湿陷量为 $\Delta_{zs}=25$cm,修正系数 $\beta=1.5$ 及 $\beta_0=0.5$。试判断该黄土地基的湿陷等级。

10-19 已知试样原体体积 $V_0=10$mL,膨胀稳定后的体积 $V_w=15$mL 时,试求该土样的自由膨胀率 δ_{ef}。该土样在压力 100kPa 作用下膨胀稳定后的高度 $h_w=21$mm,已知其原始高度 $h_0=20$mm,试求膨胀率 δ_{ep}。

附录

土工试验指导书

目 录

试验一　颗粒大小分析试验……………………………………………………………… 271
试验二　土的含水率、密度试验和土粒相对密度试验…………………………………… 274
试验三　界限含水率试验………………………………………………………………… 280
试验四　压缩（固结）试验………………………………………………………………… 286
试验五　直接剪切试验…………………………………………………………………… 288
试验六　击实试验………………………………………………………………………… 291

土工试验是学习土力学的一个十分重要的环节。本书绪论曾指出,理论联系实际是本课程的显著特点。目前已建立的土力学理论,还不准确反映工程条件下土的实际情况,这就使地基和基础的设计计算理论也在不同程度上偏离实际,因此,必须通过试验、实测,并紧密结合实践经验进行合理的分析,才能使实际的工程问题得到比较合理的解决。通过土工试验,可加深对土的物理力学性质的了解,并初步掌握常规土工试验技能。

《土工试验指导书》的操作过程及相关标准主要依据《铁路工程土工试验规程》(TB 10102—2010)。

试验一 颗粒大小分析试验

一 试验目的

测定土样中各粒组干土粒质量占该土总质量的质量分数,以了解土的颗粒级配情况。

二 试验要求

按规范要求,正确、细心操作,正确记录、计算;注意试样仪器的安全使用。

三 试验方法

本试验根据土颗粒的大小,采取下列试验方法。

(1)筛析法:适用于粒径小于或等于200mm、大于0.075mm 的土。
(2)密度计法和移液管法:适用于粒径小于0.075mm 的土。
(3)土中含有粒径大于和小于0.075mm 的颗粒、各超过总质量的10%时,应联合使用筛析法和密度计法或移液管法。

本指导书只介绍筛析法。

四 仪器设备

(1)分析筛:
①粗筛:孔径分别为 200mm、150mm、100mm、75mm、60mm、40mm、20mm、10mm、5mm 和 2mm。
②细筛:孔径分别为 2.0mm、1.00mm、0.5mm、0.25mm 和 0.075mm。
(2)台秤:称量100kg 或 50kg,分度值 50g。
(3)案秤:称量10kg,分度值 5g;称量5kg,分度值 1g。
(4)天平:称量5000g,感量 1g;称量 1000g,感量 0.1g;称量 200g,感量 0.01g。
(5)筛析机:上下震动正常。
(6)其他设备:电热干燥箱、瓷盘、研钵(带橡皮头的杵丝刷)等。

五 试样用量

筛析法的试样用量,应符合附表1-1 的规定。

取 样 数 量　　　　　　　　　　　附表1-1

土粒粒径(mm)	取样数量(g)	土粒粒径(mm)	取样数量(g)
<2	100~300	<75	≥6000
<10	300~1000	<100	≥8000
<20	1000~2000	<150	≥10000
<40	2000~4000	<200	≥10000
<60	≥5000		

六 试验步骤

1. 无凝聚土的试验

(1) 根据土样颗粒的大小，用四分对角线法按表1-2规定取样数量，取代表性风干试样。

(2) 将称量好的试样放入孔径为2mm的筛中进行筛析，分别称出筛上和筛下土的质量。若2mm筛下土的质量不超过试样总质量的10%，可不再做细筛分析；若2mm筛上土的质量不超过试样总质量的10%，可不再做粗筛分析。

(3) 取2mm筛上的土倒入依次叠好的粗筛最上层筛中筛析，又将2mm筛下的土倒入依次叠好的细筛最上层筛中，进行筛析。细筛宜放在筛析机上震筛，震筛时间一般为10~15min。

(4) 按自上而下的顺序，依次将各筛取下，置于白瓷盘上用手叩拍，检查各筛，直到筛净为止。将扣筛后漏下的试样放在下一级筛内，最后将留在各级筛上和底盘内的试样分别称量，准确至0.1g。

(5) 筛后各级筛上和底盘内试样质量的总和与筛前试样总质量的差值，不得大于试样总质量的1%。

2. 含有黏粒的砂类土的试验

(1) 将土样倒在橡皮板上，用木碾将黏结的土块充分碾散，按步骤1的规定取代表性试样，置于盛有清水的容器内充分搅拌，使试样中的粗细颗粒完全分离。

(2) 将水和土的混合液通过2mm筛，边翻动、边冲洗、边过筛，直至筛上仅留大于2mm的土粒为止。将筛上的土风干称量(准确至0.1g)；按1中步骤3)~5)所述进行粗筛分析。

(3) 取过2mm筛下悬液，用带橡皮头的研杵研磨后通过0.075mm的筛，筛上土粒反复加清水研磨过筛，直至悬液澄清为止，将筛上试样烘干称量，准确至0.1g。然后按1中步骤3)~5)所述进行细筛分析。

(4) 若筛下小于0.075mm的试样质量超过试样总质量的10%时，则应按《铁路工程土工试验规程》(TB 10102—2010)的密度计法或移液管法测定小于0.075mm土粒的组成。

七 记录、计算和绘图

1. 试验结果的记录

试验结果记录要符合附表1-2的格式。

根据附表1-2中的记录，分别算出各级留筛试样的质量、小于该孔径的试样的质量、小于该孔径的试样的质量百分数和小于该孔径的试样的占总试样的质量的百分数，填入表中。

颗粒大小分析试验记录(筛析法)　　　　　附表1-2

风干土质量 = _____ g	小于0.075mm的试样占总试样质量的百分数 = ____%
2mm筛上土质量 = _____ g	小于2mm的试样占总试样质量的百分数 = ____%
2mm筛下土质量 = _____ g	细筛分析时所取试样质量 = ____ g

筛号	孔径(mm)	累计留筛试样质量(g)	小于该孔径试样的质量(g)	小于该孔径试样质量百分数(%)	小于该孔径试样质量占总试样质量的百分分数(%)
	底盘总计	(g)			

2. 试验结果的计算及绘图

试验结果应按下列公式计算及制图：

1) 小于某粒径的试样质量占试样总质量的百分数

$$X = \frac{m_A}{m_B} \cdot d_x \qquad (附1\text{-}1)$$

式中：X——小于某粒径的试样质量占试样总质量的百分数(%)，计算至0.1%；

m_A——小于某粒径的试样质量(g)；

m_B——细筛(或密度计)分析时为所取试样质量；粗筛分析时为所取试样总质量(g)；

d_x——粒径小于2mm或粒径小于0.075mm的试样质量占试样总质量的百分数(%)；若土中无大于2mm(或无大于0.075mm)的颗粒时，计算细筛(或密度计)及粗筛分析时，$d_x = 100\%$。

2) 颗粒级配曲线

以小于某粒径的试样质量占试样总质量的百分数为纵坐标，颗粒粒径为横坐标，用对数比例尺，在半对数坐标纸上绘制颗粒大小分布曲线，如附图1-1中的1号曲线。当粗筛与细筛或筛析法与密度计法联合分析时，应将分段曲线接绘成一条平滑曲线。

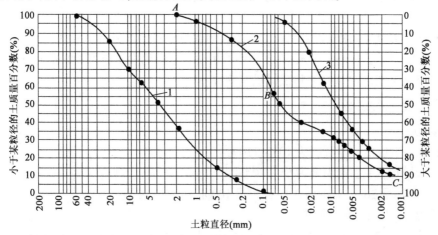

附图1-1　颗粒级配曲线

3) 级配指标
不均匀系数

$$C_u = \frac{d_{60}}{d_{10}} \qquad (附1\text{-}2)$$

曲率系数

$$C_c = \frac{d_{30}^2}{d_{10} \times d_{60}} \qquad (附1\text{-}3)$$

式中：d_{10}——有效粒径，颗粒级配曲线上对应于颗粒含量小于10%的粒径；
d_{30}——颗粒级配曲线上对应于颗粒含量小于30%的粒径；
d_{60}——控制粒径，颗粒级配曲线上对应于颗粒含量小于60%的粒径。

试验二　土的含水率、密度试验和土粒相对密度试验

土的含水率是指土在105~110℃温度下烘至质量不变时所失去的水分质量与土质量的比值，用百分数表示。土的密度定义为土在天然状态下单位体积的质量。土粒相对密度是指土粒在105~110℃温度下烘至恒量时的质量与同体积4℃时纯水质量的比值。含水率、密度和土粒相对密度是土的基本物理性质指标。

含水率试验

1. 试验目的

测定原状土的天然含水率或扰动土的含水率，以便计算孔隙比、孔隙率、干密度和饱和度等指标。

2. 试验方法选择

本试验以烘干法为测定含水率的标准方法，适用于各类土。当需要快速测定含水率时，可依土的性质和工程情况分别选用下列方法：

(1)酒精燃烧法：适用于不含有机质的砂类土、粉土和黏性土。

(2)碳化钙减量法：适用于各类。

(3)核子射线法：适用于现场原位测定填料为细粒土和砂类土的含水率。

特别注意：用烘干法测定含水率，当土中有机质含量即灼失量超过5%或土中含石膏和硫酸盐时，应控制温度在65~70℃将试样烘至衡量。

3. 烘干法仪器设备

(1)烘箱。

电热干燥箱：应能控制温度为105~110℃。

真空干燥箱：应能控制温度为65~70℃。

(2)天平：称量200g，分度值0.01g；称量1000g，分度值0.2g。

(3)干燥箱：内用硅胶干燥剂。

(4)称量盒：直径50mm，高30mm；长200mm，宽100mm，高40mm，可采用等质量称量盒。

4. 试验方法

烘干法试验操作应符合下列规定：

(1)根据不同土类按附表2-1确定称取代表性试样质量，放入称量盒内，立即盖好盒盖，将盒外附着的土擦净后称量。称量时可在天平放砝码的盘内放上等质量的称量盒(采用电子天平先放一等质量称量盒去皮)，即可直接称得湿土质量。

烘干法测定含水率所需试样质量　　　　　　　　附表2-1

按《高速铁路设计规范》填料分类	按《铁路工程岩土分类标准》分类	取试样质量(g)
细粒土	粉土、黏性土	15~30
	有机土	30~50
粗粒土	砂类土	30~50
	砾石类	500~1000
巨粒土	碎石类	1500~3000

(2)打开盒盖，将装有试样的称量盒放入电热干燥箱在105~110℃温度下烘干。

烘干时间：粉土、黏性土不少于8h；砂类土不少于6h；砾、碎石类土不少于4h。

(3)将称量盒从电热干燥箱中取出，盖上盒盖，放入干燥器中冷却至室温，称干土质量。

(4)本试验称量小于200g，准确至0.01g；称量大于200g，准确至0.2g。

(5)含有机质大于5%的土，烘干温度应控制在65~70℃，在真空干燥箱中烘7h或在电热燥箱中烘18h。

5. 试验记录与计算

1)记录格式

应符合附表2-2的要求。

烘干法含水率试验记录　　　　　　　　附表2-2

试样编号	称量盒号	湿土质量(g) (1)	干土质量(g) (2)	含水率(%) $\left[\dfrac{(1)}{(2)} - 1\right] \times 100\%$	平均含水率(%)	备注

2)计算

试验结果按下式计算(计算至0.1%)：

$$w = \left(\frac{m}{m_s} - 1\right) \times 100\% \qquad (附2-1)$$

式中：w——含水率；

m——湿土质量(g)；

m_s——干土质量(g)。

6. 允许误差

本试验应平行测定两次，两次的差值若不大于附表2-3所示的允许值，可取算术平均值作为试样的含水率。平行测定的差值大于允许差值时,应重新测定。

含水率平行测定允许差值　　　　　　　　　　附表 2-3

土的类别	含水率平行差值(%)		
	$w \leqslant 10$	$10 < w \leqslant 40$	$w > 10$
砂类土、有机土、粉土、黏性土	0.5	1.0	2.0
砾石类、碎石类	1.0	2.0	—

含水率其他测试方法详见《铁路工程土工试验规程》(TB 10102—2010)。

二、密度试验

1. 试验目的

本试验测定土的密度,供计算土的干密度、孔隙比、孔隙率、饱和度、压实系数等指标。

2. 试验方法选择

本试验应根据土的类别采用下列方法:

(1)环刀法适用于测定粉土和黏性土的密度。

(2)蜡封法适用于测定环刀难以切削并易碎裂的土的密度。

(3)灌砂法适用于现场测定最大粒径小于 75mm 的土的密度。

(4)灌水法适用于现场测定最大粒径小于 200mm 的土的密度。

(5)气囊法适用于现场测定最大粒径小于 40mm 的土的密度。

(6)核子射线法适用于现场测定填料为细粒土、粗粒土的压实密度,测定前宜用灌砂法的结果进行标定。

本试验重点介绍环刀法。

3. 仪器设备

本试验所采用的仪器设备应符合下列规定:

(1)环刀:内径 61.8mm 或 79.8mm,高 20mm。

(2)天平:称量 500 g,分度值 0.1g;称量 200g,分度值 0.01g。

(3)其他:切土刀、钢丝锯、直尺、玻璃片和凡士林等。

4. 试验方法

(1)按工程需要取原状土或扰动土制备击实试样。

(2)试样切削。将环刀的内壁涂一薄层凡士林,刀口向下放在土样上。用切土刀将土样削成略大于环刀直径的土柱。边垂直下压环刀边削土柱至伸出环刀为止。用钢丝锯或切土刀将环刀与土柱分离,削去两端余土并修平。

(3)称量。擦净环刀外壁,称环刀与土总质量,准确至 0.1g。并取环刀两端削下的土样测含水率。称量试样时,可在天平放砝码一端放一等质量环刀(采用电子天平,先放一等质量环刀去皮),直接称出湿土质量。

(4)如需测定土的干密度,尚需取切削余土测定其含水率。

5. 试验记录与计算

(1)记录格式应符合附表 2-4 的要求。

环刀法密度试验记录 附表2-4

试样编号	环刀号	湿土质量（g）(1)	环刀容积（cm³）(2)	密度（g/cm³）(3)=(1)/(2)	平均密度（g/cm³）(4)

（2）计算。

试验结果按下式计算（计算至0.01g/cm³）：

$$\rho = \frac{m}{V} \tag{附2-2}$$

式中：ρ——土的密度（g/cm³）；
V——环刀体积（cm³）；
m——湿土质量（g）；

6. 允许误差

本试验应进行平行测定。平行测定的差值不得大于0.03g/cm³，取算术平均值。平行测定的差值大于允许差值时，应重新测定。

密度的其他测试方法详见《铁路工程土工试验规程》（TB 10102—2010）。

 土粒相对密度试验

1. 试验目的

本试验可用于测定土的颗粒密度，计算土的孔隙比、孔隙率、饱和度等指标。

2. 试验方法选择

本试验应根据土粒不同粒径，分别采用下列方法：

（1）量瓶法。最大粒径小于5mm的土采用量瓶法测定。

（2）浮称法和虹吸筒法。粒径等于大于5mm的土，其中大于20mm的颗粒含量少于10%时采用浮称法；大于10%时采用虹吸筒法。

（3）土中含有小于和大于5m的颗粒，则应按上述规定分别用量瓶法、浮称法或虹吸筒法测定不同粒径的颗粒密度，平均颗粒密度应按下列公式计算：

$$\rho_{sm} = \frac{1}{\dfrac{P_1}{\rho_{s1}} + \dfrac{P_2}{\rho_{s2}}} \tag{附2-3}$$

式中：ρ——平均颗粒密度（g/cm³），计算至0.01g/cm³；
ρ_{s1}、ρ_{s2}——大于和小于5m粒径的颗粒密度（g/cm³）；
P_1、P_2——大于和小于5mm粒径的土粒质量占总质量的质量分数。

本指导书只介绍量瓶法。

3. 量瓶法仪器设备

本试验所采用的仪器设备应符合下列规定：

(1)量瓶：容积100(或50)mL。

(2)天平：称量200g，分度值0.001g。

(3)恒温水槽：准确度±1℃。

(4)砂浴：可调节温度。

(5)温度计：测量范围0~50℃，分度值0.5℃。

(6)真空抽气设备：包括真空泵、抽气缸、真空压力表等。

(7)其他：电热干燥箱、纯水、中性液体(如煤油等)、孔径20m及5mm筛、漏斗、滴管等。

4. 试验方法

试验操作应符合下列规定：

(1)一般土的颗粒密度应采用纯水测定；土中含有可溶盐、亲水性胶体或有机质时，应采用中性液体(如煤油)测定。

(2)量瓶在使用前必须进行量瓶和水(或中性液体)总质量的校正，其校正方法应按《铁路工程土工试验规程》(TB 10102—2010)附录B规定进行。

(3)将量瓶烘干，取烘干土15g装入100mL量瓶内(若用50mL量瓶，宜取10g)，称量瓶和土的总质量，准确至0.001g。

(4)向已装有干土的量瓶内注入纯水至量瓶的一半处，摇动量瓶，然后将量瓶放在砂浴上煮沸。煮沸时间自悬液沸腾时算起，砂土及粉土不少于30min，黏土及粉质黏土不少于1h。

(5)煮沸完毕，取下量瓶，冷却至接近室温，将事先煮沸并冷却的纯水注入量瓶至近满(有恒温水槽时，可将量瓶放于恒温水槽内)。待瓶内悬液温度稳定及悬液上部澄清时，塞好瓶塞，使多余水分自瓶塞毛细管中溢出，将瓶外壁上的水分擦干后，称瓶、水和土总质量，准确至0.001g，测定量瓶内水的温度，准确至0.5℃。

(6)根据测得的温度，从已绘制的"温度与量瓶和水的总质量关系曲线"中查得量瓶和水的总质量。

(7)用中性液体(如煤油)测定含有可溶盐、亲水性胶体或有机质土的颗粒密度时，可用真空抽气法代替煮沸法排除土中空气。对砂土，为了防止煮沸时颗粒跳出，也可采用真空抽气法。抽气时真空压力表读数应达到约一个大气负压力值，抽气时间1~2h，直至悬液内无气泡逸出时为止。其余步骤与(3)~(5)相同。根据测得的温度，从已绘出的"温度与量瓶和中性液体的总质量关系曲线"中查得量瓶和中性液体的总质量。

5. 试验记录与计算

1)记录格式

应符合附表2-5的要求。

2)计算

试验结果按下式计算：

(1)用纯水测定时

$$\rho_s = \frac{m_d}{m_{pw} + m_d - m_{pws}} \rho_{wT}$$

(附2-4)

式中：ρ_s——颗粒密度(g/cm³)，计算至0.01g/cm³；

m_{pw}——量瓶和水的总质量(g);

m_{pws}——量瓶、水和土的总质量(g);

m_d——干试样质量(g);

ρ_{wT}——T℃时水的密度(g/cm³),见附表2-6。

量瓶法颗粒密度试验记录 附表2-5

试样编号	瓶号	量瓶质量(g)	干试样质量(g)	量瓶+液体+干试样质量(g)	温度 T(℃)	T(℃)时量瓶+液体质量(g)	与干试样同体积的液体质量(g)	T(℃)时液体密度(g/cm³)	颗粒密度(g/cm³)	平均值(g/cm³)
(1)	(2)	(3)	(4)	(5)	(6)	(7)	(8)=(4)+(7)-(5)	(9)	(10)=[(4)/(8)]×(9)	

T℃时水的动力黏度和密度 附表2-6

温度 T(℃)	动力黏度 η (×10⁻⁴ kPa·s)	水的密度 ρ_w (g/cm³)	温度 T(℃)	动力黏度 η (×10⁻⁴ kPa·s)	水的密度 ρ_w (g/cm³)	温度 T(℃)	动力黏度 η (×10⁻⁴ kPa·s)	水的密度 ρ_w (g/cm³)
5.0	1.516	0.999992	15.0	1.144	0.999126	25.0	0.899	0.997074
5.5	1.493	0.999982	15.5	1.130	0.999050	25.5	0.889	0.996944
6.0	1.470	0.999968	16.0	1.115	0.998970	26.0	0.879	0.996813
6.5	1.449	0.999951	16.5	1.101	0.998888	26.5	0.869	0.996679
7.0	1.427	0.999930	17.0	1.088	0.998802	27.0	0.860	0.996542
7.5	1.407	0.999905	17.5	1.074	0.998714	27.5	0.850	0.996403
8.0	1.387	0.999876	18.0	1.061	0.998623	28.0	0.841	0.996262
8.5	1.367	0.999844	18.5	1.048	0.998530	28.5	0.832	0.996119
9.0	1.347	0.999809	19.0	1.035	0.998433	29.0	0.823	0.995974
9.5	1.328	0.999770	19.5	1.022	0.998334	29.5	0.814	0.995826
10.0	1.310	0.999728	20.0	1.010	0.998232	30.0	0.806	0.995676
10.5	1.292	0.999682	20.5	0.998	0.998128	30.5	0.797	0.995524
11.0	1.274	0.999633	21.0	0.986	0.998021	31.0	0.789	0.995369
11.5	1.256	0.999580	21.5	0.974	0.997911	31.5	0.781	0.995213
12.0	1.239	0.999525	22.0	0.963	0.997791	32.0	0.773	0.995054
12.5	1.223	0.999466	22.5	0.952	0.997685	32.5	0.765	0.994894
13.0	1.206	0.999404	23.0	0.941	0.997567	33.0	0.757	0.994731
13.5	1.190	0.999339	23.5	0.930	0.997448	33.5	0.749	0.994566
14.0	1.175	0.999271	24.0	0.919	0.997327	34.0	0.742	0.994399
14.5	1.160	0.999200	24.5	0.909	0.997201	34.5	0.734	0.994230

(2) 用中性液体测定时

$$\rho_s = \frac{m_d}{m_{pu} + m_d - m_{pus}} \rho_{uT}$$ (附2-5)

式中：m_{pu}——量瓶和中性液体的总质量(g)；

m_{pus}——量瓶、中性液体和土的总质量(g)；

ρ_{uT}——T℃时中性液体的密度(g/cm³)，按附录 B.0.4 实测。

由实测得 T℃时煤油密度 ρ_{uT}，可按下列公式计算任意温度时的煤油密度：

$$\rho_{uT_i} = \rho_{uT}[1 + \beta(T - T_i)]$$ (附2-6)

式中：ρ_{uT_i}——T_i℃时煤油密度(g/cm³)，计算至 0.001g/cm³；

β——煤油密度的平均温度补正系数(℃⁻¹)，由附表2-7 查得；

T——实测煤油时的温度(℃)；

T_i——任意温度(℃)。

煤油密度的平均温度补正系数　　　　　　　　附表2-7

T℃时 ρ_{uT}(g/cm³)	β(℃⁻¹)	T℃时 ρ_{uT}(g/cm³)	β(℃⁻¹)
0.7700～0.7799	8.05×10⁻⁴	0.8100～0.8199	7.52×10⁻⁴
0.7800～0.7899	7.92×10⁻⁴	0.8200～0.8299	7.38×10⁻⁴
0.7900～0.7999	7.78×10⁻⁴	0.8300～0.8399	7.25×10⁻⁴
0.8000～0.8099	7.65×10⁻⁴		

6. 允许误差

本试验应进行平行测定。平行测定的差值不得大于 0.02g/cm³，取算术平均值。平行测定的差值大于允许差值时，应重新进行试验。

颗粒密度的其他测试方法详见《铁路工程土工试验规程》(TB 10102—2010)。

试验三　界限含水率试验

一、试验目的

本试验可用于测定黏性土的液限、塑限和缩限，计算塑性指数、液性指数。

二、试验方法选择

(1) 液、塑限联合测定法：测定土的 10mm 和 17mm 液限与塑限。

(2) 碟式仪法：测定土的液限。

(3) 搓条法：测定土的塑限。

(4) 收缩皿法：测定土的缩限[本试验指导书不介绍这部分内容，可以参考《铁路工程土工试验规程》(TB 10102—2010)]。

本试验适用于最大粒径小于 0.5mm 颗粒组成的土。

三 试验方法

1. 液、塑限联合测定法

1) 仪器设备

本试验所采用的仪器设备应符合下列规定:

(1) 液塑限联合测定仪如附图3-1所示。

①圆锥质量76g,锥角30°。

②读数显示:宜采用光电式、游标式和百分表式。

③试样杯:直径40~50mm,高30~40mm。

(2) 天平:称量200g,分度值0.01g。

(3) 其他:电热干燥箱、干燥器、称量盒、调土刀、凡林等。

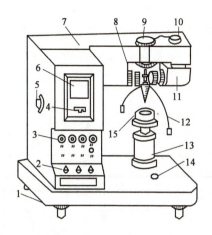

附图3-1 光电式液、塑限联合测试仪
1-水平调节螺丝;2-控制开关;3-指示灯;4-零线调节螺丝;5-反光镜调节螺丝;6-屏幕;7-机壳;8-物镜调节螺丝;9-电磁装置;10-光源调节螺丝;11-光原;12-圆锥仪;13-升降台;14-水平泡;15-试样杯

2) 试验操作规定

(1) 本试验应采用保持天然含水率的土样制备试样。无法保持土的天然含水率时,可采用风干土制备试样。

(2) 采用天然含水率的土样时,应剔除大于0.5mm的颗粒,然后分别按下沉深度为3~5mm、9~11m 及16~18mm(或分别按照接近液限、塑限和二者的中间状态)制备不同稠度的土膏,静置湿润。静置时间可根据含水率的大小而定。

(3) 采用风干土样时,取过0.5mm筛的代表性试样约200g,分成3份,分别放入3个盛土皿中,加不同数量的纯水,使其分别达到本条第(2)款中所述的3种稠度状态,调成均匀土膏,然后用玻璃和湿毛巾盖住或放在密封的保湿器中,静置24h。

(4) 将制备好的土膏用调土刀加以充分调拌均匀,密实地填入试样杯中,尽量使土中空气逸出。高出试样杯的余土用调土刀刮平,将试样杯安放在仪器升降座上。

(5) 在圆锥仪的锥体上涂以薄层凡士林。接通电源,使电磁铁吸稳圆锥仪(对于游标式或百分表式,提起锥杆,用旋钮固定)。

(6) 调节屏幕准线至初始读数为零(游标尺或百分表读数调零)。调整升降台,使圆锥仪锥尖刚好接触土面,指示灯亮时圆锥仪在自重作用下沉入试样中(游标式或百分表式用手扭动旋钮,放开锥杆)。约经5s后立即测读圆锥下沉深度。取出试样杯,取10g以上的2个试样装入称量盒内,测定其含水率。

(7) 重复本条步骤(4)~(6),测试其余两个试样的圆锥下沉深度和含水率。

3) 试验记录与计算

(1) 记录格式应符合附表3-1的要求。

(2) 试验结果应按下列公式计算及绘图。

①试样的含水率按下式计算:

$$w = \left(\frac{m}{m_s} - 1\right) \times 100\% \qquad (附3-1)$$

式中:w——含水率;

m——湿土质量(g);

m_s——干土质量(g)。

液、塑限联试验记录　　　　　　　　　　　　　　　　　　　　　附表 3-1

试样编号	圆锥下沉深度 h (mm)	称量盒号	湿试样质量 (g)	干试样质量 (g)	含水率 (%)	液限 (%)	液限 (%)	塑限 (%)	土的分类
			(1)	(2)	$(3) = \left[\dfrac{(1)}{(2)} - 1\right] \times 100$	(4) $h=17$ mm	(5) $h=10$ mm	(6) $h=2$ mm	

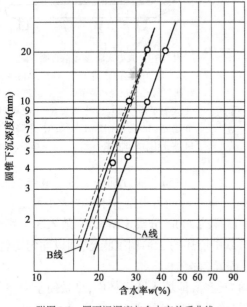

附图 3-2　圆下沉深度与含水率关系曲线

②以含水率为横坐标,圆锥下沉深度为纵坐标,在双对数坐标纸上绘制如附图 3-2 所示的关系曲线。三点应连成一条直线,如图中 A 线所示。当三点不在一条直线上,则通过高含水率这一点与其余两点连成两条直线,在圆锥下沉深度为 2mm 处可查得相应的两个含水率。这两个含水率的差值小于 2% 时,应以这两点的含水率平均值与高含水率的点连成一条直线,如附图 3-2 中 B 线所示。这两个含水率之差值大于或等于 2% 时,则应再补做试验。

③在附图 3-2 中,下沉深度为 17mm 所对应的含水率为液限;下沉深度为 10mm 所对应的含水率为 10m 液限;下沉深度为 2mm 所对应的含水率为塑限。取值以百分数表示,准确至 0.1%。

④塑性指数:

$$I_P = w_L - w_P \tag{附 3-2}$$

式中:I_P——塑性指数;
　　　w_L——液限(%);
　　　w_P——塑限(%)。

⑤液性指数:

$$I_L = \frac{w - w_P}{w_L - w_P} = \frac{w - w_P}{I_P} \tag{附 3-3}$$

式中:I_L——液性指数,计算至 0.01;
　　　w——天然含水率(%)。

2. 碟式仪液限试验

1)仪器设备

本试验所采用的仪器设备应符合下列规定:

(1)碟式液限仪:由土碟、支架及底座所组成,如附图 3-3 所示。其底座由硬橡胶所制成,并配有一定形状和尺寸的专用划刀。

(2)天平:称量 200g,分度值 0.01g。

(3)其他:电热干燥箱、干燥器、称量盒、调土刀等。

2)碟式仪检查校正

碟式仪在试验前的检查校正应符合下列规定:

(1)检查连接土的销子 B 是否磨损。

(2)上紧固定螺丝。

(3)用划刀柄(直径为 10mm)为量度,前后移动调整板 H,使土碟底至底座 G 之间落高为 10mm,拧紧螺丝 I,固定调整板。

3)试验操作

试验操作应符合下列规定:

(1)取已过 0.5mm 筛的天然或风干试样约 100g,放在调土皿中,加入纯水,用调土刀进行反复拌匀。

(2)由调土皿中取一部分试样,平铺于土碟的前半部,如附图 3-3 所示。铺土时应注意防止在试样中混入气泡。用调土刀将试样面修平,使中间最厚处为 10m,将多余试样仍放回原来的调皿中。以蜗轮为中心,用划刀自后向前沿土中央将试样划成槽缝清晰的两半,如附图 3-4a)所示。为避免槽缝边扯裂或者是试样在土碟中滑动,允许从前到后,再从后到前多划几次将槽逐步加深,以代替一次划槽。最后一次从后至前槽,能明显地接触到碟底。但应尽量减少划槽的次数。

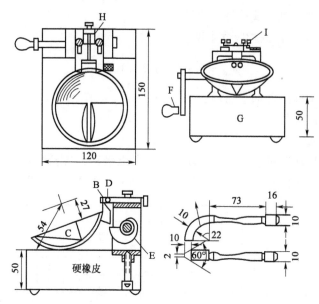

附图 3-3 碟式液限仪(尺寸单位:mm)

A-划刀;B-销子;C-土;D-支架;E-涡轮;F-摇柄;G-底座;H-调板;I-螺丝

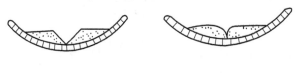

a)试前划成两半　　b)试后合龙情况

附图 3-4 划槽及合拢状况

(3)以2r/s的速率转动摇柄,使土碟反复起落,坠击于底座上,数其击数,直至试样两边在槽底的合龙长度为13mm为止,如图附图3-4b)所示。记录击数,并在槽的两边采取试样10g左右,测定其含水率。取值以百分数表示,准确至0.1%。

(4)将土碟中所剩余的试样仍移到调土皿中,加水充分拌和均匀,仍按第(1)~(3)步至少再做2次试验。这2次土的稠度应使合龙长度为13mm时所需击数在15~35次之间(25次以上和以下各1次),然后测定各击次下试样的相应含水率。取值以百分数表示,准确至0.1%。

4)试验记录与计算

(1)记录格式应符合附表3-2的要求。

碟式仪液限试验记录 附表3-2

试样编号	击数N	盒号	湿试样质量 $m_N(g)$ (1)	干试样质量 $m_s(g)$ (2)	含水率(%) (3) = $\left[\dfrac{(1)}{(2)} - 1\right] \times 100$	液限 $w_L(\%)$ (4)

(2)试验结果应按下列公式计算及绘图

①各击数下合龙时试样的相应含水率:

$$w_N = \left(\frac{m_N}{m_s} - 1\right) \times 100\% \qquad (附3-4)$$

式中:w_N——N击下试样的含水率(%);

m_N——N击下试样的质量(g);

m_s——干土质量(g)。

②根据计算结果,在单对数坐标纸上以含水率为纵坐标,以击数为横坐标,绘制含水率与击数关系曲线,如附图3-5所示。曲线上击数25次所对应的含水率,即为该试样的液限。

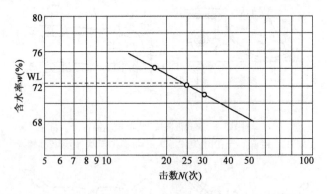

附图3-5 含水率与击数关系曲线

3. 搓条法塑限试验

1)仪器设备

本试验所采用的仪器设备应符合下列规定:

(1)毛玻璃板:约 200mm×300mm。

(2)直径 3mm 的金属丝或卡尺。

(3)天平:称量 200g,分度值 0.01g。

(4)其他:电热干燥箱、干燥器、称量盒、调土刀等。

2)试验操作

试验操作应符合下列规定:

(1)取 0.5mm 筛下的代表性试样 100g,加纯水拌和均匀,湿润过夜;或者直接从液限试验备好的试样中取约 30g 土备用。

(2)为使试样的含水率接近塑限,可先将试样在手中捏揉至不黏手,或用吹风机稍微吹干,然后将试样捏扁,如出现裂缝表示试样已接近塑限。

(3)取接近塑限的试样 8~10g,用手搓成椭圆形,然后用手掌在毛玻璃板上搓滚。搓滚时手掌要均匀施加压力于土条上,不得使土条在毛玻璃板上做无力滚动,土条长度不宜超过手掌宽度,土条不得产生空心现象。

(4)土条成直径 3mm 时未产生裂缝或断裂,表示试样的含水率高于塑限,应将土条捏成一团,重新搓滚,直至土条直径达 3mm 时产生裂缝并开始断裂为止。土条直径大于 3mm 时即断裂,表示试样含水率低于塑限,应弃掉,重新取样做试验。如果土条在任何含水率下始终搓不到 3mm 即开始断裂,则该土无塑性。

(5)取直径符合 3mm 断裂土条 3~5g,放入称量盒内,盖紧盒盖,测定其含水率,此含水率即土的塑限。取值以百分数表示,准确至 0.1%。

3)试验记录与计算

(1)记录格式应符合附表 3-3 的要求。

搓条法塑限试验记录   附表 3-3

试样编号	盒号	湿试样质量 m (g)	干试样质量 m_s (g)	含水率 (%)	塑限 (%)
		(1)	(2)	$(3)=\left[\dfrac{(1)}{(2)}-1\right]\times 100$	(4)

(2)试验结果应按下式计算:

$$w_P = \left(\frac{m}{m_s} - 1\right) \times 100\% \tag{附3-5}$$

式中:w_P——塑限(%),计算至 0.1%;

m——湿试样质量(g);

m_s——干土质量(g)。

4)允许误差

本试验应进行两次平行测定,允许平行差值应符合附表 2-3 的规定,取其算术平均值。平行测定的差值大于允许差值时,应重新进行试验。

试验四 压缩(固结)试验

一 试验目的

本试验可用于测定试样在侧限与轴向排水条件下的变形和压力,或孔隙比与压力的关系、变形和时间的关系,计算土的压缩系数、压缩指数、回弹指数、压缩模量、固结系数及原状土的先期固结压力等。用以分析和判别土的压缩特性和天然土层的固结状态,计算地基的沉降量,估算区域性地面沉降等。

二 试验方法选择

(1)标准固结试验。标准固结试验,适用于饱和的黏性土。只进行压缩试验时,允许用于非饱和土。

(2)12h 快速固结试验。采用标准固结试验的时间不能满足工程要求时,可采用 12h 快速固结试验。该方法适用于测定一般黏性土的先期固结压力和压缩指数的试验。

(3)1h 快速压缩试验。沉降计算要求精度不高,求压缩系数和压缩模量时,可采用 1h 快速压缩试验。该方法适用于渗透性较大的非饱和土。

在此只介绍 1h 快速压缩试验,其他测试方法详见《铁路工程土工试验规程》(TB 10102—2010)。

三 1h 快速压缩试验仪器设备

本试验所采用的仪器设备应符合下列规定:

(1)固结容器:由环刀、护环、透水板、加压上盖和水槽组成,如附图 4-1 所示。固结仪变形量应按《铁路工程土工试验规程》(TB 10102—2010)附录 E 进校正。

①环刀:内径为 6.8mm 和 79.8mm,高度为 20mm。

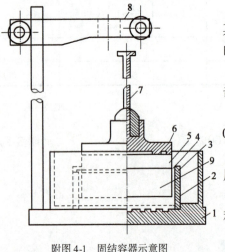

附图 4-1 固结容器示意图
1-水槽;2-护环;3-环刀;4-导环;5-透水板;6-加压上盖;7-位移计导杆;8-位移计架;9-试样

②透水板:透水石或不受腐蚀的金属材料制成,其渗透系数必须大于试样的渗透系数。顶部透水板的直径应小于环刀内径 0.2~0.5m。

(2)加压设备:能垂直施加各级规定的压力,无冲击影响。

(3)变形量测设备:百分表量程 10mm,分度值为 0.01mm 或准确度为全量程 0.2% 的位移传感器。

(4)天平:称量 500g,分度值 0.1g;称量 100g,分度值 0.01g。

(5)其他:切土刀、钢丝锯、称量盒、电热干燥箱、秒表等。

四 试验操作

试验操作应符合下列规定:

(1)根据工程需要,切取原状土试样或制备给定密度与含水率的扰动土试样,需要饱和时,按《铁路工程土工试验规程》相关规定进行抽气饱和。

(2)固结容器内放入护环、透水板、滤纸,将带有环刀的试样装入护环内,试样上再放入滤纸、透水板、加压盖板,置于加压框架下,对准加压框架的中心,安装百分表或位移传感器。当试样为饱和土时,上、下透水板应事先浸水饱和;当试样为非饱和土时,透水板和滤纸的湿度应与试样湿度相接近。

(3)施加1kPa的预压力,使试样与仪器上下各部件之间接触良好,将百分表或位移传感器调整到零位或测读初始值。

加荷等级一般为50kPa、100kPa、200kPa、300kPa、400kPa、600kPa。

(4)加压后测记1h时的试样高度变化,并立即施加下一级压力,逐级加压至所需压力。加最后一级压力时除测记1h时的试样变形外,还测记试样达到压缩稳定时的量表读数。稳定标准为:黏土每小时试样的变形量不大于0.005mm,粉土和粉质黏土每小时试样的变形量不大于0.01mm。

(5)试验结束后,迅速拆除仪器各部件,取出带环刀的试样,擦干试样两端和环刀壁上的水分,并测定整块试样试验后的含水率。

五 试验记录与计算

1. 记录格式

应符合附表4-1的要求。

1h 快速压缩试验记录　　　　　　　　　　　附表4-1

试样编号:_____　　　　　　　　仪器号:_____

试样初始高度:____mm　试样初始密度:____g/cm³　试样初始含水率:____%

颗粒密度:____g/cm³　$K = \dfrac{(h_n)_T}{(h_n)_t} =$

加压历时(h)	压力(kPa)	量表读数(mm)	试样变形$(h_i)_1$(mm)	校正后试样总变形量(mm)	校正后孔隙比	压缩系数(MPa^{-1})	压缩模量(MPa)
1							
2							
3							
4							
稳定							

2. 计算

试验结果应按下列公式计算及制图。

(1)各级压力下试样校正后的总变形量:

$$\sum \Delta h_i = (h_i)_1 \dfrac{(h_n)_T}{(h_n)_t} = (h_i)_1 K \qquad (附4\text{-}1)$$

式中:$\sum \Delta h_i$——某一压力下校正后的试样总变形量(mm),计算至0.01mm;

$(h_i)_1$——某一压力下固结1h的变形量减去该压力下的仪器变形量(mm);

$(h_n)_t$——最后一级压力下固结1h的变形量减去该压力下的仪器变形量(mm);

$(h_n)_T$——最后一级压力下固结稳定后的总变形量减去该压力下的仪器变形量(mm);

K——校正系数。

(2)试样的初始孔隙比应按下式进行计算:

$$e_0 = \frac{\rho_s(1+0.01w_0)}{\rho_0} - 1 \qquad (附4\text{-}2)$$

式中:e_0——始孔隙比,计算至0.01;

ρ_s——颗粒密度(g/cm³);

w_0——试样初始含水率(%);

ρ_0——试样初始密度(g/cm³)。

(3)各级压力下固结1h试样校正后的孔隙比:

$$e_i = e_0 - \frac{1+e_0}{h_0}\sum \Delta h_i \qquad (附4\text{-}3)$$

式中:e_i——某一压力下固结1h试样校正后的孔隙比,计算至0.01。

(4)某一压力范围内的压缩系数和压缩模量,应按教材相关内容进行计算。

(5)以孔隙比 e 为纵坐标,压力 p 为横坐标,绘制孔隙比与压力关系曲线,即 $e\text{-}p$ 曲线。

试验五 直接剪切试验

一 试验目的

本试验可用于测定土的抗剪强度参数:黏聚力 c 和内摩擦角 φ。

二 试验方法选择

(1)本试验分为快剪、固结快剪和慢剪三种方法。

(2)本试验适用于测定黏性土和粉土的 c、φ,及最大粒径小于2mm砂类土的 φ。渗透系数 $k > 10^{-6}$ cm/s 的土不宜作快剪试验。

选用试验方法时,应使试验能反映土的特性和基本符合现场的土体剪切条件,并与分析计算方法相适应。

本指导书将重点介绍快剪法。

三 快剪试验仪器设备

本试验所采用仪器设备的应符合下列规定:

(1)应变控制式直剪仪:包括剪切盒、垂直加压设备、剪切传动装置、测力计、位移量测系统。如附图5-1所示。直剪仪和测力计应按《铁路工程土工试验规程》(TB 10102—2010)附录 D 进行校正和率定。

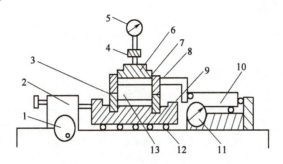

附图 5-1　应变控制式直剪仪

1-剪切传动装置；2-推动器；3-下盒；4-垂直加压架；5-垂直位移计；6-传压板；7-透水板；8-上盒；9-储水盒；10-测力计；11-水平位移计；12-滚珠；13-试样

(2) 位移计：可用量程为 10mm、分度值为 0.01mm 的百分表，或准确度为全量程 0.2% 的传感器。

(3) 环刀：内径 61.8m，高 20mm。

(4) 透水板或不透水板：直径比环刀略小约 0.2~0.5mm。

(5) 天平：称量 500g，分度值 0.1g。

(6) 其他：切土刀、滤纸、保湿器等。

四　试验操作

试验操作应符合下列规定：

(1) 原状土试样制备、扰动土试样制备及试样需要进行饱和时都应按《铁路工程土工试验规程》的相关规定进行。

(2) 对准剪切容器的上下盒，插入固定销，在下盒内放入不透水板，将带有试样的环刀刃口向上，对准剪切盒口，在试样上面放不透水板(或透水板加薄膜塑料)，然后将试样缓缓推入剪切盒内，再移去环刀。

(3) 转动传动装置，使上盒的前端钢珠刚好与测力计接触，调整测力计读数为零。顺次加上传压板、钢珠、加压框架。如需观测垂直变形，可安装垂直位移计，并记录初始读数。

(4) 施加垂直压力的大小应根据工程要求和土的软硬状态确定，宜按 25kPa、50kPa、100kPa、200kPa 或 100kPa、200kPa、300kPa、400kPa 施加压力。

(5) 立即拔去固定销，将测力计调零后，以 0.8~1.2mm/min 的剪切速度对试样进行剪切，控制在 3~5min 内剪损。测力计的读数不变或出现后退时，表示试样已被剪损，一般应剪切至剪切变形达 4mm 为止。测力计读数随剪切变形继续加大时，则剪切变形应达到 6mm 为止。试样每产生 0.2~0.4mm 位移时，应测记测力计和位移读数一次，直到剪损为止，记下破坏值。

(6) 剪切结束后应立即吸去剪切盒内积水，退去剪切力和垂直压力，移去加压框架，取出试样，测定试样剪切面上的含水率。

五、试验记录与计算

1. 记录格式

应符合附表 5-1 的要求。

直接剪切试验记录　　　　　　　　　　　　　　　　　　附表 5-1

试样编号：_____　　土颗粒密度 ρ_s = _____　　　　　试验方法：_____

环刀号	试样状态	含水率 w (％)	湿密度 ρ (g/cm³)	干密度 ρ_d (g/cm³)	孔隙比 e	饱和度 S_r (％)
	初始					
	饱和					
	剪后					

仪器编号：_____　　　　　垂直压力：_____ kPa　　　率定系数 C = _____ N/0.01mm
剪切速率：_____ mm/min　　剪切历时：_____ min　　试验面积 A_0 = _____ cm²
剪切前固结时间：_____ min　剪切前压缩量：_____ mm　抗剪强度：_____ kPa

时间	垂直量表读数 (0.01mm)	手轮转数 n	测力计读数 (0.01mm)	剪切位移 (0.01mm)	剪应力 (kPa)
(1)	(2)	(3)	(4)	(5) = $\Delta L' \times$ (3) − (4)	(6) = $\dfrac{(4) \times C}{A_0} \times 10$

2. 计算

试验结果应按下列公式计算及制图。

(1) 剪应力及剪切位移：

$$\tau = (CR/A_0) \times 10 \qquad\qquad (附5\text{-}1)$$

$$\Delta L = \Delta L' \cdot n - R \qquad\qquad (附5\text{-}2)$$

式中：τ——剪应力(kPa)，计算至 1kPa；

　　　C——测力计率定系数(N/0.01mm)；

　　　R——测力计读数(0.01mm)；

　　　A_0——试样面积(cm²)；

　　　10——单位换算因数；

　　　ΔL——剪切位移(0.01mm)；

　　　n——手轮转数；

　　　$\Delta L'$——手轮每转的位移(0.01mm)。

(2) 以剪应力 τ 为纵坐标，剪切位移 ΔL 为横坐标，绘制 τ-ΔL 关系曲线如附图 5-2 所示。选取 τ-ΔL 关系曲线上剪应力的峰值或稳定值作为抗剪强度 s，如附图 5-2 所示中曲线上的箭头所示。无明显峰值时,取剪切位移 4mm 所对应的剪应力作为抗剪强度。

(3)以抗剪强度 τ 为纵坐标,垂直压力 σ 为横坐标,绘制 τ-σ 关系曲线,如附图 5-3 所示。根据图上各实测点,绘制一条实测直线(各实测点与直线上对应点的抗剪强度之差,不得超过直线上对应点抗剪强度的 5%)。直线在纵坐标上的截距为土的黏聚力 c,直线的倾角为土的内摩擦角 φ。

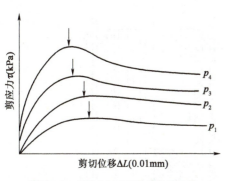

附图 5-2　剪应力与剪切位移关系曲线

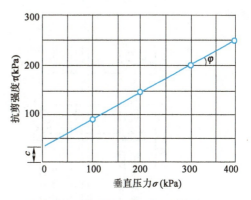

附图 5-3　抗剪强度与垂直压力的关系曲线

试验六　击实试验

　试验目的

击实试验是测定试样在标准击实功作用下含水率与干密度之间的关系,从而确定该试样的最优含水率和最大干密度。

本试验应分轻型击实和重型击实。轻型击实试验单位体积击实功宜为 $600kJ/m^3$,重型击实试验单位体积击实功宜为 $2700kJ/m^3$。

本试验类型和方法列于附表 6-1,应根据工程要求和试样最大粒径选用。

击实试验标准技术参数　　　　附表 6-1

试验类型	编号	标准技术参数									
		击实仪规格						试验条件			
		击锤			击实筒			护筒			
		质量(kg)	锤底直径(mm)	落距(mm)	内径(mm)	筒高(mm)	容积(cm³)	高度(mm)	击实功(kJ/m³)	层数	每层击数	最大粒径(mm)
轻型	Q₁	2.5	51	305	102	116	947.4	50	592	3	25	5
	Q₂	2.5	51	305	152	116	2103.9	50	597	3	56	20
重型	Z₁	4.5	51	457	102	116	947.4	50	2659	5	25	5
	Z₂	4.5	51	457	152	116	2103.9	50	2682	5	56	20
	Z₃	4.5	51	457	152	116	2103.9	50	2701	3	94	40

注:Q_1、Q_2、Z_1、Z_2、Z_3 分别称轻 1、轻 2、重 1、重 2、重 3。

Q_2、Z_2、Z_3 筒高为筒内净高。

当试样中粒径大于各方法相应最大粒径 5mm、20mm 或 40mm 的颗粒质量占总质量的 5% ~ 30% 时,其最大干密度和最优含水率应进行校正。

二、试验仪器设备

(1) 击实筒:钢制圆柱形筒,尺寸应符合附表 6-2 规定。该筒配有钢护筒、底板和垫块,见附图 6-1。

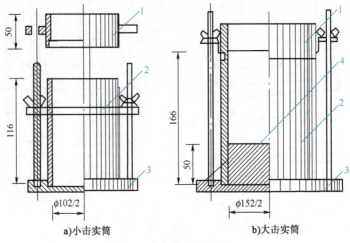

附图 6-1 击实筒(尺寸单位:mm)
1-护筒;2-击实筒;3-底板;4-垫块

击 实 试 验 记 录　　　　　　附表 6-2

试验方法:			风干试样含水率:		层数:	
土的分类:			估计最优含水率:		每层击数:	
土的密度:			干法、湿法制备:			

	试验点号		1	2	3	4	5
干密度	筒和试样总质量(g)	(1)					
	筒质量(g)	(2)					
	湿试样质量(g)	(3)	(1)-(2)				
	湿密度(g/cm³)	(4)					
	干密度(g/cm³)	(5)	$\dfrac{(4)}{1+w}$				
含水率	盒号	—					
	盒和湿试样总质量(g)	(1)					
	盒和干试样总质量(g)	(2)					
	盒质量(g)	(3)					
	水质量(g)	(4)	(1)-(2)				
	干试样质量(g)	(4)	(1)-(2)				
	含水率(%)	(6)	[(4)÷(5)]×100				
	平均含水率(%)						
最大干密度(g/cm³):			最优含水率(%):		饱和度(%):		
大于 5mm、20mm 或 40mm 颗粒含量(%):			校正后最大干密度(g/cm³):		校正后最优含水率(%):		

(2)击锤:击锤必须配备导筒,锤与导筒之间要有相应的间隙,使锤能自由下落,并设有排气孔。击锤可用人工操作或机械操作,机械操作的击锤必须有控制落距的跟踪装置和锤击点按一定角度均匀分布的装置。

(3)推土器:螺旋式推土器或其他适用设备。

(4)天平:称量200g,分度值0.01g。

(5)台秤:称量15kg,分度值5g。

(6)标准筛:孔径为5mm、20mm、40mm。

(7)其他:碾土设备、喷水设备、切土刀、称量盒、烘箱等。

三 试验方法选择

试样制备分干法和湿法两种,应符合下列规定。

(1)干法制备试样应按下列步骤进行:

①将代表性试样风干或在低于50℃温度下进行烘干。烘干后以不破坏试样的基本颗粒为准。将土碾碎,过5mm、20mm或40mm筛,拌和均匀备用。试样数量,小直径击实筒最少20kg,大直径击实筒最少50kg。

②按烘干法测定试样的风干含水率。按试样的塑限估计最优含水率,在最优含水率附近选择依次相差约2%的含水率制备一组试样至少5个,其中2个含水率大于塑限、2个小于塑限、1个接近塑限。加水量可用下式计算:

$$m'_w = \frac{m_0}{1 + w_0}(w' - w_0)$$ (附6-1)

式中:m'_w——所需加水量(g);

m_0——风干试样质量(g);

w_0——风干试样含水率(%);

w'——要求达到的含水率(%)。

③按预定的含水率制备试样。根据击实筒容积大小,每个试样取2.5kg或6.5kg,平铺于不吸水的平板上,洒水拌和均匀,然后分别放入有盖的容器里静置备用。高塑性黏性土静置时间不得小于24h;低塑性黏性土静置时间可缩短,但不应小于12h。

(2)湿法制备试样应按下列步骤进行:

将天然含水率的试样碾碎过5mm、20mm或40mm筛,混合均匀后,按选用击实筒容积取5份试样,其中一份保持天然含水率,其余4份分别风干或加水达到所要求的不同含水率。制备好的试样要完全拌匀,保证水分均匀分布。

四 试验操作步骤

(1)称取击实筒质量(m_1)并做记录。

(2)将击实仪放在坚实的地面上,安装好击实筒及护筒(大直径击实筒内还要放入垫块),内壁涂少许润滑油。每个试样应根据选用试验类型按附表6-1规定分层击实。每层高度应近似,两层交界处层面刨毛,所用试样的总量应使最后的击实面超出击实筒顶不大于6mm。击实时要保持导筒垂直平稳,并按附表6-1规定相应试验类型的层数和击数,以均匀速度作用到整个试样上。击锤应沿击实筒周围锤击一遍后,中间再加一击。

(3) 击实完成后拆去护筒,用切土刀修平击实筒顶部的试样,拆除底板,当试样底面超出筒外时,也应修平,擦净筒的外壁,称筒和试样的总质量,准确至5g。

(4) 用推土器将试样从筒中推出,从其中心取2个代表性试样按烘干法测定含水率。

(5) 试样不宜重复使用。对易被击碎的脆性颗粒及高塑性黏土的试样不得重复使用。

(6) 按以上步骤进行不同含水率试样的击实。

五、试验结果记录与计算

(一) 试验结果记录

试验结果记录应符合附表6-2的规定。

(二) 试验结果计算

1. 击实后试样的湿密度

$$\rho = \frac{m_2 - m_1}{V} \tag{附6-2}$$

式中:ρ——击实后试样的湿密度(g/cm^3),计算至$0.01g/cm^3$;

m_2——击实后筒和湿试样质量(g);

m_1——击实筒质量(g);

V——击实筒容积(cm^3)。

2. 击实后试样的干密度

$$\rho_d = \frac{\rho}{1 + 0.01w} \tag{附6-3}$$

式中:ρ_d——击实后试样的干密度(g/cm^3),计算至g/cm^3;

w——含水率(%)。

3. 绘制击实曲线

以干密度为纵坐标,含水率为横坐标,绘制干密度与含水率的关系曲线,如附图6-2所示。曲线上峰值点的纵、横坐标分别表示该击实试样的最大干密度和最优含水率。若曲线不能绘出正确的峰值点,应进行补点。

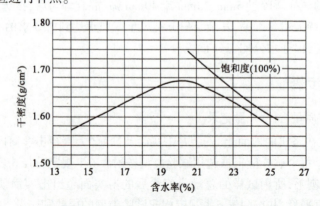

附图6-2 干密度与含水率的关系曲线(击实曲线)

4. 数据校正

根据规定,试验所得的最大干密度和最优含水率需校正时,应按以下公式进行:

(1) 修正后试样的最大干密度:

$$\rho'_{dmax} = \cfrac{1}{\cfrac{1-P_s}{\rho_{dmax}} + \cfrac{P_s}{\rho_a}} \qquad (附6\text{-}4)$$

式中:ρ'_{dmax}——校正后试样的最大干密度(g/cm³),计算至 g/cm³;

ρ_{dmax}——粒径小于5mm、20mm 或 40mm 的试样试验所得的最大干密度(g/cm³);

P_s——试样中粒径大于5mm、20mm 或 40mm 的颗粒含量的质量分数;

ρ_a——粒径大于5mm、20mm 或 40mm 的颗粒毛体积密度(g/cm³),由浮称法和虹吸筒法测得。

(2) 校正后试样的最优含水率:

$$w'_{opt} = w_{opt}(1 - P_s) + P_s w_x \qquad (附6\text{-}5)$$

式中:w'_{opt}——校正后试样的最优含水率(%),计算至 0.01%;

w_{opt}——粒径小于5mm、20mm 或 40mm 的试样试验所得的最优含水率(%);

w_x——粒径大于5mm、20mm 或 40mm 颗粒吸着含水率(%),由浮称法和虹吸筒法测得。

5. 饱和含水率

$$w_{sat} = \left(\cfrac{\rho_w}{\rho_d} - \cfrac{\rho_w}{\rho_s}\right) \times 100\% \qquad (附6\text{-}6)$$

式中:w_{sat}——饱和含水率(%),计算至 0.1%;

ρ_s——试样颗粒密度,对于粗粒土,则为试样中粗细颗粒的混合密度;

ρ_w——4℃时水的密度(g/cm³)。

6. 绘制出饱和曲线

计算数个干密度下试样的饱和含水率,以干密度为纵坐标,含水率为横坐标,绘制出饱和曲线,如附图 6-2 所示。

参 考 文 献

[1] 国家铁路局.铁路桥涵设计规范:TB 10002—2017[S].北京:中国铁道出版社有限公司,2017.

[2] 国家铁路局.铁路桥涵地基和基础设计规范:TB 10093—2017[S].北京:中国铁道出版社有限公司,2018.

[3] 国家铁路局.铁路桥涵工程施工安全技术规程:TB 10303—2020[S].北京:中国铁道出版社有限公司,2020.

[4] 中国铁路总公司.客货共线铁路桥涵工程施工技术规程:Q/CR 9652—2017[S].北京:中国铁道出版社有限公司,2017.

[5] 中国铁路总公司.高速铁路桥涵工程施工技术规程:Q/CR 9603—2015[S].北京:中国铁道出版社有限公司,2015.

[6] 中华人民共和国建设部.铁路工程抗震设计规范:GB 50111—2006(2009年版)[S].北京:中国铁道出版社,2009.

[7] 国家铁路局.高速铁路设计规范:TB 10621—2014[S].北京:中国铁道出版社有限公司,2014.

[8] 王定举.朔黄铁路 K470+760—K470+980 路堤地基管涌原因分析及整治[J].铁道建筑,2014(9):87-90.

[9] 卢春房.高速铁路建设典型关系案例——路基工程[M].北京:中国铁道出版社,2015.

[10] 中华人民共和国铁道部.铁路工程土工试验规程:TB 10102—2010[S].北京:中国铁道出版社有限公司,2011.

[11] 李文英,朱艳峰.土力学与地基基础[M].2版.北京:中国铁道出版社有限公司,2020.

[12] 魏洋.桥梁施工技术[M].北京:人民交通出版社股份有限公司,2022.

[13] 陈希哲,叶菁.土力学地基基础[M].5版.北京:清华大学出版社,2013.

[14] 吕卫清,董志良,王婧.软弱地基加固理论与工艺技术创新应用[M].上海:上海科学技术出版社,2021.

[15] 沪杭铁路客运专线股份有限公司.沪杭高速铁路[M].北京:中国铁道出版社,2012.

人民交通出版社股份有限公司 轨道与航空出版中心
高职交通运输与土建类专业系列教材

一、公共基础课
土木工程实用应用文写作(第3版)(朱 旭)………………………………………… 39.8元

二、专业基础课
1. 工程力学(上)(王建中) ………… 34元
2. 工程力学(下)(王建中) ………… 24元
3. 土木工程实用力学(第3版)(马悦茵) ……… 49元
4. 工程制图与识图(牟 明) ……… 28元
5. 工程制图与识图习题集(牟 明) ……… 20元
6. 工程地质(任宝玲) …………… 29元
7. 工程地质(彩色)(沈 艳) ……… 39元
8. 工程测量(第3版)(冯建亚) ……… 48元
9. 土木工程材料(第3版)(活页式教材)
 (赵丽萍 何文敏) ……………… 89元
10. 混凝土结构(李连生) ………… 35元
11. 钢筋混凝土结构(胡 娟) ……… 39元
12. 土力学与地基基础(第3版)(靳晓燕) …… 49元
13. 施工临时结构检算(第2版)(李连生) … 32元

三、专业课
(一)铁道工程/高速铁道工程技术专业
1. 铁道概论(第2版)(张 立) ……… 35元
2. 铁路线路施工与维护(第二版)(方 筠) … 46元
3. 高速铁路路基施工与维护(第2版)
 (安 宁) ……………………… 65元
4. 高速铁路轨道施工与维护(第2版)
 (方 筠) ……………………… 55元
5. 隧道施工(第3版)(宋秀清) …… 55元
6. 桥梁工程(付迎春) …………… 46元
7. 铁路工程施工组织(吴安保) …… 27元
8. 铁路工程概预算(吴安保) ……… 25元
9. 铁路工程概预算(第二版)(樊原子) … 42元
10. 施工内业资料整理(徐 燕) …… 29元
11. 无砟轨道施工测量与检测技术(赵景民) … 29元
12. 工程材料试验与检测(夏 芳) … 38元
13. 铁路机械化养路(汪 奕) ……… 38元
14. 道路与铁道工程试验检测技术(第二版)
 (白福祥 韩仁海) ……………… 45元
15. 混凝土(钢)结构检算(第2版)(丁广炜) … 38元
16. 施工企业财务管理(孔艳华) …… 44元

(二)城市轨道交通工程/地下与隧道工程技术专业
1. 城市轨道交通工程概论(张 立) … 32元
2. 城市轨道交通工程(安 宁) …… 38元
3. 地下铁道(毛红梅) …………… 35元
4. 地铁盾构施工(张 冰) ………… 29元
5. 隧道施工(第3版)(宋秀清) …… 55元
6. 盾构构造与操作维护(毛红梅) … 45元
7. 地铁车站施工(战启芳) ………… 30元
8. 高架结构(刘 杰) …………… 34元
9. 工程材料试验与检测(夏 芳) … 38元
10. 城市轨道交通工程施工组织与概预算
 (王立勇) ……………………… 86元
11. 城市轨道交通工程测量(钱治国) … 39元
12. 施工内业资料整理(徐 燕) …… 29元
13. 地下工程监控量测(第2版)(毛红梅) … 45元
14. 隧道施工质量检测与验收(第2版)(毛红梅) ……………………………………… 52元
15. 工程机械(第2版)(卜昭海) …… 45元
16. 混凝土(钢)结构检算(第2版)(丁广炜) … 38元
17. 盾构法施工(陈 馈 焦胜军 冯欢欢) … 49元

(三)道路与桥梁工程技术专业
1. 路基路面施工(叶 超 赵 东) … 49元
2. 路基路面施工技术(梁世栋) …… 42元
3. 桥梁工程(付迎春) …………… 46元
4. 公路工程施工组织与概预算(第二版)
 (梁世栋) ……………………… 41元
5. 路基路面试验与检测(张小利) … 34元
6. 工程材料试验与检测(夏 芳) … 38元
7. 施工内业资料整理(徐 燕) …… 29元
8. AutoCAD2016道桥制图(张立明) … 48元
9. 公路工程预算(罗建华) ………… 33元
10. 建设法规实务(夏 芳 齐红军) … 32元

(四)城市轨道交通运营管理/铁道运营管理专业
1. 城市轨道交通概论(叶华平) …… 35元
2. 城市轨道交通概论(翁 瑶 朱 鸣) … 45元
3. 城市轨道交通行车组织(费安萍) … 39元
4. 城市轨道交通安全管理(第3版)(李慧玲) … 48元
5. 城市轨道交通应急处理(第3版)(李宇辉) … 49元
6. 铁路客运组织(李 亚) ………… 39元

了解教材信息及订购教材,可查询:天猫"人民交通出版社旗舰店"